电工电子技术
（第 3 版）

DIANGONG DIANZI JISHU

李西平　主　编
宁　晨　副主编

国家开放大学出版社·北京

图书在版编目（CIP）数据

电工电子技术／李西平主编 . —3 版 . —北京：中央广播电视大学出版社，2017.1（2023.1重印）

ISBN 978 – 7 – 304 – 08383 – 0

Ⅰ.①电… Ⅱ.①李… Ⅲ.①电工技术—开放教育—教材 ②电子技术—开放教育—教材 Ⅳ.①TM ②TN

中国版本图书馆 CIP 数据核字（2017）第 004443 号

版权所有，翻印必究。

电工电子技术（第 3 版）
DIANGONG DIANZI JISHU

李西平　主　编
宁　晨　副主编

出版·发行	国家开放大学出版社（原中央广播电视大学出版社）
电话	营销中心 010 – 68180820　　总编室 010 – 68182524
网址	http://www.crtvup.com.cn
地址	北京市海淀区西四环中路 45 号　　邮编：100039
经销	新华书店北京发行所

策划编辑：邹伯夏　　　　　版式设计：赵　洋
责任编辑：王　普　　　　　责任校对：张　娜
责任印制：武　鹏　马　严

印刷：三河市鹏远艺兴印务有限公司	印数：114001 ~ 123000
版本：2017 年 1 月第 3 版	2023 年 1 月第 17 次印刷
开本：787mm × 1092mm　1/16	印张：20　字数：440 千字

书号：ISBN 978 – 7 – 304 – 08383 – 0
定价：42.00 元

（如有缺页或倒装，本社负责退换）
意见及建议：OUCP_KFJY@ouchn.edu.cn

前言

电工电子技术是高等院校机电、数控和模具等专业的一门技术性很强的专业基础课。在面向在职、成人开展远程教学为主的国家开放大学，本课程已经由原先仅针对个别专业开设，转变为面向装备制造等多个大类的多个专业方向，教学目标和要求呈多元化趋势。

为了更好地满足在职成人的个别化学习需求，本课程增加编制了数字教材（Pad版），并使之与文字教材配套形成教材资源包，为此将本课程文字教材第2版（2013年出版）进行一次修订。新版文字教材主要修订以下内容：

1. 重新改编文字教材中助学、导学部分的内容及媒体使用信息。第2版是按照国家开放大学与北京师范大学合作开发的远程文字印刷教材理工模板编写的。编写第2版时，主要对应的媒体网络课程建设还没完成，许多提示不够准确。本次文字教材修订工作与数字教材（Pad版）建设工作同步，力求使文字教材与其他媒体资源能够形成完全配合使用的教材资源包。

2. 将第2版教材的3个内容模块重新划分为4个。第2版教材按照电路分析基础、电工技术基础和电子技术基础分为3个模块，由于其中的电子技术基础模块教学内容量为前两个模块的两倍，教学实践中任务量明显不均等，在远程教学的组织和管理上与4次形成性考核的安排不匹配。因此，第3版将内容体系差别较大的模拟电路和数字电路分开，即将全书改为电路分析基础、电工技术基础、模拟电子技术基础和数字电子技术基础4个模块。

3. 以国标为电路图的绘图标准，修改了部分电路图。第2版教材在设计电路图绘图时，采用了十字连接打点、丁字连接不打点的少数教材采用的方式，在使用中经常引起误解，修订后统一改为十字连接和丁字连接均打点。

4. 限于篇幅原因，将第2版教材中部分仅作为了解的内容做适当的删减。

5. 修改第2版教材中概念描述不清及有误的部分内容。

本教材由国家开放大学电工电子技术课程教材编写组负责编写，李西平教授担任主编，宁晨副教授担任副主编。鉴于工作安排，本次修订由宁晨完成了全书的改编及统稿。

因水平有限，对广大读者的需求尚缺乏全面的了解，本教材难免存在不足之处，恳请批评指正并及时反馈。

编　者

2016年10月于北京

编写目的

随着科学技术的不断发展，电工电子技术在工业、农业、国防等各个领域都得到了广泛的应用。"电工电子技术"课程作为非电类专业的一门技术基础课，其所具有的覆盖面广、实践性强的特点日益突出，已成为众多工科专业不可或缺的必修课程。为了更好地满足高等职业教育机电类专业培养应用型人才的需要，使机电设备应用与维护人员学习的新技术和新知识更具有针对性，本教材在保持第1版教材(2006年李西平等编的《电工电子技术》)理论性和工程性并重的基础上，增加了一些电工和电子技术在机械设备控制部件上的应用实例。作为一种新的探索与尝试，本教材也为学习者适应远程教育环境下的自主学习提供了导学帮助。

教材特点

(1) 本教材在内容上力求体现"精练"和"实用"，以专业必需的基本概念和基本分析方法为主，舍去繁复的、不必要的理论叙述与推导，突出基本知识和基本技能的工程应用。

(2) 本教材在形式上尝试将虚拟仿真分析和实验作为基本的学习活动形式之一，期望借助日趋成熟的虚拟仿真技术使学习者更方便、更准确地领会学习内容。

(3) 本教材在结构上按照内容的相互逻辑关系采用模块化方式，分为电路分析基础、电工技术基础、电子技术基础3个教学模块进行编写。

(4) 本教材根据远程开放教育的特点，辅之以网络课程、电路仿真软件等学习资料，为学习者提供学习支持。

编 作 者

本教材采用国家开放大学与北京师范大学合作开发的远程文字印刷教材理工模板编写。国家开放大学电工电子技术课程教材编写组完成《电工电子技术(第2版)》的修订与编著。其中，国家开放大学李西平教授编写了第1章和第2章，田虓编写了第3章和第4章，宁晨编写了第5章、第6章和第7章，谷良编写了第8章和第9章。李西平担任主编，为全书统稿；宁晨担任副主编，负责本书的总体设计，以及学习指南、各章学习目标和学习活动的编写，并协助完成部分统稿工作。

编 者

2013 年 5 月

学习目标

完成本门课程的学习之后，你将达到以下目标：

认知目标

（1）列举电工电子技术在工程实践中的作用和意义。

（2）运用电路分析的基本理论和方法，对常见的电路问题做简单的分析与判断。

（3）运用电工电子技术的基本理论和方法，提出常见工程问题的解决方案。

技能目标

（1）依据常用变压器、电动机及低压控制电器的产品说明和实际需要，选用设备并进行正确连线操作。

（2）利用元器件手册，识别常用元件、晶体管及常见模拟和数字集成电路的类型及引脚。

（3）使用电路仿真软件搭接简单交、直流电路及各类模拟和数字电路，并用常用虚拟设备测量、调试电路参数和进行简单的故障分析。

情感目标

（1）发挥自主学习的能力和团队协作精神，养成良好的职业道德。

（2）形成较强的安全用电意识。

学习内容

本教材主要包括以下内容：

1. 电路分析基础

本模块是以中学物理课程的电学知识为基础的理论知识，也是后续章节的基础，主要介绍理想电路元件、物理参数和电路模型的基本概念、定律和分析方法。

2. 电工技术基础

本模块属于理论知识与应用相结合的技术基础内容，主要介绍变压器和电动机的结构、工作原理、使用与维护，以及有关控制线路及安全用电的常识。

3. 模拟电子技术基础

按照电信号处理方式的不同，电子技术分为模拟电子技术和数字电子技术两部分。

模拟电子技术部分主要介绍常用器件、基本放大电路，集成运算放大器的工作原理、分析方法，以及在运算和信号处理方面的应用，还介绍了几种实用的直流电源的工作原理。

4. 数字电子技术基础

数字电子技术是在模拟电子技术的基础上，利用逻辑代数和中、大规模数字芯片技术发展形成的较新的电信号处理技术。这部分内容以逻辑代数为数学基础，主要介绍在数字设备中常用的集成门电路和触发器，以及中规模集成电路中常用的组合逻辑电路和时序逻辑电路的工作原理、分析方法及应用实例。

学习准备

在学习本教材之前，你应具有高等数学和中学物理电学的基础知识，如微积分的基本定理和方法，以及欧姆定律、电流、电压、电阻、串联和并联电路等电学概念，万用表的使用经验，以及使用个人电脑进行网页浏览、资料下载和简单软件安装的能力。

学习资源

为了帮助学习者更好地理解本教材的内容，顺利地完成远程学习，我们在本教材的基础上设计开发了网络课程、数字教材（Pad 版）和电路仿真软件等配套学习资源。

1. 网络课程

"电工电子技术网络课程"与本教材同步设计，并在"国家开放大学学习网"发布,网址为：http：//www.ouchn.cn。网络课程主要包括视频授课、文本辅导、学习活动、自测练习、虚拟仿真等栏目，以及普通高校的精品课程和公开课等热门网络资源链接等。其中，视频授课栏目针对文字教材中难以表述清楚的教学内容，运用多种媒体形象化教学手段来讲授。文本辅导栏目以课程考核要求为尺度，通过例题解析、重点概念归纳，帮助你更好地把握课程重点。学习活动栏目主要针对文字教材中每个单元的学习内容进行设计，以帮助你提高对基本知识的理解。自测练习栏目围绕考核要求，从考试题型、考核时间、评分标准等几方面模拟实际考试，以期帮助你达到全面检查学习效果的目的，并提高基本的应试能力。虚拟仿真栏目针对课程实验教学内容，通过虚拟工程情境的创设，呈现基于工作过程的任务驱动式的虚拟实操训练。

2. 数字教材（Pad 版）

"电工电子技术数字教材（Pad 版）"是专为本教材编制、与本教材完全配套使用的教材资源包的一部分。你可以用移动设备扫描文字教材上链接数字教材的二维码，下载安装后使用。该数字教材主要包含重点难点问题的文字辅导、视频辅导和自测练习，为你利用空余时间学习提供具有移动性、交互性和便利性的数字化学习资源。

3. 电路仿真软件

本教材引入 Tina Pro 等电路仿真软件设计了一系列学习活动，你可以借助这些软件对电子产品进行虚拟仿真分析和设计，也可以在学习本课程过程中进行电路仿真实验。

图标说明

当你在使用本教材的过程中遇到以下图标时，请根据图标旁的文字提示，完成相应内容的学习。

| 网络课程 | 数字教材（Pad 版） | 电路仿真软件 |

学习评价

1. 评价方式

本课程学习评价采用形成性考核与终结性考试相结合的方式。形成性考核成绩包括形成性作业成绩和学习过程评价成绩两部分，形成性作业成绩占课程综合成绩的 30%，学习过程评价成绩占课程综合成绩的 20%。终结性考试占课程综合成绩的 50%。课程考核成绩统一采用百分制，即形成性考核、终结性考试、课程综合成绩均采用百分制。课程综合成绩达到 60 分及以上者及格，可获得本课程相应学分。

2. 评价要求

本课程的评价重点为教材中的基本概念、基础知识和基本分析方法，各章内容均有考核要求。

3. 试题题型

本课程采用选择题、判断题、综合分析计算题 3 种题型编制试卷。

其他说明详见国家开放大学考试中心发布的课程考试管理文件：《电工电子技术课程考核说明》。

第1章 电路的基本概念 定律和分析方法 ……… 1

1.1 电路的组成及作用 ……… 2
1.2 电路的主要物理量 ……… 2
1.2.1 电流 ……… 2
1.2.2 电压 ……… 4
1.2.3 电功率 ……… 5
1.3 电路基本元件及其伏安特性 ……… 7
1.3.1 电阻元件 ……… 7
学习活动 1-1 电阻元件的检测与选用 ……… 9
1.3.2 电压源 ……… 10
1.3.3 电流源 ……… 11
学习活动 1-2 直流电路中的电压、电流及电位测试 ……… 12
1.4 电路的等效变换 ……… 13
1.4.1 二端网络 ……… 14
1.4.2 电阻的串联 ……… 14
1.4.3 电阻的并联 ……… 15
1.4.4 电阻的混联 ……… 16
1.4.5 电压源模型与电流源模型的等效变换 ……… 17
1.5 基尔霍夫定律 ……… 19
1.5.1 基尔霍夫电流定律 ……… 20
1.5.2 基尔霍夫电压定律 ……… 21
1.6 电路的基本分析方法 ……… 23
1.6.1 支路电流法 ……… 23
学习活动 1-3 运用电路仿真软件确定电路元件的参数 ……… 24
1.6.2 节点电压法 ……… 25
1.6.3 叠加定理 ……… 26
1.6.4 戴维南定理 ……… 28
学习活动 1-4 用戴维南定理分析二端网络 ……… 30
1.7 最大功率传输定理 ……… 31
1.8 受控源电路简介 ……… 32
本章小结 ……… 34
自测题 ……… 35

第2章 正弦交流电路 ... 38

2.1 正弦交流电的瞬时表示法 ... 39
- 2.1.1 三要素 ... 40
- 2.1.2 相位差 ... 40

2.2 正弦交流电的相量表示法 ... 42
- 2.2.1 复数的表示形式 ... 42
- 2.2.2 相量的表示形式 ... 44
- 学习活动2-1 相量图的读图练习 ... 46

2.3 单一参数的交流电路 ... 47
- 2.3.1 电阻元件 ... 47
- 2.3.2 电感元件 ... 48
- 2.3.3 电容元件 ... 51

2.4 RLC 串联交流电路 ... 53
- 2.4.1 RLC 串联电路的电压与电流关系 ... 53
- 2.4.2 RLC 串联电路的功率 ... 55

2.5 电路中的谐振 ... 59
- 2.5.1 串联谐振 ... 59
- 学习活动2-2 RLC 谐振电路调试 ... 61
- 2.5.2 并联谐振 ... 62

2.6 功率因数的提高 ... 63

2.7 三相交流电路 ... 64
- 2.7.1 三相交流电源 ... 64
- 2.7.2 三相负载的连接 ... 65
- 学习活动2-3 三相电源负载的Y形连接测试 ... 67
- 2.7.3 三相功率 ... 69

本章小结 ... 71

自测题 ... 72

第3章 磁路与变压器 ... 74

3.1 磁场的基本物理量和磁性材料的磁性能 ... 75
- 3.1.1 磁场和磁力线的基本概念 ... 75
- 3.1.2 电流的磁场 ... 75
- 3.1.3 磁场的基本物理量 ... 76
- 3.1.4 铁磁性材料的磁性能 ... 78

3.2 磁路基本定律 ... 79
- 3.2.1 安培环路定律 ... 79

3.2.2 磁路欧姆定律 ………………………………………………………………… 80
　　学习活动 3-1　铁芯线圈磁通与其电流及绕线匝数的关联性测试 ………… 80
3.3 变压器的用途、结构及工作原理 …………………………………………………… 82
　3.3.1 变压器的用途 …………………………………………………………………… 82
　3.3.2 变压器的结构 …………………………………………………………………… 83
　3.3.3 变压器的工作原理 ……………………………………………………………… 83
　　学习活动 3-2　变压器测量 …………………………………………………… 88
3.4 特殊用途的变压器简介 ……………………………………………………………… 89
　3.4.1 自耦变压器 ……………………………………………………………………… 89
　3.4.2 仪用互感器 ……………………………………………………………………… 90
本章小结 …………………………………………………………………………………… 91
自测题 ……………………………………………………………………………………… 92

第4章　异步电动机及其控制　94

4.1 三相异步电动机的结构与工作原理 …………………………………………… 95
　4.1.1 三相异步电动机的结构 ………………………………………………………… 95
　4.1.2 三相异步电动机的工作原理 …………………………………………………… 98
4.2 三相异步电动机的电磁转矩和机械特性 ……………………………………… 102
　4.2.1 异步电动机的电磁转矩 ………………………………………………………… 102
　4.2.2 异步电动机的机械特性 ………………………………………………………… 102
4.3 常用低压控制电器 ……………………………………………………………… 105
　4.3.1 手动控制电器 …………………………………………………………………… 106
　4.3.2 自动控制电器 …………………………………………………………………… 108
4.4 三相异步电动机的数据及选用 ………………………………………………… 113
　4.4.1 异步电动机的额定值 …………………………………………………………… 114
　4.4.2 三相异步电动机的选择 ………………………………………………………… 115
4.5 三相异步电动机的起动与调速 ………………………………………………… 117
　4.5.1 交流异步电动机的起动 ………………………………………………………… 117
　4.5.2 三相异步电动机的调速 ………………………………………………………… 117
4.6 三相异步电动机的控制线路 …………………………………………………… 118
　　学习活动 4-1　三相异步电动机的控制线路读图练习 …………………… 124
4.7 其他电动机简介 ………………………………………………………………… 125
　4.7.1 单相异步电动机 ………………………………………………………………… 125
　4.7.2 直流电动机 ……………………………………………………………………… 126
　　学习活动 4-2　直流电动机的虚拟组装 …………………………………… 127
　4.7.3 控制电机 ………………………………………………………………………… 128
本章小结 …………………………………………………………………………………… 135

自测题 ·· 136

第5章 常用半导体器件及其应用 ·· 139

5.1 二极管的单向导电特性 ·· 140
5.1.1 二极管的结构特点 ·· 140
5.1.2 二极管的伏安特性 ·· 141
学习活动 5-1 二极管的识别与检测 ·································· 143
5.1.3 二极管的主要参数 ·· 144
5.2 几种常见二极管的应用 ·· 144
5.2.1 整流电路 ·· 145
学习活动 5-2 单相桥式整流滤波电路分析 ·································· 146
5.2.2 二极管稳压电路 ·· 147
5.2.3 其他特殊二极管的应用 ·· 149
5.3 三极管的基本结构和电流放大特性 ·································· 150
5.3.1 三极管的基本结构 ·· 150
5.3.2 三极管的电流放大特性 ·· 151
5.3.3 三极管的主要参数 ·· 153
5.4 场效应管的结构与特性 ·· 154
5.5 晶闸管及其应用 ·· 157
本章小结 ·· 160
自测题 ·· 162

第6章 基本放大电路及其应用 ·· 165

6.1 放大电路的组成及各元器件的作用 ·································· 166
6.1.1 基本放大电路的组成 ·· 166
6.1.2 放大电路中各元器件的作用 ·· 167
学习活动 6-1 三极管放大电路的组成及各元器件的作用 ·················· 167
6.2 放大电路分析 ·· 168
6.2.1 放大电路的性能指标 ·· 168
6.2.2 放大电路的静态分析 ·· 171
学习活动 6-2 三极管放大电路的信号失真测量 ·························· 172
学习活动 6-3 放大电路静态工作点的估算 ·························· 174
6.2.3 放大电路的动态分析 ·· 174
学习活动 6-4 三极管放大电路电压放大倍数的测量 ·················· 176
6.3 射极输出器 ·· 180
6.3.1 电路的结构及其特性分析 ·· 180
6.3.2 射极输出器的用途 ·· 181

6.4 功率放大电路 ……………………………………………………… 182
6.4.1 电路的功能和特点 ………………………………………… 182
6.4.2 互补对称功率放大电路 …………………………………… 182
6.5 差动放大电路 ……………………………………………………… 184
6.5.1 电路的结构和抑制温漂的原理 …………………………… 184
6.5.2 差动放大电路的几种输入、输出方式 …………………… 186
本章小结 ……………………………………………………………… 187
自测题 ………………………………………………………………… 188

第7章 集成运算放大器及其应用 …………………………………… 193
7.1 集成运算放大器概述 ……………………………………………… 193
7.1.1 集成运算放大器的组成及电路符号 ……………………… 194
7.1.2 集成运算放大器的主要参数 ……………………………… 194
7.1.3 理想集成运算放大器 ……………………………………… 195
学习活动 7-1 认识理想集成运放的特点 ………………………… 196
7.2 放大电路中的负反馈 ……………………………………………… 197
7.2.1 负反馈的概念 ……………………………………………… 197
7.2.2 负反馈的基本类型 ………………………………………… 198
7.2.3 负反馈对放大电路工作性能的影响 ……………………… 200
7.3 集成运放的线性应用 ……………………………………………… 202
7.3.1 比例运算 …………………………………………………… 202
学习活动 7-2 反相比例运算电路的设计与测试 ………………… 204
7.3.2 加法运算和减法运算 ……………………………………… 205
7.3.3 积分运算和微分运算 ……………………………………… 207
7.4 集成运放的非线性应用 …………………………………………… 208
7.4.1 电压比较器 ………………………………………………… 208
7.4.2 方波发生器 ………………………………………………… 209
7.5 集成稳压电路 ……………………………………………………… 210
7.5.1 串联型直流稳压电路 ……………………………………… 210
7.5.2 三端集成稳压电路 ………………………………………… 211
本章小结 ……………………………………………………………… 213
自测题 ………………………………………………………………… 215

第8章 组合逻辑电路 ………………………………………………… 219
8.1 数制与编码 ………………………………………………………… 220
8.1.1 数字电路与逻辑代数的概念 ……………………………… 220
8.1.2 十进制数、数制与编码 …………………………………… 220

V

        8.1.3　二进制数、十六进制数和8421BCD码 ……………………………… 221
    8.2　逻辑代数及其三种基本运算 …………………………………………………… 222
        8.2.1　逻辑代数的基本概念 ………………………………………………… 222
        8.2.2　与运算 ………………………………………………………………… 223
        8.2.3　或运算 ………………………………………………………………… 224
        8.2.4　非运算（逻辑反）及其他常用逻辑运算 …………………………… 224
    8.3　逻辑代数的基本定律和规则 …………………………………………………… 226
    8.4　常用逻辑门电路 ………………………………………………………………… 228
        8.4.1　与门 …………………………………………………………………… 229
        8.4.2　或门 …………………………………………………………………… 230
        8.4.3　非门 …………………………………………………………………… 230
        8.4.4　与非门 ………………………………………………………………… 230
        8.4.5　或非门 ………………………………………………………………… 231
        8.4.6　异或门 ………………………………………………………………… 231
            学习活动8-1　门电路的输出波形测试 …………………………………… 232
        8.4.7　集电极开路门（OC门）和三态门 …………………………………… 233
        8.4.8　二极管与门 …………………………………………………………… 234
    8.5　TTL与CMOS系列门电路的技术特点 ………………………………………… 235
        8.5.1　TTL系列门电路 ……………………………………………………… 235
        8.5.2　CMOS系列门电路 …………………………………………………… 236
    8.6　组合逻辑电路的分析方法 ……………………………………………………… 237
            学习活动8-2　组合逻辑电路分析 ………………………………………… 238
    8.7　常用中规模组合逻辑电路及其应用 …………………………………………… 239
        8.7.1　加法器 ………………………………………………………………… 240
        8.7.2　编码器 ………………………………………………………………… 242
        8.7.3　译码器 ………………………………………………………………… 243
            学习活动8-3　数字显示译码器电路的连接 ……………………………… 246
        8.7.4　数据选择器 …………………………………………………………… 246
    8.8　常用中规模组合逻辑电路的综合应用 ………………………………………… 247
    本章小结 ………………………………………………………………………………… 251
    自测题 …………………………………………………………………………………… 252

第9章　时序逻辑电路及模/数 数/模转换电路 …………………………………… 256

    9.1　常用触发器 ……………………………………………………………………… 257
        9.1.1　基本RS触发器 ……………………………………………………… 257
        9.1.2　基本RS触发器的描述方法 ………………………………………… 259
            学习活动9-1　认识基本RS触发器 ……………………………………… 260

  9.1.3 JK 触发器 ········· 262
  9.1.4 JK 触发器的描述方法 ········· 264
  9.1.5 D 触发器 ········· 267
  9.1.6 D 触发器的描述方法 ········· 268
    学习活动 9-2 触发器的特性测试 ········· 268
9.2 时序电路的分析方法 ········· 270
9.3 寄存器及其应用 ········· 271
9.4 计数器及其应用 ········· 273
  9.4.1 二进制加法计数器 74161（同步置数式）········· 273
  9.4.2 由 74161 构成其他进制的计数器 ········· 275
    学习活动 9-3 中规模计数器的逻辑功能测试 ········· 276
9.5 555 定时器及其应用 ········· 277
  9.5.1 555 定时器 ········· 277
  9.5.2 555 定时器的典型应用——施密特整形电路 ········· 279
9.6 时序电路的综合应用 ········· 280
9.7 数/模（D/A）和模/数（A/D）转换电路 ········· 286
  9.7.1 数/模（D/A）转换电路 ········· 286
  9.7.2 模/数（A/D）转换电路 ········· 291
本章小结 ········· 292
自测题 ········· 294

参考文献 ········· 296

附录 自测题参考答案 ········· 297

第 1 章
电路的基本概念、定律和分析方法

导 言

电路理论主要研究电路中发生的电磁现象，用电流 i、电压 u、功率 p 等物理量来描述其中的过程。鉴于电路是由各种电路元件构成的，因而整个电路所呈现的状况既要看元件的连接方式，又要看每个元件的特性，这就决定了电路中各支路电流、电压要受到两种基本规律的约束，即电路元件性质的约束和电路连接方式的约束。电路基本定律及基本分析方法均是基于这两种约束关系而形成的。

本章从建立电路模型、认识电路物理量等最基本的问题出发，重点讨论电压、电流的参考方向，电路吸收功率和提供功率的概念，理想电源的概念，以及支路电流法、叠加定理和戴维南定理等电路的基本分析方法。这些概念和定律是电路理论的核心内容，在电路分析中起到至关重要的作用。

学习目标

认知目标

1. 区别理想电路元件（电阻、电容和电感）和电源（电压源和电流源）的物理特性及电路符号。

2. 叙述理想电源与实际电源在伏安特性上的差异，举例说明电源吸收功率和提供功率的不同应用场合及物理含义。

3. 叙述二端网络的等效概念，运用电压源模型与电流源模型进行等效变换的条件，并用计算等效电阻的方法化简复杂电路。

4. 复述基尔霍夫定律的物理含义，归纳其实用意义。

5. 运用支路电流法和叠加定理分析包含理想元件和理想独立电源的简单电路，计算电路中任意两端的电压、电流和电功率。

6. 复述戴维南定理的物理含义和适用场合，并运用定理化简二端网络。

7. 复述最大功率传输的意义和阻抗匹配的含义。

技能目标

运用实验设备或电路仿真软件搭接并调试简单直流电路。

情感目标

初步体会学习简单电路分析方法的实用意义，有进一步拓展电路知识的愿望。

1.1 电路的组成及作用

电路是为电流的流通提供路径的集合体。电路的基本功能是实现电能的产生、传输、分配和转换，或实现电信号的传递和处理。一个完整的实际电路由提供电能的设备（如发电机、电池）、传输电能的设备（如连接导线、开关）和使用电能的设备（如电灯、家用电器）三部分组成。

由于实际电路是由起不同作用的电路元器件所组成的，它们所表征的电磁现象和能量转换特征一般都比较复杂，因此，为便于计算实际电路，电路分析经常会引入理想电路元件的概念。每一个理想电路元件都只反映一种电磁特性，如用"电阻"反映电阻器消耗电能的性质，用"电容"反映电容器储存电场能量的性质，用"电感"反映电感线圈储存磁场能量的性质等。

由理想电路元件组成的电路称为理想电路模型（简称电路模型），亦称为电路原理图（简称电路图）。表1–1中列出了几种常见的理想电路元件和它们的图形符号。

表1–1 几种常见的理想电路元件和它们的图形符号

理想电路元件	物理特性	图形符号
电阻元件	消耗电能	—▭—
电容元件	存储电场能	—∥—
电感元件	存储磁场能	—⌒⌒⌒—
电压源	提供电能	+Ⓤ– U_s
电流源		Ⓘ→ I_s

1.2 电路的主要物理量

1.2.1 电 流

电流的强弱用电流强度来表示，其数值等于单位时间内通过导体某一横截面的电荷量。设在 dt 时间内通过某一横截面的电荷量为 dq，则通过该截面的电流强度为

$$i = \frac{dq}{dt} \tag{1-1}$$

式（1-1）中，电流强度 i 是随时间变化的。若 i 不随时间变化，则电流强度为恒定值，这种电流称为恒定电流，简称直流，它所流通的路径就是直流电路。在直流电路中，式（1-1）可写成

$$I = \frac{q}{t} \tag{1-2}$$

在国际单位制（SI）中，电荷的单位是库仑（C），时间的单位是秒（s），电流强度的单位是安培（A），简称"安"。在实际应用中，常用的电流单位还有千安（kA）、毫安（mA）和微安（μA）等，其转换关系为

$$1 \text{ A} = 10^3 \text{ mA} = 10^6 \text{ μA}$$

习惯上规定，正电荷移动的方向或负电荷移动的反方向为电流的实际方向。在简单电路中，可以很容易判断出电流的实际方向，但对于较复杂的电路，往往难以确定电流的实际方向，为此引入参考方向这一概念。参考方向是人为、任意规定的电流流向的假定方向，它可能与电流的实际方向相同，也可能与电流的实际方向相反，相同、相反可分别用数学符号正、负来表示。当电流的实际方向与参考方向一致时，电流为正值，反之电流为负值，如图 1-1 所示。

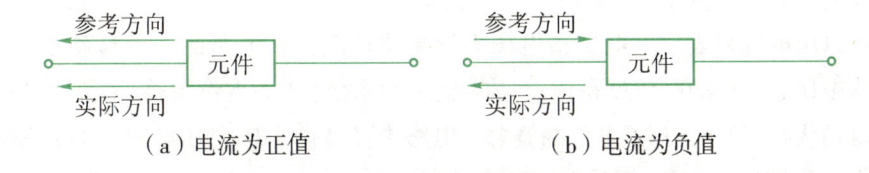

（a）电流为正值　　　　　　　（b）电流为负值

图 1-1　电流的参考方向

例 1-1　在图 1-2 所示电路中，各电流的参考方向已标出，已知 $I_1 = -4$ A，$I_2 = 2$ A，$I_3 = -2$ A，试确定 I_1、I_2、I_3 的实际方向。

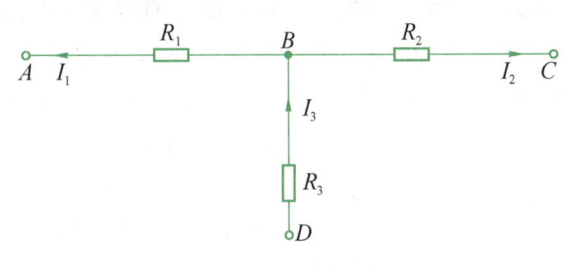

图 1-2　例 1-1 图

解： 由于 $I_1 < 0$，故 I_1 的实际方向与参考方向相反，I_1 由 A 点流向 B 点。

同理，$I_2 > 0$，则 I_2 的实际方向与参考方向相同，I_2 由 B 点流向 C 点。

$I_3 < 0$，则 I_3 的实际方向与参考方向相反，I_3 由 B 点流向 D 点。

在例 1-1 中，电流的正、负号是根据参考方向得出的，即电流的实际方向已经明确。

不设定参考方向而讨论电流的正、负是无意义的。

1.2.2 电压

电路中 A、B 两点间的电压指电场力把单位正电荷从电路的 A 点移到 B 点所做的功，即

$$u = \frac{\mathrm{d}w}{\mathrm{d}q} \tag{1-3}$$

式（1-3）中，$\mathrm{d}q$ 是被移动的正电荷的电荷量；$\mathrm{d}w$ 是电场力将正电荷 $\mathrm{d}q$ 从 A 点移到 B 点所做的功；u 是随时间变化的量，若 u 不随时间变化，这样的电压称为直流电压。

在直流电压下，式（1-3）可写成

$$U = \frac{W}{q} \tag{1-4}$$

在国际单位制（SI）中，电荷的单位是库仑（C），功的单位是焦耳（J），电压的单位是伏特（V），简称"伏"。在实际应用中，计量微小电压时，以毫伏（mV）或微伏（μV）为单位，其换算关系为

$$1\ \mathrm{V} = 10^3\ \mathrm{mV} = 10^6\ \mathrm{\mu V}$$

计量高电压时，则以千伏（kV）为单位。

电压可以用电位来表示。电位指电场力把单位正电荷从电路的一点移到参考点所做的功，即电路中任意一点的电位就是该点与参考点之间的电压。电位用符号 V 加下标表示，电位的单位也是伏特（V）。有了电位的概念，电路中任意两点的电压就可以直接用两点间的电位差来表示，如 A、B 两点间的电压可表示为

$$U_{AB} = V_A - V_B$$

理想电路中规定，电位降低的方向为电压的实际方向。但在复杂的电路里，元件两端电压的实际方向是不易判别的，因此，与电流一样，必须对电路中两点间的电压设定参考方向。例如，图 1-3 中，设定 A 点为高电位点，标以"+"，B 点相对于 A 点是低电位点，标以"-"，因此，电压的参考方向为 A 点指向 B 点。当电路两点间电压的实际方向与参考方向相同时，电压为正；反之，电压为负。有时为了图示方便，亦可用一个箭头表示电压的参考方向，如图 1-3 所示。

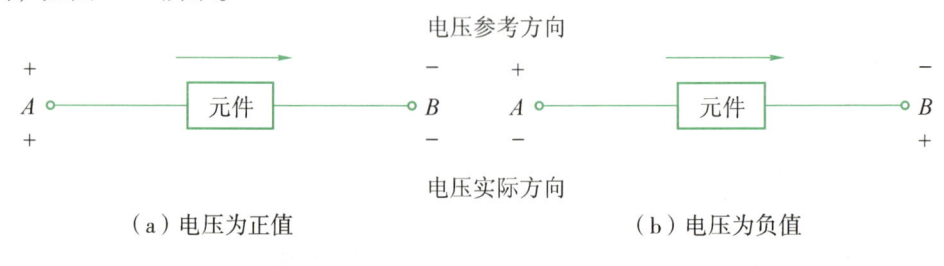

（a）电压为正值　　　　　　　　　（b）电压为负值

图 1-3　电压的参考方向

应理解：与电流的正、负一样，电压的正与负，在设定参考方向的条件下才是有意义的。电压的参考方向亦可称为电压的参考极性或正方向。

虽然电压和电位都是以电场力做功来阐述的物理量，但也有不同之处。电位是相对于参考点而言的，针对某点电位，事先一定要标明参考点的位置。参考点不同，该点电位的数值亦不同，脱离了参考点、孤立地讲某一点的电位是无意义的。电压是电路中两点的电位之差，电位差不会随参考点的不同而改变，是固定的。

由于参考点的电位常被设为零，故参考点又称为"零电位点"。在工程上，常选大地或电气设备的机壳作为参考点。在电路中，一般选一条特定的公共线作为参考点（用符号"⊥"表示），这条公共线是众多元件的汇集处，且往往是电源的一个极。

电流、电压的参考方向均可任意设定，两者不相关。但为了便于分析电路，常常把元件或一段电路上电流与电压的参考方向取为一致，标为关联参考方向，简称关联方向，如图1-4所示。这样，只要在电路中标出电压的参考方向，电流的参考方向就自然确定了，反之亦然。一般情况下，电路图上标出两者中任意一个的参考方向，另一个可省略不标。

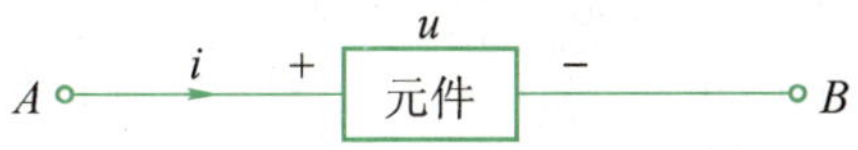

图1-4 电压、电流关联参考方向

☞注意：

在分析和计算电路时，参考方向一旦确定，就不能更改，否则会造成混乱。

1.2.3 电功率

单位时间内电场力所做的功称为电功率（简称功率），用 P 表示，即

$$P = \frac{dw}{dt} \tag{1-5}$$

式（1-5）中，功的单位是焦耳（J），时间的单位是秒（s），功率的单位是瓦特（W），简称"瓦"。

功率也可以用电压、电流的乘积来表示，即

$$P = \frac{dw}{dt} = \frac{dw}{dq} \cdot \frac{dq}{dt} = ui \tag{1-6}$$

式（1-6）中，电压的单位为伏特（V），电流的单位为安培（A），功率的单位为瓦特（W），即

$$1\ W = 1\ V \cdot A$$

在直流情况下，式（1-6）可写成

$$P = UI \tag{1-7}$$

如果用电压和电流的乘积来计算电路中某元件（或某一段电路）的功率，不仅要计算功率的大小，有时还要判断功率的性质，即该元件是提供功率还是吸收功率。

如图1-5所示，电路中的矩形方框表示某元件（或某一段电路）。从图1-5（a）可见，当电压、电流取关联方向时，如果计算出的功率为正值（U、I同为正或同为负），则表明该元件是负载性元件，是吸收（消耗）电功率的。所谓吸收电功率，指该元件把电能转换成其他形式的能量（如热能、光能等）。反之，从图1-5（b）可见，在电压、电流同样取关联方向时，如果计算出的功率为负值（U、I符号相异），则表明该元件是电源性元件，是提供（产生）电功率的。

（a）吸收功率（功率为正值）　（b）提供功率（功率为负值）

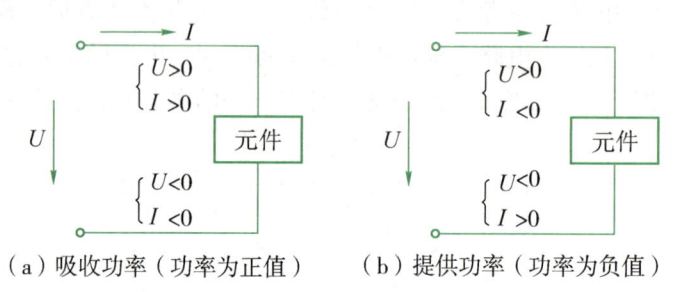

图1-5　功率的正、负

当电压、电流取非关联方向时，功率的计算公式应为

$$P = -UI \tag{1-8}$$

按式（1-8）算得的功率同样是：

$$\begin{cases} P > 0 & \text{吸收（消耗）功率} \\ P < 0 & \text{提供（产生）功率} \end{cases}$$

例1-2　如图1-6所示，电路中的矩形方框表示元件，已知 $U_{AB} = 40$ V，$I_1 = 15$ A，$I_2 = 10$ A，$I_3 = -5$ A，试求电路中各元件的功率。

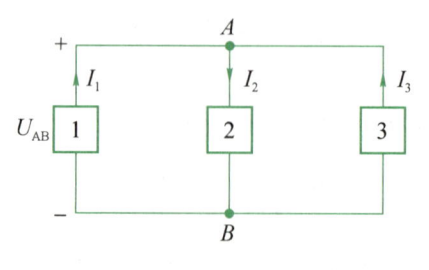

图1-6　例1-2图

解：从图1-6中可见，元件1上的电压和电流取非关联方向，于是

$$P_1 = -U_{AB}I_1 = -40 \times 15 = -600(\text{W})$$

由于求出的功率为负值，所以说明元件 1 为电源，是提供功率的。

元件 2 上的电压和电流取关联方向，于是

$$P_2 = U_{AB}I_2 = 40 \times 10 = 400(\text{W})$$

由于求出的功率为正值，所以说明元件 2 是电阻性负载，是吸收功率的。

元件 3 上的电压和电流取非关联方向，于是

$$P_3 = -U_{AB}I_3 = -40 \times (-5) = 200(\text{W})$$

由于求出的功率为正值，所以说明元件 3 为电阻性负载，是吸收功率的。

从例 1-2 得出的结果中可以看出，电阻所吸收的功率与电源提供的功率是相等的，即符合能量守恒定律。

计算电路中某元件（或某一段电路）的功率，当电压、电流设定的参考方向为关联时，功率计算公式中取正号；非关联时，取负号。这样，如果得出的功率为正，则是吸收功率；如果得出的功率为负，则是提供功率。

实际上，判别一个元件是吸收功率还是提供功率，取决于元件上电压和电流的实际方向，两者相同时是吸收功率，相反时是提供功率。

> 上述内容是本课程所有后续知识单元的理论基础，受字数限制，本书无法进一步展开叙述，你可进入国家开放大学学习网，参阅"电工电子技术网络课程"第 1 单元，尽量完整地收看视频授课栏目的教学内容。
>
> 在离线或移动状态下，可打开数字教材第 1 章阅读相关内容的辅导或收看视频。

1.3 电路基本元件及其伏安特性

1.3.1 电阻元件

理想电路中的元件，如不另外说明，均为理想元件。电阻元件是电路中最常见的一种元件，它是从实际电阻器中抽象出来的，如电灯、电炉等。因此，电阻元件是一种耗能元件。

若把电阻两端的电压取为纵坐标，电流取为横坐标，对应一系列的电压值和电流值可以得到一条表示二者函数关系的曲线，这条曲线称为电压电流特性曲线。由于电压的单位是伏特，电流的单位是安培，故其又称为伏安特性曲线，简称伏安特性。

根据性质的不同，电阻分为线性电阻和非线性电阻。在关联参考方向下，线性电阻的伏安特性是一条通过坐标原点的直线，如图1-7所示。

伏安特性不是直线的电阻称为非线性电阻。图1-8（a）所示为半导体二极管的伏安特性，图1-8（b）所示为半导体三极管输出端的伏安特性，它们对外均呈现非线性电阻特性。

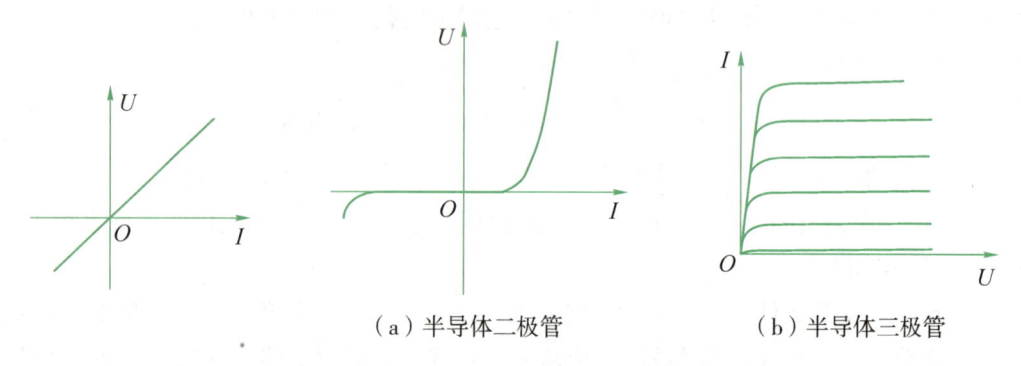

图1-7　线性电阻伏安特性　　　图1-8　非线性电阻的伏安特性
（a）半导体二极管　　（b）半导体三极管

当线性电阻上的电压、电流取关联方向时，根据欧姆定律可得

$$U = RI \tag{1-9}$$

式（1-9）中，电压U的单位是伏特（V），电流I的单位是安培（A），电阻R的单位是欧姆（Ω）。在实际应用中，电阻的常用单位还有千欧（kΩ）、兆欧（MΩ）等。

电阻的特性还可以用另一个参数来表示，即电导G。电导G表示该元件传导电流的能力。电导与电阻的关系是

$$G = \frac{1}{R} \tag{1-10}$$

在国际单位制（SI）中，电导的单位是西门子（S），简称"西"。

用电导来表示欧姆定律，可写成

$$U = \frac{I}{G} \tag{1-11}$$

根据式（1-7），在关联方向下，电阻消耗的功率为

$$P = UI = I^2 R = \frac{U^2}{R} \tag{1-12}$$

实际应用中，电气设备都标有额定值。额定值是为确保安全使用，由制造厂家给出的产品电压、电流和功率的限制数额，分别用符号U_N、I_N和P_N来表示。例如，一只灯泡上标明220 V、60 W，即说明这只灯泡接220 V电压时，消耗功率为60 W。如果所接电压超过220 V且消耗功率大于60 W，则灯泡有可能被烧坏。电气设备在额定值下运行时，称其处于额定工作状态。

学习活动 1-1

电阻元件的检测与选用

【活动目标】

会用万用表或仿真软件测试、选用电阻元件。

【所需时间】

约 30 分钟

【活动步骤】

1. 阅读内容"1.3.1　电阻元件",找出描述电阻伏安特性的曲线图和关键语句,做画线标记。

2. 准备实验设备和元件:万用表 1 只,各种电阻若干。若没有实验条件,请进入步骤 5,用电路仿真软件完成本次活动。

3. 测量电阻的阻值并记录于表 1-2 中。

表 1-2　电阻测试

序号	识　别				测　量	
	材料	阻值	允许误差	额定功率	量程	阻值
1						
2						
3						
4						

4. 每次从若干由不同规格的色环标注的固定电阻器中任取 1 个,将识别和测量的结果填入表 1-3 中。

表 1-3　色环电阻器的识别与测量

序号	识　别			测　量	
	色环颜色	阻值	允许误差	量程	阻值
1					
2					
3					
4					

5. 打开本课程对应的网络课程的文本辅导和视频授课栏目第 1 单元,阅读有关仿真软件 Tina Pro 的应用介绍。

6. ⬤ 在电脑上打开电路仿真软件 Tina Pro，从虚拟设备和元器件库中选用虚拟设备和电阻元件，练习软件的使用。

【反　　馈】

1. 常见电阻器有碳膜电阻和金属膜电阻之分，受制作工艺限制均存在误差。碳膜电阻的精度低，允许误差为 10%，金属膜电阻的精度高，允许误差为 5%。根据测试记录，对电阻器的性能进行判定，这可作为选用的依据。

2. 由于仿真软件的元器件库中都是标准元器件，所以本次活动与实际使用万用表不同，可以先从熟悉软件和选用虚拟设备、元件的练习做起，为以后的活动打好基础。

1.3.2　电压源

如果一个电源的输出电压与外接电路无关，总保持为某一定值或一定的时间函数，则该电源称为理想电压源，又称为恒定电压源，简称恒压源。理想电压源的图形符号如图 1-9（a）所示。

（a）理想电压源的图形符号　　　（b）实际电压源的模型　　　（c）实际电压源的伏安特性

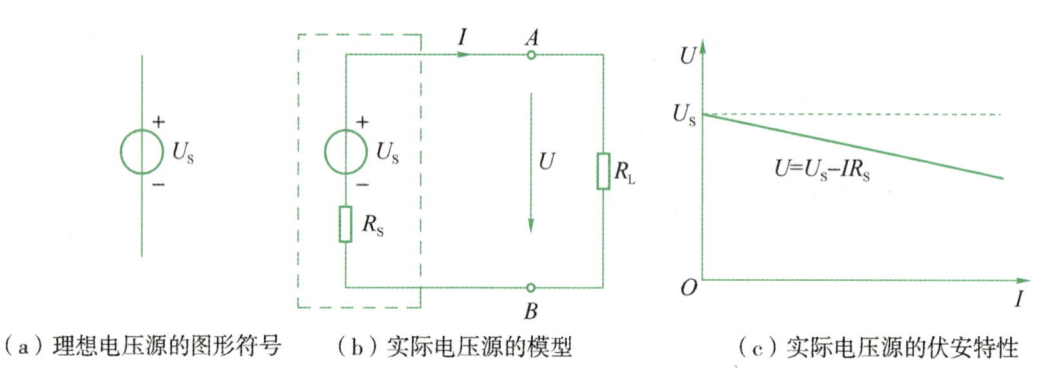

图 1-9　电压源的图形符号、模型及伏安特性

实际上，理想电压源是不存在的。任何性质的电源在对外提供功率时，都不可避免地存在内部的功率损耗，也就是说，实际的电源是存在内阻的。因此，实际电压源可以用一个理想电压源 U_S 和一个内阻 R_S 串联的电路模型来表示，如图 1-9（b）中的虚线框所示。

图 1-9（b）所示电路的 A、B 端的伏安关系为

$$U = U_S - IR_S \tag{1-13}$$

由式（1-13）可见，实际电压源的端电压 U 是低于 U_S 的。电流越大，R_S 上的压降越大，端电压就越低。因此，实际电压源的内阻越小，其特性就越接近理想电压源。实际电压源的伏安特性如图 1-9（c）所示。

如果电源不接负载，则电源呈开路状态，开路又称为断路，如图 1-10（a）所示。由

于电源呈开路状态，$I=0$，因此 R_S 上无压降，电源的输出电压即为开路电压 U_{OC}，即 $U_{OC}=U_S$。

(a) 开路状态　　　　　　　(b) 短路状态

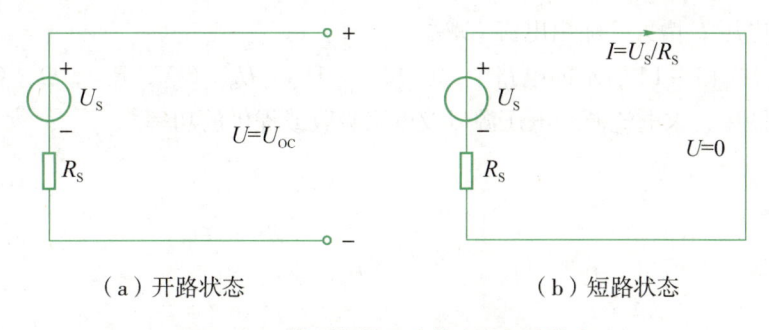

图 1-10　电压源的开路状态和短路状态

如果电源两端被电阻等于零的导线直接连接起来，则电源呈短路状态，如图 1-10（b）所示。此时，短路电流 $I=\dfrac{U_S}{R_S}$，而端电压 $U=0$。由于实际电压源的内阻都较小，故短路电流很大，会损坏电源，因此对一般电压源是不允许短路的。

1.3.3　电流源

如果一个电源的输出电流与外接电路无关，总保持为某一定值或一定的时间函数，则该电源称为理想电流源，又称为恒定电流源，简称恒流源。理想电流源的图形符号如图 1-11（a）所示，箭头表示电流的正方向。

(a) 理想电流源的图形符号　　(b) 实际电流源的模型　　(c) 实际电流源的伏安特性

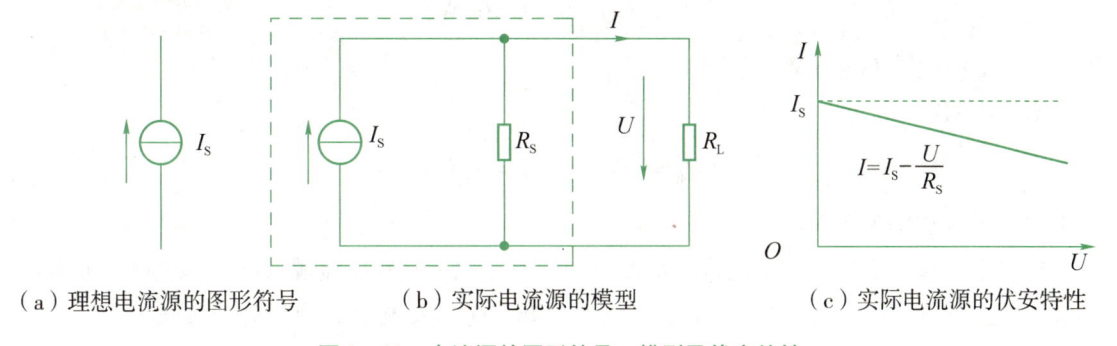

图 1-11　电流源的图形符号、模型及伏安特性

理想电流源实际上也是不存在的。实际电流源可以用恒流源 I_S 与内阻 R_S 并联的电路模型来表示，如图 1-11（b）中的虚线框所示。

由图 1-11 可见，电源输出电流与端电压 U 的关系式为

$$I=I_S-\dfrac{U}{R_S} \tag{1-14}$$

由于有电阻 R_S 的存在，所以电路中输出的负载电流 I 小于 I_S。

根据式（1-14）可作出输出电流 I 与端电压 U 的伏安特性曲线，如图 1-11（c）所示。图 1-11（c）中，纵轴上的截距点是：$R_L=0$ 时，$U=0$，$I=I_S$。随着负载电阻 R_L 的增加，电源的端电压 U 增大，输出电流 I 减小。

例 1-3 在图 1-12 所示的电路中，已知 $I_S=1$ A，$U_S=6$ V，$R=2$ Ω，各元件的参考方向均标示在图中，求电流源、电压源以及电阻吸收或提供的功率。

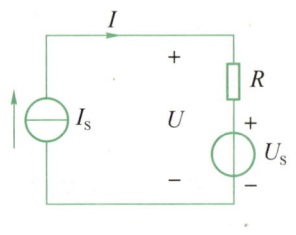

图 1-12 例 1-3 图

解： 由图 1-12 可知

$$U = RI + U_S = 2 \times 1 + 6 = 8(\text{V})$$

对 I_S 电流源而言，I_S、U 参考方向非关联，所以

$$P_{I_S} = -UI_S = -8 \times 1 = -8(\text{W})$$

其意义为，电流源 I_S 吸收 -8 W 的功率，也就是说它提供 8 W 的功率。

由于 $I=I_S=1$ A，故对电压源而言，I、U_S 参考方向关联，所以

$$P_{U_S} = U_S I = 6 \times 1 = 6(\text{W})$$

即电压源的吸收功率为 6 W。

对于电阻有

$$P_R = I^2 R = 1^2 \times 2 = 2(\text{W})$$

即电阻的吸收功率为 2 W。

电路中电流的实际方向是电位降低的方向，可据此来判别电流源或电压源上电流或电压的关联性。在例 1-3 中，对 I_S 而言，U 的电位降方向与 I_S 相反，所以为非关联。

电压源吸收功率时将作为负载出现，如蓄电池充电。

学习活动 1-2

直流电路中的电压、电流及电位测试

【活动目标】

会用实验室设备或电路仿真软件搭接简单电路，并测试电路主要参数。

【所需时间】

约 30 分钟

【活动步骤】

1. 阅读内容"1.3.2 电压源"和"1.3.3 电流源",找出描述电压源和电流源伏安特性的曲线图和关键语句,并做画线标记。

2. 🖥 打开网络课程中文本辅导和视频授课栏目第 1 单元,观看实验演示。

3. 按图 1-13 所示使用相应设备和元件连接电路,调节稳压电源输出电压为 20 V,检查无误后接通电源开关。🌑 若无实验室设备,请预习有关电路仿真软件 Tina Pro 的使用说明,打开电路仿真软件并按图连接电路。

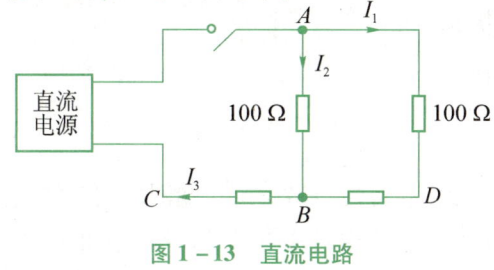

图 1-13 直流电路

4. 测量电压 U_{AB}、U_{AC}、U_{AD};测量电流 I_1、I_2、I_3;分别以 A、B 为参考节点,测量电位 V_A、V_B、V_C、V_D,并将测得的数据填入表 1-4 中。

表 1-4 电路参数测试

测试参数		V_A	V_B	V_C	V_D	U_{AB}	U_{AC}	U_{AD}	I_1	I_2	I_3
参考节点	A 点										
	B 点										

【反 馈】

1. 电路的参考节点设置不同,节点的电位数值就会有差异,但电压代表两个节点间的电位差,不受参考节点设置的影响。

2. 每个元件上的电压和流经的电流与该元件有关,线性电阻两端的电压与流过的电流一定成线性关系。

1.4 电路的等效变换

实际电路的结构和功能多种多样,如果对某些复杂电路直接进行分析和计算,往往是比较烦琐和困难的。因此，希望能够找到简化的方法，也就是说，在部分电路的外部性能（对外产生的作用）不变的条件下，将该部分结构复杂的电路进行简化，使之成为结构比较简单的电路，以便于电路的分析和计算。

1.4.1 二端网络

若一个电路不论其内部结构如何复杂，但最终只有两个端钮与外部相连，则该电路称为二端网络，又称为单口网络，其图形符号如图 1-14 所示。

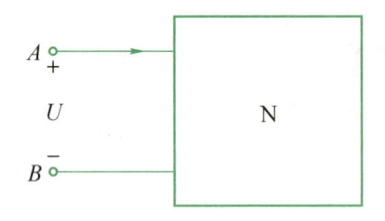

图 1-14 二端网络的图形符号

如果一个二端网络端口的伏安特性与另一个二端网络端口的伏安特性相同，其效果是：当在它们的两个端钮之间接上任意的相同外电路时，端口上的电压和电流都对应相等，则说明这两个二端网络互为等效。在等效的前提下，可用一个结构简单的网络代替另一个结构较复杂的网络。

1.4.2 电阻的串联

若干电阻首尾相接即组成电阻串联电路，如图 1-15（a）所示。

（a）电阻串联电路　　　　（b）电阻串联电路的等效电路

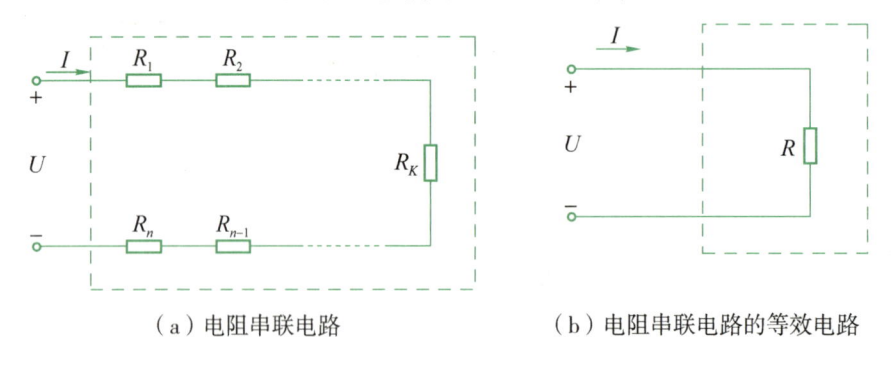

图 1-15 电阻串联电路的等效变换

显然，在电阻串联电路中，各电阻上的电流是相等的，总电压为各电阻的电压之和。据此可推断出：图 1-15（a）所示电路中的所有电阻可用一个电阻 R 来等效，如图 1-15（b）所示。等效的条件是，在同一电压 U 的作用下，原电路和等效电路的电流保持不变，即两个电路端口的伏安特性相同。

从图 1-15（a）中可以看出，由于通过各个电阻的电流相等，所以各串联电阻的电压

与其阻值成正比，即

$$U_1 = R_1 I = \frac{R_1}{R} U$$

$$U_2 = R_2 I = \frac{R_2}{R} U$$

……

$$U_n = R_n I = \frac{R_n}{R} U \tag{1-15}$$

也就是说，在电阻串联电路中，任意一个电阻的分压等于总电压乘以该电阻对总电阻的比值。电阻串联电路的这一特性，称为分压特性。利用这一特性可以扩展电压表的量程。

1.4.3 电阻的并联

若干电阻的首端、尾端分别连接在两个公共端点上，每个电阻的端电压相同，这样的连接方式称为电阻的并联，如图 1-16（a）所示。

在电阻并联电路中，各并联电阻承受的是同一电压，总电流为各支路电流之和。据此可推断出：图 1-16（a）所示电路中的所有电阻可用一个电阻 R 来等效，如图 1-16（b）所示。等效的条件也是在同一电压 U 的作用下，原电路和等效电路的电流保持不变。

（a）电阻并联电路　　　　（b）电阻并联电路的等效电路

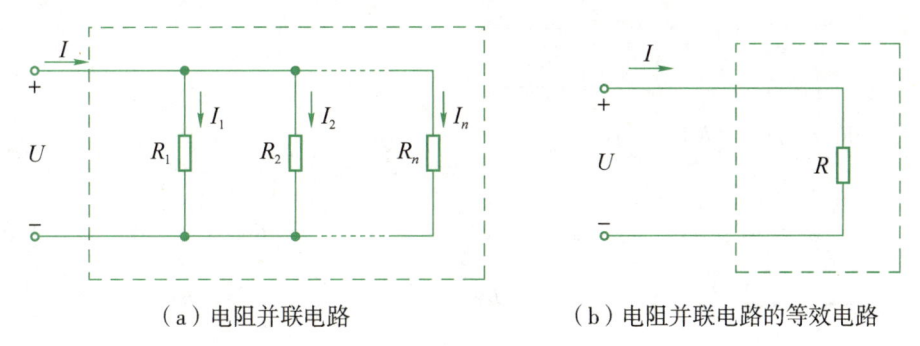

图 1-16　电阻并联电路的等效变换

等效电阻 R 的倒数等于各并联电阻的倒数之和，即

$$\frac{1}{R} = \frac{1}{R_1} + \frac{1}{R_2} + \cdots + \frac{1}{R_n} \tag{1-16}$$

电阻 R 的倒数可用电导 G 表示，即

$$G = G_1 + G_2 + \cdots + G_n \tag{1-17}$$

应该理解：并联电阻电路的等效电阻一定小于并联电阻中最小的一个。

从图 1-16（a）还可以看出，在同一电压 U 下，如果各个电阻中流过的电流不相等，则流过各并联电阻的电流与其阻值成反比，即

$$I_1 = \frac{U}{R_1} = \frac{R}{R_1}I$$

$$I_2 = \frac{U}{R_2} = \frac{R}{R_2}I$$

$$\cdots\cdots$$

$$I_n = \frac{U}{R_n} = \frac{R}{R_n}I \tag{1-18}$$

电阻并联电路的这一特性，称为分流特性。利用这一特性可以扩展电流表的量程。

1.4.4 电阻的混联

电阻以串联和并联混合连接的方式称为电阻的混联。混联电路可通过电阻的串、并联来逐步变换，最后混联电阻可简化成一个等效电阻。

例1-4 图1-17（a）所示电路是电子电路中常见的梯形电阻网络，计算 A、B 端的等效电阻 R_{AB}。

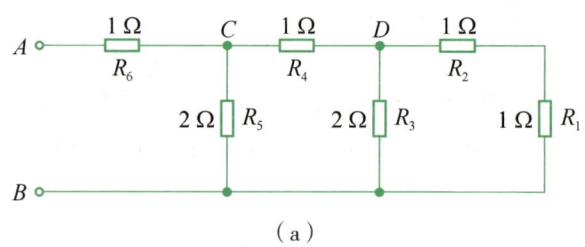

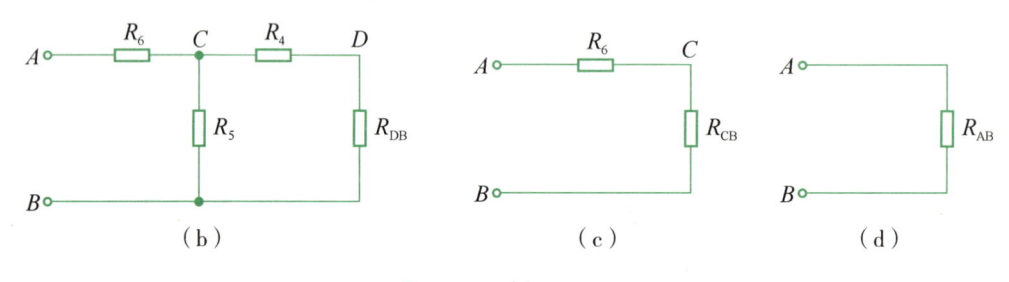

图1-17 例1-4图

解：梯形电阻网络的简化顺序是从端口的最远处逐渐向端口靠近，最后得出 A、B 端口的等效电阻 R_{AB}。

电阻 R_1 与 R_2 串联，然后与 R_3 并联，运用公式（1-16），等效电阻如图1-17（b）所示，即

$$R_{DB} = (R_1 + R_2) /\!/ R_3 = 1(\Omega)$$

电阻 R_{DB} 与 R_4 串联，然后与 R_5 并联，等效电阻如图1-17（c）所示，即

$$R_{CB} = (R_{DB} + R_4) /\!/ R_5 = 1(\Omega)$$

R_{CB} 与 R_6 串联，故 A、B 端口的等效电阻如图 1-17（d）所示，即
$$R_{AB} = R_{CB} + R_6 = 2(\Omega)$$

1.4.5　电压源模型与电流源模型的等效变换

为了分析方便，在此将实际电压源模型［如图 1-9（b）中的虚线框所示］和实际电流源模型［如图 1-11（b）中的虚线框所示］放置在一起，如图 1-18 所示。

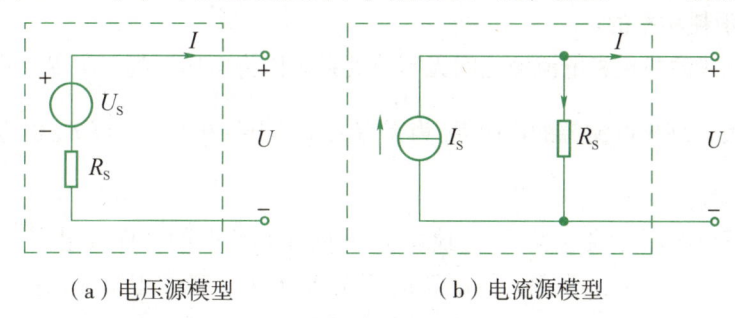

（a）电压源模型　　　　　　（b）电流源模型

图 1-18　电压源模型与电流源模型的等效变换

对照图 1-18，如果电压源模型的输出电压和输出电流与电流源模型的输出电压和输出电流对应相等，即是说，对同一外部电路而言，二者的伏安特性相同，那么两种模型是可以等效变换的。

如图 1-18 所示，为使两种模型的 U、I 均相等，则设等效变换的条件是

$$I_S = \frac{U_S}{R_S} \text{ 或 } U_S = R_S \cdot I_S \tag{1-19}$$

对于电压源模型，输出电压为
$$U = U_S - R_S I$$

输出电流为
$$I = \frac{U_S}{R_S} - \frac{U}{R_S}$$

对于电流源模型，输出电压为
$$U = R_S I_S - R_S I$$

输出电流为
$$I = I_S - \frac{U}{R_S}$$

将等效变换条件代入，可得出两个模型输出电压和输出电流相等的结论。可见，在满足等效变换的条件下，电压源模型和电流源模型是等效的。

> 注意：
> 在电压源模型与电流源模型等效变换时，二者的电压、电流方向必须一致。

关于电压源模型与电流源模型的等效变换有几点说明：

（1）两种电源模型的等效变换只是对相同的外部电路而言，对电源内部是不等效的。当外部电路断开时，电压源内部无电流，内阻 R_S 不消耗功率，而电流源内部仍有电流 I_S 流通，内阻 R_S 是消耗功率的。

（2）理想电压源与理想电流源之间无等效关系。因为电压源的内阻 $R_S = 0$，则短路电流 $I_S = \dfrac{U_S}{R_S}$ 为无穷大；理想电流源的内阻 R_S 为无穷大，其开路电压 $U_S = I_S R_S$ 也应为无穷大，而这些都是不可能的。

（3）基于理想电压源端电压恒定的性质，并联在其两端的元件（电阻、电流源）不影响理想电压源电压的大小，故在分析电路时可舍去（在计算电压源提供的电流和功率时，元件不可去掉）。基于理想电流源提供恒定电流的性质，与其串联的元件（电阻、电压源）不影响理想电流源电流的大小，故在分析电路时可舍去。

例 1-5 在图 1-19 所示的两个电路中，试求负载 R_L 中的电流 I 及其端电压 U。

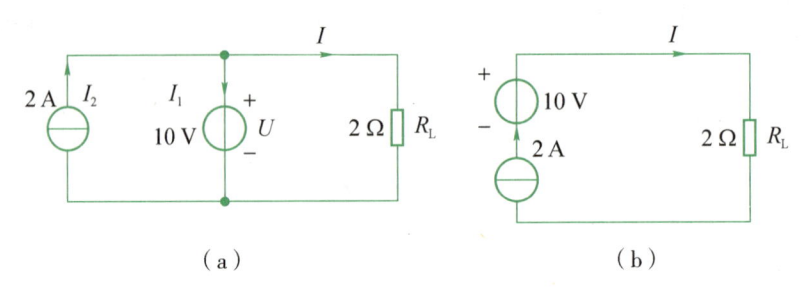

（a） （b）

图 1-19 例 1-5 图

解： 在图 1-19（a）中，2 A 电流源不影响与其并联的 10 V 电压源两端的电压的大小，故可舍去电流源（开路），得

$$U = 10 \text{ V}$$

$$I = \frac{U}{R_L} = \frac{10}{2} = 5(\text{A})$$

在图 1-19（b）中，10 V 电压源不影响与其串联的电流源的电流的大小，故可舍去电压源（短路），得

$$I = 2 \text{ A}$$

$$U = R_L I = 2 \times 2 = 4(\text{V})$$

图 1-19（a）中，舍去 2 A 的电流源可以这样来理解：由于电压源内阻为零，与其并联的电流源被电压源短路，所以电流源对外电路不起作用。

图 1-19（b）中，舍去 10 V 电压源可以这样来理解：由于电流源内阻为无穷大，与其串联的电压源的电压都作用在电流源上，所以电压源对外电路不起作用。

> 有关电压源模型与电流源模型等效变换的实例讲解，感兴趣的同学可进入国家开放大学学习网，参阅"电工电子技术网络课程"第 1 单元中学习辅导栏目的相关内容，或打开数字教材学习第 1 章的相关内容。

1.5 基尔霍夫定律

基尔霍夫定律包括基尔霍夫电流定律和基尔霍夫电压定律。

为便于基尔霍夫定律内容的叙述，先介绍几个有关的电路名词。

(1) 支路。通常，电路中每一个二端元件都可被视为一条支路。但为了分析和计算的便利，又把电路中同一条电流流经的几个元件相互串联起来的分支称为支路。如图 1-20 所示，ABC、ADC、AC 为 3 条支路。

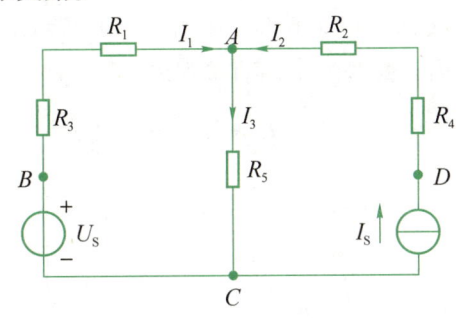

图 1-20　介绍电路术语用图

(2) 节点。3 条或 3 条以上支路的连接点称为节点。在图 1-20 中，A、C 为节点，B、D 不是节点。

(3) 回路。由支路构成的任一闭合路径称为回路。图 1-20 中共有 3 个回路：$ABCA$、$ADCA$ 和 $ABCDA$。

(4) 网孔。内部不包含任何支路的回路称为网孔。图 1-20 中 $ABCA$、$ADCA$ 这两个回路都是网孔，而 $ABCDA$ 不是网孔。可以这样讲，网孔一定是回路，但回路不一定是网孔。

通常把比较复杂的电路称为网络。实际上，电路和网络这两个名词并无明确区别，它们可以相互混用。

1.5.1 基尔霍夫电流定律

基尔霍夫电流定律（Kirchhoff Current Law）是描述电路中任一节点所连接的各支路电流之间相互关系的定律，简称 KCL。其基本内容是：任意时刻，流入电路中任一节点的电流之和恒等于流出该节点的电流之和。

例如，对于图 1-20 所示电路中的节点 A，在图示各电流的参考方向下，依 KCL 有

$$I_1 + I_2 = I_3$$

或

$$I_1 + I_2 - I_3 = 0$$

它的物理意义是：流入节点 A 的电流的代数和恒等于零。因此，KCL 也可以表述为：任意时刻，流入电路中任一节点的电流的代数和恒为零，其数学表达式为

$$\sum I = 0 \tag{1-20}$$

式（1-20）称为节点电流方程，简称 KCL 方程。KCL 的正确性是毋庸置疑的，它是电荷守恒定律和电流连续性在电路中的具体反映。电路中的任一节点，在任何时刻均不能堆积电荷。因此，节点处流入的电流必然等于流出的电流。

KCL 不仅适用于节点，把它加以推广，还可用于包含几个节点在内的闭合面。这个闭合面可被看成一个大节点，又称为广义节点。在图 1-21 所示的电路中，将节点 A、B、C 所在电路包围在一个闭合面内，根据 KCL 可直接列出

$$I_1 + I_2 + I_3 = 0$$

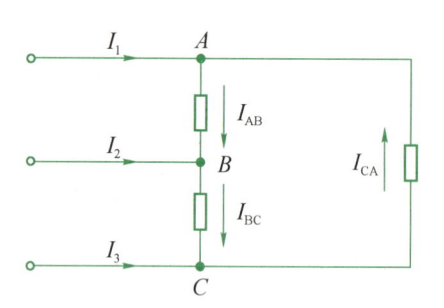

图 1-21 KCL 的扩展应用

对于闭合面内的 A、B、C 3 个节点列写 KCL 方程，亦可得到上面的结论，即对于节点 A 有

$$I_1 = I_{AB} - I_{CA} \tag{1-21}$$

对于节点 B 有

$$I_2 = I_{BC} - I_{AB} \tag{1-22}$$

对于节点 C 有

$$I_3 = I_{CA} - I_{BC} \tag{1-23}$$

将式 (1-21)、式 (1-22)、式 (1-23) 相加, 得

$$I_1 + I_2 + I_3 = 0$$

在前面列写 KCL 方程时, 规定流入节点的电流取正号, 流出节点的电流取负号。当然, 也可以做出相反的规定, 规定电流流出为正、流入为负。这都不影响计算结果, 但在同一个 KCL 方程中, 规定必须一致。

1.5.2 基尔霍夫电压定律

基尔霍夫电压定律 (Kirchhoff Voltage Law) 是描述电路中任一回路内各段电压之间关系的定律, 简称 KVL。其基本内容是: 任意时刻, 沿电路中任意闭合回路绕行一周的各段电压的代数和恒为零, 其数学表达式为

$$\sum U = 0 \tag{1-24}$$

式 (1-24) 称为回路的电压方程, 简称 KVL 方程。

在图 1-22 中, 沿箭头所标逆时针方向绕行一圈 (虚线方向), 根据 KVL 可写出

$$R_1 I_1 - R_2 I_2 + U_2 - U_1 = 0$$

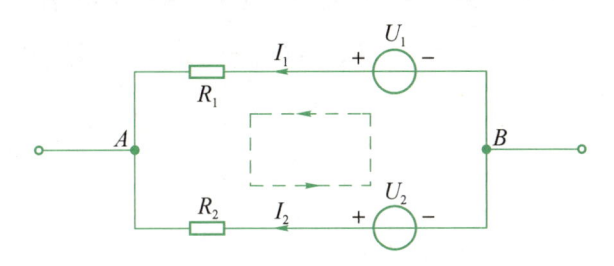

图 1-22 闭合电路

上式中各段电压的符号是这样确定的: 当元件两端电压的参考方向与回路的绕行方向相同时取正号, 反之取负号。

实际上, 基尔霍夫电压定律体现了电路中两点间电压的大小与路径无关这一性质。在图 1-23 中, 用矩形方框表示各支路内的元件, 并标出其参考方向。如果按 $ABCD$ 方向绕行, $U_{AD} = U_1 + U_2 - U_3$。如果按 AED 方向绕行, $U_{AD} = U_5 - U_4$。两者结果应当相等, 故有

$$U_1 + U_2 - U_3 + U_4 - U_5 = 0$$

与列写 KCL 方程一样, 在应用 KVL 方程时, 也要注意正确确定每项电压前的正负号。例如, 在图 1-23 所示电路中, 沿顺时针方向, 当 $U_1 = -4$ V, $U_2 = 3$ V, $U_3 = -5$ V, $U_4 = 3$ V 时, 要求计算 U_5。根据 KVL 方程有

$$U_1 + U_2 - U_3 + U_4 - U_5 = 0$$

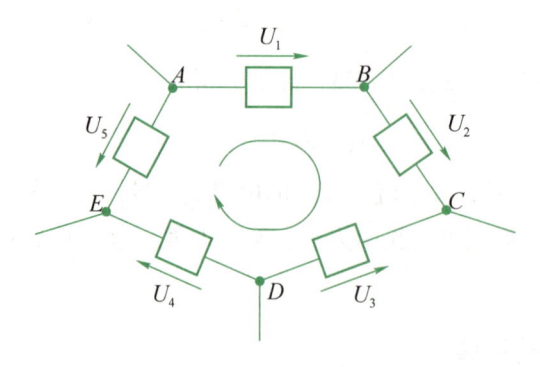

图 1-23 KVL 举例

式中每项前的正、负号是由回路绕行方向与各支路参考方向之间的关系确定的。本例中，将已表征出实际方向的各项数值直接代入即可，即

$$(-4) + 3 - (-5) + 3 - U_5 = 0$$
$$U_5 = 7(V)$$

结果表明，图 1-23 中 U_5 的实际方向与参考方向相同。

KVL 不仅适用于实际回路，加以推广，亦可适用于假想回路。例如，在图 1-23 中，若要求 U_{AC}，可以假想有 ABCA 回路，在绕行方向不变时，根据 KVL 有

$$U_1 + U_2 + U_{CA} = 0$$

可得

$$U_{CA} = -U_1 - U_2$$

即

$$U_{AC} = -U_{CA} = U_1 + U_2 = (-4) + 3 = -1(V)$$

基尔霍夫电流定律和基尔霍夫电压定律普遍适用的基本形式是 $\sum I = 0$ 和 $\sum U = 0$。它们的理论依据是电荷守恒定律及能量守恒定律，对电路中各元件的种类、性质并不加以限制。因此，基尔霍夫定律既适用于线性电路，也适用于含有非线性元件的电路。

有关基尔霍夫电流定律和基尔霍夫电压定律的详细讲解，请进入国家开放大学学习网，参阅"电工电子技术网络课程"第 1 单元中的视频授课栏目，或打开数字教材学习第 1 章的相关内容。

1.6 电路的基本分析方法

在电路分析中，对于相对复杂的电路，直接运用基尔霍夫定律来分析，其过程往往是比较烦琐的。因此，要根据电路的特点寻找分析复杂电路的简便方法。本节主要介绍几种常用的分析方法和重要定理，这些方法和定理不仅适用于直流电路，也适用于正弦交流电路，故而在电路分析中占有极其重要的地位。

1.6.1 支路电流法

在计算复杂电路的各种方法中，支路电流法是最基本的一种。它首先以支路作为求解对象，应用基尔霍夫定律列写方程，然后解方程求得各支路电流，最后运用欧姆定律得到各支路上的电压。

支路电流法分析和计算的步骤如下：

（1）确定支路数 b，标出各支路电流和网孔回路的参考方向。

（2）确定节点数 n，依据基尔霍夫电流定律列出节点电流方程，共有 $n-1$ 个独立的节点电流方程。

（3）确定独立回路数（网孔是独立回路，一般确定网孔数），依据基尔霍夫电压定律列出各网孔的电压方程，共有 $b-(n-1)$ 个网孔电压方程（回路电压方程）。

（4）解联立方程组（共有 b 个独立方程），得出各支路的电流。

（5）根据各支路元件的性质和参数，求出电压、功率等其他待求量。

例 1-6 电路如图 1-24 所示，已知 $U_1=140$ V，$U_2=90$ V，$R_1=20$ Ω，$R_2=5$ Ω，$R_3=6$ Ω，计算 R_3 所在支路的电压 U_3。

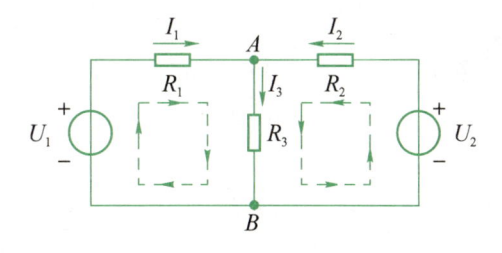

图 1-24 例 1-6 图

解：首先对图中的 3 条支路、2 个网孔标出参考方向（图中用实线和虚线分别标出），然后确定节点数量并列写独立 KCL 方程。由图 1-24 可见，有 A、B 两个节点，那么根据 $n-1$，列出一个独立的节点电流方程。对于节点 A 有

$$I_3 = I_1 + I_2$$

继而根据 $b-(n-1)$，列出 2 个回路电压方程（一般直接依据网孔列写方程），即

$$I_3R_3 + I_1R_1 = U_1$$

$$I_2R_2 + I_3R_3 = U_2$$

以上共计 3 个方程，联立求解可得出 3 条支路的电流，即

$$I_1 = 4 \text{ A}$$

$$I_2 = 6 \text{ A}$$

$$I_3 = 10 \text{ A}$$

3 个电流均为正值，表明电流的实际方向与参考方向相同。最后求 U_3，有

$$U_3 = I_3R_3 = 10 \times 6 = 60(\text{V})$$

列写回路电压方程时，要注意极性关系。当支路电流参考方向与回路电压参考方向一致时，符号取正，否则取负。

按照网孔数目列写回路电压方程是使用最普遍、最简便的方法。例 1 – 6 有 2 个网孔，可直接列写 2 个网孔电压方程。

学习活动 1 – 3

运用电路仿真软件确定电路元件的参数

【活动目标】

已知电路图和部分电路参数，运用电路仿真软件的计算功能确定其他电路元件的参数。

【所需时间】

约 20 分钟

【活动步骤】

1. 阅读内容"1.6 电路的基本分析方法"和网络课程中第 2 单元的文本辅导和视频讲解，预习有关电路仿真软件 Tina Pro 的使用说明。

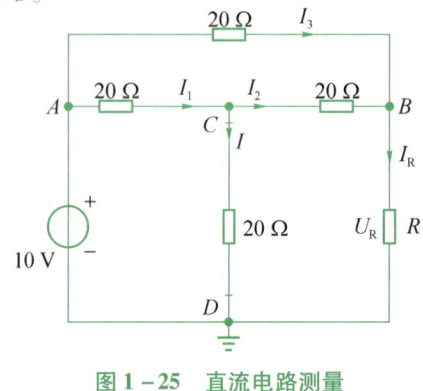

2. 在电脑上打开电路仿真软件 Tina Pro 并进入操作界面，按图 1 – 25 所示调用虚拟元器件并组装虚拟电路。

图 1 – 25　直流电路测量

3. 在 Tina Pro 软件中找到"分析|控制对象"项目并单击打开，设置 R 的范围为 1～10 kΩ。

4. 找到"分析|最优化目标"项目并单击打开，设置 AM1 的电流目标值为 200 mA。

5. 单击"分析|最优化|DC 最优化"按钮，计算出 R = 4 Ω。

【反　馈】

此例涉及电路的设计问题。工程中，根据已知的元件和相关参数确定未知的元件参数是电路设计中经常遇到的问题。本活动意在使你领悟电路仿真软件应用的工程意义，同时感悟手工计算的烦琐和仿真软件应用的优势。

1.6.2　节点电压法

在电路中任选一个节点作为参考点，其他节点与参考点之间的电压称为节点电压。以节点电压为求解对象的电路分析方法称为节点电压法。

在图 1-26 所示的电路中，共有 4 条支路和 2 个节点 A、B，选 B 点作为参考点，则 A 点的节点电压为 U_{AB}。各支路电流的参考方向均示于图中。

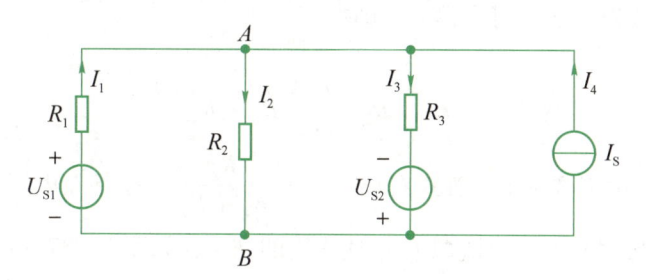

图 1-26　节点电压法举例电路

根据基尔霍夫电流定律，可写出节点 A 的 KCL 方程为

$$I_1 - I_2 - I_3 + I_4 = 0 \tag{1-25}$$

对于 R_1、R_3 所在的两条支路，它们流通的电流 I_1、I_3 应该是节点电压 U_{AB} 与支路存在的电压源（U_{S1}、U_{S2}）共同作用在 R_1、R_3 上的结果，因此根据欧姆定律有

$$\begin{cases} I_1 = \dfrac{-U_{AB} + U_{S1}}{R_1} \\ I_2 = \dfrac{U_{AB}}{R_2} \\ I_3 = \dfrac{U_{AB} + U_{S2}}{R_3} \\ I_4 = I_S \end{cases}$$

将以上各式代入式（1-25），可得

$$\frac{-U_{AB}+U_{S1}}{R_1} - \frac{U_{AB}}{R_2} - \frac{U_{AB}+U_{S2}}{R_3} + I_S = 0$$

经整理得

$$U_{AB} = \frac{\dfrac{U_{S1}}{R_1} - \dfrac{U_{S2}}{R_3} + I_S}{\dfrac{1}{R_1} + \dfrac{1}{R_2} + \dfrac{1}{R_3}} \tag{1-26}$$

求出节点电压 U_{AB} 后，即可求出各支路电流。

在列写 KCL 方程时，要注意方向，一般取电流流入节点为正、流出为负。若支路电源的电压方向与节点的电压方向一致，则取正；若相反，则取负。

1.6.3 叠加定理

叠加定理是线性电路分析中的一个重要定理。其内容是：在包含多个电源的线性电路中，电路中任一元件上的电压或电流等于每一个电源单独作用在该元件上所产生的电压或电流的代数和。

在图 1-27（a）所示的电路中，有一个电压源 U_S 和一个电流源 I_S，现在要求出 R_1 支路的电流 I_1。运用支路电流法可求得 I_1，即

$$I_1 = \frac{R_2}{R_1+R_2} \cdot I_S + \frac{1}{R_1+R_2} \cdot U_S \tag{1-27}$$

从式（1-27）中不难看出，等式右端第一项 $\dfrac{R_2}{R_1+R_2} \cdot I_S$ 是在电压源不作用（$U_S=0$，电压源短路，称为置零）时，电流源 I_S 单独作用的结果，如图 1-27（b）所示；等式右端第二项 $\dfrac{1}{R_1+R_2} \cdot U_S$ 是在电流源不作用（$I_S=0$，电流源开路，称为置零）时，电压源 U_S 单独作用的结果，如图 1-27（c）所示。显然，两个电源单独作用的结果之和等于两个电源同时作用的结果。以上验证了线性电路的一个重要性质，即叠加定理。

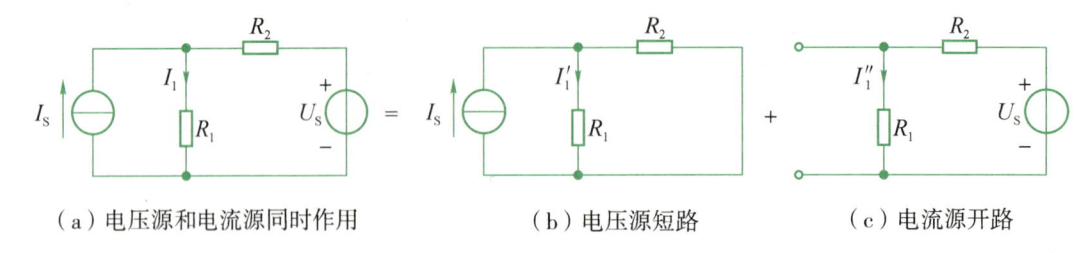

（a）电压源和电流源同时作用　　（b）电压源短路　　（c）电流源开路

图 1-27　叠加定理验证示意图

应用叠加定理时必须注意以下要点：

（1）分析电路时，当其中一个电源单独作用时，其他电源应置零，即电压源短路、电流源开路，但必须保留电源的内阻。

（2）以原电路中的电压、电流参考方向为准，电源单独作用时，在各支路上产生的电压、电流方向与之相同的取正号，与之相反的取负号。

（3）叠加定理只能用来分析计算线性电路中的电压和电流，不能用来计算功率。

例 1-7 电路如图 1-28 所示，已知 $U_S = 24$ V，$I_S = 1.5$ A，$R_1 = 100\ \Omega$，$R_2 = 200\ \Omega$，试求：

（1）用叠加定理计算支路电流 I_2。

（2）计算电阻 R_2 吸收的电功率 P_2。

解：（1）I_2 的参考方向如图 1-28（a）所示。电压源 U_S 单独作用时，电流源做开路处理，电路如图 1-28（b）所示，得

$$I_2' = \frac{U_S}{R_1 + R_2} = \frac{24}{100 + 200} = 0.08(\text{A})$$

电流源 I_S 单独作用时，电压源用短路线代替，电路如图 1-28（c）所示，得

$$I_2'' = \frac{R_1}{R_1 + R_2} \cdot I_S = \frac{100}{100 + 200} \times 1.5 = 0.5(\text{A})$$

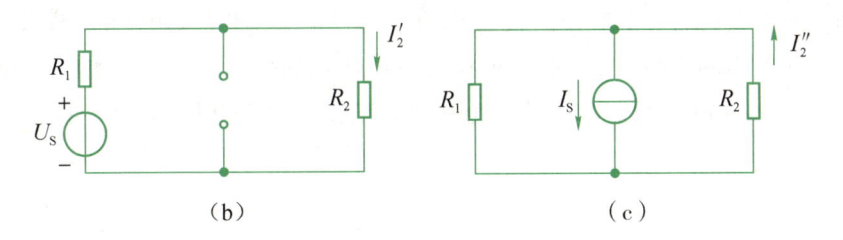

图 1-28 例 1-7 图

运用叠加定理，得

$$I_2 = I_2' - I_2'' = 0.08 - 0.5 = -0.42(\text{A})$$

（2）电功率 P_2 为

$$P_2 = I_2^2 \cdot R_2 = (-0.42)^2 \times 200 = 35.28(\text{W})$$

若按照叠加定理计算电功率 P_2，电压源 U_S 单独作用时，则有

$$P_2' = (I_2')^2 \cdot R_2 = 0.08^2 \times 200 = 1.28(\text{W})$$

电流源 I_S 单独作用时,有

$$P_2'' = (I_2'')^2 \cdot R_2 = 0.5^2 \times 200 = 50(\text{W})$$

显然

$$P_2 \neq P_2' + P_2''$$

所以,叠加定理不能用于计算功率。

分析计算时一定要注意方向。由于 I_2' 的方向与 I_2 的参考方向相同,故运用叠加定理时式中 I_2' 前面取正号;而 I_2'' 的方向与 I_2 的参考方向相反,故式中 I_2'' 前面取负号。

有关叠加定理应用局限性的讨论,感兴趣的同学可以进入国家开放大学学习网,到"电工电子技术网络课程"第 2 单元中的学习辅导栏目阅读相关内容。

1.6.4 戴维南定理

在电路分析的过程中,对于一个复杂电路,有时只需计算电路中某一支路的电流。此时,采用戴维南定理是一种最适宜的选择。

戴维南定理的叙述为:对于任何一个线性有源二端网络,都可以用一个电压源和一个电阻串联的电路来等效代替(对外电路),如图 1-29(a) 和图 1-29(b) 所示。其中,电压源的电压等于二端网络的两个端钮之间的开路电压,如图 1-29(c) 所示;电阻等于二端网络的电源置零(电压源短路,电流源开路)后,从二端网络两个端钮看进去的电阻,如图 1-29(d) 所示。

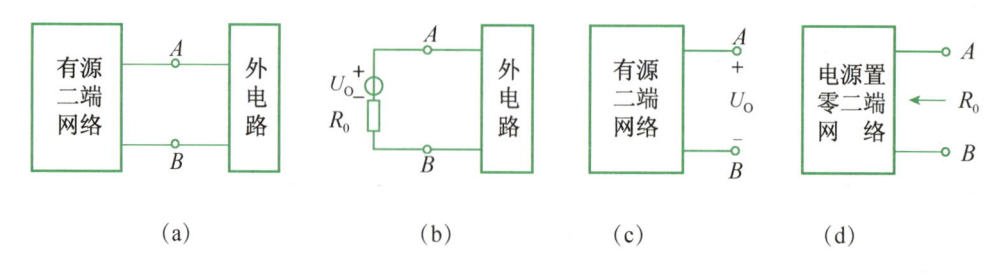

图 1-29 戴维南定理示意图

例 1-8 电路如图 1-30 所示,已知 $U_{S1} = 2$ V,$U_{S2} = 8$ V,$I_S = 4$ A,$R_1 = 2$ Ω,$R_2 = R_3 = 6$ Ω,$R_4 = 3$ Ω,$R_5 = 2$ Ω,用戴维南定理计算流过电阻 R_4 支路的电流 I_4。

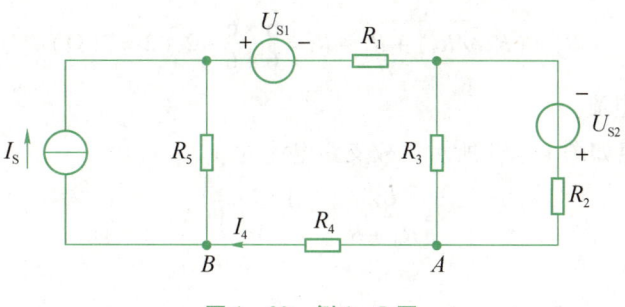

图 1-30 例 1-8 图

解：（1）断开电路 R_4 支路，计算有源二端网络的开路电压 U_{OC}。

电路如图 1-31 所示。这时，左、右两个网孔形成了各自独立的单回路，电压源 U_{S1} 和电阻 R_1 串联支路的电流为零。

左边回路的电流为

$$I_5 = I_S = 4 \text{ A}$$

右边回路的电流为

$$I_3 = \frac{U_{S2}}{R_2 + R_3} = \frac{8}{6+6} = \frac{2}{3} \text{ (A)}$$

开路电压为

$$U_{OC} = -U_{S1} + I_3 R_3 + I_5 R_5 = -2 + \frac{2}{3} \times 6 + 4 \times 2 = 10 \text{ (V)}$$

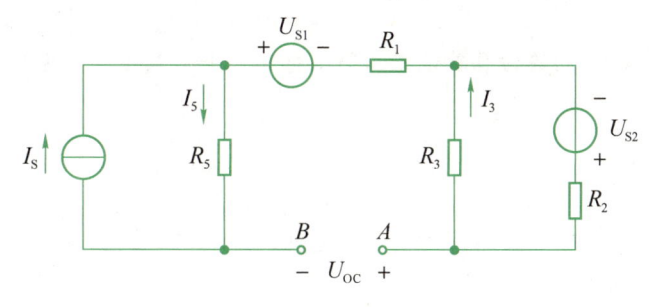

图 1-31 计算戴维南等效电路的 U_{OC}

（2）计算戴维南等效电阻 R_0。

将图 1-31 所示的有源二端网络中的电源置零——电压源短路、电流源开路，则对应的电路如图 1-32 所示。

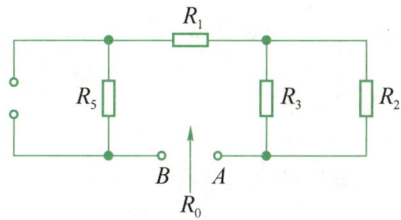

图 1-32 计算戴维南等效电路的 R_0

$$R_0 = (R_2 // R_3) + R_1 + R_5 = \frac{6 \times 6}{6+6} + 2 + 2 = 7(\Omega)$$

（3）计算支路电流。

戴维南等效电路如图 1-33 所示，故支路电流为

$$I_4 = \frac{U_{OC}}{R_0 + R_4} = \frac{10}{7+3} = 1(A)$$

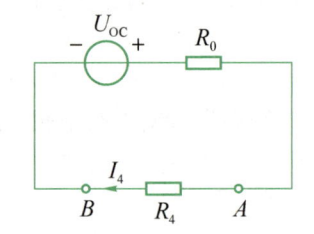

图 1-33 计算支路电流 I_4

在例 1-8 的两个网孔中，电流的方向由网孔中电源的实际方向决定，这样不易出错。在戴维南等效电路中，电压源的极性必须与开路电压的极性保持一致。

学习活动 1-4

用戴维南定理分析二端网络

【活动目标】

会用实验室设备或电路仿真软件搭接简单电路，并用戴维南定理分析二端网络。

【所需时间】

约 30 分钟

【活动步骤】

1. 阅读内容"1.6.4 戴维南定理"，找出戴维南定理的文字叙述和电路示意图，并在关键语句上做画线标记。

2. 打开网络课程中第 2 单元的文本辅导和视频授课栏目或数字教材第 1 章相关内容，学习有关戴维南定理的内容。

3. 按图 1-34 所示选用设备和元件并连接电路。

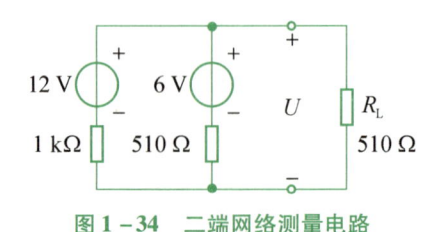

图 1-34 二端网络测量电路

4. 首先，将负载电阻 R_L 开路，选用内阻较大的直流电压表并联至二端网络两端，测量电路的开路电压 U_O，记录测量值。

5. 将负载电阻 R_L 与二端网络连接，测量负载电阻 R_L 上的电压 U_{R_L}，记录测量值。

6. 运用公式 $R_0 = \left(\dfrac{U_O}{U_{R_L}} - 1\right) R_L$，算出等效电阻 R_0。

【反　馈】

1. 此种测量二端网络的等效电压源 U_O 和等效电阻 R_0 的方法称为附加电阻法。由于电压表的内阻很大，其两端接近开路，所以此时电压表的读数可以认为就是等效电压源的电压 U_O。

2. 由于二端网络的等效电阻与负载电阻相对应的电压源为串联关系，U_{R_L} 即为 U_O 在负载电阻上的分压，所以用串联电阻的分压计算公式可以算出二端网络的等效电阻 R_0。

1.7　最大功率传输定理

在电子信息系统中，时常会遇到在微弱信号传递过程中如何使负载获得最大功率的问题，这个问题可以用戴维南定理予以解决。

根据戴维南定理，有源二端网络可以用电压源和电阻的串联电路来等效。戴维南等效电路接负载的情况如图 1-35 所示。

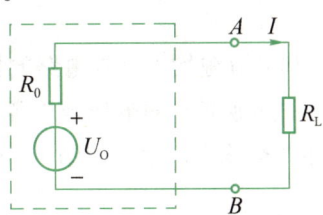

图 1-35　戴维南等效电路接负载的情况

如果负载 R_L 变化，负载获得的功率会随着自身阻值的变化而变化，其功率表达式为

$$P_L = I^2 R_L = \left(\dfrac{U_O}{R_0 + R_L}\right)^2 R_L \tag{1-28}$$

设有源二端网络的开路电压和等效电阻为定值，欲使 P_L 为最大，则应使 $\dfrac{\mathrm{d}P_L}{\mathrm{d}R_L} = 0$，即

$$\dfrac{\mathrm{d}P_L}{\mathrm{d}R_L} = \dfrac{(R_0 - R_L)}{(R_0 + R_L)^3} U_O^{\,2} = 0 \tag{1-29}$$

32 电工电子技术（第3版）

于是可知，若负载满足

$$R_L = R_0 \tag{1-30}$$

则负载能从网孔中获得最大功率。式（1-30）称为最大功率传输条件，此时负载获得的最大功率为

$$P_{Lmax} = \frac{U_0^2}{4R_0} \tag{1-31}$$

工程上将电路满足最大功率传输条件（$R_L = R_0$）的情况称为阻抗匹配。应当指出，在阻抗匹配时，虽然负载获得的功率最大，但电源内阻 R_0 上消耗的功率为

$$P_0 = I^2 R_0 = I^2 P_L = P_{Lmax}$$

可见，电路的传输效率只有 50%，这对于电力系统是难以想象的。在电力系统中，负载的电阻必须远大于电源内阻，否则能源浪费将是极其严重的。因此，只有在追求微弱信号尽可能有效传输的电路中，阻抗匹配才有意义。

> 有关最大功率传输定理的工程运用，受篇幅的限制不在此处叙述，感兴趣的同学可以进入国家开放大学学习网，到"电工电子技术网络课程"阅读相关内容或参阅其他书籍。

1.8 受控源电路简介

前面各节电路中出现的电压源和电流源均不受外电路的控制而独立存在，故而统称为独立源。另外还有一种电源，受电路中其他部分的电压或电流的控制，这种电源称为受控源。为区别于独立源，受控源的符号用"菱形"表示，如图 1-36 所示。

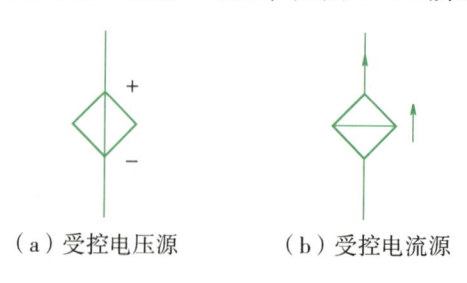

（a）受控电压源　　（b）受控电流源

图 1-36　受控源的符号

根据控制量是电压还是电流，受控源是电压源还是电流源进行分类，受控源可分为 4 种类型，即电压控制电压源（VCVS）、电流控制电压源（CCVS）、电压控制电流源（VCCS）、电流控制电流源（CCCS）。4 种受控源的电路模型如图 1-37 所示。

上述 4 种受控源的输出、输入关系分别为

$$u_2 = \mu u_1 \qquad (1-32)$$

$$u_2 = \gamma i_1 \qquad (1-33)$$

$$i_2 = g u_1 \qquad (1-34)$$

$$i_2 = \beta i_1 \qquad (1-35)$$

式（1-32）中的 $\mu = \dfrac{u_2}{u_1}$ 称为电压放大系数，无量纲；式（1-33）中的 $\gamma = \dfrac{u_2}{i_1}$ 称为转移电阻，具有电阻量纲；式（1-34）中的 $g = \dfrac{i_2}{u_1}$ 称为转移电导，具有电导量纲；式（1-35）中的 $\beta = \dfrac{i_2}{i_1}$ 称为电流放大系数，无量纲。

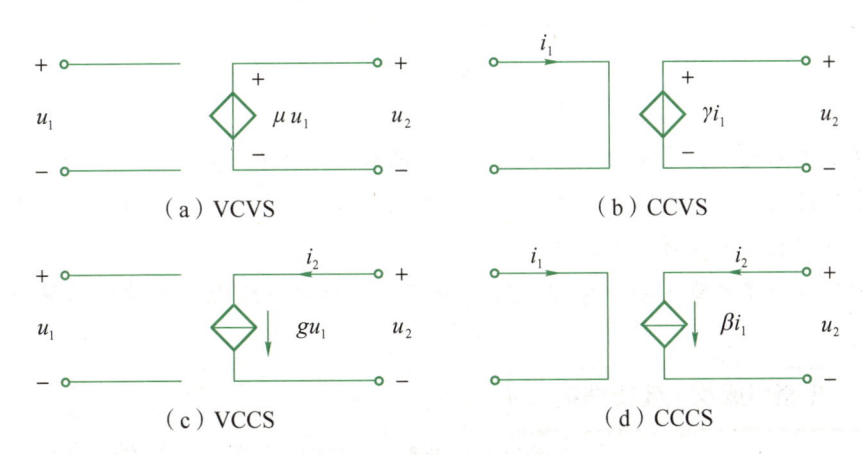

图 1-37　4 种受控源模型

受控源的性质表明：受控源输出端的电压或电流不是独立存在的，而是受输入端的电压或电流控制的。当输入端的控制量为零时，输出端的电压或电流亦为零。

从图 1-37 所示的 4 种受控源模型中可以看出，它们均为理想受控源。实际受控源是有源器件（如变压器、晶体管、场效应管等），其输入电阻和内阻都是存在的。例如，图 1-38 所示是一个晶体管在输入交流信号情况下的等效电路模型。从图 1-38 中可见，在等效电路的输入端，除电压控制电压源 μu_{ce} 外，还存在一个输入电阻 r；在输出端，除电流控制电流源 βi_b 外，还有一个输出电导 g。

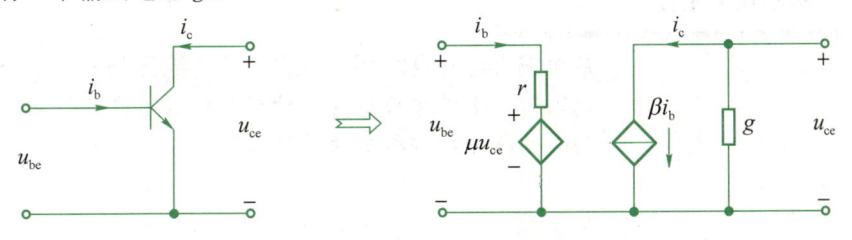

图 1-38　晶体管的等效电路模型

应当提及：受控源与独立源虽然同为电源，但本质不同。独立源在电路中直接起"激励"作用，因为有了它电路中才能产生电压和电流（可称为响应）；而受控源则不能直接起激励作用，它的电压和电流取决于控制量的存在，它所表示的是"控制"与"被控制"的关系，是一种电路现象。

> 由图 1-38 所示晶体管的等效电路模型可见，分析计算受控源电路时同样存在对电路进行等效变换和化简的问题，你若有兴趣可进入国家开放大学学习网的"电工电子技术网络课程"的拓展知识栏目，了解这方面的知识。

本章小结

电路是电流的通路，它是为了实现某些预期的目的，将电气设备或元器件按照一定的方式连接起来的统称。虽然电路的形式各异，但都要遵循相同的规律。使用电路基本定律分析电路，是电气工程技术人员基本的技能。

下列问题包含了本章的全部学习内容，你可以利用以下线索对所学内容做一次简要的回顾。

电路组成及主要物理量
- 何为理想电路模型？电路的主要物理量有哪些？
- 设置参考方向的目的是什么？设置的要点是什么？
- 计算电路中元件功率的要点是什么？

电路的等效变换
- 何为伏安特性？
- 电压源模型与电流源模型等效变换的条件是什么？
- 为什么理想电压源与理想电流源不能等效变换？

基尔霍夫定律
- 基尔霍夫定律包括哪些内容？适用范围如何？
- 列写节点电流方程要注意什么？什么是广义节点？
- 列写回路电压方程要注意什么？

最大功率传输定理

- 什么是最大功率传输？最大功率传输的条件是什么？
- 为什么阻抗匹配不适用于电力系统？

电路的基本分析方法

- 支路电流法分析和计算电路的步骤是什么？为什么列写回路电压方程要按照网孔数目？
- 何为叠加定理？为什么不能用叠加定理计算功率？
- 戴维南定理在电路分析中适用于什么场合？

自测题

一、选择题

1-1 在图 1-39 所示的电路中，电流表的正、负接线端用"+""-"标出，现电流表指针正向偏转，示数为 10 A，有关电流、电压方向也表示在图中，则（　　）正确。

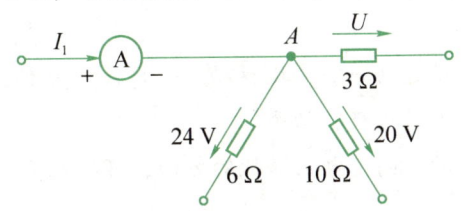

图 1-39 题 1-1 图

A. $I_1 = 10$ A，$U = -6$ V
B. $I_1 = -10$ A，$U = 6$ V
C. $I_1 = 10$ A，$U = 12$ V
D. $I_1 = -10$ A，$U = 12$ V

1-2 在图 1-40 所示的电路中，电位器 R_P 的滑动端向下移动时，电流 I_1、I_2 的变化趋势是（　　）。

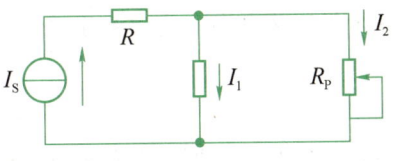

图 1-40 题 1-2 图

A. I_1 不变，I_2 减小
B. I_2 不变，I_1 减小
C. I_1 减小，I_2 增大
D. I_1 增大，I_2 减小

1-3 在图 1-41 所示的电路中，电流 I 为（　　）。

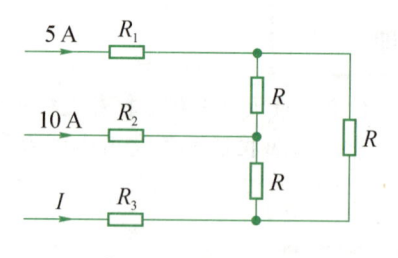

图 1-41 题 1-3 图

A. 5 A　　　　B. -15 A　　　　C. -5 A　　　　D. 15 A

1-4　在图 1-42 所示的电路中，电流 I 为（　　）。

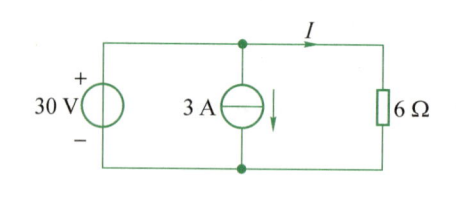

图 1-42 题 1-4 图

A. 5 A　　　　B. 2 A　　　　C. -3 A　　　　D. -5 A

二、判断题

1-5　判别一个元件是吸收功率还是提供功率，取决于元件上电压和电流的实际方向，二者相同时是提供功率，相反时是吸收功率。（　　）

1-6　电路中电流的实际方向是电位降低的方向，可据此来判别电流源或电压源上电流或电压的关联性。（　　）

1-7　两种电源模型的等效变换只是对相同的外部电路而言，对电源内部是不等效的。（　　）

1-8　基尔霍夫定律的理论依据是电荷守恒定律及能量守恒定律，对电路中各元件的种类、性质需加以限制。（　　）

1-9　叠加定理是用来分析计算线性电路中的电压、电流和功率的。（　　）

1-10　戴维南定理只能够计算电路中某一支路的电流，若完成电路所有支路的计算则依靠支路电流法。（　　）

三、简答题

1-11　关联参考方向的含义是什么？不设定参考方向而讨论电流的正负是否有意义？

1-12　恒压源的性质是什么？恒流源的性质是什么？

1-13　支路电流法分析计算电路的步骤是什么？

1-14　电压源模型与电流源模型等效变换的条件是什么？

1-15　基尔霍夫定律的基本内容是什么？适用范围如何？

1-16　作为线性电路分析中的一个重要定理，简述叠加定理的基本内容和适用范围。

1-17 在电路分析与计算中，戴维南定理最适宜应用于哪种情况？

四、分析计算题

1-18 测得有源二端网络的开路电压 $U_0 = 12$ V，短路电流 $I_S = 0.5$ A，试计算当外接电阻为 36 Ω 时的电压和电流。

1-19 计算图 1-43 所示电路中的电压 U。

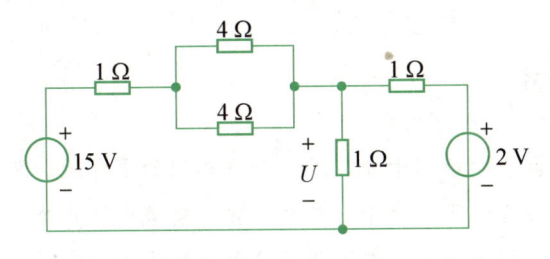

图 1-43 题 1-19 图

1-20 试用叠加定理计算图 1-44 所示电路中的电流 I。

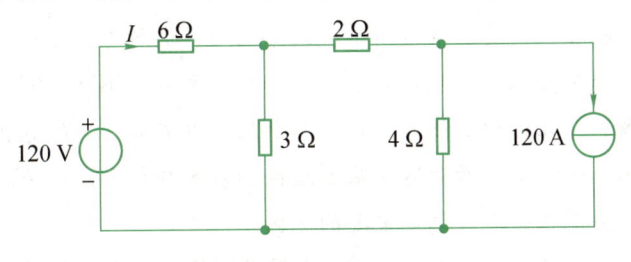

图 1-44 题 1-20 图

1-21 已知图 1-45 所示电路中，$R_1 = R_2 = R_4 = R_5 = 5$ Ω，$R_3 = 10$ Ω，$U = 6.5$ V，用戴维南定理求 R_5 所在支路的电流 I。

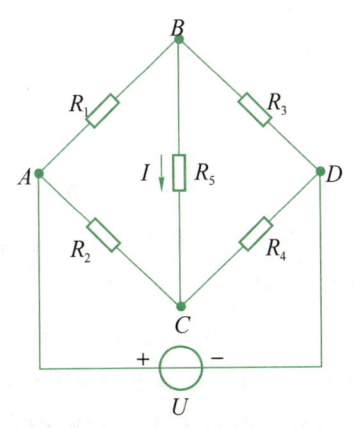

图 1-45 题 1-21 图

第 2 章 正弦交流电路

导 言

　　直流电在家用电器中的应用十分广泛，如汽车用的蓄电池、笔记本电脑和手机中的充电电池、电筒和剃须刀用的干电池等。与之相比，交流电在产生、输送和使用方面具有明显的优势和重大的工业经济意义。在远距离输电时，采用较高的电压可以减少线路上的损失；对用户端而言，采用较低的电压既安全，又可降低对电气设备的绝缘要求。交流电压的升高和降低，在交流供电系统中可以由变压器很便利而又经济地实现。而且，交流异步电动机与直流电动机相比，具有构造简单、经济耐用、运行可靠等优点。

　　本章主要介绍正弦交流电的表示方法、单一参数元件及 RLC 串联交流电路分析方法，以及三相交流电源、三相对称负载的连接及其电压、电流和功率的分析计算等。作为正弦交流电应用的基础知识，本章所叙述的基本理论和基本分析方法将为本课程的后续章节乃至本专业的后续相关课程的学习奠定重要的基础。

　　本章关于仿真软件的应用在循序教学进程的基础上，适时将软件的工程应用进行了拓展与延伸，将验证性实验与设计性实验结合起来，为你构建一个身临其境的技能训练"平台"，其目的是在激发你学习兴趣的同时，进一步提高学习效率。

学习目标

认知目标

1. 叙述正弦交流电的瞬时表示形式，复述"三要素"的含义。
2. 叙述正弦交流电的相量表示形式，复述正弦量与相量的对应关系，用相量图表示多个正弦量的幅值和相互之间超前与滞后的相位关系。
3. 叙述单一参数（纯电阻、纯电感或纯电容）正弦交流电路的电压与电流的关系及特点，复述瞬时功率、平均功率、有功功率和无功功率的数学定义和物理含义。
4. 运用阻抗的概念和交流电路的分析方法，计算 RLC 串联交流电路的阻抗值及电压和电流的瞬时值、有效值。
5. 运用正弦交流电路的功率表示及其计算方法，计算正弦交流电路的功率值。
6. 复述 RLC 串联谐振的特点和功率因数的概念，运用串联谐振电路的元件参数计算电路的谐振频率和品质因数。

7. 叙述三相负载的星形连接和三角形连接的中线电压与相电压、线电流与相电流的关系。

8. 运用三相负载的有功功率、无功功率、视在功率的计算方法，分析简单的三相电路。

技能目标

运用实验设备或电路仿真软件搭接正弦交流电路，并进行简单的检测与调试。

情感目标

初步认识电路知识的实用价值，有进一步了解现实环境中遇到的电气设备的功能和原理的愿望。

随时间按正弦规律变化的电流、电压称为正弦交流电（简称交流电），正弦交流电的各个物理量可统称为正弦量。在正弦交流电的作用下，达到稳定工作状态的线性电路称为正弦交流电路（简称交流电路）。

分析与计算交流电路，主要是为了确定电路中电压与电流之间的大小和相位关系。直流电路的分析方法是学习交流电路的基础，在学习了相量表示法之后，上一章学习的直流电路的分析方法仍然适用于交流电路。

2.1　正弦交流电的瞬时表示法

正弦交流电在任一瞬间的值称为瞬时值，电流、电压分别用小写字母 i、u 来表示。以电流 i 为例，其波形如图 2-1 所示。它的表达式可写成

$$i = I_m \sin(\omega t + \varphi_i) \tag{2-1}$$

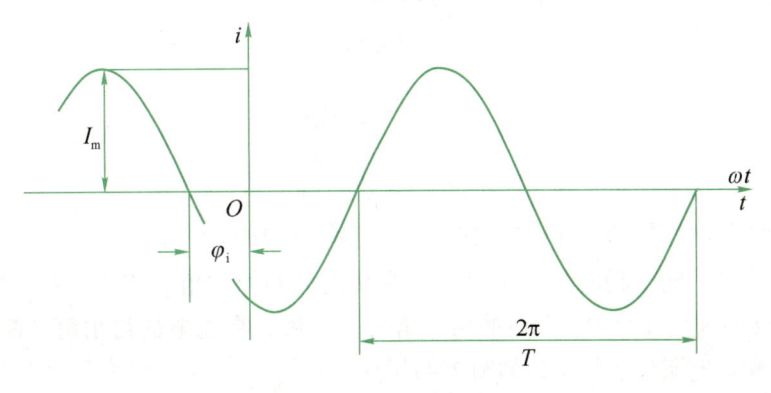

图 2-1　正弦电流的波形

式（2-1）中，幅值 I_m、角频率 ω、初相角 φ_i 称为交流电的三要素。有了这三个量，正弦交流电的瞬时值即可确定。

2.1.1 三要素

1. 幅值

幅值是交流电在某一瞬时的最大值（也称振幅），用带下标 m 的字母表示，如式（2-1）中的 I_m。

在分析和计算交流电时，常用的是有效值（均方根值），有效值是根据交流电流与直流电流热效应相等的原则规定的。即是说，交流电流 i 通过电阻 R 在一个周期内产生的热量，与另一直流电流 I 通过相同的电阻，在相同的时间内产生的热量相等。有效值用大写字母 I、U 等表示，有效值与幅值的关系为

$$I = \frac{I_m}{\sqrt{2}}, \quad U = \frac{U_m}{\sqrt{2}} \tag{2-2}$$

例如，常说的民用电是 220 V，即为有效值，而其幅值是 $U_m = \sqrt{2}\,U = 311$ V。在工程上，直接用有效值来表示交流电的大小。常用的电压表、电流表测量到的数值也均为有效值。因此，在以后的讲解中若不做特殊说明，电压和电流的数值均指有效值。

2. 角频率

正弦交流电完整变化一周所需要的时间（如图 2-1 所示）称为周期 T，单位是 s（秒）。每秒内变化的周期数称为频率，用字母 f 表示，单位是 Hz（赫兹）。我国的工业用电与民用电均采用 50 Hz 作为电力标准频率，又称为工频。频率与周期的关系为

$$f = \frac{1}{T} \tag{2-3}$$

此外，从图 2-1 可见，交流电每交变一周期即变化了 2π 弧度。所以，除了用周期和频率来表示变化的快慢外，还可以用角频率 ω 来表示。角频率是指单位时间内角度（相位）的变化率，单位为 rad/s（弧度/秒）。T、f、ω 存在如下关系

$$\omega T = 2\pi \tag{2-4}$$

$$\omega = \frac{2\pi}{T} = 2\pi f \tag{2-5}$$

3. 初相角

交流电是随时间变化的，在不同的时刻 t，具有不同的 $\omega t + \varphi_i$ 值，如式（2-1）所示，对应就得到交流电不同的瞬时值。$\omega t + \varphi_i$ 称为交流电的相位角或相角，它反映了交流电的变化进程。当 $t=0$ 时，$\omega t = 0$，此时的相位角为 φ_i，称为交流电的初相角（简称初相），它表示计时起点交流电所处的状态，如图 2-1 所示。

2.1.2 相位差

两个同频率正弦量的相位角之差称为相位差，以 $\Delta\varphi$ 表示。设 $u = U_m \sin(\omega t + \varphi_u)$、

$i = I_\mathrm{m}\sin(\omega t + \varphi_\mathrm{i})$，则电压与电流的相位差为

$$\Delta\varphi = (\omega t + \varphi_\mathrm{u}) - (\omega t + \varphi_\mathrm{i}) = \varphi_\mathrm{u} - \varphi_\mathrm{i} \tag{2-6}$$

由式（2-6）可见，两个同频率正弦量的相位差实际上就是它们的初相角之差。

$\Delta\varphi = (\varphi_\mathrm{u} - \varphi_\mathrm{i}) > 0$，表明电压 u 的相位超前电流 i 的相位一个角度 $\Delta\varphi$，或是说，i 滞后于 u 一个相位角 $\Delta\varphi$，如图 2-2（a）所示。

$\Delta\varphi = (\varphi_\mathrm{u} - \varphi_\mathrm{i}) = 0$，表明 u 与 i 同相位，简称同相，如图 2-2（b）所示。

$\Delta\varphi = (\varphi_\mathrm{u} - \varphi_\mathrm{i}) = \pm\pi$（$\pm 180°$），表明 u 与 i 相位相反（方向相反），如图 2-2（c）所示。

由上可知，当两个同频率的正弦量的计时起点（$t=0$）改变时，它们的相角与初相会跟着改变，但两者之间的相位差保持不变。在交流电路中，当需要研究多个同频率正弦量之间的关系时，为了方便，常常选择其中一个作为参考，称为参考正弦量。如果令参考正弦量的初相角 $\varphi = 0$，那么其他各正弦量的初相即为该正弦量与参考正弦量的相位差。

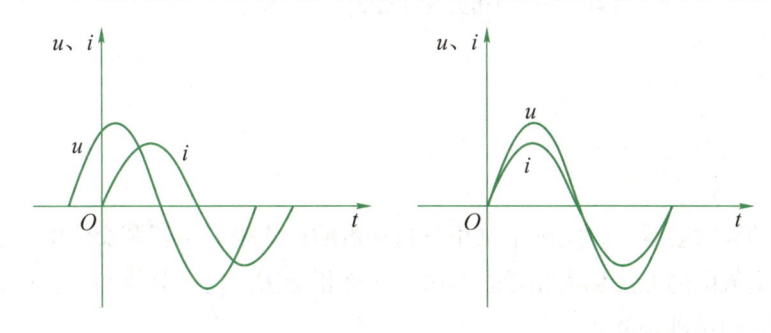

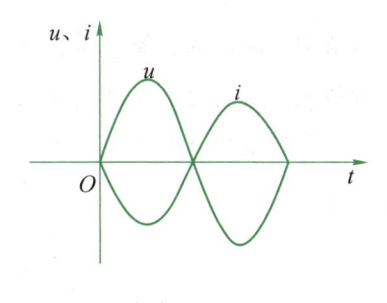

（a）$\Delta\varphi > 0$　　（b）$\Delta\varphi = 0$

（c）$\Delta\varphi = \pi$

图 2-2　正弦交流电的波形

例 2-1　已知正弦电压和电流的瞬时表达式为 $u = 100\sin(\omega t - 60°)$ V，$i_1 = 50\sin(\omega t - 30°)$ A，$i_2 = 60\sin(\omega t + 45°)$ A，请回答：

（1）u 与 i_1 的相位差为多少？

（2）如果以 u 为参考正弦量，写出 i_2 的瞬时表达式。

解：（1）u 与 i_1 的相位差为

$$\Delta\varphi = -60° - (-30°) = -30°$$

（2）由于 i_2 与 u 的相位差为

$$\Delta\varphi = 45° - (-60°) = 105°$$

故以 u 为参考正弦量时，i_2 的瞬时表达式为

$$i_2 = 60\sin(\omega t + 105°)\ \text{A}$$

> 有关正弦交流电三要素的实例讲解，你可进入"电工电子技术网络课程"第 2 单元的学习辅导栏目了解相关内容，也可打开本课程数字教材第 2 章学习相关内容。

2.2 正弦交流电的相量表示法

前面叙述的瞬时表示法，实际上是用三角函数的形式来表示正弦交流电的变化规律。用复数表示正弦交流电的方法称为相量表示法，简称相量法。这是分析和计算正弦交流电的一种数学工具，它的基础是复数。

2.2.1 复数的表示形式

在图 2-3 所示的直角坐标系中，横轴为实轴，单位为 +1，纵轴为虚轴，单位为 +j，$j = \sqrt{-1}$ 为虚数单位，实轴与虚轴构成复平面。在复平面上，任何一点对应一个复数，如图 2-3（a）所示，P 和 G 两点对应的复数分别为（3+4j）和（-4-3j）。

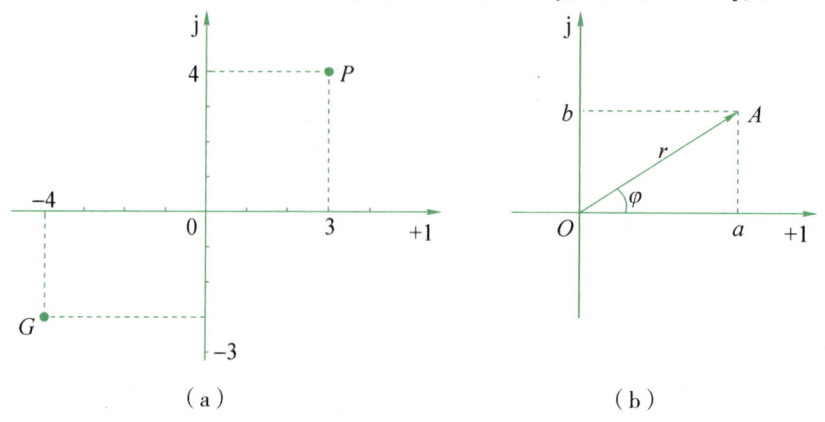

图 2-3 复平面上的复数

复数写成一般式为

$$A = a + bj \tag{2-7}$$

式中：a 为复数的实部；b 为复数的虚部。

式（2-7）称为复数的直角坐标式，又称为复数的代数表达式。

复数也可用复平面上的有向线段来表示。从图 2-3（b）中可看出，有向线段 OA 的长度 r 为复数的模，OA 与实轴的夹角 φ 为幅角，OA 在实轴和虚轴上的投影分别为复数的实部 a 和虚部 b。于是有

$$\begin{cases} a = r\cos\varphi \\ b = r\sin\varphi \\ r = \sqrt{a^2 + b^2} \end{cases} \tag{2-8}$$

因此，复数的三角形表达式为

$$A = r\cos\varphi + rj\sin\varphi \tag{2-9}$$

根据欧拉公式，

$$e^{j\varphi} = \cos\varphi + j\sin\varphi \tag{2-10}$$

复数也可写成指数形式，即式（2-9）又可写作

$$A = re^{j\varphi} \tag{2-11}$$

据此，复数又可写成极坐标形式，即

$$A = r\underline{/\varphi} \tag{2-12}$$

在以上讨论的复数表示形式中，代数形式适用于复数的加、减运算，极坐标形式适用于复数的乘、除运算。

例如，有两个代数形式的复数为

$$\begin{cases} A_1 = a_1 + b_1 j \\ A_2 = a_2 + b_2 j \end{cases}$$

两者相加、减，得

$$A = A_1 \pm A_2 = (a_1 \pm a_2) + (b_1 \pm b_2)j \tag{2-13}$$

又如，有两个极坐标形式的复数为

$$\begin{cases} A_1 = r_1 \underline{/\varphi_1} \\ A_2 = r_2 \underline{/\varphi_2} \end{cases}$$

两者相乘、除，得

$$A = A_1 \cdot A_2 = r_1 \cdot r_2 \underline{/\varphi_1 + \varphi_2} \qquad (2-14)$$

$$A = \frac{A_1}{A_2} = \frac{r_1}{r_2} \underline{/\varphi_1 - \varphi_2} \qquad (2-15)$$

2.2.2 相量的表示形式

对照图 2-3（b），如果有向线段 OA 的模 r 等于某正弦量的幅值，OA 与横轴的夹角 φ 为正弦量的初相，OA 沿逆时针方向以正弦量角速度 ω 旋转，则任意时刻 OA 在虚轴上的投影为 $A = r\sin(\omega t + \varphi)$，它正是该正弦量的瞬时值表达式。这说明，正弦量可以用一个旋转的有向线段来表示，即是说，可以用复数来表示。由于在分析正弦交流电路时，频率是已知的或是特定的，因此可不必示出。于是，对应关系表明，可用复数的模来表示正弦量的幅值，用复数的幅角来表示正弦量的初相。用复数表示的正弦量称为相量。

为了与复数相区别，相量表示的正弦量上面加"·"。例如，正弦电压 $u = U_m\sin(\omega t + \varphi_u)$ 的相量表示为 $\dot{U}_m = U_m\underline{/\varphi_u}$，正弦电流 $i = I_m\sin(\omega t + \varphi_i)$ 的相量表示为 $\dot{I}_m = I_m\underline{/\varphi_i}$。

实际使用时，往往采用有效值相量，即相量的模采用正弦量的有效值。以后若无特别说明，正弦量的相量均是指有效值相量，如上述正弦电压 u 和正弦电流 i 的有效值相量分别为

$$\dot{U} = \frac{\dot{U}_m}{\sqrt{2}} = U\underline{/\varphi_u} \qquad (2-16)$$

$$\dot{I} = \frac{\dot{I}_m}{\sqrt{2}} = I\underline{/\varphi_i} \qquad (2-17)$$

应当理解：虽然正弦量与相量之间存在对应关系，但相量并不等于正弦量，相量只是一种表示正弦量的特殊复数，是数学运算的工具。

例 2-2 将下列相量化为极坐标形式：

(1) $\dot{I}_1 = 4 + 3\text{j}$；　　(2) $\dot{I}_2 = -4 + 3\text{j}$；　　(3) $\dot{I}_3 = -4 - 3\text{j}$；　　(4) $\dot{I}_4 = 4 - 3\text{j}$

解：求各相量的模与幅角。

(1) 因为

$$I_1 = \sqrt{4^2 + 3^2} = 5$$

$$\varphi_1 = \arctan\frac{3}{4} = 36.9°（第一象限）$$

故

$$\dot{I}_1 = 5\underline{/36.9°}$$

(2) 因为

$$I_2 = \sqrt{(-4)^2 + 3^2} = 5$$

$$\varphi_2 = \arctan\left(\frac{3}{-4}\right) = 180° - 36.9° = 143.1°(第二象限)$$

故

$$\dot{I}_2 = 5\underline{/143.1°}$$

(3) 因为

$$I_3 = \sqrt{(-4)^2 + (-3)^2} = 5$$

$$\varphi_3 = \arctan\left(\frac{-3}{-4}\right) = 36.9° - 180° = -143.1°(第三象限)$$

故

$$\dot{I}_3 = 5\underline{/-143.1°}$$

(4) 因为

$$I_4 = \sqrt{4^2 + (-3)^2} = 5$$

$$\varphi_4 = \arctan\left(\frac{-3}{4}\right) = -36.9°(第四象限)$$

故

$$\dot{I}_4 = 5\underline{/-36.9°}$$

求幅角 φ 时，先根据 a 和 b 的正、负号判断幅角所在的象限（复平面上），进而才能确定 φ 的角度。

例 2-3 写出正弦交流电 $i_1 = 3\sqrt{2}\sin(\omega t + 30°)$ A，$i_2 = 4\sqrt{2}\sin(\omega t - 60°)$ A 的电流有效值，并化为代数形式，再求 $\dot{I}_1$、$\dot{I}_2$ 之和。

解：

$$\dot{I}_1 = I_1\underline{/\varphi_1} = 3\underline{/30°} = 3 \times (\cos30° + j\sin30°) = 2.6 + 1.5j(A)$$

$$\dot{I}_2 = I_2\underline{/\varphi_1} = 4\underline{/-60°} = 4 \times [\cos(-60°) + j\sin(-60°)] = 2 - 3.46j(A)$$

$$\dot{I}_1 + \dot{I}_2 = (2.6 + 1.5j) + (2 - 3.46j) = 4.6 - 1.96j = 5\underline{/-23.1°}(A)$$

相量和复数一样，也可以在复平面上用有向线段来表示。线段的长度表示相量的模，线段与正实轴的夹角表示相量的幅角。线段在复平面上构成的这种表示相量的图形称为相量图。由于正弦量的初相有正、负之分，因此规定，若相量的幅角为正，则相量从正实轴起围绕坐标原点逆时针方向绕行一个幅角；若相量的幅角为负，则相量从正实轴起围绕坐标原点顺时针方向绕行一个幅角。

图 2-4 所示为例 2-3 中电流 i_1、i_2 和 i 的相量图。

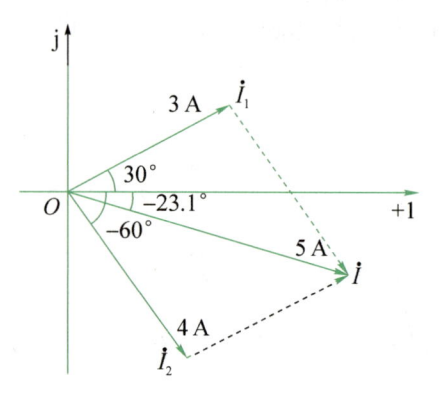

图 2-4 例 2-3 图

从图 2-4 中可以看出，相量的加法符合矢量运算的平行四边形法则。因此，对于一些相位关系比较特殊的正弦量，其运算结果一目了然。此外，为了使相量图简洁明了，有时不画出复平面的坐标轴，只标出原点和正实轴方向。

学习活动 2-1

相量图的读图练习

【活动目标】

用相量图表示多个正弦量的幅值，并判断各个正弦量之间的相位关系。

【所需时间】

约 30 分钟

【活动步骤】

1. 阅读内容"2.2 正弦交流电的相量表示法"，正确描述复数的一般形式、三角函数形式和指数形式，叙述正弦信号的瞬时表示形式与相量表示形式的异同点。

2. 登录网络课程，进入文本辅导栏目和视频讲解栏目，学习有关相量图的内容。

3. 打开网络课程中的单元自测栏目，按照要求完成基本练习。

【反　馈】

1. 同频率的正弦量之间可以进行相量计算，相量运算只含有正弦量的有效值和初相两个要素。

2. 相量表示法是本课程学习的难点，只有明确了各个正弦量之间超前和滞后的关系，才能读懂相量图。

2.3　单一参数的交流电路

由单个元件（电阻、电感或电容）组成的正弦交流电路称为单一参数的交流电路。下面分别讨论电阻元件、电感元件、电容元件的电压、电流关系。

2.3.1　电阻元件

在图 2-5（a）所示的电路中，在电阻 R 的两端加一个正弦电压 u，则在电阻上产生电流 i，其参考方向如图 2-5（a）所示。

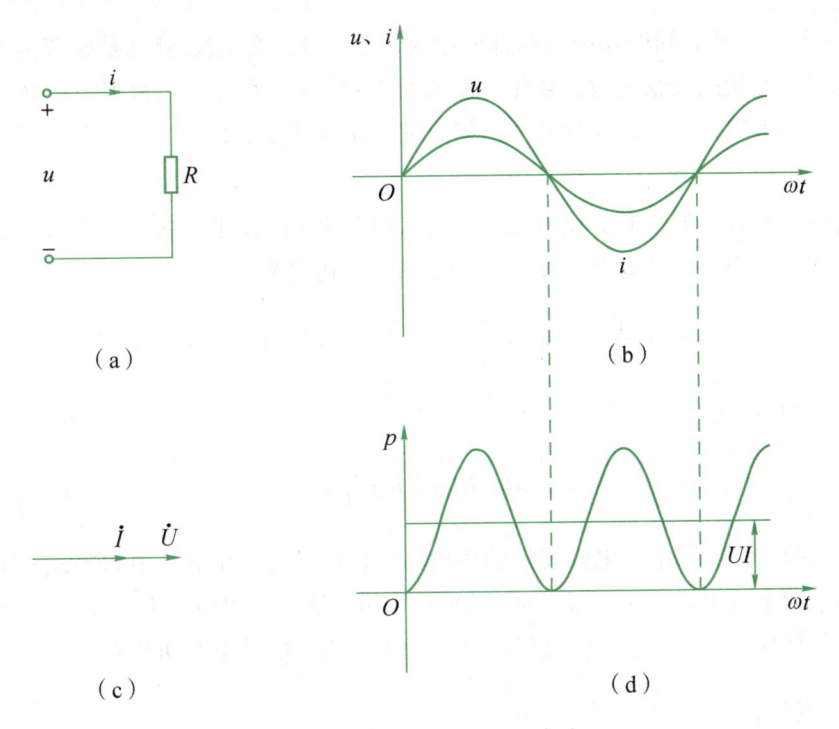

图 2-5　电阻元件的交流电路

1. 电压与电流的关系

选择电流为参考正弦量，即电流的初相为 $\varphi = 0°$，则其瞬时表达式为

$$i = I_m \sin\omega t \tag{2-18}$$

根据欧姆定律，电阻两端的电压为

$$u = Ri = RI_m \sin\omega t = U_m \sin\omega t \tag{2-19}$$

显然，在电阻电路中，u 与 i 同频率且同相位，如图 2-5（b）所示。其有效值形式和相量形式分别为

$$U = RI \tag{2-20}$$

$$\dot{U} = R\dot{I} \tag{2-21}$$

电压与电流的相量图如图 2-5（c）所示。

2. 电阻电路中的功率

由于电阻中的电压、电流均随时间变化，故电阻上消耗的功率也随时间变化。在任一瞬时，电路的功率等于电压的瞬时值 u 与电流的瞬时值 i 的乘积，用小写字母 p 表示，即

$$\begin{aligned} p &= ui = U_m \sin\omega t \cdot I_m \sin\omega t \\ &= 2UI\sin^2\omega t = UI(1-\cos2\omega t) \end{aligned} \tag{2-22}$$

式（2-22）表明，瞬时功率由两部分组成，其一是常数 UI，其二是幅值为 UI 并以 2ω 的角频率随时间变化的余弦函数，变化曲线如图 2-5（d）所示。由波形图可知，瞬时功率为正值，这说明电阻是吸收功率的元件，即它把电功率转换成热能消耗掉了，所以称电阻为耗能元件。

瞬时功率只能表明功率的变化情况，一般工程上使用的是平均功率，即瞬时功率在一个周期内的平均值，用大写字母 P 表示。平均功率的表达式为

$$P = \frac{1}{T}\int_0^T p\,\mathrm{d}t = \frac{1}{T}\int_0^T UI(1-\cos2\omega t)\,\mathrm{d}t = UI \tag{2-23}$$

式（2-23）又可写为

$$P = UI = I^2 R = \frac{U^2}{R} \tag{2-24}$$

显然，正弦交流电路中，电阻元件的平均功率计算式与直流电路中的形式一样。

平均功率的单位用瓦（W）或千瓦（kW）表示。通常，电气设备上标注的功率均为平均功率。由于平均功率反映了电路实际消耗的功率，故又称其为有功功率。

2.3.2 电感元件

图 2-6（a）所示电路为纯电感的交流电路，电压及电流的参考方向示于图中。

1. 电压与电流关系

在纯电感元件 L 两端加一个正弦电压，则在电路中产生一个正弦电流，以这个正弦电流为参考正弦量，即电流 i 的初相 $\varphi = 0°$，则其瞬时表达式为

$$i = I_m \sin\omega t$$

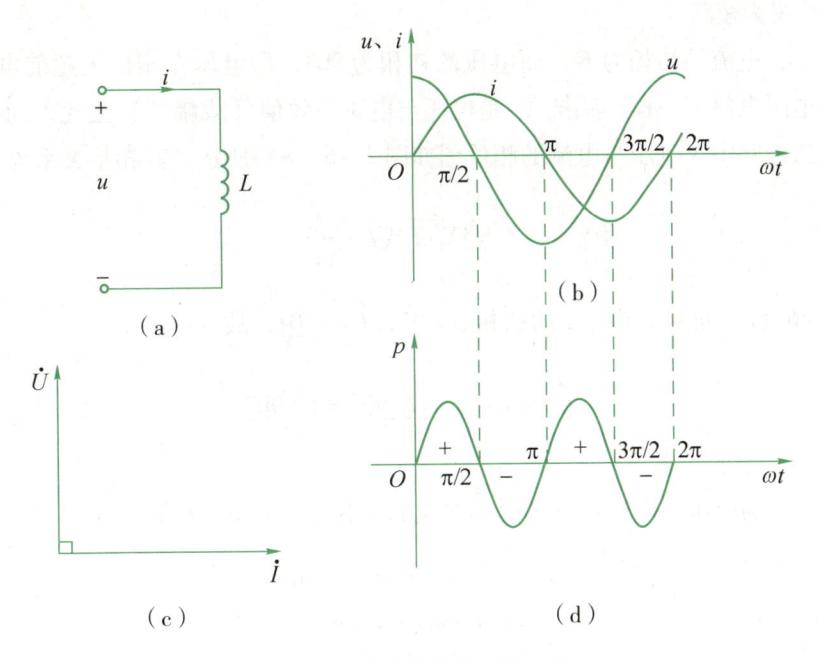

图 2-6 电感元件的交流电路

正弦电流在电感元件上产生感应电动势，就得到一个与外加电压相同的感应电压，即

$$u_L = L\frac{di}{dt} = L\frac{dI_m\sin\omega t}{dt} = \omega L I_m\cos\omega t$$
$$= U_m\sin(\omega t + 90°) \tag{2-25}$$

可见，电感元件中的电压与电流是同频率的正弦量。电压与电流的数值关系为

$$U_m = \omega L I_m \text{ 或 } I_m = \frac{U_m}{\omega L} \tag{2-26}$$

它们的有效值的关系为

$$I = \frac{U}{\omega L} \tag{2-27}$$

显然，ωL 是一个具有电阻单位的物理量，称为感抗，用 X_L 表示，即

$$X_L = \omega L = 2\pi f L$$

于是，式 (2-27) 可写成

$$I = \frac{U}{X_L} \tag{2-28}$$

式中，L 的单位是亨（H），感抗的单位是欧姆（Ω）。

式 (2-28) 反映了电压、电流与感抗之间的关系。感抗 X_L 与电感 L 及频率 f 成正比，频率越高，感抗越大，因此，电感线圈可以有效地阻止高频电流通过。对于直流电，$f=0$，

故 $X_L = 0$,可视为短路。

在相位上,电流的初相为零,而电压的初相为 90°,即电压在相位上超前电流 90°。纯电感电路与电阻电路不一样,感抗 X_L 是电压与电流有效值(或幅值)之比,而不是瞬时值之比。在电感电路中,电压与电流的相量图如图 2-6(c)所示。其相量关系为

$$\dot{U} = jX_L \dot{I} \text{ 或 } \dot{I} = \frac{\dot{U}}{jX_L}$$

从图 2-6(c)可见,由于 i 的初相 $\varphi = 0°$,$\dot{I} = I\underline{/0°}$,故

$$\dot{U} = jX_L \dot{I} = X_L I\underline{/90°} = U\underline{/90°} \tag{2-29}$$

2. 电感电路中的功率

由于电感中的电压、电流均是随时间变化的正弦量,故电感的瞬时功率为

$$\begin{aligned} p &= ui = U_m\cos\omega t \cdot I_m\sin\omega t \\ &= 2UI\cos\omega t \cdot \sin\omega t \\ &= UI\sin 2\omega t \end{aligned} \tag{2-30}$$

式(2-30)表明,瞬时功率 p 是一个幅值为 UI,且以 2ω 的角频率随时间变化的正弦量,变化曲线如图 2-6(d)所示。图中可见,在 $0 \sim \pi/2$ 区间,p 为正值,电感吸收功率并把吸收的功率转换成磁场能量储存起来;在 $\pi/2 \sim \pi$ 区间,p 为负值,电感提供功率,即将其储存的磁场能量再转换成电场能量送回给电源。显然,电感并不消耗功率,所以被称为储能元件。这个结论从平均功率中亦可得到验证。电感元件的平均功率计算式为

$$P = \frac{1}{T}\int_0^T p\,dt = \frac{1}{T}\int_0^T UI\sin 2\omega t\,dt = 0 \tag{2-31}$$

虽然电感不消耗功率,但它与电源之间会进行能量互换。为了区别消耗能量的有功功率,互换的能量用无功功率 Q 来计量,单位为乏(var)。而电感的无功功率用 Q_L 表示,即

$$Q_L = UI = I^2 X_L = \frac{U^2}{X_L} \tag{2-32}$$

例 2-4 已知一个电感线圈的电感为 80 mH,连接到 $u = \sqrt{2} \times 220\sin 314t$ V 的正弦电源上,试求流过线圈的电流及无功功率 Q_L。若保持电压不变,而将频率提高到 5 kHz,则电流值将如何变化?

解:从电压的瞬时值表达式中可以得出

$$f = \frac{314}{2\pi} \approx 50 \text{ (Hz)}$$

当 $f = 50$ Hz 时,有

$$X_L = 2\pi fL = 314 \times 80 \times 10^{-3} = 25.12(\Omega)$$

$$I = \frac{U}{X_L} = \frac{220}{25.12} = 8.76(A)$$

$$Q_L = UI = 220 \times 8.76 = 1\,927.2(\text{var})$$

当 $f = 5$ kHz 时，有

$$X_L = 2\pi fL = 2 \times 3.14 \times 5\,000 \times 80 \times 10^{-3} = 2\,512(\Omega)$$

$$I = \frac{U}{X_L} = \frac{220}{2\,512} = 0.087\,6(A)$$

例 2-4 清楚地说明电感元件具有通低频、阻高频的特性。

2.3.3 电容元件

图 2-7（a）所示电路为电容元件的交流电路，电压与电流的参考方向示于图中。

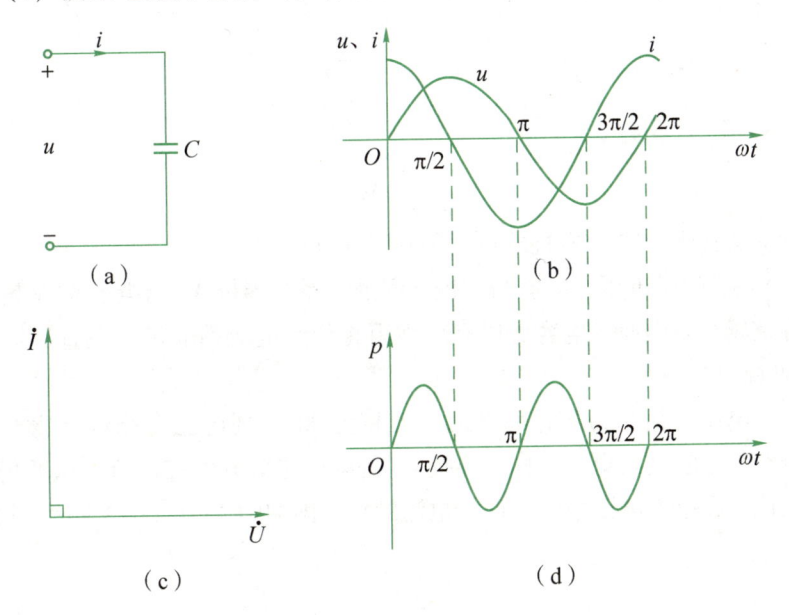

图 2-7 电容元件的交流电路

1. 电压与电流的关系

在电容元件 C 两端加一个正弦电压 u，则在电路中产生一个电流，它们之间的关系为

$$i = C\frac{du}{dt}$$

以电容元件两端电压为参考正弦量，即电压 u 的初相 $\varphi = 0°$，则其瞬时表达式为

$$u = U_m \sin\omega t \tag{2-33}$$

故

$$i = C\frac{\mathrm{d}}{\mathrm{d}t}U_m\sin\omega t = U_m C\omega\cos\omega t$$

$$= U_m C\omega\sin(\omega t + 90°)$$

$$= I_m\sin(\omega t + 90°) \qquad (2-34)$$

可见,电容元件中的电压和电流也是同频率的正弦量。其电压与电流的数量关系为

$$I_m = U_m C\omega \quad 或 \quad \frac{U_m}{I_m} = \frac{1}{\omega C}$$

电压与电流的有效值的关系为

$$\frac{U}{I} = \frac{1}{\omega C} \qquad (2-35)$$

显然,式(2-35)中的 $\frac{1}{\omega C}$ 具有电阻的量纲,称为容抗,用 X_C 表示,即

$$X_C = \frac{1}{\omega C} = \frac{1}{2\pi f C}$$

于是,式(2-35)可写成

$$U = IX_C \qquad (2-36)$$

式中,C 的单位是法拉(F),容抗的单位是欧姆(Ω)。

式(2-35)反映了电压、电流与容抗之间的关系。容抗 X_C 与电容 C 及频率 f 成反比,频率越高,容抗越小。因此,电容可以有效地阻止低频电流的通过。在直流电路中,$f=0$,故 $X_C = \infty$,可视为开路。

在相位上,电压的初相为零,而电流的初相为 90°,即电压在相位上比电流滞后 90°。另外,电容电路与电阻电路也不一样,容抗 X_C 是电压与电流的有效值(或幅值)之比,而不是瞬时值之比。在电容电路中,电压与电流的相量图如图 2-7(c)所示。其相量关系为

$$\dot{U} = -\mathrm{j}X_C\dot{I} \quad 或 \quad \dot{I} = \frac{\dot{U}}{-\mathrm{j}X_C} = \mathrm{j}\frac{\dot{U}}{X_C} \qquad (2-37)$$

从图 2-7(c)可见,由于 u 的初相 $\varphi = 0°$,$\dot{U} = U\underline{/0°}$,故

$$\dot{I} = \mathrm{j}\frac{\dot{U}}{X_C} = \frac{U}{X_C}\underline{/90°} = I\underline{/90°}$$

2. 电容电路中的功率

由于电容中的电压与电流均是随时间变化的正弦量,故电容的瞬时功率为

$$p = ui = U_m\sin\omega t \cdot I_m\cos\omega t$$

$$= 2UI\sin\omega t\cos\omega t$$

$$= UI\sin 2\omega t \qquad (2-38)$$

式（2-38）表明，瞬时功率 p 是一个幅值为 UI，且以 2ω 的角频率随时间变化的正弦量，变化曲线如图 2-7（d）所示。由图可见，在 0~π/2 区间，p 为正值，电容吸收功率并把吸收的功率以电场能量的形式储存起来；在 π/2~π 区间，p 为负值，电容提供功率，即将其储存的电场能量再送回给电源。显然，电容并不消耗功率，所以也是储能元件。这个结论从平均功率中亦可得到验证。电容元件的平均功率计算式为

$$P = \frac{1}{T}\int_0^T p\,\mathrm{d}t = \frac{1}{T}\int_0^T UI\sin 2\omega t\,\mathrm{d}t = 0 \qquad (2-39)$$

虽然电容元件不消耗功率，但它与电源之间会进行能量互换。因此，能量互换的大小用无功功率来计算，电容的无功功率用 Q_C 来表示，即

$$Q_C = UI = I^2 X_C = \frac{U^2}{X_C} \qquad (2-40)$$

例 2-5 已知电容器的电容 $C = 60~\mu F$，把它接到 $50\sqrt{2}\sin\omega t$ V 的交流电源上，分别计算电源频率为 50 Hz 和 50 kHz 时电容中的电流及无功功率。

解： 当 $f = 50$ Hz 时，有

$$X_C = \frac{1}{2\pi f C} = \frac{1}{2\pi \times 50 \times 60 \times 10^{-6}} = 53(\Omega)$$

$$I = \frac{U}{X_C} = \frac{50}{53} = 0.94(\text{A})$$

$$Q_C = UI = 50 \times 0.94 = 47(\text{var})$$

当 $f = 50$ kHz 时，有

$$X_C = \frac{1}{2\pi f C} = \frac{1}{2\pi \times 50 \times 10^3 \times 60 \times 10^{-6}} = 0.053(\Omega)$$

$$I = \frac{U}{X_C} = \frac{50}{0.053} = 943(\text{A})$$

$$Q_C = UI = 50 \times 943 = 47~150(\text{var})$$

例 2-5 清楚地说明了电容元件具有通高频、阻低频、隔直流的特性。

2.4　RLC 串联交流电路

上一节分析了 R、L、C 单一参数的交流电路。实际应用中，应用更多的是 R、L、C 混联的电路。其中，R、L、C 串联的交流电路在工程应用中占有较重要的地位。

2.4.1　RLC 串联电路的电压与电流关系

RLC 串联的交流电路如图 2-8（a）所示。当电路两端加一正弦电压 u 时，电路中产生

的同一电流在 R、L、C 两端分别形成 u_R、u_L、u_C，其参考方向标于图上。

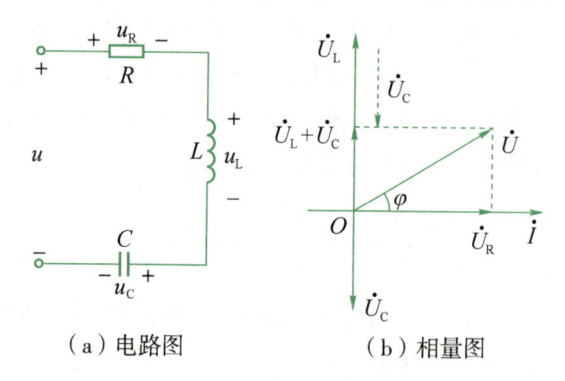

(a) 电路图　　　(b) 相量图

图 2-8　RLC 串联交流电路

根据基尔霍夫电压定律，可列出 R、L、C 的电压关系表达式为

$$u = u_R + u_L + u_C$$

设电流 i 为参考正弦量，其瞬时表达式为

$$i = I_m \sin\omega t$$

则有

$$\begin{aligned} u &= u_R + u_L + u_C \\ &= U_{Rm}\sin\omega t + U_{Lm}\sin(\omega t + 90°) + U_{Cm}\sin(\omega t - 90°) \\ &= U_m \sin(\omega t + \varphi) \end{aligned} \quad (2-41)$$

其中，电压 u 与电流 i 之间的相位差为 φ。

由于式（2-41）中的各项均为同频率的正弦量，故用相量来计算更为方便。这样，电源两端的电压相量可表示为

$$\begin{aligned} \dot{U} &= \dot{U}_R + \dot{U}_L + \dot{U}_C \\ &= \dot{I}R + j\dot{I}X_L - j\dot{I}X_C \\ &= \dot{I}[R + j(X_L - X_C)] \end{aligned} \quad (2-42)$$

以电流相量为参考相量，便可画出相量图，如图 2-8（b）所示。由图可见，电感上的电压相量 $\dot{U}_L$ 与电容上的电压相量 $\dot{U}_C$ 的相位差为 180°，则 $\dot{U}$、$\dot{U}_R$、$(\dot{U}_L + \dot{U}_C)$ 三者组成了一个直角三角形，称为电压相量三角形。由电压相量三角形可以得到电源电压的有效值为

$$U = \sqrt{U_R^2 + (U_L - U_C)^2} \quad (2-43)$$

幅角为

$$\varphi = \arctan\frac{U_L - U_C}{U_R} \quad (2-44)$$

据此可画出电压有效值三角形,简称电压三角形,如图2-9所示。

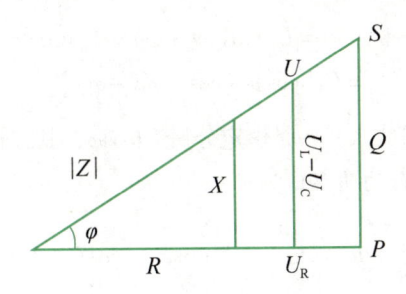

图2-9 阻抗、电压、功率三角形

式(2-42)中感抗 X_L 与容抗 X_C 之间的差称为电抗,用字母 X 表示,即 $X = X_L - X_C$,则

$$\dot{U} = \dot{I}(R + jX) \tag{2-45}$$

式中,$R + jX$ 称为复阻抗,用字母 Z 表示,则有

$$\dot{U} = \dot{I}Z \tag{2-46}$$

复阻抗的模 $|Z|$ 称为阻抗,其大小为

$$|Z| = \sqrt{R^2 + (X_L - X_C)^2} = \sqrt{R^2 + X^2} \tag{2-47}$$

阻抗的幅角 φ 为

$$\varphi = \arctan\frac{X}{R} \tag{2-48}$$

式(2-47)中,$|Z|$、R、X 三者组成了一个直角三角形(如图2-9所示),称为阻抗三角形,三角形中的 φ 称为阻抗角。阻抗三角形与电压三角形是相似三角形。

分析表明:当电流的频率一定时,电路的性质由电路的参数 R、L、C 决定。

(1)当 $X_L > X_C$ 时,即 $X > 0$ 时,$\varphi > 0$,表明电压 u 超前电流 i 一个 φ 角,电感的作用大于电容的作用,补偿之后电路呈感性。

(2)当 $X_L < X_C$ 时,即 $X < 0$ 时,$\varphi < 0$,表明电压 u 滞后电流 i 一个 φ 角,电容的作用大于电感的作用,补偿之后电路呈容性。

(3)当 $X_L = X_C$ 时,即 $X = 0$ 时,$\varphi = 0$,表明电压 u 与电流 i 同相,此时电路呈电阻性。

2.4.2 RLC 串联电路的功率

RLC 串联电路的瞬时电压和电流分别为

$$u = U_m \sin(\omega t + \varphi)$$

$$i = I_m \sin\omega t$$

则电路的瞬时功率为

$$p = ui = U_m\sin(\omega t + \varphi) \cdot I_m\sin\omega t$$
$$= UI[\cos\varphi - \cos(2\omega t + \varphi)] \quad (2-49)$$

式（2-49）由两个部分组成，其一是恒定分量 $UI\cos\varphi$，其二是余弦分量 $-UI\cos(2\omega t + \varphi)$。据此可写出电路的平均功率（有功功率）为

$$P = \frac{1}{T}\int_0^T p\mathrm{d}t = \frac{1}{T}\int_0^T UI[\cos\varphi - \cos(2\omega t + \varphi)]\mathrm{d}t$$
$$= UI\cos\varphi \quad (2-50)$$

式（2-50）表明，电路的有功功率不仅与电压 U、电流 I 有效值的乘积有关，而且与电压、电流相位差的余弦 $\cos\varphi$ 有关。$\cos\varphi$ 称为交流电路的功率因数。

由图 2-9 可见，电压三角形存在 $U\cos\varphi = U_R$ 的关系，故

$$P = UI\cos\varphi = U_R I \quad (2-51)$$

式（2-51）说明，RLC 串联电路的有功功率就是电阻 R 消耗的功率。这进一步验证了电感、电容元件不消耗能量的结论。

RLC 串联电路的总无功功率是电感无功功率 Q_L 与电容无功功率 Q_C 的代数和，即

$$Q = Q_L - Q_C = I^2(X_L - X_C) = UI\sin\varphi \quad (2-52)$$

在以电流为参考正弦量的前提下，由于电感上的电压超前电流 $90°$，而电容上的电压滞后电流 $90°$，则两电压的方向截然相反，故式（2-52）中的 Q_C 取负值。分析式（2-52）有：当 $Q_L > Q_C$ 时，$Q > 0$，说明电路呈感性；当 $Q_L < Q_C$ 时，$Q < 0$，说明电路呈容性。电感无功功率 Q_L 与电容无功功率 Q_C 相互补偿后的差值部分与电源进行能量交换，才是 RLC 串联电路的无功功率 Q。

在交流电路中，电压与电流的有效值的乘积被定义为正弦交流电路的视在功率，用符号 S 表示，即

$$S = UI \quad (2-53)$$

视在功率 S 的单位是伏安（V·A）或千伏安（kV·A）。理论上，它表示电源可能提供的最大功率，一般指电气设备的容量。因为电气设备是按照额定的电压和额定的电流来设计和使用的，故而用视在功率表示设备的容量比较方便。

由于

$$\begin{cases} P = UI\cos\varphi = S\cos\varphi \\ Q = UI\sin\varphi = S\sin\varphi \end{cases}$$

经换算可得

$$S = \sqrt{P^2 + Q^2} \quad (2-54)$$

显然，S、P、Q 之间可以用一个直角三角形表示，该三角形称为功率三角形。它与电压三角形也是相似关系，如图 2-9 所示。

图 2-9 示出的 3 个相似三角形，即阻抗三角形、电压三角形和功率三角形，形象地描述了三者的关系。比如，从图中可看出，功率因数 $\cos\varphi$ 有 3 种计算公式，即

$$\cos\varphi = \frac{R}{|Z|} = \frac{U_R}{U} = \frac{P}{S} \qquad (2-55)$$

例 2-6 RL 串联电路如图 2-10 所示，当输入直流电压 12 V 时，电流 $I = 2$ A，当输入频率为 50 Hz、电压为 20 V 的交流电压时，电流 $I = 2$ A，求：

(1) 电感 L 值；

(2) 当交流电压的频率增大到 100 Hz 时，I 为多少？

图 2-10 例 2-6 图

解：(1) 当输入直流电压时，电感可视为短路，此时的电阻阻值为

$$R = \frac{U}{I} = \frac{12}{2} = 6(\Omega)$$

当输入交流电压时，根据已知条件，电路的阻抗为

$$|Z| = \frac{U}{I} = \frac{20}{2} = 10(\Omega)$$

根据阻抗三角形

$$|Z| = \sqrt{R^2 + X_L^2} = \sqrt{6^2 + X_L^2}$$

求得

$$X_L = 2\pi f L = 8(\Omega)$$
$$L = 25.4(\text{mH})$$

(2) 当频率增大到 100 Hz 时，求得

$$X_L = \pi f L = 16(\Omega)$$

则

$$|Z| = \sqrt{R^2 + X_L^2} = \sqrt{6^2 + 16^2} = 17(\Omega)$$
$$I = \frac{U}{|Z|} = \frac{20}{17} = 1.18(\text{A})$$

在例 2-6 中，根据已知条件可直接求出阻抗值，进而利用阻抗三角形求出其他待求量。这是典型的运用阻抗三角形进行运算的例子。

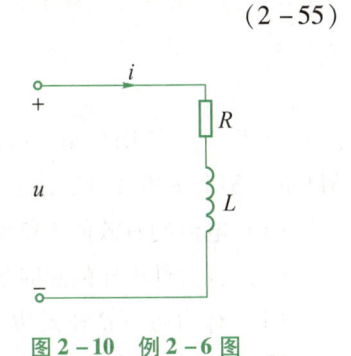

上述内容是许多后续知识的基础，但受字数限制本书无法进一步展开叙述，你可以抽时间到"电工电子技术网络课程"的第3单元，收看视频授课栏目中与本单元有关的教学内容，也可打开本课程数字教材第2章学习相关内容。

例2-7 在 RLC 串联电路中，已知 $R = 20\ \Omega$，$L = 100\ \text{mH}$，$C = 40\ \mu\text{F}$，电源电压 $u = 311\sin(314t + 30°)\ \text{V}$，求：

（1）电流的有效值 I 和瞬时值 i；

（2）各元件电压的瞬时值和有效值；

（3）有功功率 P 和无功功率 Q。

解：先求出感抗和容抗，继而运用阻抗三角形求出阻抗。

（1）因为

$$X_L = \omega L = 314 \times 100 \times 10^{-3} = 31.4\ (\Omega)$$

$$X_C = \frac{1}{\omega C} = \frac{1}{314 \times 40 \times 10^{-6}} = 80\ (\Omega)$$

$$Z = R + j(X_L - X_C) = 20 - 48.6j\ (\Omega)$$

$$|Z| = \sqrt{20^2 + 48.6^2} = 52.6\ (\Omega)$$

所以电流的有效值为

$$I = \frac{U}{|Z|} = \frac{311/\sqrt{2}}{52.6} = 4.2\ (\text{A})$$

又因为阻抗角为

$$\varphi = \arctan\frac{X_L - X_C}{R} = \arctan\frac{-48.6}{20} = -67.6°$$

所以电流的瞬时值为

$$i = 4.2\sqrt{2}\sin(314t + 30° + 67.6°)$$
$$= 5.94\sin(314t + 97.6°)\ (\text{A})$$

（2）因为电阻上的电压与电流同相，所以

$$U_R = RI = 20 \times 4.2 = 84\ (\text{V})$$

$$u_R = 84\sqrt{2}\sin(314t + 97.6°)\ (\text{V})$$

因为电感上的电压超前电流 90°，所以

$$U_L = X_L I = 31.4 \times 4.2 = 132 (\text{V})$$

$$u_L = 132\sqrt{2} \sin(314t + 97.6° + 90°)$$

$$= 132\sqrt{2} \sin(314t + 187.6°)(\text{V})$$

因为电容上的电压滞后电流 90°，所以

$$U_C = X_C I = 80 \times 4.2 = 336 (\text{V})$$

$$U_C = 336\sqrt{2} \sin(314t + 97.6° - 90°)$$

$$= 336\sqrt{2} \sin(314t + 7.6°)(\text{V})$$

（3）有功功率为

$$P = UI\cos\varphi = 220 \times 4.2 \times \cos(-67.6°) = 352(\text{W})$$

无功功率为

$$Q = UI\sin\varphi = 220 \times 4.2 \times \sin(-67.6°) = -854(\text{var})$$

由于容抗大于感抗，故电路呈容性，阻抗角为负值，电流相位超前电压相位。

有关"RLC 串联电路功率的计算"的实例讲解，感兴趣的同学可以进入国家开放大学学习网，参阅"电工电子技术网络课程"第 3 单元的学习辅导栏目的相关内容，也可打开课程数字教材第 2 章学习相关内容。

2.5 电路中的谐振

在含有电容和电感的电路中，调节电路的参数或电源频率，使电路中总电压和总电流相位相同，此时电路就发生谐振。谐振时整个电路的负载呈电阻性。

2.5.1 串联谐振

RLC 串联电路如图 2-11（a）所示。

由图 2-11（b）可知，当 $\dot{U}$ 与 $\dot{I}$ 同相时，电路产生谐振，则串联谐振的条件是

$$X_L = X_C$$

(a) RLC串联电路　　(b) 电压谐振的相量关系

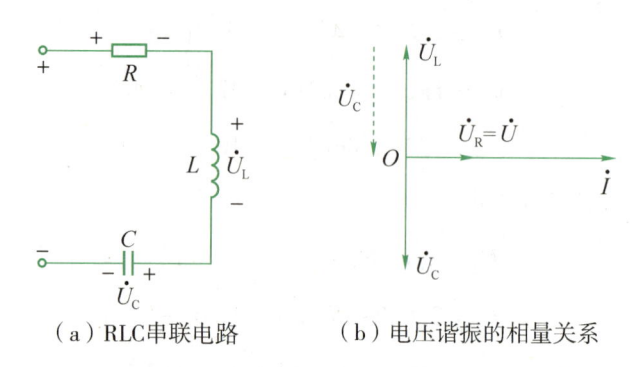

图 2-11　串联谐振示意图

即

$$\omega_0 L = \frac{1}{\omega_0 C}$$

或

$$2\pi f_0 L = \frac{1}{2\pi f_0 C}$$

由此可得谐振频率为

$$f_0 = \frac{1}{2\pi \sqrt{LC}} \tag{2-56}$$

由式（2-56）可知，调节 L、C 两个参数中的任意一个，即可改变谐振频率 f_0。如果 L、C 均给定（f_0 确定），电源电压频率可调，那么调节电源的频率使 $f = f_0$，电路就会产生谐振。如果电源频率给定，L、C 可调，那么调节 L 或 C，亦可产生谐振。

串联谐振的特点主要如下：

(1) 谐振时由于 $X_L = X_C$，故电路的阻抗最小并呈电阻性，即

$$|Z_0| = \sqrt{R^2 + (X_L - X_C)^2} = R$$

(2) 谐振时电路中的电流最大，为

$$I_0 = \frac{U}{|Z_0|} = \frac{U}{R} \tag{2-57}$$

(3) 当 $X_L = X_C \gg R$ 时，$U_L = U_C \gg U$，串联谐振可在电容和电感两端产生高电压，故其又称为电压谐振。电压谐振的相量关系如图 2-11 (b) 所示。

在电信工程中，为了接收外来的微弱信号，常常利用串联谐振得到某一频率信号的较高电压。为了衡量电路这方面的能力，引入了品质因数。品质因数的物理定义是：当电路发生串联谐振时，电感电压 U_L 或电容电压 U_C 与电源电压的比值，即

$$Q = \frac{U_L}{U} = \frac{U_C}{U} = \frac{1}{\omega_0 CR} = \frac{\omega_0 L}{R} \qquad (2-58)$$

在实际应用中，串联谐振电路的感抗和容抗比电阻大得多，所以品质因数 Q 都比较大，在几十到几百之间。

学习活动 2-2

RLC 谐振电路调试

【活动目标】

通过改变信号频率和电路参数，观察电路的谐振现象，并能够运用谐振电路参数计算电路的谐振频率和品质因数。

【所需时间】

约 40 分钟

【活动步骤】

1. 阅读内容"2.5 电路中的谐振"，找出谐振电路的特点、电路参数与谐振频率及品质因数的关系，并做阅读标记。

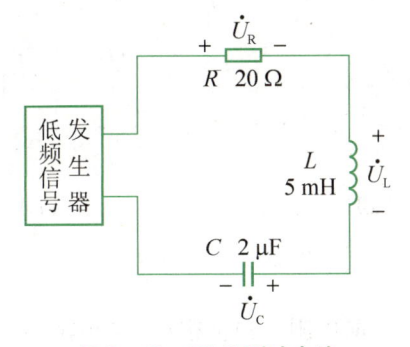

2. 在电脑上打开电路仿真软件 Tina Pro，按照图 2-12 所示电路选用电路元件并搭接实验电路。

图 2-12 RLC 测试电路

3. 选择虚拟设备（低频信号发生器 1 台、示波器 1 台、交流电压表 1 台），将示波器和交流电压表连接至电感两端。

4. 检查无误后接通电源，打开低频信号发生器，输入 800 Hz、1 V 的正弦信号，用示波器观察输出端电压的波形。

5. 由低到高调节低频信号发生器的输入信号频率，观察输出波形的变化，记录电感上的交流电压值，将测量和观察到的结果填写在表 2-1 中。

6. 取阻值为 10 Ω 的电阻替代 20 Ω 的电阻，按步骤 5 重新测量并记录。

表 2-1　RLC 串联谐振电路测量

电阻	各频率点的电感电压									品质因数
	800 Hz	1 kHz	1.2 kHz	1.4 kHz	1.6 kHz	1.8 kHz	2 kHz	2.2 kHz	2.5 kHz	
$R = 20\ \Omega$										
$R = 10\ \Omega$										

7. 用公式计算该电路的谐振频率和不同阻值的品质因数，并与实际测量值对照。

【反　馈】

1. 电路谐振时，电感和电容上的电压及电流达到了最大值；电阻越小，谐振电路的品质因数越大；品质因数越大，谐振电路对信号的选择性越强。

2. 在有条件的情况下，可在老师的指导下用实验室设备完成本实验。

2.5.2　并联谐振

电感与电容并联的电路如图 2-13（a）所示。

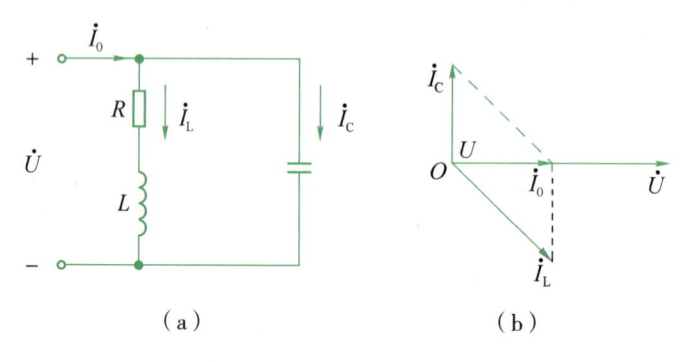

（a）　　　（b）

图 2-13　并联谐振

在图 2-13（a）中，R 为线圈电阻，数值很小，当电路发生谐振时，一般 $\omega L \gg R$。谐振时，$\dot{U}$ 与 $\dot{I}$ 同相，$\varphi = 0$。因此，并联谐振的条件是 $X_L = X_C$，谐振频率为

$$f_0 = \frac{1}{2\pi\sqrt{LC}} \tag{2-59}$$

并联谐振的特点主要如下：

（1）电路的阻抗呈电阻性且最大，$|Z_0| = \dfrac{L}{RC}$。这个特点与直流电路不同。在直流电路中，并联电路的等效电阻一定小于其中任何一条支路的电阻。

（2）在电源一定的条件下，电路的总电流最小，且 $I_0 = \dfrac{U}{|Z_0|}$。

(3) 谐振总电流 $\dot{I}_0$ 和支路电流 $\dot{I}_L$、$\dot{I}_C$ 的相量关系如图 2-13（b）所示。并联谐振各支路的电流大于总电流，所以又称并联谐振为电流谐振。

> 如果在上述内容的学习过程中对"电路中的谐振"仍有疑问，请进入国家开放大学学习网，到"电工电子技术网络课程"第 3 单元的视频授课栏目中收看相关教学内容。

2.6 功率因数的提高

功率因数是电力系统很重要的经济指标，它的大小取决于负载的性质。例如，白炽灯、电炉等电阻性负载，其功率因数 $\cos\varphi = 1$。而日光灯、异步电动机等电感性负载，其功率因数 $\cos\varphi < 1$。一般情况下，电力系统的负载多属于电感性负载。

如果负载的功率因数过低，将使电源设备的容量不能得到充分的利用。例如，一台额定容量为 10 000 kV·A 的变压器，若在额定电压和额定电流下运行，当负载的功率因数 $\cos\varphi = 1$ 时，它传输的有功功率为 10 000 kW，变压器得到了充分利用；当负载的功率因数 $\cos\varphi = 0.5$ 时，传输的有功功率仅为 5 000 kW，则变压器未得到充分利用。

此外，功率因数低，会增大线路的损耗，因为电流的计算式为

$$I = \frac{P}{U\cos\varphi}$$

当 U 和 P 一定时，电流 I 与 $\cos\varphi$ 成反比。即是说，在电源输出同样的有功功率的情况下，功率因数越低，电流越大，电流通过输电导线时在输电线路上的功率损耗越大。

提高功率因数的方法通常是在感性负载两端并联电容器，其过程如图 2-14 所示。

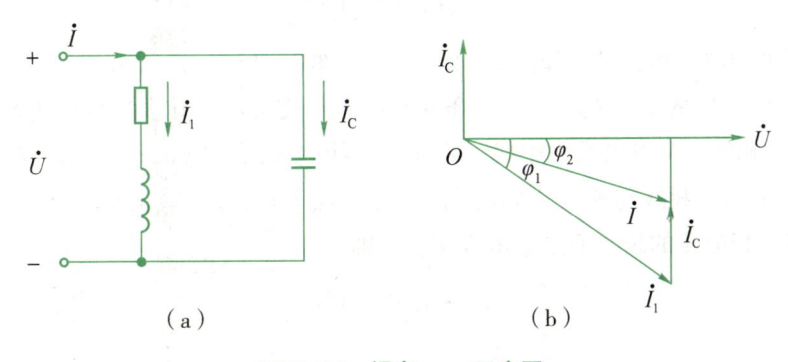

图 2-14 提高 $\cos\varphi$ 示意图

在图 2-14（a）中，未并联电容前，电路中的电流 i 即为感性负载的电流 i_1，阻抗角为 φ_1（功率因数角）。并联电容后，虽然 $\dot{I}_1$、$\dot{U}$、φ_1 均未变，但由于 $\dot{I} = \dot{I}_1 + \dot{I}_C$，故而电流 i 发生变化。从图 2-14（b）所示的相量图中可见，此时 $i < i_1$，φ_1 减小到 φ_2，说明电路的功率因数从 $\cos\varphi_1$ 提高到 $\cos\varphi_2$。

2.7 三相交流电路

电力系统所采用的供电方式大多是由三相交流电源（简称三相交流电）供电。由三相交流电源供电的电路称为三相交流电路，简称三相电路。三相电路应用广泛，三相交流电动机就是由三相交流电源供电的负载。日常生活中用到的单相电源是三相交流电源中的一相。

2.7.1 三相交流电源

三相交流电源是由三相同步发电机产生的。三相同步发电机内有三个结构相同、空间位置对称的固定绕组，它们在同一个旋转磁场中切割磁力线，产生三路对称的、相位差 120° 的单相交流电，如图 2-15（a）所示。它们的表达式分别为

$$\begin{cases} u_A = U_m \sin \omega t \\ u_B = U_m \sin(\omega t - 120°) \\ u_C = U_m \sin(\omega t + 120°) \end{cases} \quad (2-60)$$

相量表示分别为

$$\begin{cases} \dot{U}_A = U \underline{/0°} \\ \dot{U}_B = U \underline{/-120°} \\ \dot{U}_C = U \underline{/120°} \end{cases} \quad (2-61)$$

三相交流电的波形和相量图如图 2-15（b）和图 2-15（c）所示。

图 2-15（a）中的 u_A、u_B、u_C 为三条对称的单相交流电，其引出线称为相线，即 A 相线、B 相线、C 相线。N 引出线为中线。相线与中线之间的电压 u_A、u_B、u_C 又称为相电压，其有效值用 U_P 表示。相线与相线之间的电压 u_{AB}、u_{BC}、u_{CA} 称为线电压，其有效值用 U_L 表示。不难看出，相电压的瞬时值之和恒等于零，即

$$u_A + u_B + u_C = 0$$

或

$$\dot{U}_A + \dot{U}_B + \dot{U}_C = 0 \quad (2-62)$$

由图 2-15（a）可知，根据 KVL，可得出线电压与相电压之间的关系，即

$$\begin{cases} \dot{U}_{AB} = \dot{U}_A - \dot{U}_B \\ \dot{U}_{BC} = \dot{U}_B - \dot{U}_C \\ \dot{U}_{CA} = \dot{U}_C - \dot{U}_A \end{cases} \tag{2-63}$$

根据相量的运算法则，其结果用有效值表示为

$$U_L = \sqrt{3}\, U_P \tag{2-64}$$

线电压与相电压的相量关系如图 2-15（c）所示。

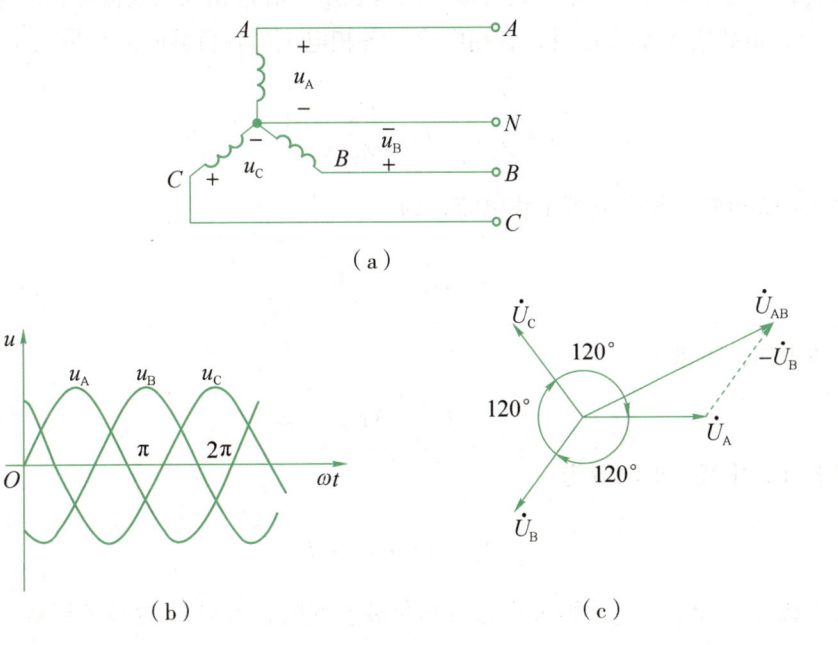

图 2-15 三相交流电

2.7.2 三相负载的连接

负载与三相电源的连接方式有两种，即星形（Y 形）连接和三角形（△形）连接。

1. 负载的 Y 形连接

图 2-16 所示为三相负载与三相电源间的 Y 形连接方式，通常称为三相四线制。由于三相四线制各相电压与各自负载经中线构成各自独立的回路，因此，可采用单相交流电的分析方法对每相负载进行独立分析。

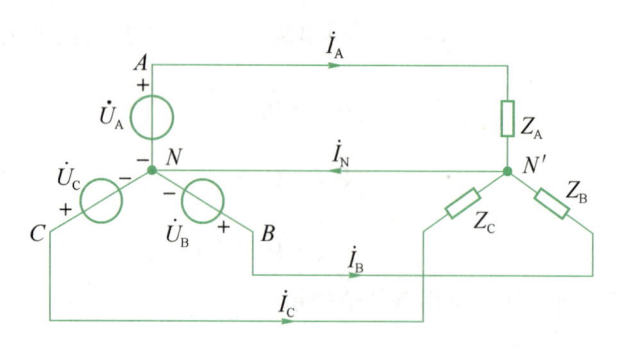

图 2-16 三相四线制

流过负载的电流称为相电流，其有效值用 I_P 表示。流过相线的电流称为线电流，其有效值用 I_L 表示。负载用 Y 形连接时，各相电流、各相电压与各负载间的相量关系为

$$\dot{I}_A = \frac{\dot{U}_A}{Z_A}, \quad \dot{I}_B = \frac{\dot{U}_B}{Z_B}, \quad \dot{I}_C = \frac{\dot{U}_C}{Z_C}$$

由图 2-16 可知，相电流等于线电流，即

$$I_P = I_L = \frac{U_P}{|Z_P|} \tag{2-65}$$

相电压与线电压的关系为

$$U_L = \sqrt{3}\, U_P$$

根据 KCL，中线上的电流为

$$\dot{I}_N = \dot{I}_A + \dot{I}_B + \dot{I}_C$$

如果负载 $Z_A = Z_B = Z_C$，则可称为对称负载。此时，若以 $\dot{I}_A$ 为参考相量，则电流的相量关系如图 2-17 所示。

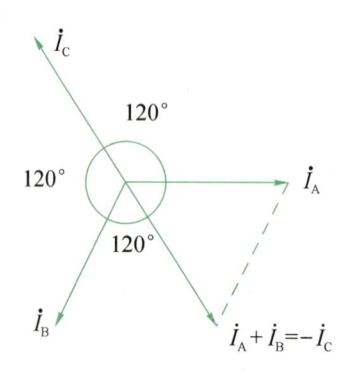

图 2-17 对称负载采用 Y 形连接时的电流相量图

根据图 2-17 可得

$$\dot{I}_N = \dot{I}_A + \dot{I}_B + \dot{I}_C = 0$$

因此，对称负载采用 Y 形连接时，中线可省去，实际上构成了 Y 形连接三相三线制。

应注意：如果三相负载不对称，中线不能去掉，否则负载得到的不对称电压有可能导致某些负载烧毁。

学习活动 2-3

三相电源负载的 Y 形连接测试

【活动目标】

复述三相负载 Y 形连接的方法，叙述负载 Y 形连接下线电压与相电压、线电流与相电流之间的关系。

【所需时间】

约 20 分钟

【活动步骤】

1. 阅读内容"2.7.2 三相负载的连接"，在描述相电流、相电压与负载间的相量关系的文字、公式和相量图上做阅读标记。

2. 准备实验器材：三相四线交流电源、万用表、交流毫安表、白炽灯。

3. 按照图 2-18 将三相负载连接成 Y 形，接通电源，依次填写表 2-2 所列各测量项目。说明：

(1) 负载对称即 S_1 闭合，负载不对称即在 S_1 仍闭合的情况下去掉 1 个灯泡。

(2) 有中线即 S_0 闭合，无中线即 S_0 断开。

(3) 故障情况下，A 相负载断开即 S_1 断开。

(4) A 相负载短路，即 A 相不接灯泡直接连接，但此时必须断开中线，即断开 S_0。

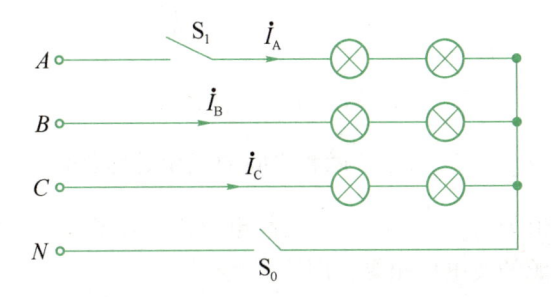

图 2-18 三相负载 Y 形连接电路图

表2-2 负载Y形连接测量数据表

连接方式 测量数据		负载对称		负载不对称		故障情况		
		有中线	无中线	有中线	无中线	A相开路 （有中线）	A相开路 （无中线）	A相短路 （无中线）
线电压	U_{AB}							
	U_{BC}							
	U_{CA}							
相电压	U_{AN}							
	U_{BN}							
	U_{CN}							
相电流	I_A							
	I_B							
	I_C							
中线电流	I_N							

【反　馈】

三相负载采用Y形连接时，若负载对称，中线可省去。如果负载不对称，则必须采用三相四线接法，而且中线必须牢固连接，以保证每相电压维持对称不变。

2. 负载的△形连接

负载的△形连接如图2-19所示。

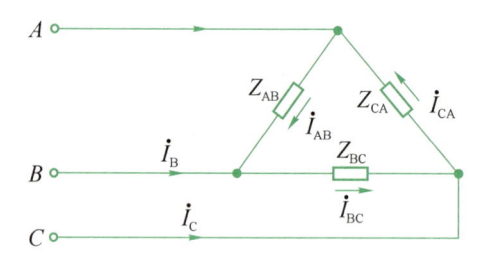

图2-19 负载的△形连接

图2-19中，Z_{AB}、Z_{BC}、Z_{CA}为接于两相之间的三相对称负载，$\dot{I}_{AB}$、$\dot{I}_{BC}$、$\dot{I}_{CA}$为流过每相负载的相电流，有效值为I_P。$\dot{I}_A$、$\dot{I}_B$、$\dot{I}_C$是线电流，有效值为I_L。由图2-19可见，各相负载两端的相电压与电源的线电压相等，即

$$U_P = U_L \tag{2-66}$$

因为相电流与线电流的关系为

$$I_L = \sqrt{3} I_P \tag{2-67}$$

故有

$$I_P = \frac{U_P}{|Z_P|} = \frac{U_L}{|Z_P|} \tag{2-68}$$

> 如果在上述内容的学习中对"三相交流电源"和"三相负载的连接"仍有疑问，请进入国家开放大学学习网，到"电工电子技术网络课程"第 3 单元的视频授课栏目中收看相关教学内容。

2.7.3 三相功率

在三相交流电路中，无论负载的连接方式是 Y 形还是 △ 形，负载是对称还是不对称，三相电路总的有功功率都等于各相负载的有功功率之和，即

$$P = P_A + P_B + P_C \tag{2-69}$$

三相电路总的无功功率等于各相负载的无功功率之和，即

$$Q = Q_A + Q_B + Q_C \tag{2-70}$$

三相电路总的视在功率根据功率三角形为

$$S = \sqrt{P^2 + Q^2} \tag{2-71}$$

如果三相负载是对称的，则三相电路总的有功功率等于每相负载上所消耗的有功功率的 3 倍，即

$$P = 3P_P = 3U_P I_P \cos\varphi \tag{2-72}$$

式中：φ 为相电压 U_P 与相电流 I_P 之间的相位差。

在实际应用中，因为三相电路中的线电压和线电流比较容易测量，故时常用它们来表示三相功率。将式（2-65）~式（2-67）代入式（2-72），则可得到

$$P = \sqrt{3} U_L I_L \cos\varphi \tag{2-73}$$

应该理解：式（2-73）中的 φ 亦为相电压 U_P 与相电流 I_P 之间的相位差。

同理，可得到用线电压和线电流表示的无功功率和视在功率，即

$$Q = \sqrt{3} U_L I_L \sin\varphi \tag{2-74}$$

$$S = \sqrt{3} U_L I_L \tag{2-75}$$

应当指出，三相对称负载采用的连接方式不同，其有功功率也不同。△ 形连接的有功功率是 Y 形连接的有功功率的 3 倍，即

$$P_\triangle = 3P_Y \tag{2-76}$$

例 2-8 已知三相四线制电源为 380 V，每相的负载阻抗 $Z = 10\underline{/30°}$ Ω，求负载为 Y 形和 △ 形连接时的三相功率。

解：当负载为 Y 形连接时，相电压为

$$U_P = \frac{U_L}{\sqrt{3}} = \frac{380}{\sqrt{3}} = 220(\text{V})$$

线电流为

$$I_L = I_P = \frac{U_P}{|Z|} = \frac{220}{10} = 22(\text{A})$$

因为相电压与相电流的相位差为 30°，所以三相功率为

$$P = \sqrt{3}\, U_L I_L \cos\varphi$$
$$= \sqrt{3} \times 380 \times 22 \times \frac{\sqrt{3}}{2}$$
$$= 12.54\ (\text{kW})$$

当负载为 △ 形连接时，相电流为

$$I_P = \frac{U_P}{|Z|} = \frac{U_L}{|Z|} = \frac{380}{10} = 38(\text{A})$$

线电流为

$$I_L = \sqrt{3}\, I_P = 38\sqrt{3}\,(\text{A})$$

三相功率为

$$P = \sqrt{3}\, U_L I_L \cos\varphi$$
$$= \sqrt{3} \times 380 \times \sqrt{3} \times 38 \times \frac{\sqrt{3}}{2}$$
$$= 37.52(\text{kW})$$

在电源电压一定的情况下，负载的连接方式不同，则负载消耗的功率不同。因此，实际应用中连接方式是确定的，不能随意连接。如例 2-8，电动机要求接成 Y 形，如果错接成 △ 形，则有可能造成功率过大而损坏电动机。

> 有关"三相功率计算"的实例讲解，感兴趣的同学可进入国家开放大学学习网，参阅"电工电子技术网络课程"第 3 单元的学习辅导栏目的相关内容，也可打开课程数字教材第 2 章学习相关内容。

本章小结

正弦交流电的知识是学习交流电动机、电子技术的重要基础。在研究正弦交流电路时，既要用到直流电路的许多基本概念和分析方法，又要学习正弦交流电路独有的特点和规律。下列问题包含了本章的全部学习内容，你可以利用以下线索对所学内容做一次简要的回顾。

正弦交流电的表示方法

- 何为正弦交流电的三要素？交流电的有效值是如何定义的？
- 复数的表示形式有几种？用复数和相量表示正弦量的区别在哪里？
- 相量运算的基本规律是什么？

单一参数的交流电路

- 纯电阻、纯电感、纯电容电路的特点是什么？
- 瞬时功率、平均功率、有功功率、无功功率是如何定义的？
- 电感电路和电容电路分别有何特性？

RLC串联交流电路

- 在RLC串联交流电路中，电压与电流的关系是怎样的？
- 何为阻抗三角形、电压三角形、功率三角形？含义分别是什么？
- RLC串联交流电路的有功功率如何计算？

电路中的谐振

- 何为谐振？串联谐振的特点是什么？品质因数是如何定义的？
- 提高功率因数的意义是什么？如何提高功率因数？

三相交流电路

- 什么是三相四线制？中线的意义是什么？
- 三相电源中线电压与相电压的关系是什么？
- 三相负载线电流与相电流的关系是什么？
- 三相负载为星形连接和三角形连接时，三相功率如何计算？

动手能力培养

✓ 你会运用实验设备或电路仿真软件搭接正弦交流电路，并进行简单的检测与调试吗？

自测题

一、选择题

2-1 已知电路某元件的电压 u 和电流 i 分别为 $u=10\cos(\omega t+20°)$ V，$i=5\sin(\omega t+1\,100°)$ A，则该元件的性质是（　　）。

A. 电容　　　　B. 电感　　　　C. 电阻　　　　D. 不确定

2-2 在 RLC 串联电路中，如果调大电容，则电路（　　）。

A. 感性增强　　B. 容性增强　　C. 呈电阻性　　D. 性质不变

2-3 图 2-20 所示是某电路中某一支路的电压 u 和电流 i 的波形，可以判断该支路是（　　）电路。

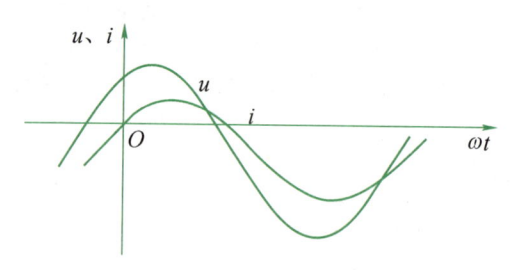

图 2-20　题 2-3 图

A. 纯电感　　　　　　　　　　B. 纯电容
C. 电阻电感串联　　　　　　　D. 电阻电容串联

2-4 RLC 串联电路发生谐振时，回路的（　　）。

A. 电流达到最小值　　　　　　B. 电流达到最大值
C. 电压达到最小值　　　　　　D. 电压达到最大值

2-5 并联电路及其相量图如图 2-21 所示，阻抗 Z_1、Z_2 和整个电路的性质分别对应为（　　）。

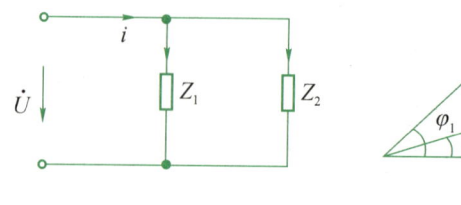

图 2-21　题 2-5 图

A. 感性、容性、感性　　　　　　B. 感性、容性、容性
C. 容性、感性、感性　　　　　　D. 容性、感性、容性

二、判断题

2-6　在交流电路中，为了研究多个同频率正弦量之间的关系，常常选择其中一个作为参考，称为参考正弦量。（　　）

2-7　由于正弦量与相量存在对应关系，所以相量等于正弦量。（　　）

2-8　电感元件具有通高频、阻低频的特性；电容元件具有通低频、阻高频的特性。（　　）

2-9　因为电流 I 与功率因数 $\cos\varphi$ 成反比，所以功率因数越小，电流在输电线路上的功率损耗越小。（　　）

2-10　三相交流电路中，无论负载是对称还是不对称，三相电路总的有功功率都等于各相负载的有功功率之和。（　　）

三、简答题

2-11　何为交流电三要素？请自行在正弦交流电量瞬时波形图上标出三要素。

2-12　简述提高功率因数的意义。

2-13　简述 RLC 串联谐振电路的特点。

2-14　在三相交流电路中，负载按星形连接时，相电流与线电流、相电压与线电压有何关系？

2-15　在三相交流电路中，对称负载按三角形连接时，相电流与线电流、相电压与线电压有何关系？

四、分析计算题

2-16　已知某 RLC 串联电路，其电阻 $R=10$ kΩ，电感 $L=5$ mH，电容 $C=0.001$ μF，正弦电压源的振幅为 10 V，$\omega=10^6$ rad/s，求电路的阻抗并判断电路的阻抗性质。

2-17　在 RLC 串联谐振电路中，$L=0.05$ mH，$C=200$ pF，品质因数 $Q=100$，交流电压的有效值 $U=1$ mV，试求：

(1) 电路的谐振频率 f_0；

(2) 谐振时回路中的电流 I；

(3) 电容上的电压 U_C。

2-18　已知 RLC 串联电路中 $R=10$ Ω，$L=2$ mH，$C=180$ pF，电源电压为 5 V，求谐振频率 f_0、谐振电流 I_0、品质因数 Q_0。

2-19　某供电设备输出电压为 220 V，视在功率为 220 kVA，如果为额定功率为 33 kW、功率因数 $\cos\varphi=0.8$ 的小型民办工厂供电，问：能供给几个工厂？若把功率因数提高到 0.95，又能供给几个工厂？

2-20　有一 Y 形连接的三相对称负载，已知每相电阻 $R=6$ Ω，电感 $L=25.5$ mH，现把它接入线电压 $U_L=380$ V、$f=50$ Hz 的三相电路中，求通过每相负载的电流和电路上的电流。

第 3 章 磁路与变压器

导 言

变压器是一种利用电磁感应原理变换电压、电流和阻抗的器件，其主要结构包括铁芯和绕组。变压器是电力工业中非常重要的组成部分，在电力、电气工程中应用非常广泛。例如，在发电、输电、配电、电能转换和电能消耗等各个环节，变压器都起着至关重要的作用。同时，变压器在国民经济中占有非常重要的地位。在实际应用中，变压器一旦发生故障，就会限制发电机的产能，减少和中断对部分用户的供电，如果不能及时地发现并处理事故，将会对电网的安全可靠供电造成很大的威胁，使国民经济遭受重大的损失。

本章首先介绍磁场的基本物理量和基本定律，然后在此基础上重点讨论变压器的结构、原理与功能，最后介绍一些特殊用途的变压器。这些内容的学习对于实际工作中变压器的选取、应用和维护都有非常重要的意义。

本章相关内容的安排充分结合工程实际，目的是使你在掌握变压器的基本结构、原理的同时，逐渐增强在工程实际中应用变压器的能力。

学习目标

认知目标

1. 正确说出磁力线的特点，复述磁感应强度 B、磁通量 Φ、磁导率 μ 及磁场强度 H 等磁场物理量的含义及数学关系。
2. 复述铁磁性材料的磁性能，归纳铁磁性材料的类型和特点。
3. 描述安培环路定律和磁路欧姆定律的含义。
4. 复述变压器的用途和结构特点。
5. 描述变压器的工作原理。
6. 运用变压器初、次级绕组的匝数比，计算初、次级绕组间的电压、电流和阻抗。

技能目标

依据实际需要，选用合适的变压器设备。

情感目标

有信心对各种机电设备的电气特性和工作原理做进一步探究。

3.1 磁场的基本物理量和磁性材料的磁性能

3.1.1 磁场和磁力线的基本概念

现实生活中,磁可以说无处不在。通常,把具有磁性的物体叫作磁体,如我们常见的磁铁等。磁体两端磁性最强的部分叫作磁极,所有的磁体都有两个磁极,这两个磁极分别用北极(N)和南极(S)表示。在磁体的周围存在一种特殊物质,同时具有力和能的特性,其被称为磁场。

磁场和电场都是有方向的。为了形象地描述磁场我们引入磁力线的概念,规定用磁力线上每一点的切线方向表示该点的磁场方向,如图3-1所示。

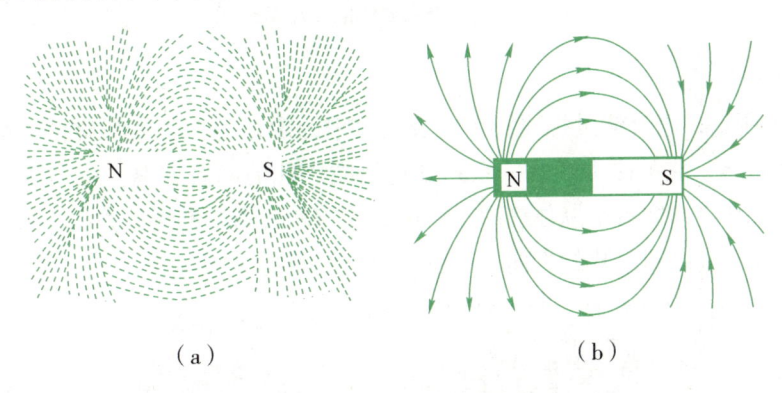

图 3-1 条形磁铁的磁力线

磁力线有以下几个特点:

(1) 磁力线是互不相交的闭合曲线,在磁体外部由N极指向S极,在磁体内部由S极指向N极。

(2) 磁力线上任意一点的切线方向,就是该点的磁场方向,即小磁针在磁力的作用下其N极所指的方向。

(3) 磁力线越密表示磁场越强;反之,磁力线越疏表示磁场越弱。

3.1.2 电流的磁场

1. 电流的磁效应

除了天然磁石或磁铁可以形成磁场外,电流也能产生磁场,电流和磁场之间有密不可分的关系。当电流通过导体时,导体的周围就产生磁场,这种由电产生磁的现象称为电流的磁效应。

2. 安培定则(右手螺旋定则)

如图3-2所示,电流流过直导体,它产生的磁力线为以导体为中心的同心圆,这些同心圆都在和导线垂直的平面上。磁力线的方向和电流的方向的关系可以用安培定则（也叫右手螺旋定则）来确定，即右手握住导体，大拇指指向电流的方向，弯曲四指指向磁力线的方向。

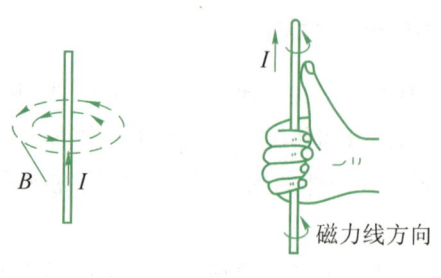

（a）通电直导线的磁力线　　（b）右手螺旋定则

图 3-2　通电直导线的磁场示意图

3. 通电线圈的磁场

如图 3-3 所示，电流流过螺线管，它表现出来的磁性类似于条形磁铁，螺线管的两端相当于 N 极和 S 极。它的磁力线是一系列穿过线圈内孔的闭合回路。磁力线方向的判定也可用安培定则来判定，即右手握住线圈，弯曲的四指和线圈中电流的方向一致，大拇指所指的方向就是磁场穿过线圈内孔的方向，也就是通电线圈的 N 极。

（a）通电线圈的磁力线　　（b）右手螺旋定则

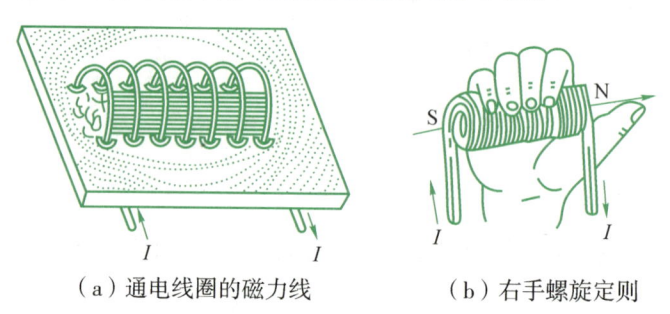

图 3-3　通电线圈的磁场示意图

3.1.3　磁场的基本物理量

1. 磁感应强度 B

电流能够产生磁场，反之通电导体在磁场中也会受到电磁力的作用。磁感应强度是用来表示磁场中某点的磁场强弱和方向的一个物理量，用 B 表示。磁感应强度 B 有大小和方向，是一个矢量。磁体磁力线的分布可以形象地描绘磁感应强度 B，如图 3-2（a）所示。某点磁力线的切线方向就是这一点磁感应强度 B 的方向。磁力线越密，代表磁感应强度 B 的值越大。

磁感应强度 B 的数值可用磁场中与磁场方向相垂直的通电直导体受到的电磁力的大小

来衡量，二者成正比，即

$$B = \frac{F}{IL} \tag{3-1}$$

式中：F 为磁场中通电直导体受到的电磁力，单位为 N；I 为导体中的电流强度，单位为 A；L 为导体的长度，单位为 m。

磁感应强度 B 的标准单位是 N/（A·m），即特斯拉（T），常用的单位还有高斯（Gs），1 T = 10^4 Gs。

2. 磁通量 Φ

磁通量是表征磁场的一个重要的物理量。在均匀磁场（磁场中各处磁场强度的大小和方向都相同）中，它反映了磁场中穿过与磁力线方向垂直的单位横截面积的磁力线总数，又称为磁通或磁通密度，用 Φ 表示。在均匀磁场中，磁通 Φ 的大小可以用磁场的磁感应强度 B 来表示，即

$$\Phi = B \cdot S$$

或

$$B = \frac{\Phi}{S} \tag{3-2}$$

式（3-2）中，磁通 Φ 的单位是韦伯（Wb），其他常用的单位还有麦克斯韦（Mx），1 Wb = 10^4 Mx。

在磁力线疏密程度不一的非均匀磁场中，Φ 与 B 的关系为

$$\Phi = \int B \mathrm{d}S \tag{3-3}$$

3. 磁导率 μ

磁导率是表征物质导磁性能强弱的物理量。不同物质的磁导率是不同的，真空的磁导率是一个常数 μ_0，大小为 $\mu_0 = 4\pi \times 10^{-7}$ H/m。其他物质的磁导率 μ 与 μ_0 的比值称为相对磁导率，用 μ_r 表示，即 $\mu_r = \dfrac{\mu}{\mu_0}$。

铁磁性材料的相对磁导率要远大于 1，其他非铁磁性材料（如铜、铝、气体等）的相对磁导率小于或接近 1。

4. 磁场强度 H

磁场强度 H 是把电与磁联系起来的一个重要的物理量，其定义式为

$$H = \frac{B}{\mu} \tag{3-4}$$

即磁场中某点的磁场强度与同一点的磁导率的比值，单位是安培/米（A/m）。

3.1.4 铁磁性材料的磁性能

大自然中，有一类物质导磁性能很强，如生活和工作中常见的铁、钴、镍及其合金材料，这类物质即使在较弱的磁场内，也可得到极高的导磁性能，其中以铁材料为最常见，所以将它们统称为铁磁性材料。铁磁性材料是制造变压器、电机及其他电器铁芯必不可少的材料。

铁磁性材料之所以具有高导磁性能，是由它们特殊的内部结构所决定的。铁磁性材料的磁性主要来源于电子自旋磁矩。铁磁性材料中，电子自旋磁矩产生的磁场很强。在没有外电场的情况下，电子自旋磁矩可以在一个小区域内自发地排列起来并牢固地结合，具有一定的磁化方向，形成一个小的"自发磁化区"，这种自发磁化区叫作磁畴。在磁畴内，电子自旋磁矩平行排列、取向一致，因此磁畴就像一个很小的永磁体一样有很强的磁性。铁磁性材料就是由许多这样的磁畴组成的。

在没有外磁场（磁化场）时，通常铁磁性材料内各磁畴的自发磁化方向不同、杂乱无章，各磁畴的磁性相互抵消，对外不显示磁性。但在外磁场的作用下，铁磁性材料将显示宏观磁性，这个过程称为铁磁性材料的磁化。铁磁性材料具有如下磁性能：

1. 高导磁性

铁磁性材料的磁导率 μ 很高，可达 $10^2 \sim 10^4$。由铁磁性材料组成的磁路磁阻很小，因此线圈中通入较小的电流 I，磁路即可获得较大的磁通 Φ。

2. 磁饱和性

铁磁性材料的磁饱和性表现为磁感应强度 B 不会随磁场强度 H 的增加而无限增强。当磁场强度 H 增大到一定值时，磁感应强度 B 不能继续增强，这就是铁磁性材料的磁饱和性。

3. 磁滞性

磁路确定，即匝数 N、磁路平均长度 l 确定以后，磁场强度 H 与电流 I 成正比。在改变电流 I 的大小和方向时，磁场强度 H 的大小和方向都随之改变，使得环形铁芯在交变磁场中反复磁化。当磁场强度 H 增加到饱和点后，随着 H 减小，磁感应强度 B 也减小。在反复磁化的过程中，磁感应强度 B 的变化总是滞后于磁场强度 H 的变化的现象，被称为铁磁性材料的磁滞性。

铁磁性材料的磁性与温度有很大的关系。磁场强度 H 一定时，温度升高，磁导率变小，磁性减弱。这是因为温度升高，分子热运动加剧，破坏了磁畴有规则的排列。每种铁磁性材料都有一个温度值，当温度升高到该值时，磁导率下降到 μ_0。这个温度称为铁磁性材料的居里点，如铁的居里点约为 760°C。当温度高于居里点时，铁磁性材料的磁性被剧烈的热运动所破坏。

图 3-4 所示为铁磁性材料的磁滞特性曲线。从图中可以看到，铁磁性材料在受到反复的交变磁化时，B 随 H 变化的曲线是一条闭合的曲线，即图中 *abcdefa*，通常称之为磁滞回线。

根据铁磁性材料的磁滞回线特点的不同，可以将其分为三种类型：软磁材料、硬磁材料和矩磁材料。

（1）软磁材料。其特点是磁滞回线很窄，矫顽磁力比较小，在交变磁场的作用下磁滞损耗很少。常见的软磁材料有硅钢、铸铁和软磁性铁氧体等。其中，硅钢常用来制造电动机、变压器的铁芯，软磁性铁氧体常用来制造计算机磁盘、录音磁带等。

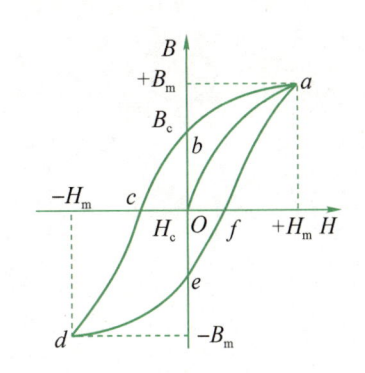

图 3-4 铁磁性材料的磁滞特性曲线

（2）硬磁材料。其磁滞回线比较宽，矫顽磁力比较大，被磁化后磁性难以消失。常见的硬磁材料有碳钢合金及铁镍合金等，常被用来制造永久磁铁。

（3）矩磁材料。其磁滞回线接近于矩形。这种材料在外磁场消失后，可以稳定地保持磁性，具有很强的记忆性，常被用来制造数字系统中的记忆元件。

3.2 磁路基本定律

磁路指磁通通过的路径。在电气设备中，一般采用导磁性能比较好的铁磁性材料制作成一定形状的铁芯（如变压器和电动机的铁芯），构成磁力线非常集中的磁路。

与电路相仿，磁路也有其基本定律，在此主要介绍磁路的欧姆定律。这个定律可根据安培环路定律（全电流定律）推导得出。

3.2.1 安培环路定律

安培环路定律也叫全电流定律，其公式为

$$\oint H \mathrm{d}L = \sum I \tag{3-5}$$

即在磁路中，沿着任何一条闭合路径，磁场强度 H 的线积分等于这条闭合路径所交链的电流的代数和。

例如，在图 3-5 所示的无分支铁芯磁路中，可近似地认为磁场是均匀的，式（3-5）可以化为

$$\oint H \mathrm{d}L = HL = \sum I = NI \tag{3-6}$$

式中：N 为线圈匝数；L 为磁路的平均长度。

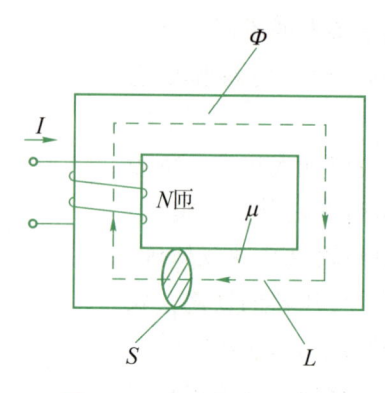

图 3-5 无分支铁芯磁路

3.2.2 磁路欧姆定律

在图 3-5 所示的磁路中，可近似地认为磁场是均匀的（磁路的平均长度要远大于磁路的横截面宽度），所以有

$$\varPhi = B \cdot S$$

而 $B = \mu H$，所以

$$\varPhi = \mu H S \tag{3-7}$$

根据式（3-6），有 $H = \dfrac{NI}{L}$，代入式（3-7）得

$$\varPhi = \mu H S = \mu S \dfrac{NI}{L} = \dfrac{NI}{\dfrac{L}{\mu S}} \tag{3-8}$$

取 $F = NI$，叫作磁动势，取 $R_m = \dfrac{L}{\mu S}$，叫作磁阻，于是式（3-8）就化为

$$\varPhi = \dfrac{F}{R_m} \tag{3-9}$$

式（3-9）就是磁路的欧姆定律，其中，F 的单位是安·匝，但磁阻 R_m 并非像固定的电阻那样是一个常数。

学习活动 3-1

铁芯线圈磁通与其电流及绕线匝数的关联性测试

【活动目标】

描述磁路欧姆定律的含义，增加对磁场强度的感性认识。

【所需时间】

15 分钟

【活动步骤】

1. 阅读内容"3.2 磁路基本定律",在磁通、磁场强度、线圈匝数和电流等关键词句及关系式处做阅读标记。

2. 准备活动装置:大铁钉1枚、小铁钉多枚、漆包线(或细导线)2根、1.5 V的电池若干。

3. 制作铁芯线圈:以大铁钉作铁芯,将一根漆包线(或细导线)均匀绕在上面完成一个铁芯线圈制作,记录线圈匝数,并填写在表3-1中。

表3-1 磁通测试结果

线圈匝数	电池节数	吸附的铁钉数	吸附力描述

4. 先用1节电池对绕制好的线圈通电,慢慢接近桌面上的小铁钉,观察铁芯线圈吸附小铁钉的数量并记录。

5. 增加线圈两端的电压,用多节电池连接线圈并通电,观察铁芯线圈吸附小铁钉的数量并记录。

6. 固定电压,改变线圈匝数,将另一根漆包线(或细导线)绕在已有的线圈上,再次观察铁芯线圈吸附小铁钉的数量并记录。

7. 抽出铁芯,继续观察通电线圈的吸附能力。

【反　馈】

电磁铁的电压越高或线圈匝数越多,磁场强度越大,吸附铁钉的数量越多;有无铁芯会直接影响线圈的磁导率,进而影响磁场强度。

上述内容是后续学习变压器和电动机原理的理论基础,受字数限制本书无法进一步展开叙述,你可以到"电工电子技术网络课程"第4单元,尽量完整地收看视频授课栏目的教学内容。

3.3 变压器的用途、结构及工作原理

3.3.1 变压器的用途

变压器是利用电磁感应原理传输电能或电信号的器件，它具有变压、变流和变阻抗的作用。变压器的种类很多，应用十分广泛。例如：在电子设备和仪器中常用小功率电源变压器改变市电电压，再通过整流和滤波，得到电路所需要的直流电压；在放大电路中，用耦合变压器传递信号或进行阻抗的匹配；等等。

变压器的用途主要有以下几方面：

（1）在电力系统中，电力变压器用于输配电系统中变换电压和传输电能。

（2）在电工测量与自动保护装置中，常使用仪用互感器将高电压变成低电压、将大电流变成小电流。

（3）在冶炼、加热及热处理设备电源中，使用冶炼变压器进行升压驱动电炉负载，一般初级为 10 kV、次级为 40～130 V，电流从几千到几万安培都有，容量通常比较大。

（4）在实验室或工业中，常使用自耦变压器调节电压，其特点是主、副边有直接的电磁联系，低压线圈是高压线圈的一部分。

（5）在工业交流电焊机中，一般使用电焊变压器作为驱动电源。

变压器虽然大小悬殊，用途各异，但其基本结构和工作原理是相同的。图 3-6 所示为几种常见变压器的实物外形。

（a）民用油浸式变压器 　　（b）工业用变压器 　　（c）仪用互感器

（d）自耦变压器 　　（e）电焊变压器

图 3-6　几种常见变压器的实物外形

现实工作和生活中，大部分变压器都用于输变电线路中作为电压变换和电能传输的设备，它们的工作电压通常在几百伏或几千伏、几万伏以上。如果不具备安全用电知识、不配备有效防护设备而直接接触变压器，很可能会造成对生命安全的伤害。为此强烈建议，一定要注意用电安全！国家开放大学学习网的"电工电子技术网络课程"的拓展知识栏目，详细介绍了安全用电方面的知识，建议抽空阅读。

3.3.2 变压器的结构

变压器的结构主要包括两部分：闭合铁芯和绕在铁芯上的两个或多个线圈绕组。其结构和符号如图 3-7 所示。

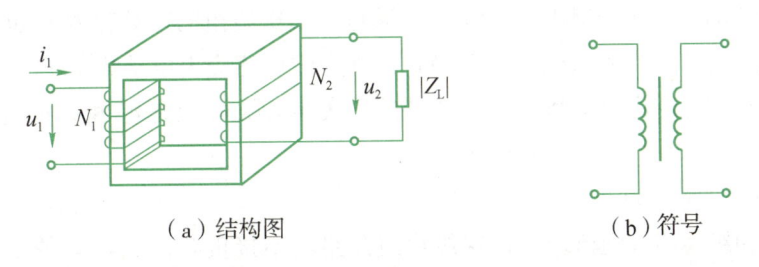

（a）结构图　　　　　　　（b）符号

图 3-7　变压器的结构及符号

常见的变压器（用于变换低频率的交流电）的铁芯一般是由相互绝缘的硅钢片叠成的，硅钢片的厚度一般为 0.35 mm 或 0.5 mm，其作用是构成变压器的磁路。

变压器绕组的作用是构成电路。绕组一般由漆包铜线绕制而成。变压器一般有两个绕组。其中，与交流电源相连接的绕组称为一次绕组（或主绕组、初级绕组、一次侧），与负载相连接的绕组称为二次绕组（或副绕组、次级绕组、二次侧）。一次绕组和二次绕组套装在同一铁芯柱上。有时为了得到多组输出电压，可以在变压器二次侧接多组绕组。

3.3.3 变压器的工作原理

图 3-8 所示为变压器工作原理示意图。

在正弦交流电压 u_1 的作用下，变压器铁芯中会产生正弦交变的磁通，磁通中绝大部分会通过硅钢片铁芯构成磁路，叫主磁通，用 Φ 表示；但是，仍然会有很小的一部分磁通不与次级绕组交链（只与初级绕组交链），这部分磁通就如同"没有被次级绕组利用上（漏掉了）"一样，叫作漏磁通，用 $\Phi_{\sigma 1}$ 表示。主磁通和漏磁通都能够在初级绕组的线圈中产生感应电动势①。

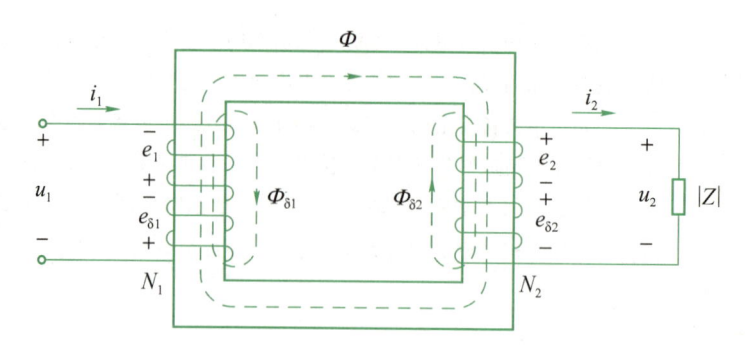

图 3-8 变压器工作原理示意图

一次绕组的匝数为 N_1，当一次绕组加交流电压 u_1 时，其电流为 i_1，此时，一次绕组的磁动势 $N_1 i_1$ 在铁芯中产生交变的磁通，从而在二次绕组上产生感应电动势。如果变压器二次侧接有负载，那么二次绕组中就有电流 i_2 通过，二次绕组的磁动势 $N_2 i_2$ 也产生交变的磁通。一次绕组产生的磁动势感应出电动势 e_1，其漏磁通感应出电动势 $e_{\delta 1}$；二次绕组产生磁动势 e_2，其漏磁通感应出电动势 $e_{\delta 2}$，变压器的一次侧电压 u_1 就是 e_1 和 $e_{\delta 1}$ 的叠加，变压器提供给负载的电压 u_2 就是 e_2 与 $e_{\delta 2}$ 的叠加。

1. 变压器的空载运行与电压变换

变压器的初级绕组加交流电压而次级绕组开路（不接负载，$i_2 = 0$）的工作状态叫作空载运行，如图 3-9 所示。在空载运行时，变压器初级绕组中的电流 $i_1 = i_0$，叫作空载电流，也叫励磁电流，起产生主磁通的作用，即励磁作用；次级绕组开路，其电流为 0。

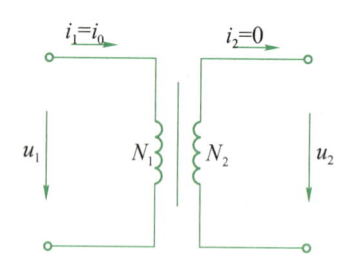

图 3-9 变压器的空载运行

根据 KVL，初级绕组的电压方程为

$$u_1 = -e_1 - e_{\delta 1} + r_1 i_0 \tag{3-10}$$

式中：u_1 为初级绕组所加的交流电压；e_1 为主磁通 Φ 的感应电动势；$e_{\delta 1}$ 为漏磁通 $\Phi_{\delta 1}$ 的感应

---

① 英国物理学家法拉第通过实验对这种现象给出了明确的结论，即变化的磁场能够在导体中产生感应电动势，这种现象称为电磁感应。

电动势；r_1 为初级绕组的电阻；i_0 为空载电流。

由于漏磁通和空载电流都非常小，因此 e_{s1} 和 $r_1 i_0$ 可以忽略不计，那么 $u_1 \approx -e_1$。

由于 u_1 是正弦变化的交流电压，交变的电场产生交变的磁场，所以主磁通 Φ 也是正弦变化，即 $\Phi = \Phi_m \sin\omega t$。初级绕组上的感应电动势为

$$e_1 = -N_1 \frac{\mathrm{d}\Phi}{\mathrm{d}t} = -\omega\Phi_m N_1 \cos\omega t = 2\pi f N_1 \Phi_m \sin(\omega t - 90°) \tag{3-11}$$

其有效值为

$$E_1 = \frac{2\pi f N_1 \Phi_m}{\sqrt{2}} = 4.44 f N_1 \Phi_m \tag{3-12}$$

同理，次级绕组上的感应电动势的有效值为

$$E_2 = \frac{2\pi f N_2 \Phi_m}{\sqrt{2}} = 4.44 f N_2 \Phi_m \tag{3-13}$$

由于 $u_1 \approx -e_1$，$u_2 \approx -e_2$，因此初级绕组和次级绕组电压的有效值分别为

$$U_1 \approx E_1 = 4.44 f N_1 \Phi_m$$
$$U_2 \approx E_2 = 4.44 f N_2 \Phi_m$$

通常认为

$$U_1 = 4.44 f N_1 \Phi_m \tag{3-14}$$
$$U_2 = 4.44 f N_2 \Phi_m \tag{3-15}$$

那么

$$\frac{U_1}{U_2} = \frac{N_1}{N_2} = k \tag{3-16}$$

式（3-16）中，$k = \frac{N_1}{N_2}$ 被称为变压器的变压比，也称为匝数比，它直接反映了变压器初级绕组电压、次级绕组电压的变换关系。如果 $k = \frac{N_1}{N_2} > 1$，那么初级绕组电压 U_1 会大于次级绕组输出的电压 U_2，显然，变压器为降压的变压器；若 $k = \frac{N_1}{N_2} < 1$，则 $U_1 < U_2$，显然，变压器为升压的变压器。

变压器次级绕组的额定电压与其额定电流的乘积称为变压器（单相）的容量，即视在功率，其计算式为

$$S_N = U_{2N} \cdot I_{2N} \approx U_{1N} \cdot I_{1N}$$

为什么初级绕组的输入功率会稍微大于次级绕组的输出功率？因为变压器的效率不可能

为 100%，总会产生一部分损耗，如漏磁通在铁芯中的损耗等。

例 3 – 1 单相变压器的初级绕组线圈的匝数为 220 匝，次级绕组线圈的匝数为 20 匝，初级绕组接 220 V 的正弦交流电，次级绕组开路，求次级绕组的电压。

解：根据 $\dfrac{U_1}{U_2} = \dfrac{N_1}{N_2}$，得

$$U_2 = \dfrac{N_2}{N_1}U_1 = \dfrac{20}{220} \times 220 = 20(\text{V})$$

2. 变压器的负载运行和电流变换

变压器的负载工作状态是指变压器的次级绕组连接负载时的工作状态。图 3 – 10 所示为变压器负载工作状态示意图。

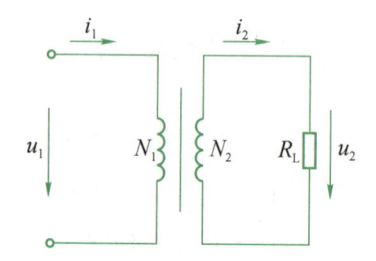

图 3 – 10　变压器负载工作状态示意图

空载时，变压器的磁通 Φ 只由 i_0N_1 产生；负载状态时，变压器初级和次级的电流分别为 i_1 和 i_2。根据安培环路定律，此时的磁通 Φ 是由 i_1N_1 和 i_2N_2 共同产生的。由于空载和负载时的外加电压 U、频率 f 和线圈匝数 N 并未发生变化，根据 $U = 4.44fN\Phi_m$，可看出空载和负载时的磁路磁通 Φ 是不变的，即

$$i_0N_1 = i_1N_1 + i_2N_2 \tag{3 – 17}$$

而空载电流 i_0 非常小（i_0 的有效值只相当于初级绕组额定电流 i_N 有效值的 3% ~ 7%），在变压器接近额定负载运行时，$i_0N_1 \ll i_1N_1$，因而可以忽略 i_0N_1，于是 $i_1N_1 \approx -i_2N_2$，用电流的有效值（一交流周期内产生相同功的直流值，关系式为 $I = \dfrac{I_m}{\sqrt{2}}$，$I_m$ 为交流电的峰值）来表示比值关系，即

$$\dfrac{I_1}{I_2} \approx \dfrac{N_2}{N_1} = \dfrac{1}{k} \tag{3 – 18}$$

式中：I_1、I_2 为电流 i_1、i_2 的有效值。

可见，变压器初级、次级绕组的电流值与它们的匝数成反比。匝数越多的一边电流越小，匝数越少的一边电流越大，这就是变压器的变换电流作用。这一点也可以根据变压器的输入和输出功率的关系来理解，如降压变压器，初级绕组匝数多，电压高，次级绕组匝数

少，电压低。而变压器输入和输出的视在功率应该是平衡的（忽略非常小的损耗的情况下），即 $U_1 I_1 = U_2 I_2$。所以，降压变压器应该是一次绕组匝数多而电流小，二次绕组匝数少而电流大。

例 3-2 单相变压器的初级绕组线圈的匝数为 200 匝，次级绕组线圈的匝数为 50 匝，初级绕组接 220 V 的正弦交流电，次级绕组接 10 Ω 的电阻负载，求初级绕组以及负载的电流。

解： 根据 $\dfrac{U_1}{U_2} = \dfrac{N_1}{N_2}$，得

$$U_2 = \frac{N_2}{N_1} U_1 = \frac{50}{200} \times 220 = 55 (\text{V})$$

所以负载的电流为

$$I_2 = \frac{U_2}{R_L} = \frac{55}{10} = 5.5 (\text{A})$$

根据 $\dfrac{I_1}{I_2} = \dfrac{N_2}{N_1}$，有 $I_1 = \dfrac{N_2}{N_1} I_2$，所以初级绕组的电流为

$$I_1 = \frac{50}{200} \times 5.5 = 1.375 (\text{A})$$

3. 变压器的阻抗变换

变压器除了有变换电压和变换电流的作用之外，还有变换阻抗的作用，如图 3-11 所示。

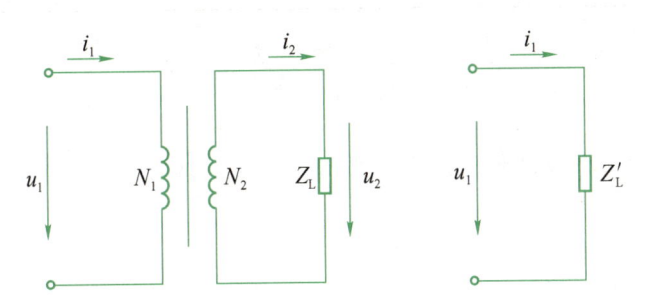

图 3-11 变压器的等效阻抗示意图

如图 3-11 所示，当变压器的初级绕组加交流电压 u_1、次级绕组接负载 Z_L 时，初级绕组的电流为 i_1，这相当于变压器的初级有一个等效阻抗 Z'_L。显然，变压器初级的等效阻抗 Z'_L 的值为

$$|Z'_L| = \frac{U_1}{I_1} \tag{3-19}$$

根据变压器的电压、电流变换特性，有 $U_1 = \dfrac{N_1}{N_2} U_2$，$I_1 = \dfrac{N_2}{N_1} I_2$，将其代入式 (3-19)，得

$$|Z'_L| = \frac{U_1}{I_1} = \left(\frac{N_1}{N_2}\right)^2 \cdot \frac{U_2}{I_2} \qquad (3-20)$$

即

$$|Z'_L| = k^2 |Z_L| \qquad (3-21)$$

显然，等效阻抗是变压器变压比的平方乘以负载阻抗值，这就是变压器的阻抗变换作用。所以，可以通过调节变压比 k 得到所需的阻抗值。例如，为使一个交流信号源驱动的负载达到最大功率，不妨调节变压器的变压比 k 以获得输出最大功率的阻抗。

例 3-3 已知交流信号源的内阻为 1 000 Ω，通过一个变压比可调的变压器连接 2.5 Ω 的负载 R_L，当变压器初级的等效电阻等于信号源的内阻时，信号源的输出功率最大，要使负载获得最大功率，问变压器的变压比应该是多少？

解：根据 $|Z'_L| = k^2 |Z_L|$，得变压器初级的等效电阻为

$$R'_L = k^2 R_L = 2.5k^2$$

当变压器初级的等效电阻等于信号源的内阻时，信号源的输出功率最大，则有

$$R'_L = k^2 R_L = 2.5k^2 = 1\,000 \,(\Omega)$$

$$k^2 = \frac{1\,000}{2.5} = 400$$

所以，当变压比 $k = 20$ 时，负载将获得最大功率。

学习活动 3-2

变压器测量

【活动目标】

描述变压器的工作原理，运用变压器初、次级绕组的匝数比计算初、次级间的电压、电流和阻抗。

【所需时间】

约 30 分钟

【活动步骤】

1. 阅读内容"3.3.3 变压器的工作原理"，在电压变换、电流变换和阻抗变换等关键词句及关系公式处做阅读标记。

2. 准备活动装置：带负量程的电压表 1 块、长铁条或封闭的方形铁圈 1 件，1~3 m 不等长度漆包线（或细导线）2 根、1.5 V 的电池若干。

3. 将 2 根漆包线（或细导线）均匀地绕在长铁条的两端或者封闭的方形铁圈的对边，完成简单变压器的制作（注意匝数要多一些），记录两个绕组的匝数于表 3-2 中。

表 3-2 变压器测量结果

连接方式	初、次级绕组的匝数比	指针的最大值
电压表绕组少		
电池绕组少		
电池极性对调		

4. 将变压器匝数少的绕组接电压表，用电池对匝数多的绕组进行瞬时通电，观察仪表指针的瞬间变化，记录仪表指针摆动的最大值。

5. 将绕组反向瞬时通电，再次观察并记录仪表指针摆动的最大值。

6. 两个绕组对调连接（匝数多的绕组接电压表，匝数少的绕组接电池），瞬时通电观察仪表指针的瞬间变化，并记录下仪表指针摆动的最大值。

7. 将电池的极性对调，变压器反向瞬时通电，记录仪表指针摆动的最大值。

【反　　馈】

由铁芯、绕组构成的变压器具有变换电压的功能，输出电压、输入电压的变压比与变压器输入端绕组的匝数、输出端绕组匝数之比相同。在变压器同一铁芯上的不同绕组，在同一磁势的作用下，某一出线端会产生同样极性的感应电动势，这就是变压器的同名端。

3.4　特殊用途的变压器简介

3.4.1　自耦变压器

以上所说的变压器有初级、次级两个绕组，而自耦变压器的特殊之处在于它只有一个绕组，它的初级、次级绕组共用一个线圈，依靠绕组抽头的办法来实现变压，如图 3-12 所示。

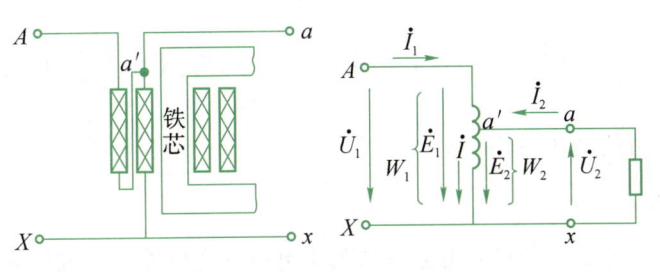

图 3-12　自耦变压器的结构和电路图

自耦变压器的工作原理与普通变压器相同，它同样具有变压、变流、变阻抗的作用，同样满足以下关系式：

$$U_1 = \frac{N_1}{N_2}U_2, \quad I_1 = \frac{N_2}{N_1}I_2, \quad |Z'_L| = k^2|Z_L|$$

而且，自耦变压器具有结构简单、体积小、节约材料、效率高等优点。但其不能够作为安全变压器使用，常用于小型设备或实验室设备的调压。自耦变压器的典型应用是电压可调的自耦调压器，它可以使次级输出电压在 $0 \sim U_1$ 的范围内连续变化。

3.4.2 仪用互感器

顾名思义，仪用互感器是用于测量仪器和保护设备上的特殊变压器，有电压互感器和电流互感器两种。电压互感器可以用于测量一般电压表不能测量的高电压，其基本原理是把非常高的电压通过电压互感器降为低电压后进行测量。而电流互感器可以用于测量一般电流表不能测量的大电流，其基本原理是把大电流通过电流互感器变换成小电流来测量。仪用互感器既可以扩大量程，又可以避免直接测量高电压、大电流回路，从而保证了测量者的安全。

1. 电压互感器

电压互感器实际上是一个变压比精确的降压变压器。在使用时，将其匝数多的一边作为主绕组与需要测量的高电压相接，将匝数少的一边作为副绕组连接到电压表上，如图 3 - 13 所示。电压表的阻抗是很大的，所以电压互感器相当于工作在副绕组的开路状态下。

电压互感器与普通变压器一样，满足 $\frac{U_1}{U_2} \approx \frac{N_1}{N_2} = k$，即 $U_1 = \frac{N_1}{N_2}U_2 = kU_2$。其中，$U_1$ 为待测高电压，U_2 为电压表示数，所以，实际测量的高电压 U_1 就等于电压表示数 U_2 乘以电压比 k。

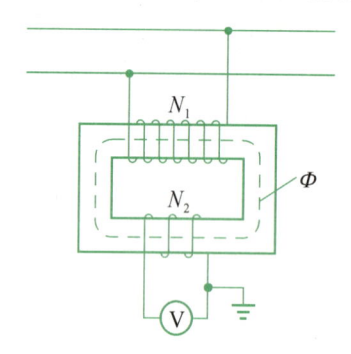

图 3 - 13 电压互感器原理图

一般地，电压互感器副绕组的额定电压为 100 V，常用的变压比有 3 500∶100、6 000∶100 等。

需要特别注意：电压互感器的副边绝对不允许短路。因为电压互感器与普通变压器一样，满足 $\frac{I_1}{I_2} = \frac{N_2}{N_1} = \frac{1}{k}$，则 $I_2 = \frac{N_1}{N_2}I_1$，而电压互感器的变压比 $\frac{N_1}{N_2}$ 非常大，则副边电流 $I_2 = \frac{N_1}{N_2}I_1$ 会非常大，有可能烧坏器件。

2. 电流互感器

电流互感器实际上是一个将大电流变换为小电流的变压器。在进行测量时，将只有一匝或几匝线圈的一边作为主绕组与被测的大电流电路相串联，而将匝数多的线圈作为副绕组与电流表相串联，如图 3-14 所示。由于电流表的内阻非常小，几乎为 0，所以电流互感器相当于工作在短路运行状态下。

电流互感器与普通变压器一样，满足 $\dfrac{I_1}{I_2} = \dfrac{N_2}{N_1} = \dfrac{1}{k}$，即 $I_1 = \dfrac{N_2}{N_1} I_2 = \dfrac{I_2}{k}$。其中，$I_1$ 为被测量大电流的有效值，I_2 为电流表示数。实际所测量的大电流值 I_1 等于电流表示数 I_2 乘以电流互感器的变流比 $\dfrac{1}{k}$。

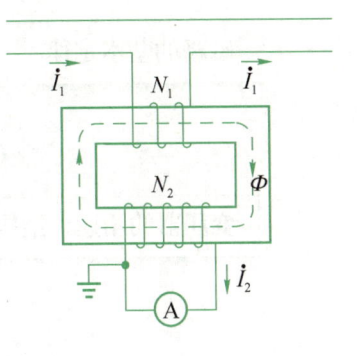

图 3-14 电流互感器原理图

一般地，电流互感器副绕组的额定电流为 5 A，常用的变流比有 50∶5 和 100∶5 等。

钳形电流表是一种配有电流互感器的电流表，测量大电流时非常方便且不需要断开被测量电路，只需要手柄张开、套上被测电流的导线，这根导线就成为电流互感器的主绕组，在副绕组的电流表上就可以读出被测量的大电流值。

需要特别注意：电流互感器的副绕组绝对不允许开路。因为电流互感器与普通变压器一样，满足 $\dfrac{U_1}{U_2} = \dfrac{N_1}{N_2} = k$，则 $U_2 = \dfrac{N_2}{N_1} U_1$，而电流互感器的副绕组匝数 N_2 远大于主绕组的匝数 N_1（N_1 通常为一匝或几匝），这样副边电压 U_2 会非常大，如果副绕组开路，副边的高压可能会对人身造成伤害。

本章小结

本章主要包括磁场的基本概念、磁路的基本定律，以及变压器的用途、结构及工作原理等内容。

下列问题包含了本章的全部学习内容，你可以利用以下线索对所学内容做一次简要回顾。

磁场的基本物理量和铁磁性材料的磁性能

- ✓ 什么是磁力线？
- ✓ 磁力线有什么特点？
- ✓ 电流的磁效应是怎么回事？
- ✓ 描述磁场有哪些相关物理量？
- ✓ 铁磁性材料的性能曲线有什么特点？

磁路的基本定律

- 磁路的基本定律有哪些？
- 磁路的欧姆定律与哪些物理量有关？

变压器的用途、结构与原理

- 通常变压器有哪些用途？
- 变压器的基本结构是怎样的？
- 变压器的变压、变流、变阻抗是怎么回事？

特殊用途的变压器简介

- 自耦变压器的结构是怎么样的？
- 自耦变压器的特点有哪些？
- 自耦变压器常用在什么地方？
- 仪用互感器有什么类型？
- 仪用互感器的功能有哪些？
- 仪用互感器有哪些使用注意事项？

自测题

一、选择题

3-1 当一次侧接额定电压并维持不变，变压器由空载运行转为满载运行时，其主磁通将会（　　）。

A. 增大　　　　B. 减小　　　　C. 基本不变　　　D. 变化趋势不确定

3-2 变压器负载电流增大时，（　　）。

A. 原边电流不变　B. 原边电流增大　C. 原边电流减小　D. 变化趋势不确定

3-3 常见的变压器铁芯一般是由相互绝缘的（　　）叠成的。

A. 硅钢片　　　B. 碳钢片　　　C. 不锈钢片　　　D. 高纯度铁片

3-4 变压器初级绕组的输入功率会（　　）次级绕组的输出功率。

A. 小于　　　　　　　　　　B. 等于
C. 大于　　　　　　　　　　D. 可能小于也可能等于

3-5 等效阻抗是变压器变压比的（　　）乘以负载阻抗值。

A. 5次方　　　B. 4次方　　　C. 3次方　　　D. 平方

二、判断题

3-6 若将变压器一次侧接到电压大小与铭牌相同的直流电源上，则变压器的电流仍是

额定电流。   （   ）

3-7 变压器的空载损耗主要是铁损耗。   （   ）

3-8 变压器运行时，其二次侧电压反而升高，原因是负载呈纯电阻性。 （   ）

3-9 自耦变压器具有结构简单、体积小、节约材料、效率高等优点，能够作为安全变压器使用。   （   ）

3-10 变压器的效率不可能为100%，会产生一部分损耗。   （   ）

三、简答题

3-11 什么是电流的磁效应？

3-12 举例说明什么是软磁材料。

3-13 电压互感器是否允许短路？为什么？

3-14 电流互感器是否允许开路？为什么？

3-15 简述变压器的作用有哪些。

四、分析计算题

3-16 有一单相照明变压器，容量为 10 kV·A，电压为 3 300/220 V，今欲在副绕组接上 60 W、220 V 的白炽灯，如果要求变压器在额定情况下运行，问这种白炽灯可接多少个？并求主、副绕组的额定电流。

3-17 将 $R_L = 8\ \Omega$ 的扬声器接在输出变压器的副绕组上，已知 $N_1 = 300$，$N_2 = 100$，信号源电动势 $E = 6$ V，内阻 $R_{S1} = 100\ \Omega$，试求信号源输出的功率。

第 4 章
异步电动机及其控制

导言

电动机是把电能转换成机械能的一种电气设备。据统计，异步电动机占全国总电动机数量的 80% 以上，具有高效率、节能、噪声小、运行可靠等优点。它在工农业生产中有非常重要的地位。

本章首先介绍异步电动机的结构、工作原理以及参数和选用，并在此基础上重点介绍了三相异步电动机的机械特性等内容。然后，介绍了各种常用低压控制电器，目的是为异步电动机的控制线路做铺垫，进而比较详细地介绍了异步电动机的起动、调速以及其他常见低压控制线路。最后，简要介绍了一些目前在数控以及制造领域中常用的电动机。这些内容的学习对于实际工作中相关类型电动机的选取和应用都是非常重要的。

本章相关内容的安排充分结合工程实际，目的是使你在掌握异步电动机基本结构、工作原理的同时，逐渐增强在工程实际中应用异步电动机的能力。

学习目标

认知目标
1. 复述三相异步电动机的结构特点、旋转磁场的产生原理、同步转速和转差率的概念。
2. 运用三相异步电动机电磁转矩与转子电流、转差率的关系，定量分析三相异步电动机的机械特性。
3. 复述常见低压控制电器的功能特点和使用方法。
4. 解释三相异步电动机的铭牌数据的含义。
5. 叙述三相异步电动机起动、调速、正反转的常用方法和原理。
6. 辨认三相异步电动机几种常用的控制线路，比较它们的功能特点。
7. 叙述直流电动机、控制电机及其他类型电动机的结构、原理及用途。

技能目标
选用常见的低压控制电器，并正确连线。

情感目标
相信自己基本具备了电动机及其控制线路方面的相关知识，以及必要的安全用电常识。

4.1 三相异步电动机的结构与工作原理

交流电动机主要包括同步电动机和异步电动机。异步电动机是工农业生产及家用电器中使用最多、最普遍的电动机,而同步电动机常被用作电力生产的发电机。本节主要介绍在机电及数控方面有重要应用的三相异步电动机的结构和工作原理。

三相异步电动机的结构主要包括两个部分:定子(通三相交流电后静止的部分)和转子(通三相交流电后能够转动的部分)。定子与转子之间有一个很小的间隙,称为气隙。图 4-1 所示为三相鼠笼型异步电动机的剖面结构示意图以及定子、转子结构图。

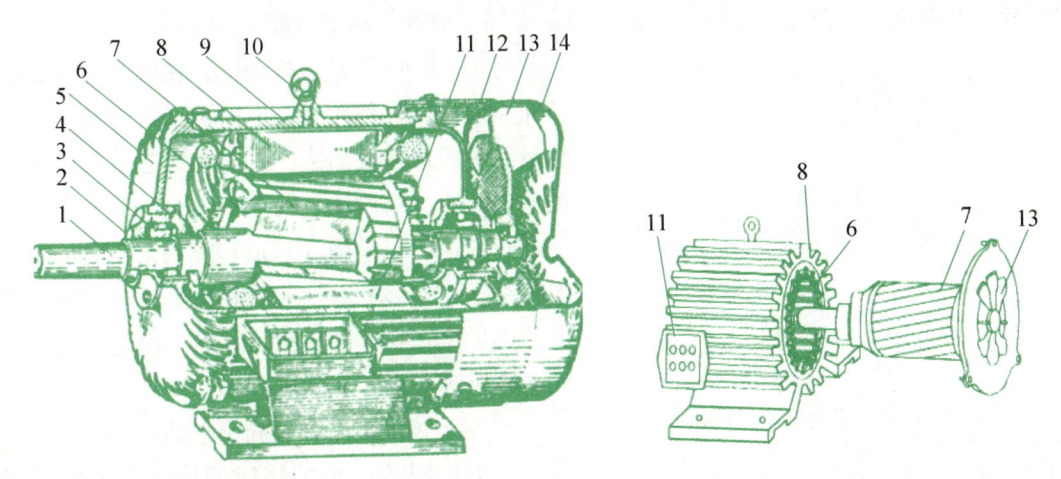

图 4-1 三相鼠笼型异步电动机的剖面结构示意图以及定子、转子结构图
1—机轴;2、4—轴承盖;3—轴承;5—前端盖;6—定子绕组;7—转子;8—定子铁芯;9—机座;
10—吊环;11—出线盒;12—机壳联接部;13—风扇;14—风扇罩

4.1.1 三相异步电动机的结构

1. 异步电动机定子

(1)定子铁芯。定子铁芯是三相异步电动机磁路的一部分。由于三相异步电动机中产生的是旋转磁场,它相对于定子以同步转速旋转,因此,定子铁芯中磁通的大小及方向都是不断变化的。为了减少变化的磁场在定子铁芯中引起的涡流损耗和磁滞损耗,定子铁芯一般由厚度为 0.5 mm 的硅钢片叠成。对于容量较大的电动机(10 kW 以上),在硅钢片的两面还要涂以绝缘漆,起绝缘的作用。定子硅钢片叠装压紧之后,成为一个整体的铁芯,固定于机座内。图 4-2 所示为三相异步电动机定子铁芯冲片示意图。

在定子铁芯内圆均匀地分布着许多形状相同的槽,用以嵌放定子绕组。不同的三相异步电动机,其容量、电压及绕组的形式不同,嵌放定子绕组的槽的形状也有所不同。

容量在 100 kW 以下的低压小型异步电动机一般都采用图 4-2 所示的半闭口槽,槽口的宽度小于槽宽的 1/2。定子绕组一般由漆包圆线绕成，经过槽口分散嵌入槽内。在线圈与铁芯之间还衬以绝缘纸，起绝缘作用。半闭口槽的优点是槽口较小，可以减小主磁路的磁阻，提高效率，减少损耗，并且能够使定子线圈的励磁电流减小，其缺点是嵌线不方便。

图 4-2　三相异步电动机定子铁芯冲片

500 V 以下的中型异步电动机，通常都用半开口槽。半开口槽的槽口宽度稍大于槽宽的 1/2。这时，定子绕组的线圈用高强度漆包扁铜线绕成，线圈沿槽内宽度方向布置成双排。高电压的大、中型异步电动机一般都用开口槽，其槽口的宽度等于槽宽，便于下线。

对于大、中型异步电动机，在铁芯中还设有径向通风沟，其作用是在电动机运行时使铁芯的热量能有效地散发出去。这时，铁芯沿长度方向被分成数段，每段铁芯长为 40~60 mm。两段铁芯之间的径向通风沟（风道）宽约为 10 mm，如图 4-3 所示。对于小型异步电动机，由于其产生的热量比较少，散热比较容易，因此不需要设径向通风沟。

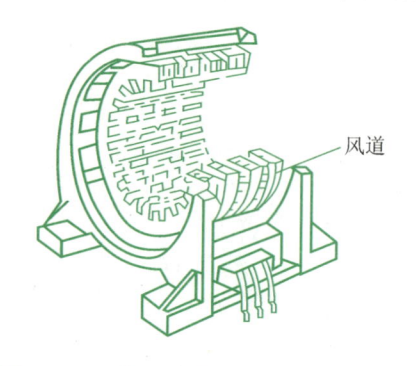

图 4-3　三相异步电动机定子铁芯示意图

（2）定子绕组。三相异步电动机的定子绕组是由定子线圈按一定的规律缠绕并嵌入定子槽中，再按一定的方式连接起来的。定子绕组可分为单层绕组和双层绕组。

容量较大的异步电动机一般都采用双层绕组。双层绕组在每个槽内的导线分为上、下两层，上层与下层线圈之间有层间绝缘物质。小容量的异步电动机（10 kW 以下）常采用单层绕组。

2. 异步电动机机座与端盖

异步电动机机座的作用主要是固定和支撑定子铁芯，另外，有的异步电动机还依靠机座来散热。例如上封闭式电动机，电动机产生的热量就是通过机座来散发的。为了加强散热能力，在这种电动机机座的外表面常常均匀分布有很多散热片，以增大散热面积。中、小型异步电动机机座一般由铸铁制成。大容量的异步电动机一般采用钢板焊接的机座。

三相异步电动机端盖的作用是放置轴承并支撑电动机转子。端盖上设有轴承室并用螺丝固定于机座上。

3. 气隙

异步电动机的定子铁芯与转子铁芯之间的空隙叫气隙。气隙是很小的，中、小型异步电动机的气隙宽度一般为 0.2~1 mm。

三相异步电动机的定子与转子之间的气隙最小值是由制造工艺以及运转的安全可靠性等

因素决定的。当然，在工艺允许的情况下，三相异步电动机的气隙是越小越好。因为空气的磁阻（阻碍磁场的作用）比较大（比铁大得多），会较大程度地降低定子的电磁场强度。气隙越大，磁阻越大，要克服气隙的磁阻就会产生一定强度的旋转磁场，定子绕组所需要的励磁电流也就越大，而励磁电流是无功电流，励磁电流增大将会大大降低异步电动机的功率因数，不利于电动机和电网的运行。但是，气隙也不能太小。如果气隙太小，就会使装配十分困难，而且在电动机转子高速运转时，还有可能导致转子摩擦到定子的情况产生，进而导致危险的发生。

4. 异步电动机转子

转子是异步电动机的旋转部分。转子是由转子铁芯、轴和转子绕组等组成的。转子铁芯与定子铁芯一样，也采用厚度为 0.5 mm 的硅钢片叠成，这样可以减少涡流损耗和磁滞损耗。转子硅钢片的外沿上冲有一定形状的槽，用于嵌放转子线圈，如图 4-4 所示。

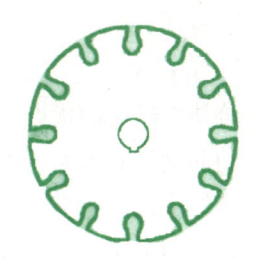

图 4-4 转子铁芯冲片

转子轴由中碳钢制成，轴两端的轴颈与轴承相配合，支撑在电动机端盖上。轴的伸出端铣有键槽，用以固定皮带轮或联轴器与被拖动的机械相连。

三相异步电动机的转子有鼠笼型转子和绕线型转子两大类。

（1）鼠笼型转子。鼠笼型转子简称笼型转子，整个绕组的外形好像一个"鼠笼"，如图 4-5（a）所示。转子的铁芯上均匀地分布着槽，每个槽中都有一根金属条，在铁芯两端的槽口处，两个端环分别把所有金属条的两端都连接起来。金属条与端环的材料一般可以采用铜或铝。中、小容量的鼠笼型电动机一般多采用铸铝转子，其优点是生产工艺简单，价格比较便宜。铸铝转子的金属导条、端环及风叶可以一并铸出，如图 4-5（b）所示。

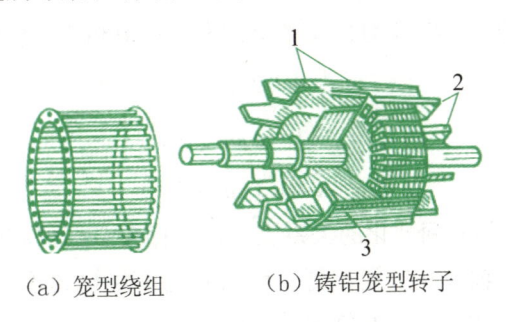

（a）笼型绕组　　（b）铸铝笼型转子

图 4-5 鼠笼型转子示意图

1—铸铝条；2—风叶；3—铁芯

（2）绕线型转子。三相异步电动机绕线型转子的绕组和定子绕组是相似的，都是用绝缘的导线连接成三相对称绕组，然后将三相绕组线圈接到转子轴上的三个集电环上，再通过电刷形成回路，如图 4-6 所示。

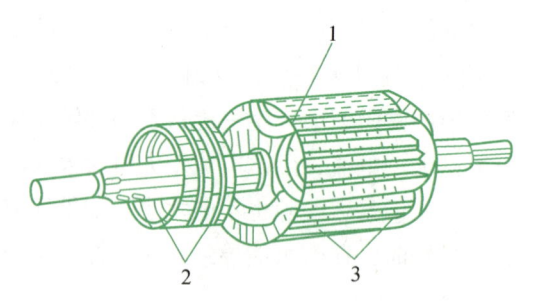

图 4-6 绕线型转子示意图
1—铁芯；2—集电环；3—转子绕组线圈

绕线型转子的优点是可以在转子回路中人为地接入附加电阻，用来改善电动机的起动性能，使起动转矩增大，起动电流减小；或者用来调节异步电动机的转速。

有的绕线型异步电动机还装有一种提刷短路装置。在电动机起动完毕而又无须调速的情况下，移动手柄，使电刷被提起与集电环脱离，同时使三个集电环彼此短接起来，这样可以减少电刷与集电环之间的机械摩擦损耗，从而提高运行的可靠性。

鼠笼型转子的优点是结构简单、价格便宜、坚固耐用，但它的起动性能不如绕线型转子。在要求起动电流小、起动转矩大，或需要调节转速的场合，应考虑使用绕线型异步电动机作驱动动力。

4.1.2 三相异步电动机的工作原理

1. 旋转磁场的产生与同步转速

三相异步电动机的三相绕组由三个单相绕组组成，三个单相绕组分别产生一个磁势。这三个单相磁势有两个主要特点。

（1）在三个单相绕组中，三相对称正弦交流电的幅值相等，相位互差 120°，即

$$i_a = \sqrt{2}I\sin\omega t$$
$$i_b = \sqrt{2}I\sin(\omega t - 120°)$$
$$i_c = \sqrt{2}I\sin(\omega t - 240°)$$

也就是说，这三个磁势在随时间变化的关系上，依次存在 120°的相位差。

（2）三个单相绕组的轴线在空间位置上依次相隔 120°电角度，所以它们各自产生的磁势在空间上的分布也依次相隔 120°电角度。

三相异步电动机的三相对称绕组流过三相对称电流时，所产生的三个单相磁势的合成磁势是一个圆形旋转磁势。这个结论可以由数学公式推导计算得出，在此不进行数学推导，不过我们可以很直观地通过图 4-7，再根据电磁感应定律来进行分析。

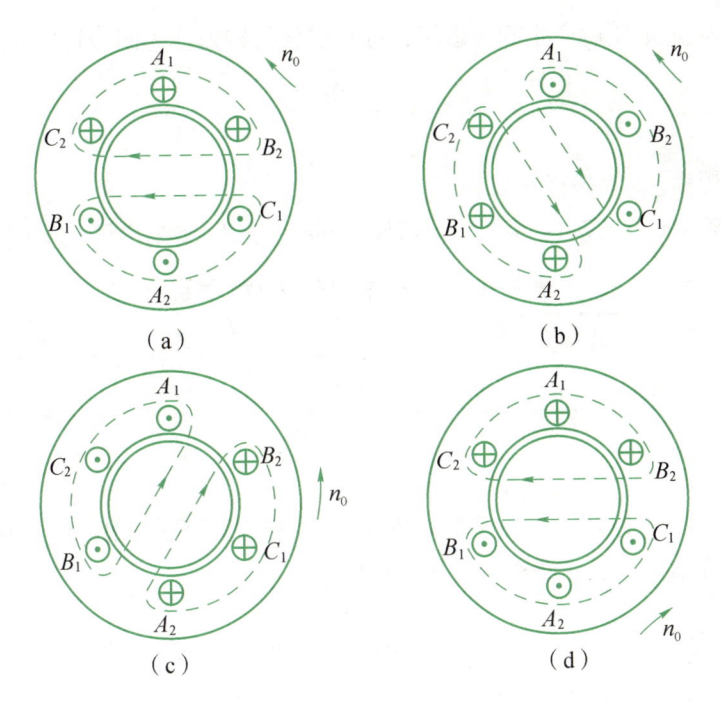

图 4-7　异步电动机定子三相电流旋转磁场示意图

在图 4-7 中，A_1-A_2、B_1-B_2、C_1-C_2 是定子上的三相绕组，它们在空间上互相间隔 120°电角度。在图中假定：正值电流从绕组的首端流入、尾端流出，负值电流从绕组的尾端流入、首端流出。在图 4-7（a）中，假设三相交流电的角频率为 ω，当时间 $t=0$ 秒，$\omega t=0$ 时，A 相电流具有正的最大值。因此，A 相电流从 A 相绕组的首端 A_1 点流入，而从尾端 A_2 点流出（如图所示）。此时，B 相及 C 相电流（与 A 相相差 120°）均为负值，所以，电流 I_B 及 I_C 从 B 相绕组及 C 相绕组的尾端 B_2 及 C_2 点流入，从它们的首端 B_1 及 C_1 点流出。根据电磁感应右手定则①，从图 4-7（a）中电流的分布情况可以清楚地看到：合成磁势的轴线正好与 A 相绕组的中心线相重合，方向如图 4-7（a）所示。

在图 4-7（b）中，当 $\omega t=120°$ 时，B 相电流达到正的最大值，A 相电流及 C 相电流为负值，A 相及 C 相电流分别从它们的尾端 A_2 及 C_2 点流入，从首端 A_1 及 C_1 点流出。根据右手定则，此时合成磁势的轴线便与 B 相绕组的中心线相重合。

同样，在图 4-7（c）中，当 $\omega t=240°$ 时，C 相电流有最大值，合成磁势的轴线与 C 相绕组的中心线相重合。在图 4-7（d）中，当 $\omega t=360°$ 时，A 相电流为最大值，合成磁势的轴线与 A 相绕组的中心线相重合，这与图 4-7（a）相同。

磁势在图 4-7 所示的（a）（b）（c）（d）4 个过程中刚好旋转一周，从这一系列过程中可明显地看出：合成磁势是一个旋转磁势。

---

① 右手定则：右手拇指指向电流方向，握住导线，其余四指所指方向为磁场方向。

定子绕组加额定电压后产生旋转磁场,旋转磁场的转速称为同步转速 n_1,其表达式为

$$n_1 = \frac{60f_1}{p} \tag{4-1}$$

式中:f_1 为电源频率;p 为磁极对数。

例如,$f_1 = 50$ Hz,$p = 2$(4 极),$n_0 = 750$ r/min,表 4-1 列出了 $n_1 = f(p)$ 的关系。

表 4-1　同步转速与磁极对数的关系

p	1	2	3	4	5	6
$n_1 /$ (r·min^{-1})	3 000	1 500	1 000	750	600	500

2. 三相异步电动机的转动原理

(1) 电动机的工作原理。三相异步电动机的工作原理示意图如图 4-8 所示,定子绕组需通入三相正弦交流电,转子绕组则自成一个回路。

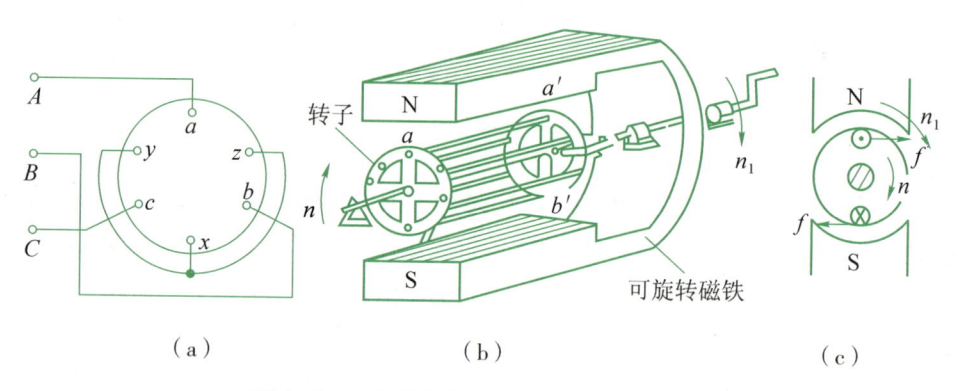

图 4-8　三相异步电动机的工作原理示意图

在图 4-8(a)中,当三相异步电动机定子绕组中通入三相对称交流电时,在气隙中将产生一个旋转磁场以同步转速 n_1 旋转。为了更为形象,在图 4-8(b)中将该旋转磁场用一对旋转的实际的磁极来表示。当旋转磁场切割转子导体时,在导体中产生感应电动势。感应电动势的方向可以用右手定则来判别。由于电动机转子绕组是短路的回路,所以在转子导体中便有感应电流流过。此时,有感应电流通过的转子绕组导体在旋转磁场中会受到电磁力或电磁转矩的作用。这个电磁转矩的方向可用左手定则①来判别,它应该与旋转磁场是同方向的。在电磁转矩的作用下,转子将与旋转磁场同方向以某一个转速 n 旋转,这样就把电能转换成机械能,所以三相异步电动机也称为感应电动机。

---

① 左手定则:伸出左手,使大拇指与其余四指垂直,磁力线垂直穿过手心,四指指向电流方向,则拇指所指方向为线圈受力方向。

（2）电动机的转差率。为了克服负载的阻力转矩，异步电动机的转速 n 总是略低于同步转速 n_1，以便旋转磁场能够切割转子导体而在其中产生感应电动势和感应电流，使转子能产生足够的电磁转矩。如果转子的转速 n 与同步转速 n_1 相等，转向又相同，则旋转磁场与转子导体之间将无相对运动，因而转子导体不切割磁力线，就不会产生电流，电动机的电磁转矩也将为 0。可见，$n \neq n_1$ 是异步电动机产生电磁转矩的必要条件。

同步转速 n_1 和电动机转速 n 之差称为转差，用 Δn 表示，$\Delta n = n_1 - n$。

如果用同步转速 n_1 作为基准值，则其与转差 $\Delta n = n_1 - n$ 的相对值叫作异步电动机的转差率，用 s 表示，即

$$s = \frac{n_1 - n}{n_1} \tag{4-2}$$

转差率表示了异步电动机在不同转速下的运行情况。从电动机带动负载起动到电动机转子稳定在某个转速，转差率的变化范围应该在 0~1。在电动机刚刚由静止起动时，转子的转速 $n = 0$，所以转差率 $s = \dfrac{n_1 - n}{n_1} = 1$。如果电动机所产生的电磁转矩能够克服负载的阻力转矩，转子就开始旋转，转速会不断上升，转差率 s 则会不断下降，直到电动机以某个稳定转速旋转，转差率 s 也维持在一个接近 0 的稳定值。

分析表明，阻力转矩相对于额定转矩越小，电动机的转差率则越小，转子转速就越高。假设异步电动机所有的阻力转矩都为 0，电动机所产生的电磁转矩也为 0，转子转速与旋转磁场的同步转速相同，即转速 $n = n_1$，此时转差率 $s = \dfrac{n_1 - n}{n_1} = 0$。

可见，三相异步电动机运转时，转速 n 会在 0~n_1 范围内变化，转差率 s 则在 1~0 范围内变化。异步电动机的转速可利用转差率来计算，即

$$n = (1 - s)n_1 \tag{4-3}$$

当三相异步电动机正常运转时，由于转速围绕额定值的变化范围不大，转差率的数值通常都是比较小的，并且变化范围不大。

> 三相异步电动机的结构和工作原理，是理解电动机电磁转矩和机械特性，以及电动机起动、制动与调速的基础，你可以进入国家开放大学学习网，到"电工电子技术网络课程"第 5 单元通过视频讲解和文本辅导栏目进一步学习，了解相关内容。

例 4-1 一台三相异步电动机，磁极对数 $p = 1$，工作的额定电压为 380 V，额定频率为 50 Hz，已知额定转速为 2 950 r/min，求其同步转速和额定转差率。

解：(1) 同步转速为

$$n_1 = \frac{60f_1}{p} = \frac{60 \times 50}{1} = 3\,000 \text{ (r/min)}$$

(2) 额定转差率为

$$s_N = \frac{n_1 - n_N}{n_1} = \frac{3\,000 - 2\,950}{3\,000} = 0.016\,7$$

4.2 三相异步电动机的电磁转矩和机械特性

4.2.1 异步电动机的电磁转矩

三相异步电动机的电磁转矩指其转子在三相通电定子绕组所产生的旋转磁场中受到的电磁力产生的转矩，用 T 表示，单位为牛顿·米（N·m）。电磁转矩与电磁功率成正比，即

$$T = \frac{P_m}{\omega_1} \tag{4-4}$$

式中：ω_1 为旋转磁场的同步角速度，单位为 rad/s，$\omega_1 = \frac{2\pi n_1}{60} = \frac{2\pi}{60} \times \frac{60f}{p} = \frac{2\pi f}{p}$。

下面给出异步电动机的电磁转矩与转子电流之间的关系：

$$T = C_M \Phi_1 I'_2 \cos\varphi_2 \tag{4-5}$$

其中：

$$C_M = \frac{3 \times 4.44 p\, N_1\, k_{\omega_1}}{2\pi} \tag{4-6}$$

式（4-5）中，$\cos\varphi_2$ 是转子绕组的功率因数，Φ_1 为旋转磁场主磁通。对于已经制造好的电动机，其 C_M 是一常数，称为转矩常数。可见，电磁转矩 T 的大小与转子电流的有功分量 $I'_2\cos\varphi_2$ 成正比。异步电动机的电磁转矩 T 是由气隙中的旋转磁场主磁通 Φ_1 与转子电流的有功分量 $I'_2\cos\varphi_2$ 相互作用而产生的。

4.2.2 异步电动机的机械特性

所谓异步电动机的机械特性，指异步电动机的电磁转矩 T 与其转差率 s 之间的关系。当外加电压及频率不变时，异步电动机的同步角速度及等效的转子参数（电阻及电抗）为常数，其电磁转矩 T 是转差率 s 的函数。对应于不同的 s，把 T 随 s 变化的关系用曲线描绘出来，就得到异步电动机的机械特性，如图 4-9 所示。

图 4-9 画出了同一台三相异步电动机的两条固有机械特性曲线，其中一条显示电动机转子正转时的机械特性（曲线1），另一条显示反转时的机械特性（曲线2）。

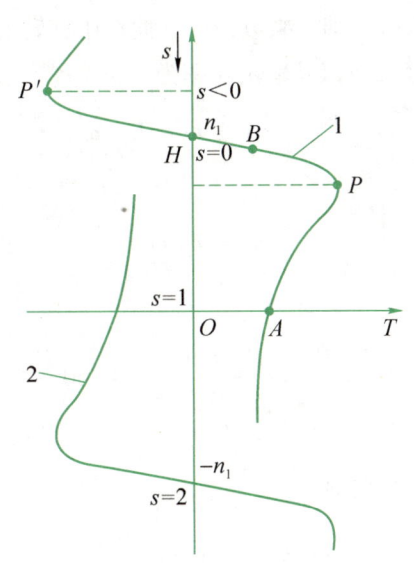

图 4-9　异步电动机的机械特性
1—转子正转时；2—转子反转时

下面以正转的那一条固有机械特性曲线为例，介绍曲线上的几个特殊点。

1. 起动点 A

起动点（电动机转速从 0 开始上升的点）的转速 n 显然为 0（转差率 s=1）。曲线上，该点的电磁转矩就是起动转矩 T_{qd}，此时电动机定子的电流称为起动电流，用 I_{qd} 表示。

起动转矩与电动机的输入电压和转子的电阻有关系。同一台三相异步电动机，输入电压高则起动转矩 T_{qd} 大，输入电压低则起动转矩 T_{qd} 小。适当地增大转子的电阻也可以使异步电动机的起动转矩 T_{qd} 增大。

一般地，常用异步电动机的起动转矩与额定转矩的比值 $\dfrac{T_{qd}}{T_N}$ 来表示电动机的起动能力。通常情况下，异步电动机的起动能力 $\dfrac{T_{qd}}{T_N}$ 的值为 1.1~2.2。显然，异步电动机电源电压的下降将降低其起动能力。通常规定，三相异步电动机在正常工作时，电源电压所允许的波动范围应该在正常电压的 ±5% 以内。

2. 额定工作点 B

三相异步电动机在带动额定负载起动后，转速由 0 不断上升，最终沿着其机械特性曲线稳定在额定转速的位置。此时的工作点叫作额定工作点，即图 4-9 中 B 点；此时的电磁转矩叫作额定电磁转矩，用 T_N 表示，它对应的转差率或转速称为额定转差率或额定转速，分别用 s_N 或 n_N 表示。这时的定子电流是这台异步电动机的额定值。

需要强调的是，额定电磁转矩可根据异步电动机铭牌上的数据计算得出。如果忽略电动机本身的空载损耗（相对于输出功率非常小），可认为额定电磁转矩就等于额定输出转矩。

根据物理学知识，功率 $P=F\cdot v$，即力乘以速度，而对于旋转的异步电动机转子来说，其转动的速度是其角速度乘以半径，所以其输出功率为

$$P=F\cdot R\cdot \omega=T\cdot \omega$$

那么，有

$$P_2=T_2\cdot \omega$$

所以

$$T_2=\frac{P_2}{\omega}=\frac{P_2\times 10^3}{\frac{2\pi n}{60}}=9\,550\frac{P_2}{n}$$

即异步电动机在额定工作点工作时有

$$T_N\approx T_{2N}=9\,550\frac{P_{2N}}{n_N} \tag{4-7}$$

式中：P_{2N} 为异步电动机轴输出功率，即铭牌上所标出的额定功率，单位为 kW；n_N 为铭牌所标出的额定转速，单位为 r/min；T_N 为额定转矩，单位为 N·m。

3. 电动、发电、制动工作状态

在图 4-9 所示异步电动机正转的机械特性中，转差率 s 在 $0\sim 1$ 变化，即 AH 段，电磁转矩 T 与转速同方向，T 为驱动力矩。该段为异步电动机的电动工作状态，也是异步电动机的主要工作形式。

当转差率 $s<0$ 时，即 HP' 段，电动机转向为正，电磁转矩为负，该段转速 n 高于同步转速 n_1，必有原动机拖动异步电动机转子才能达到 $n>n_1$ 的状态。该段为异步电动机的发电工作状态，可以将电动机上机械能转变为电能，通过电源线向电网输送能量。

当转差率 $s>1$ 时，异步电动机被负载（通常是轴上的势能负载）拖动反转，转矩 T 与转速 n 方向相反，起制动作用，异步电动机处于制动工作机态。

4. 最大转矩点 P 和 P′

在图 4-9 曲线 1 中，P' 与 P 点为异步电动机两个最大转矩点。P 点是电动状态最大转矩点，P' 为发电状态最大转矩点，下面具体说明电动状态的最大转矩点。

由图 4-9 中可以看出，异步电动机在 $s=0$ 和 $s=1$ 之间有一个最大转矩，即电动状态下的最大转矩。如果负载转矩大于此最大转矩，电动机便会停转。因此，最大转矩也被称为停转转矩。为了使电动机能够稳定运行，不因短时的过载而停下来，就要求电动机有一定的过载能力。异步电动机的过载能力用过载系数 λ 表示，它等于最大转矩 T_{max} 与额定转矩 T_N 之比，即

$$\lambda=\frac{T_{max}}{T_N} \tag{4-8}$$

一般异步电动机的过载能力为 1.6~2.2；起重、冶金机械用的 JZ、JZR 系列电动机的过载能力比较大，可达 2~3。

5. 电动机的自适应负载能力

电动机在带负载运行时，电动机的电磁转矩 T 和转速 n 的大小均由电动机拖动的机械负载的大小决定。当异步电动机运行在图 4-9 所示最大转矩点 P 上方的 $s>0$ 的区域时，其还具有自适应负载的能力。若电动机的负载转矩 T_L 增大，使最初的电动机电磁转矩 $T<T_L$，会造成电动机转速 n 下降。由图 4-9 可见，随着转速 n 下降，电磁转矩 T 会增加，使得 $T=T_L$，电动机即进入新的稳定状态运行。

由于该区域较平坦，当负载在空载与额定值之间变化时，转速变化不大，一般仅为 2%~8%，这样的机械特性称为硬特性，这种硬特性很适合金属切削机床等工作机械的需要。

例 4-2　一台三相异步电动机，额定功率为 20 kW，额定电压为 380 V，额定转速为 980 r/min，额定工作效率 $\eta=95\%$，额定工作电流 $I_N=36$ A，起动能力系数为 1.5，过载系数为 2.2，求：

(1) 电动机的功率因数；

(2) 起动转矩 T_{qd} 和最大转矩 T_{max}。

解：(1) 电动机的额定输入功率为

$$P_{1N} = \frac{P_N}{\eta} = \frac{20}{0.95} = 21.05 \text{ (kW)}$$

因为对于定子三相绕组有

$$P_{1N} = \sqrt{3}\, U_N I_{1N} \cos\varphi$$

所以，电动机的功率因数为

$$\cos\varphi = \frac{P_{1N}}{\sqrt{3}\, U_N I_{1N}} = \frac{21.05 \times 1\,000}{\sqrt{3} \times 380 \times 36} = 0.89$$

(2) 因额定转矩为

$$T_N = 9\,550 \frac{P_N}{n_N} = 9\,550 \times \frac{20}{980} = 194.9 \text{ (N·m)}$$

起动能力系数为 1.5，所以起动转矩为

$$T_{qd} = 1.5\, T_N = 1.5 \times 194.9 = 292.35 \text{ (N·m)}$$

又因过载系数为 2.2，所以最大转矩为

$$T_{max} = 2.2\, T_N = 2.2 \times 194.9 = 428.78 \text{ (N·m)}$$

4.3　常用低压控制电器

在工业生产中，三相异步电动机不可能总是以额定转速匀速旋转。在各个工业生产场合，都要求对三相异步电动机的起动、停止及运行方式进行控制，这些控制主要是通过控制电器来实现的。

所谓控制电器，指在电路中起通断、保护、控制、调节等作用的用电器件。控制电器中，额定电压小于500 V 的称为低压控制电器。低压控制电器又可分为两类，即手动控制电器和自动控制电器。手动控制电器有刀开关、组合开关、按钮等。自动控制电器是按照指令、信号以及某个参量的变化而自动动作的电器，常见的自动控制电器有低压断路器、接触器、继电器、行程开关等。

本节将介绍一些常见的低压手动及自动控制电器。

4.3.1 手动控制电器

1. 刀开关

刀开关又称闸刀开关，一般用于不频繁操作的低压电路中，用来接通或断开电路。常见的刀开关有开启式负荷开关（俗称瓷底胶盖刀开关）和封闭式负荷开关（俗称铁壳开关）。HK 系列开启式负荷开关的外形如图 4-10 所示，HH 系列封闭式负荷开关的外形如图 4-11 所示。

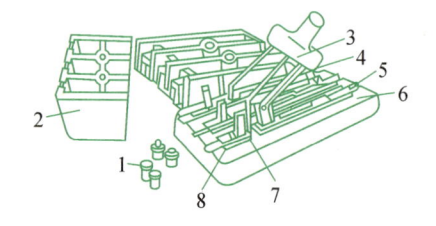

图 4-10　HK 系列开启式负荷开关
1—胶盖紧固螺钉；2—胶盖；3—瓷柄；4—动触点；
5—出线座；6—瓷座；7—静触点；8—进线座

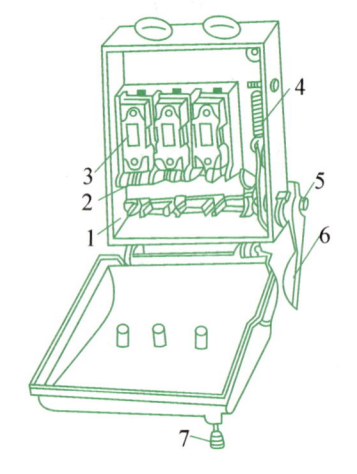

图 4-11　HH 系列封闭式负荷开关
1—动触点；2—静触点；3—熔断器；4—速断弹簧；
5—转轴；6—手柄；7—紧固螺钉

刀开关按照极数的不同，可分为单极、双极和三极刀开关，其图形符号如图 4-12 所示。

(a) 单极　　　(b) 双极　　　(c) 三极

图 4-12　刀开关的图形符号

目前，常用的刀开关产品主要有 HD14、HD17、HS13 系列刀开关，其中，HD17 系列是新型换代产品。HK2、HD13BX 系列是开启式负荷开关，其中，HD13BX 是较先进的产品，其操作方式是旋转型。HH4 系列是封闭式负荷开关。HR3 系列为熔断器式刀开关。另外，HR5 是刀开关中的熔断器，采用 NT 型低压高分断型，并且结构紧凑，其分断能力高达 100 kA。

刀开关的额定电压通常是 250 V、380 V 和 500 V，额定电流为 10~500 A。在用于小功率三相异步电动机的直接起动时，可选用额定电压为 380 V 或 500 V，额定电流大于等于异步电动机额定电流 3 倍的三极开关。

使用刀开关时应注意以下几点：

（1）安装刀开关时，手柄要向上，不能倒装，开关距离地面的适宜高度为 1.3~1.5 m。刀开关接线时，熔断器应该接在负荷侧。

（2）胶木壳刀开关只能直接控制额定功率为 5.5 kW 以下的异步电动机。

（3）使用铁壳刀开关时，其外壳应保护接零或接地。

2. 组合开关

组合开关又称转换开关，是一种结构紧凑、安装面积小、操作方便的手动电器。其常用作机床电气设备的电源引入开关，也可用来直接控制小容量异步电动机的起动和停止。它是由装在同一根转轴上的多个单极旋转开关叠装在一起组成的。当转动手柄时，组合开关的每一个动片插入相应的静片中，使电路接通。其结构示意图、图形符号分别如图 4-13、图 4-14 所示。

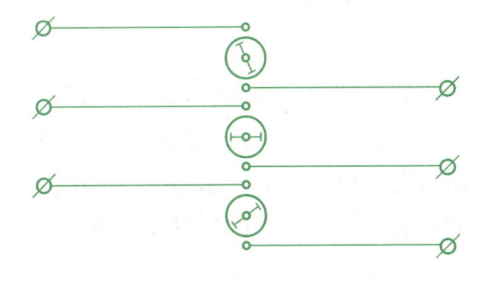

图 4-13　组合开关的结构示意图

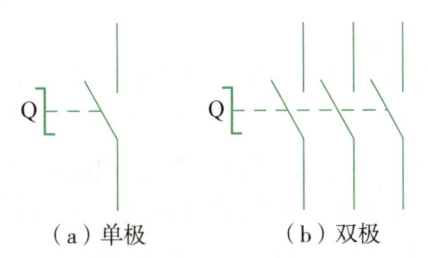

(a) 单极　　　(b) 双极

图 4-14　组合开关的图形符号

3. 按钮

按钮（Switch Button，SB）是一种手动的主令电器，可以自动复位。按钮常用于接通和断开控制线路，功能上与刀开关相似，但它与刀开关有所区别。按钮在按下去以后，只要手松开，其触点就会在弹簧的作用下恢复原始状态。按钮上面一对初始状态与动触点接通的静触点叫常闭触点，下面一对初始状态与动触点断开的静触点叫常开触点。

按钮常用于交流电压为 500 V 或直流电压为 440 V、电流为 10 A 或 5 A 以下的电路中。按钮的结构形式可分为揿钮式、紧急式、旋钮式及钥匙式等。有的按钮还带有指示灯。按钮的外观、结构及图形符号如图 4-15 所示。

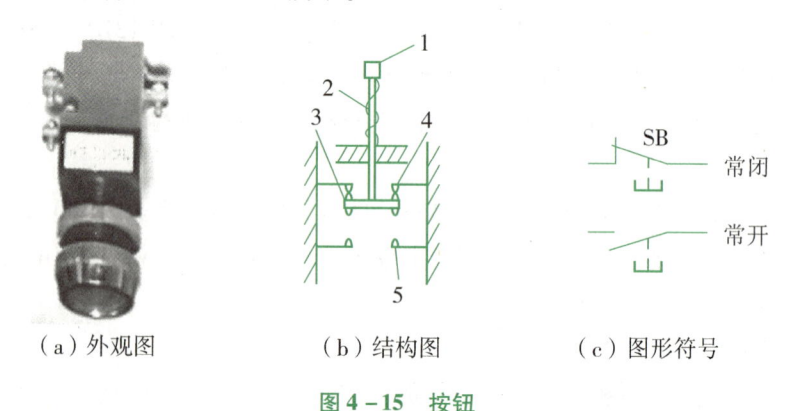

（a）外观图　　（b）结构图　　（c）图形符号

图 4-15　按钮

1—按钮帽；2—复位弹簧；3—触桥；4—常闭触点；5—常开触点

目前，使用较多的按钮产品有 LA18、LA19、LA20、LA25 和 LAY30。其中，LA25 为通用型按钮的换代产品，采用组合结构，可根据需要任意组合其触点数目，最多可组成 6 个单元。

4.3.2　自动控制电器

1. 熔断器

熔断器是一种简单、有效的短路保护电器。当用电设备发生短路故障时，熔断器能自动切断电路。熔断器的文字符号为 FU（fuse）。常见的几种熔断器的外观图和图形符号如图 4-16 所示。

熔断器的核心部件是熔丝，熔丝一般由电阻率比较高的易熔合金制成，常见的是铅与锡的合金。熔断器工作时串联在线路中，基本原理是当线路或电气设备发生短路时，熔断器中的熔体在巨大的短路电流作用下迅速熔断，使线路或电气设备断电，起到保护作用。

熔断器所用熔体的额定电流一般应根据负载的性质来选择，具体分三种情况。

（1）对于电灯、电路等单相电路的负载，有

$$I_{FU} = 1.1 I_{eN} \tag{4-9}$$

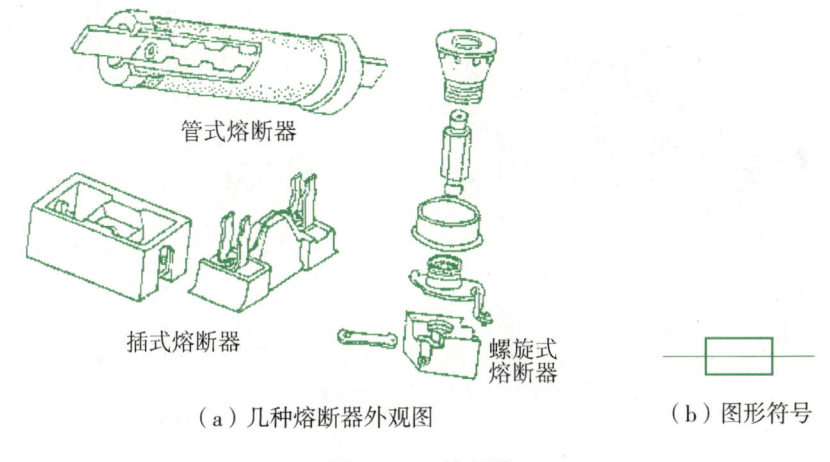

图 4-16 熔断器

(a) 几种熔断器外观图　　(b) 图形符号

(2) 对于单台电动机，有

$$I_{FU} \geq (1.5 \sim 2.5) I_{eN} \quad (4-10)$$

(3) 对于多台电动机，有

$$I_{FU} \geq (1.5 \sim 2.5) I_{Nmax} + \sum I_{eN} \quad (4-11)$$

式中：I_{FU}为熔丝的额定电流；I_{Nmax}为最大一台电动机的额定电流，$\sum I_{eN}$为其余小容量电动机的额定电流之和。

2. 漏电保护断路器

漏电保护断路器是一种安全保护电器，它在电路中起触电和漏电保护的作用。在线路有漏电现象或人身触电时，其能够迅速自动地断开电路，有效地保证线路和人身安全。

实际应用中，单相式漏电保护断路器产品主要有 DZL18-20 型；三相式漏电保护断路器产品主要有 DZL15L、DZ47L、DS250M 等。

通常，漏电保护断路器的额定漏电流为 30~100 mA，动作时间小于 0.1 s。

3. 接触器

接触器是一种自动电器，其功能是可以频繁地接通或断开交、直流电路及大容量控制线路，主要用于控制电机、电热设备、电焊机等，尤其在电力拖动系统中应用广泛。

接触器主要由电磁铁系统和触点系统两部分组成，比较大的接触器还有灭弧装置。电磁铁系统由静铁芯、动铁芯、吸引线圈组成，触点系统主要由主触点（允许通过大电流，接主电路）和辅助触点（允许通过小电流，接控制回路）组成。

接触器可分为直流和交流两种类型。交流接触器的结构和符号如图 4-17 所示。

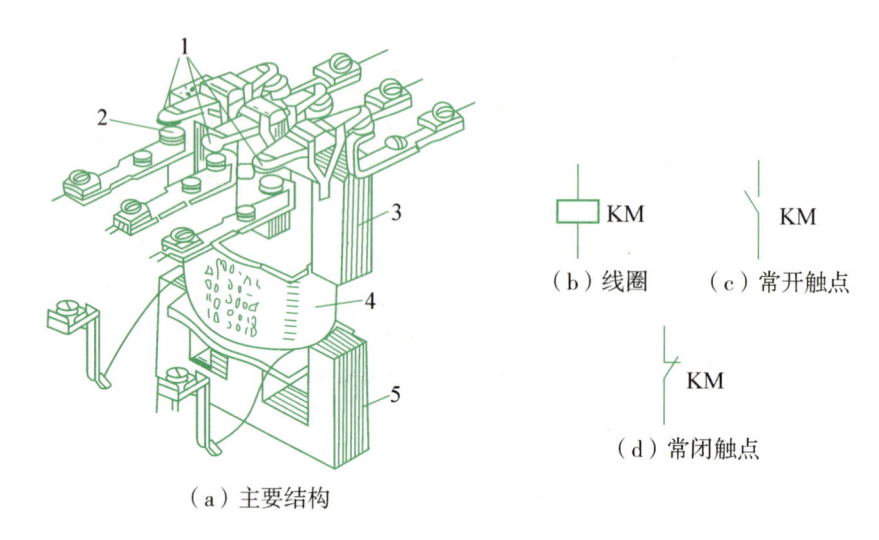

图 4-17 交流接触器

1—主触点；2—辅助触点；3—动铁芯；4—吸引线圈；5—静铁芯

在机械设备中，常用的直流接触器主要有 CZ0、CZ18 系列，常用的交流接触器有 CJ10、CJ12、CJ10X、CJ20 等系列。CJ10、CJ12 系列是早期的国标产品；CJ10X 系列为削弧接触器；CJ20 系列为新型的国标产品。接触器的选择需依照以下几项进行：

（1）额定电压的选择。接触器的额定电压应大于或等于负载回路的电压。

（2）额定电流的选择。接触器的额定电流应大于或等于被控回路的额定电流。

（3）吸引线圈额定电压的选择。吸引线圈的额定电压应与所接控制线路的电压一致。

（4）接触器触点数量和种类的选择。触点数量和种类应满足主电路和控制线路的要求。

4. 继电器

继电器的结构和原理与以上所介绍的接触器相同，只不过接触器是用于控制大电流的电路，而继电器一般用于控制额定电流不超过 5 A 的电路。由于控制电流小，所以继电器一般没有灭弧装置。

常见继电器的种类有电磁式继电器、时间继电器、热继电器、速度继电器等，以下分别进行说明。

（1）电磁式继电器。它主要包括电流继电器、电压继电器以及中间继电器。电流继电器的线圈与被测量电路是串联的，以反映电路电流的变化。其特点是线圈匝数较少，导线粗，线圈阻抗小。电流继电器有欠电流和过电流之分。电压继电器的线圈并联在电路中，特点是线圈匝数多，导线细，阻抗大。电压继电器有过电压、欠电压之分。中间继电器实际上就是电压继电器，但它的触点比较多，触点的容量比较大，一般为 5~10 A。

电磁式继电器的一般图形符号是相同的，如图 4-18 所示。其中，电流继电器的文字符号为 KI，电压继电器的文字符号为 KV，而中间继电器的文字符号为 KA。

(a) 线圈　(b) 常开触点　(c) 常闭触点

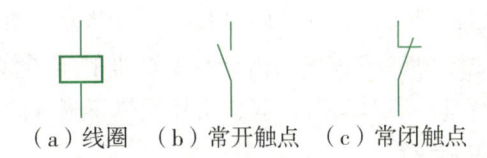

图 4-18　电磁式继电器的一般图形符号

电磁式继电器常用的产品型号有 JL14、JL18、JT18、JZ15 等系列。其中，JL14 系列为交直电流继电器，JL18 系列为交直流过电流继电器，JT18 系列为直流通用继电器，JZ15 系列为中间继电器。

(2) 时间继电器。时间继电器是一种利用电磁或机械等原理实现触点延时接通或断开的自动控制电器，其外形和图形符号分别如图 4-19 和图 4-20 所示。

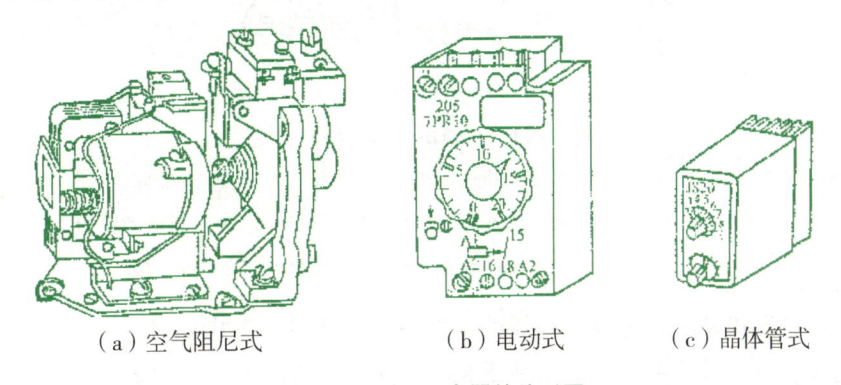

(a) 空气阻尼式　　(b) 电动式　　(c) 晶体管式

图 4-19　时间继电器的外形图

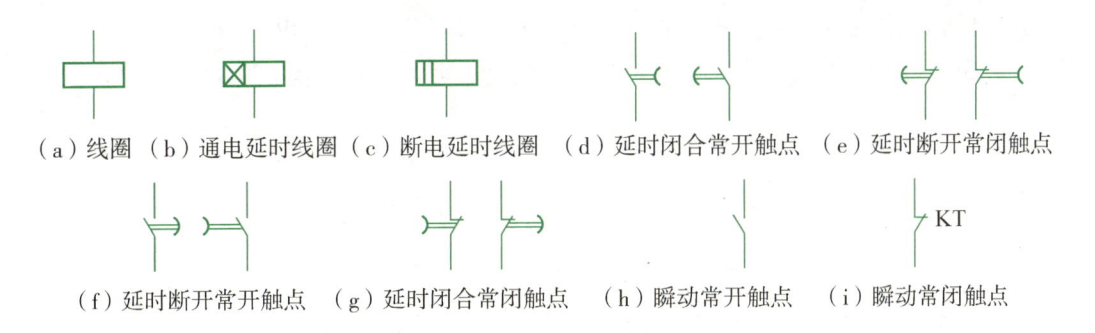

(a) 线圈　(b) 通电延时线圈　(c) 断电延时线圈　(d) 延时闭合常开触点　(e) 延时断开常闭触点

(f) 延时断开常开触点　(g) 延时闭合常闭触点　(h) 瞬动常开触点　(i) 瞬动常闭触点

图 4-20　时间继电器的图形符号

(3) 热继电器。异步电动机长期过载、频繁起动或欠电压运行时，都可能使电动机的工作电流增大，超过其额定值。如果电动机的工作电流超过额定值的量并不是很大，熔断器在这种情况下是不会熔断的，但是这样的情况将引起电动机过热，对电动机绕组造成损害，缩短电动机的使用寿命，严重时甚至会引起电动机烧毁。所以，必须对电动机采取过热保护措施。最常用的措施是利用热继电器进行过热保护。其基本原理是利用电流的热效应来切断电路进行过热保护。

热继电器的结构主要包括热元件、双金属片和触点三部分。图 4-21 所示是热继电器的结构示意图。使用时，将热继电器串联在三相异步电动机的定子绕组中。当电动机过载时，流过热元件的电流增大，经过一段时间后，双金属片受热膨胀弯曲，从而推动导板使继电器触点动作，切断电动机的控制线路。

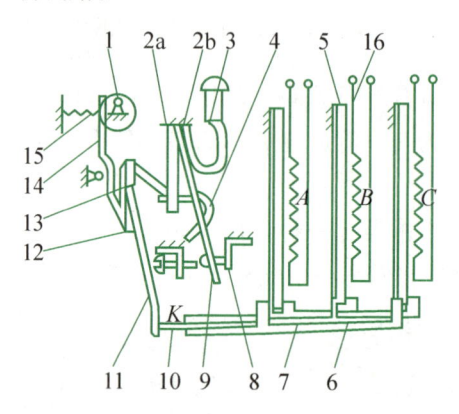

图 4-21 热继电器的结构示意图

1—电流调节；2a、2b—簧片；3—手动复位机构；4—弓簧；5—主双金属片；6—外导板；
7—内导板；8—常闭触点；9—动触点；10—杠杆；11—复位调节螺钉；
12—补偿双金属片；13—推杆；14—连杆；15—压簧；16—热元件

三相异步电动机断相是电动机烧毁的主要原因，所以热继电器还应具备断相保护功能。热继电器的导板一般采用差动结构，在断相时，两相电流增大，一相无电流并逐渐冷却，使热继电器的动作时间缩短，从而对电动机起到更有效的保护作用。

热继电器的图形和文字符号如图 4-22 所示。其常用产品有 JR 系列和 T 系列。其中，JR20、JRS1 系列具有断相保护、温度补偿、整定电流可调、手动复位等功能。

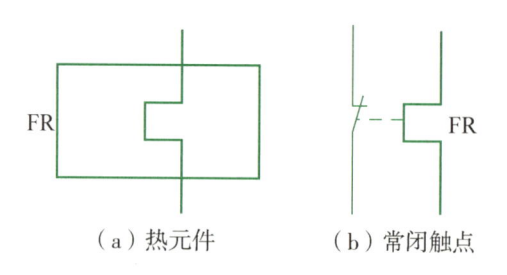

图 4-22 热继电器的图形和文字符号

（4）速度继电器。速度继电器是当异步电动机的转速达到某个规定值时自动切断电源的继电器。例如，在异步电动机反接制动的控制线路中，当反接制动的转速下降到接近零值时，速度继电器能自动切断电源，使电动机顺利停转，不至于使电动机反转。常用的速度继电器有 JY1 型和 JFZ0 型。

速度继电器的结构、图形和文字符号如图 4-23 所示。

(a) 结构　　　　　　(b) 常开触点　　　　(c) 常闭触点

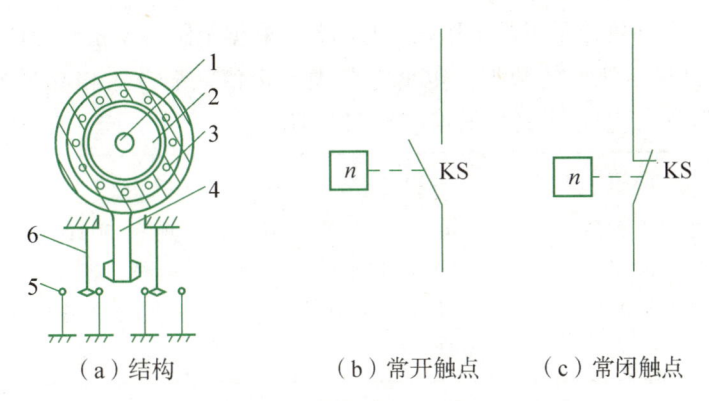

图 4-23　速度继电器的结构、图形和文字符号

1—轴；2—转子；3—绕组；4—胶木摆杆；5—静触头；6—簧片

5. 行程开关

行程开关又叫限位开关，是一种利用生产机械某些运动部件的碰撞来发出控制指令的控制电器，用于控制生产机械的运动方向、行程大小或位置保护。行程开关的种类很多，常见的有机械行程开关、电子接近开关和光电接近开关等。

行程开关的工作原理和按钮相同，区别是它不靠手动，而是利用生产机械运动部件的碰撞、挤压而使触点动作，是一种自动电器。图 4-24 所示是几种常见的行程开关的外观、一般结构及电气图形、文字符号。

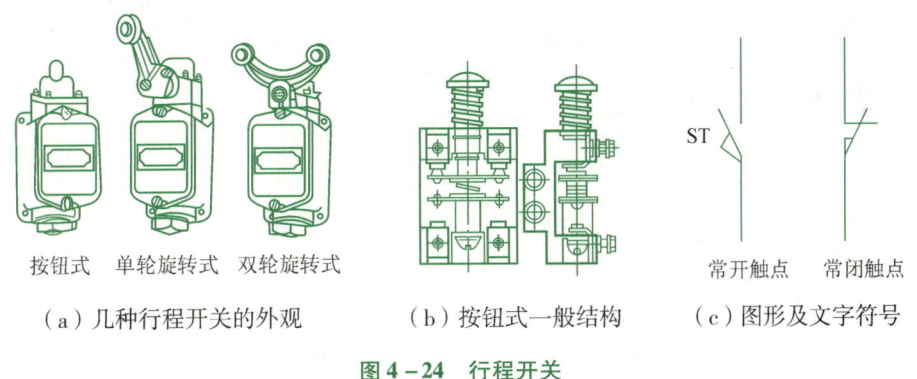

按钮式　单轮旋转式　双轮旋转式　　　　　　　　　　　　常开触点　常闭触点

(a) 几种行程开关的外观　　　(b) 按钮式一般结构　　　(c) 图形及文字符号

图 4-24　行程开关

常用的行程开关有 LXW5、LX19、LX22 系列。本书在"4.6　三相异步电动机的控制线路"介绍的控制小车来回运行的例子中，将会涉及行程开关的应用。

4.4　三相异步电动机的数据及选用

一台三相异步电动机在额定工作状态下运行，此时这台异步电动机的各种数据，如电压、电流、功率、转速、转矩等，就称为此台异步电动机的额定技术数据。电动机的额定技术数据反映了一台电动机处于正常工作状态时的各项数据范围。要正确地选用三相异步电动机，就必须看明白其铭牌上的数据，也就是各项额定值。某台三相异步电动机的铭牌如图 4 – 25（a）所示，其型号含义如图 4 – 25（b）所示。

```
          三相异步电动机
  型号 Y132M-4    功率 7.5 kW    频率 50 Hz
  电压 380 V      电流 15.4 A    接法 △
  转速 1440 r/min 绝缘等级 B     工作方式 连续
  年    月   编号              ××电机厂
```

（a）铭牌示例

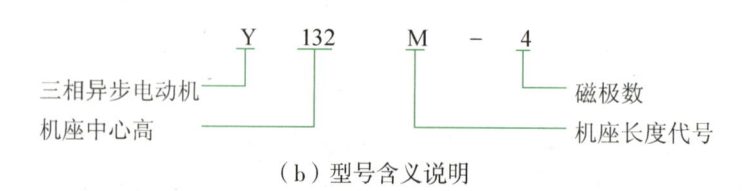

```
           Y    132    M    -    4
三相异步电动机┘     │    │         └ 磁极数
 机座中心高 ──────┘    └───────── 机座长度代号
```

（b）型号含义说明

图 4 – 25 三相异步电动机铭牌示例及型号含义说明

在图 4 – 25（b）所示的型号含义中，三相异步电动机的类型代号分别有 Y——异步电动机、YR——绕线型异步电动机、YQ——高起动转矩异步电动机，机座长度代号分别有 S——短机座、M——中机座、L——长机座。其中，绕线型异步电动机常用于小容量电源场合，高起动转矩异步电动机常用于拖动具有比较大惯性的负载。

4.4.1 异步电动机的额定值

1. 额定电压 U_N

在异步电动机处于额定运行状态时，加在其定子绕组上的线电压称为额定电压，单位为 V（伏特）。普通的三相异步电动机的额定电压通常为 380 V，异步电动机的输入电压高于或低于额定电压都不利于异步电动机的稳定运行。若电压高于额定值，励磁电流将增大，从而造成定子铁芯的损耗增加；若电压低于额定值，拖动额定负载时会使定子电流大于额定电流，容易造成电动机的损坏。

2. 额定电流 I_N

异步电动机在额定电压下运行，输出功率为额定值时，其定子绕组中的线电流就称为异步电动机的额定电流，单位为 A（安培）。从图 4 – 25（a）所示的铭牌中可以看出，电动机在三角形接法的情况下，其额定电流 $I_N = 15.4$ A。

3. 额定功率 P_N

异步电动机在额定电压下运行时，其转轴上所输出的机械功率称为额定功率。对三相异步电动机而言，P_N 的计算式为

$$P_N = \sqrt{3} \times 10^{-3} U_N I_N \eta_N \cos\varphi_N \tag{4-12}$$

式（4-12）中，P_N的单位为 kW（千瓦）；η_N和$\cos\varphi_N$分别表示在额定状态运行时异步电动机的效率和功率因数。

4. 额定频率f_N

额定频率f_N特指交流电源的频率，单位为 Hz（赫兹）。我国电网的频率是 50 Hz。

5. 额定转速n_N

额定转速n_N指异步电动机运行在额定电压、额定频率和额定输出功率的情况下转子的转速，其单位为 r/min（转/分）。

6. 绝缘等级

绝缘等级指异步电动机内部所用绝缘材料所允许的最高温度等级。表 4-2 列出了异步电动机在不同的绝缘耐热等级所对应的允许温度。

表 4-2　不同的绝缘耐热等级所对应的允许温度

绝缘耐热等级	A	E	B	C
允许的温升（环境温度为40℃时）	65℃	80℃	90℃	140℃以上
允许的最高温度	105℃	120℃	130℃	180℃以上

异步电动机在规定的允许温度内运行，一般可以工作 15～20 年，如果在超过表 4-2 中允许的最高温度的环境下运行，则电动机绝缘材料的寿命将会大大缩短。

7. 工作方式

异步电动机有三种工作方式，即连续工作方式、短时工作方式和断续工作方式。连续工作方式用 S1 表示，允许电动机在额定条件下长时间运行；短时工作方式用 S2 表示，只允许异步电动机在额定条件下短时间运行；断续工作方式用 S3 表示，允许电动机在额定条件下以间歇的方式运行。

4.4.2　三相异步电动机的选择

1. 功率的选择

合理选择三相异步电动机的功率（容量），对于保证生产顺利进行以及获得良好的经济效益和技术指标是非常重要的。

（1）异步电动机功率的选择应该以生产机械所需要的实际功率为根据。如果电动机的额定功率选得过大，虽然电动机可以带动生产机械进行生产，但是电动机没有被充分利用，会造成"大马拉小车"，是一种设备的成本浪费，而且电动机长时间工作在轻载状态，效率和功率因数会很低，不经济。如果电动机的额定功率选得过小，电动机将长时间工作在非额定的过载状态下，不但不能够保证正常生产，还有可能造成电动机因工作温度太高（超过其允许的最高温度）而损坏。

（2）异步电动机的功率选择还应该与工作方式相对应。对于连续运行的电动机，应该先计算出生产机械的实际功率，然后选择电动机的额定功率稍大于生产机械的实际功率即可。对于短时运行的电动机，如机床中常见的夹紧、快速进给以及尾座、刀架的移动等都要求电动机能够短时运行，如果采用专为短时工作方式设计的电动机，则其额定功率应该与其工作方式的持续时间标准（如 10 min、30 min、60 min、90 min 等）相对应。如果没有合适的专为短时运行设计的电动机，则可选用连续工作方式的电动机，此时所选电动机的功率可以根据过载系数 λ 确定，达到生产机械要求功率的 $1/\lambda$ 即可。

2. 种类、形式的选择

电动机的种类选择，应该从电源类型（交流或直流）、机械特性、调速与起动性能、价格与维护等方面综合考虑。多数生产场合都使用三相交流电，在无特殊要求时，应该选用交流电动机。而三相鼠笼型异步电动机具有结构简单、价格低廉、运行可靠、维护方便等优点，所以可尽量选用三相鼠笼型异步电动机。但三相鼠笼型异步电动机的缺点是起动性能差、功率因数低，因此，对于某些要求起动转矩比较大、在一定转速范围内能平滑调速的生产机械，如起重机、卷扬机、轧钢机等，一定要使用价格相对昂贵的绕线型异步电动机。

不同的生产机械，其工作环境可能会大不相同，那么，就有必要根据工作环境来选用不同结构的电动机。例如，防护式电动机在机壳或端盖下有通风罩，可以防止某些杂物落入；开启式电动机应该用于干燥、少尘、通风良好的场所；封闭式电动机的外壳封闭严密，常用于多尘、潮湿、含酸性气体的场合；防爆式电动机则用于矿井等有易爆气体的场所。

3. 电压和转速的选择

异步电动机的电压等级与频率应该与供电电压和频率相同。通常，工厂所提供的电压等级有三种：低压为 380 V，高压为 3 000 V 或 6 000 V。大多数 Y 系列三相异步电动机的额定电压为 380 V，只有 100 kW 以上的大功率交流电动机才考虑使用 3 000 V 或 6 000 V 的电压。

在工业生产中，生产工艺决定生产机械的转速，而异步电动机转速的选择则要看生产机械的速度。一般来说，异步电动机的转速越高，体积越小，价格越低。因此，通常会考虑使用便宜的高转速电动机与生产机械匹配，但如果选用的异步电动机转速太高（相对于生产机械而言），则需要增加减速机械的体积和成本。所以，在选取电动机转速时，要考虑电动机和传动机械的因素，通常采用比较多的是同步转速为 1 500 r/min 的异步电动机。

在数控机床中，要求异步电动机能够实现多级变速和无级变速，一般是采用一台高转速电动机加配变频调速器来实现。

由这部分内容可见，三相异步电动机的额定工作电压通常为 380 V，同变压器等输变电设备一样，使用不当将对人类的生命财产安全造成很大的伤害。为此再次建议，一定要注意用电安全！你可以抽空进入国家开放大学学习网的"电工电子技术网络课程"的拓展知识栏目，详细了解安全用电方面的知识。

4.5 三相异步电动机的起动与调速

4.5.1 交流异步电动机的起动

异步电动机接入三相电源后，转子从静止状态过渡到稳定运行状态的中间过程称为起动。异步电动机起动时，转子是静止不动的，这时的旋转磁场与转子的相对切割速度最大，会在转子绕组中产生很大的感应电动势和感应电流。电动机直接起动时的定子电流，一般为其额定电流的 4~7 倍。过大的起动电流不但会使电动机出现过热现象，而且还会在线路上产生较大的电压降，影响接在同一线路上其他负载的正常运行。

虽然异步电动机的起动电流很大，但其功率因数很低，起动转矩较小，这使得起动速度变慢，起动时间延长，甚至不能起动。

综上所述，异步电动机的起动电流大与起动转矩小是起动时存在的主要问题。在实际应用中，应根据不同类型与不同容量的异步电动机采取不同的起动方式。

1. 直接起动

直接起动又称全压起动，就是将电动机的定子绕组直接接到具有额定电压的三相电源上使电动机起动的方式。直接起动的优点是起动设备和操作都比较简单，缺点是起动电流大、起动转矩小。

一台电动机能否直接起动，各地供电部门有不同的规定。一般规定是，如果用电单位有独立的供电变压器，若电动机起动频繁，当电动机容量小于变压器容量的 20% 时，允许直接起动；若电动机无须频繁起动，则当其容量小于变压器容量的 30% 时，允许直接起动。如果没有独立的供电变压器，以电动机起动时电源电压的降低量不超过额定电压的 5% 为原则确定能否直接起动。凡不符合上述规定只能采用降压起动。

2. 降压起动

降压起动，就是在电动机起动时采用降压起动设备，即先降低加在电动机定子绕组上的电压来限制起动电流，待电动机达到额定转速时再恢复至全压使电动机正常运行。由于起动转矩与电压的平方成正比，降压起动在减少起动电流的同时也会使起动转矩下降较多，故降压起动只适用于在空载或轻载下起动的电动机。

实际应用中，常采用 Y-△降压起动和自耦变压器降压起动。由于降压起动设备在降低起动电流的同时减小了起动转矩，所以这一办法一般用于鼠笼型异步电动机轻载或空载下起动。随着电力电子技术和智能控制技术的发展，采用晶闸管和单片机技术的电子软起动器，逐步取代了传统的起动方法。

4.5.2 三相异步电动机的调速

在实际工业生产中，常要求生产机械在带动同一负载的情况下能够得到不同的转速，如龙门刨床、车床等，需要精确调整转速；风机、水泵等流体机械，需要根据所需流量调节其速度。通常情况下，可以采用对电动机进行电气调速的方式来实现对生产机械的速度调节。

异步电动机转速与转差率的关系如下：

$$n = n_0(1-s) = \frac{60f_1}{p}(1-s) \qquad (4-13)$$

由以上公式可以看出，通过改变电源频率 f_1、电动机的转差率 s 或定子的磁极对数 p，均可对异步电动机起到调速的作用。

1. 改变电源频率的调速

近年来，变频调速技术发展迅速，通过变频装置可将 50 Hz 的三相交流电转换为所需要的频率，从而实现异步电动机的变频调速。变频调速是一种无级调速方式。

异步电动机变频调速的电源是一种电压可调的变频装置。在变频技术发展的初始阶段，变频装置多采用由可控硅元件组成的变频器。近年来，人们利用功率模块 GTR（电力晶体管）、IGBT（绝缘栅双极型晶体管）及单片机技术和 SPWM（正弦脉宽调制）技术制造出正弦波变频调速器，变频调速日趋成熟并应用于各个领域，如轧钢机、纺织机、球磨机、鼓风机及化工企业中的某些设备等。

2. 改变转差率的调速

这种调速方法就是在绕线型电动机转子的回路中接入可调节电阻器 R_{tj}（与串电阻起动类似），通过改变转子回路的电阻值来改变转差率，从而实现平滑无级调速。

在转子回路中串入电阻的调速方法只能用于绕线型电动机。这种方法的特点是电能损耗比较大，调速范围有限，但是比较简单，在中小容量的绕线型电动机调速中用得较多。例如，使用交流电源的桥式起重机的提升设备，目前几乎全部采用这种方法调速。

3. 改变定子磁极对数的调速

异步电动机定子绕组产生的旋转磁场的同步转速为 $n_1 = \frac{60f_1}{p}$。可见，在电源频率恒定的情况下，改变定子绕组的磁极对数，同步转速 n_1 就发生变化，从而使电动机的转速改变。例如，三相异步电动机定子的两个 U 相绕组串联时，磁极对数是两个 U 相绕组并联时的一倍，异步电动机的转速就是并联时的一半，即串联是低速，并联是高速。由于磁极对数只能成倍地变化，所以这种调速方式不是无级调速。但是这种调速方式简单、经济，所以被广泛应用于经济型数控机床中。

4.6 三相异步电动机的控制线路

对于容量比较小的三相鼠笼型异步电动机（异步电动机的容量小于直接供电变压器的 20%），可采用直接起动的方式。这种起动方法的优点是操作和起动设备非常简单方便。三相异步电动机的直接起动控制线路通常有点动控制线路和长动控制线路两种，下面分别介绍其线路图并阐述其工作原理。

1. 点动控制线路

三相异步电动机的点动控制线路如图 4-26 所示，下面根据接线图说明其动作过程。

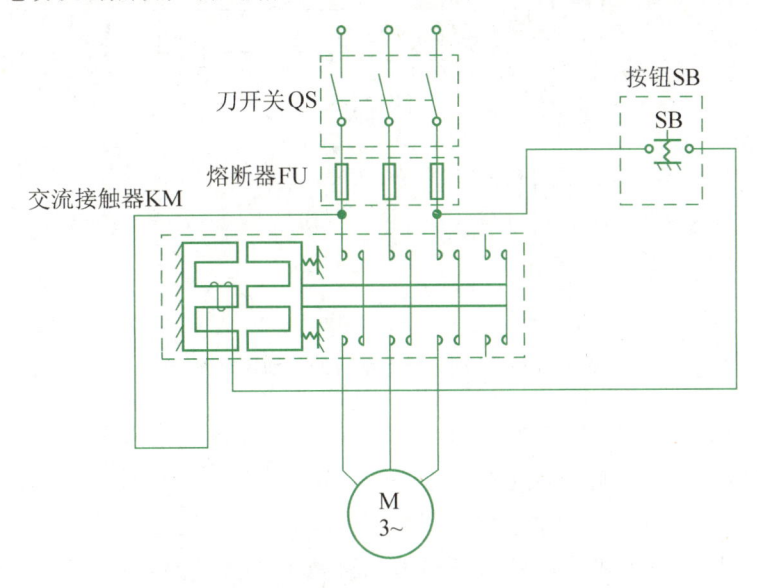

图 4-26 三相异步电动机的点动控制线路

如图 4-26 所示：首先合上刀开关 QS，然后按下起动按钮 SB，于是交流接触器 KM 通电，在电磁铁的吸引下，铁芯向左运动，使交流接触器 KM 的 3 对主触点闭合，电动机 M 接通电源并起动。松开按钮 SB，交流接触器 KM 断电，电磁铁断电失去磁性，3 对主触点断开，电动机断电并停转。

由以上过程可以看出，按下起动按钮 SB，电动机就起动并旋转，松开 SB，电动机就断电并停转，从而实现了三相异步电动机的点动。

2. 长动控制线路

图 4-27 所示为三相异步电动机长动控制线路，即单向连续运转控制线路的接线图。从图中看出，欲使电动机起动后连续运转，必须在起动按钮两端并联一个接触器 KM 的常开辅助触点 SB_2，这个辅助触点亦称为自锁触点，其作用是保持电动机连续运转。

三相异步电动机长动控制线路的动作过程如下：首先合上刀开关 QS，然后按下起动按钮 SB_2，交流接触器 KM 的线圈通电，电磁铁产生吸引力，交流接触器 KM 的 3 个主触点以及辅助触点都闭合，三相异步电动机 M 起动并旋转；如果此时松开按钮 SB_2，KM 辅助触点仍然闭合（这叫作自锁），接触器线圈仍然得电，电动机 M 仍保持运转。如果要使电动机停转，只需按下停止按钮 SB_1，交流接触器 KM 线圈断电，电磁铁失去磁性，主触点及辅助触点将断开，于是异步电动机 M 断电停车。

另外，此控制线路还具有短路保护功能、失压（或欠压）保护功能和过载（热）保护功能，下面重点讨论失压和过载保护功能。

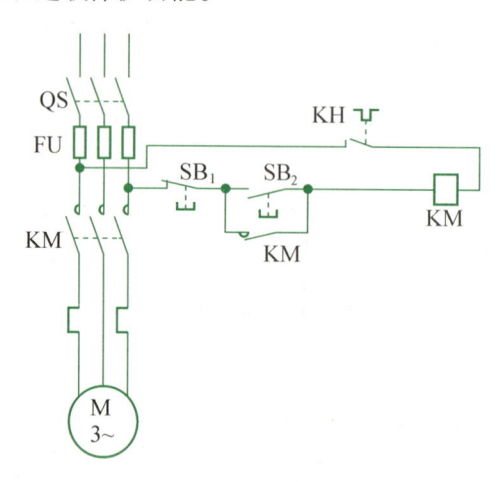

图 4-27 三相异步电动机的长动控制线路

（1）失压（或欠压）保护功能。当此控制线路的电源暂时停电或者电压太低时，交流接触器 KM 的电磁铁将失去磁性或电磁力太小，于是其主、辅触点断开，电动机停转。但当电源电压恢复正常时，交流接触器的触点仍断开，电动机不会自动起动，只有按下起动按钮 SB$_2$ 时，才会起动异步电动机。这种对异步电动机及生产机械的保护作用叫作失压（或欠压）保护。

（2）过载（热）保护功能。图 4-27 中的热继电器 KH 具有过载（热）保护的功能。当异步电动机过载（热）时，串联在交流接触器线圈回路中的热继电器的动断触点会因为发热元件的膨胀推动而断开，于是交流接触器线圈断电，其主触点断开，切断了异步电动机的电源，使电动机停转，从而实现了对电动机的过载（热）保护。

3. 正、反转控制线路

在工农业实际生产中，许多场合要求三相异步电动机能够正、反两个方向旋转，如升降机的升与降、运输皮带的前进与后退等。实现三相异步电动机的正、反转的原理很简单，只需将三相异步电动机定子绕组的三根电源线任意对调两根即可。通常，实现对三相异步电动机正、反转的具体控制可由两个交流接触器来完成，其控制线路图如图4-28所示。

从图4-28中可以看出，当正转接触器 KM$_1$ 闭合时，异步电动机正转，当反转接触器 KM$_2$ 闭合时，异步电动机反转；当 KM$_1$ 和 KM$_2$ 同时闭合时，电源会短路。因此，KM$_1$ 和 KM$_2$ 绝对不能同时闭合，这就要求 KM$_1$ 和 KM$_2$ 能够互锁。互锁的作用是使正转接触器 KM$_1$ 和反转接触器 KM$_2$ 不能同时动作，从而避免主电路短路。

在控制线路中，互锁的实现也很简单，只需将正转接触器 KM$_1$ 的动断触点串联接入反转接触器 KM$_2$ 的线圈回路中，同时将反转接触器 KM$_2$ 的动断触点串联接入正转接触器 KM$_1$ 的线圈回路中。当正向接触器 KM$_1$ 通电时电动机正转，接触器 KM$_2$ 的线圈会断电，这样就使异步电动机在正转时反转接触器 KM$_2$ 被封锁；同样道理，当接触器 KM$_2$ 通电时电动机反转，接触器 KM₁ 的线圈会断电，异步电动机在反转时正转接触器 KM₁ 被封锁。这样就保证了三相电源不会短路。

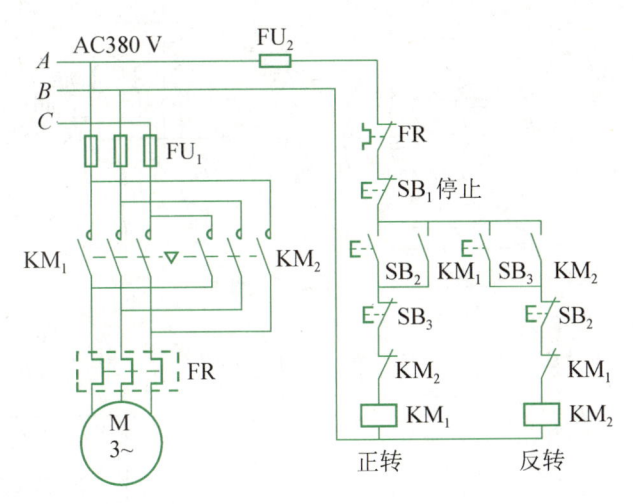

图 4-28 三相异步电动机正、反转控制线路图

显然，此控制线路在每次切换正、反转时都要按下停车按钮 SB₁，然后才能够切换转向。在此控制线路中，熔断器 FU 可实现短路保护；热继电器 KH 可实现过载（热）保护；继电接触器 KM 可实现失压（或欠压）保护。

4. 时间控制线路

所谓时间控制，指利用时间继电器进行延时控制。例如，容量比较大的鼠笼型三相异步电动机在进行 Y-△ 降压起动时，电动机从 Y 形接法切换到 △ 形接法的过程，就是利用时间继电器进行延时控制来完成的。图 4-29 所示为三相异步电动机定子的 Y 形接法和 △ 形接法的示意图。

大容量的三相鼠笼型异步电动机不能进行直接起动，否则会造成电网电压的波动，一般采取的措施是降压起动，可考虑在定子回路串联电阻、利用自耦变压器降低电压等方法。当大容量的鼠笼型异步电动机的定子在 △ 形连接方式下正常运行时，可以对其采用 Y-△ 降压起动的方式。

Y-△ 降压起动的过程主要如下：当异步电动机起动时，将定子的三相绕组接成 Y 形，于是每相绕组的电压降低为额定值的 $\frac{1}{\sqrt{3}}$；当电动机起动并且转速接近额定转速时，再将定子的绕组接成 △ 形。

Y-△ 降压起动时，定子为 Y 形连接，每相电压为 $\frac{U}{\sqrt{3}}$，每相电流为 $\frac{U}{\sqrt{3}|Z|}$，线电流为 $\frac{U}{\sqrt{3}|Z|}$，|Z| 为每相的阻抗。全压起动时，定子为 △ 形连接，每相电压为 U，每相的电流

为 $\dfrac{U}{|Z|}$，线电流为 $\dfrac{\sqrt{3}U}{|Z|}$。

（a）定子接线板

（b）定子Y形接法示意图与接线板接法

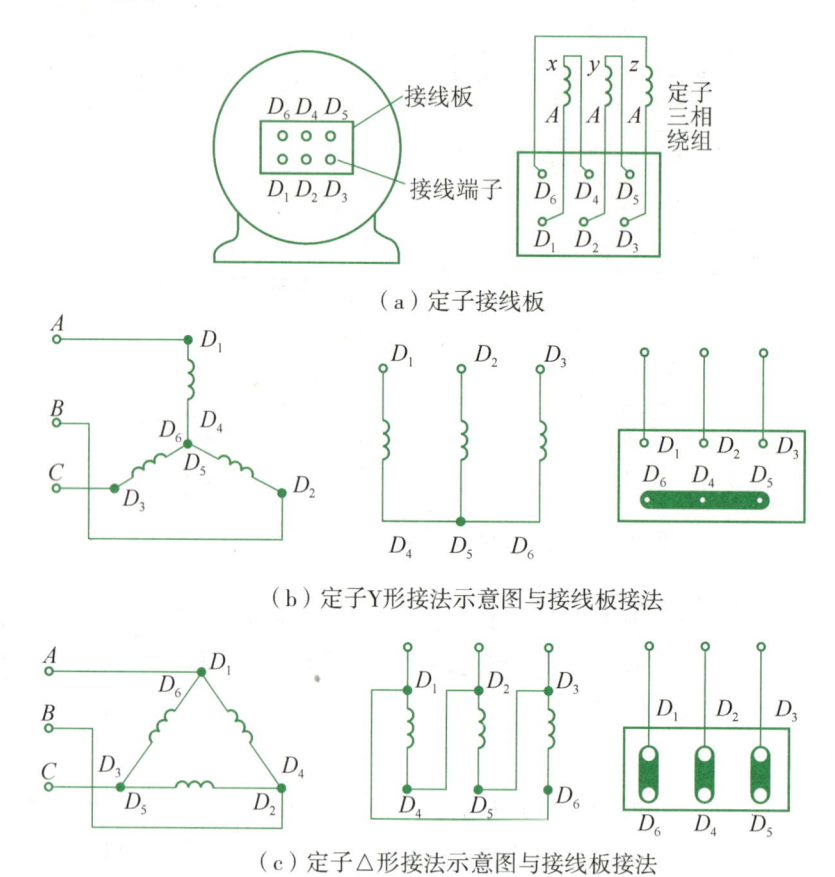

（c）定子△形接法示意图与接线板接法

图 4-29　三相异步电动机定子的 Y 形接法和 △ 形接法示意图

由此可以看出，Y-△降压起动方式的起动电流是全压起动电流的 1/3，而起动转矩与起动电流成正比，因此，Y-△降压起动方式的起动转矩也是全压起动转矩的 1/3。所以，Y-△降压起动方式适用于轻载情况下的起动。

通常，可利用按钮、交流接触器和时间继电器等低压控制电器组成控制线路，实现鼠笼型异步电动机的 Y-△降压起动，即从 Y 形到△形连接的自动切换。图 4-30 所示为一个具有这种自动切换功能的控制线路图。

在图 4-30 中，KM_1 为主接触器。接触器 KM_2 控制定子绕组 Y 形连接起动，接触器 KM_3 控制定子绕组△形连接运行。时间继电器 KT 控制定子绕组从 Y 形到△形连接的自动切换（依靠其常开及常闭辅助触点来实现）。

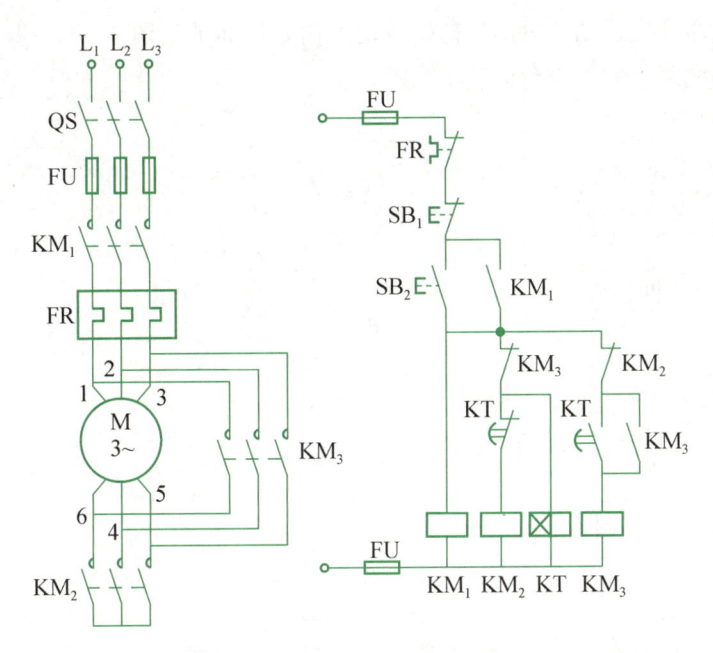

图 4-30　三相异步电动机的 Y-△ 起动控制线路图（时间控制）

三相异步电动机的 Y-△ 起动控制线路的工作过程具体如下：首先，按下起动按钮 SB₂，接触器 KM₁ 通电，KM₁ 的三相主触点以及串联在控制线路中的常开触点都在电磁铁的吸引下闭合，使时间继电器 KT 与接触器 KM₂ 通电。由于 KM₂ 是控制定子 Y 形连接的，因此电动机按 Y 形连接起动，同时时间继电器 KT 开始延时。需注意，此时 KM₃ 一定不能够通电，因为 KM₂ 与 KM₃ 同时得电会造成三相主电路短路。控制线路中，接触器 KM₂ 有一个辅助常闭触点与接触器 KM₃ 的一个辅助常开触点是串联的，因此，当 KM₂ 通电时，其常闭触点在电磁力的吸引下断开，从而接触器 KM₃ 的线圈必然断电。当 KT 延时时间到了之后（此时电动机的转速应该比较接近额定转速），其常闭触点断开，从而使接触器 KM₂ 断电，同时其常开触点闭合使 KM₃ 通电。KM₃ 通电后，其三相主触点闭合并将电动机的定子绕组切换为 △ 形连接，同时 KM₃ 的辅助常开触点闭合实现自锁，KM₃ 的辅助常闭触点断开使 KM₂ 与 KT 断电，于是三相异步电动机就顺利地完成了 Y-△ 降压起动过程。

5. 行程控制线路

图 4-31（a）所示为异步电动机的行程控制线路原理图。其工作原理描述如下：按下正向按钮 SB₂，接触器 KM₁ 通电，KM₁ 的主触点以及常开辅助触点（在电磁线圈的吸引下）闭合并实现自锁，电动机正转，工作台前进，同时 KM₁ 的辅助常闭触点断开（在电磁线圈的吸引下）并使接触器 KM₂ 断电（切断反转回路）。当工作台运行到行程开关 SQ₂ 的位置时，SQ₂ 的常闭触点断开使接触器 KM₁ 断电，电动机停止正转，同时，SQ₂ 的常开触点闭合、KM₁ 的常闭触点闭合（由于 KM₁ 的断电）使接触器 KM₂ 通电并自锁，电动机反转，工作台后退。当工作台触到 SQ₁ 时，马上又前进，于是实现了循环往复运动。按下反向按钮 SB₃，同样道

理，工作台仍然做往复运动，只不过初始运动方向是反向的。图 4-31（b）所示为异步电动机在行程控制线路下的工作台运动示意图。

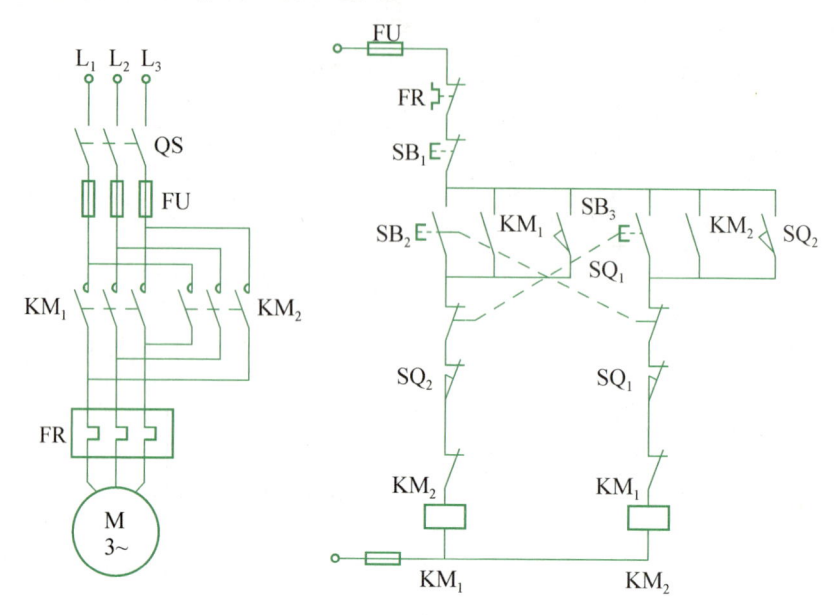

（a）行程控制线路原理图

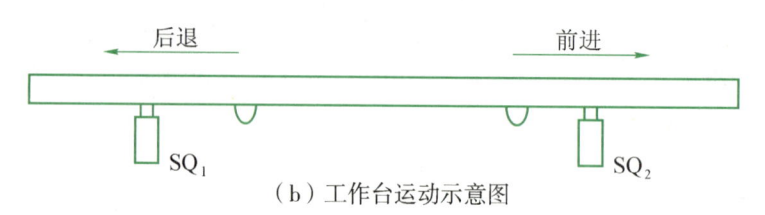

（b）工作台运动示意图

图 4-31 异步电动机的行程控制线路原理图、工作台运动示意图

学习活动 4-1

三相异步电动机的控制线路读图练习

【活动目标】

辨认三相异步电动机的几种常用控制线路，比较它们的功能特点，能够正确说出图中各种器件符号的作用。

【所需时间】

约 20 分钟

【活动步骤】

1. 阅读学习内容 "4.6 三相异步电动机的控制线路"，在描述控制原理的关键词句上画线，注意几种不同控制线路的功能特点。

2. 💻登录网络课程，进入文本辅导栏目和视频讲解栏目学习有关三相异步电动机的控制线路的内容。

3. 打开网络课程本单元的练习栏目，按照练习要求完成本单元的基本练习。

【反　馈】

三相异步电动机的控制包括对其起动、制动、反转和调速等过程进行控制，每种控制过程都有相应的控制线路，功能特点各有不同，但基本单元都由低压控制电器组成。

4.7 其他电动机简介

4.7.1 单相异步电动机

单相异步电动机是用单相交流电驱动的异步电动机。由于单相异步电动机只需要单相交流电源供电，所以在日常生活中应用广泛，如常见的办公设备、家用电器、电动工具、医疗器械等。单相异步电动机具有结构简单、噪声较小等优点。但与相同容量的三相异步电动机相比，其体积比较大，运行特性比较差。所以，一般情况下，单相异步电动机只能够制成小容量的电动机。

单相异步电动机的运行原理与三相异步电动机基本相同，但在结构上有所区别，其定子通常由两相绕组组成，转子是鼠笼型的。它是利用电感线圈或电容器的移相原理，在定子通入单相交流电源时，产生两相旋转磁场，从而获得起动转矩使单相异步电动机转动的。单相异步电动机能够起动的关键是两相绕组中通入不同相位的交流电流，即分相。下面简单介绍两种常见的单相异步电动机。

1. 单相电阻分相起动异步电动机

单相电阻分相起动异步电动机的定子主绕组和副绕组在空间位置上相差90°，其通过改变副绕组的电阻来达到分相的目的，一般主、副绕组电流的相位差有35°左右。其副绕组的作用是起动绕组。副绕组通过一个起动开关与主绕组并联，通常在电动机起动并且转速达到同步转速的80%左右时，起动开关断开副绕组，使电动机在只有主绕组通电的情况下稳定运行。单相电阻分相起动异步电动机的定子接线图如图4-32（a）所示。这种单相异步电动机常用于电冰箱、鼓风机、医疗器械等。

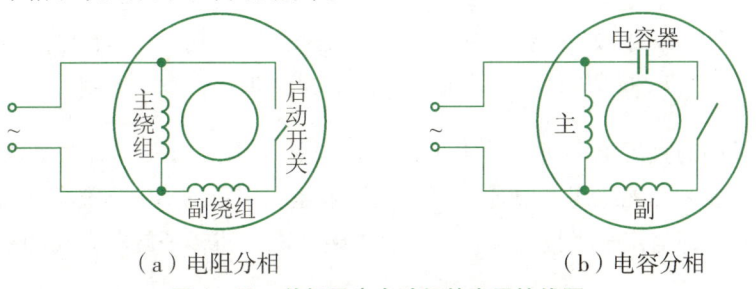

(a) 电阻分相　　　　　　　(b) 电容分相

图4-32　单相异步电动机的定子接线图

2. 单相电容分相起动异步电动机

单相电容分相起动异步电动机的副绕组在回路中串联了一个电容器和起动开关，然后与主绕组并联，利用电容的分相作用，使副绕组（容性）中的电流相位角大大领先于主绕组（感性）中的电流相位角，主、副绕组的相位差接近 90°，从而产生旋转磁场。单相电容分相起动异步电动机的定子接线图如图 4-32（b）所示。这种单相异步电动机常用于电风扇、洗衣机等家用电器中。

4.7.2 直流电动机

直流电动机是电动机的主要类型之一，是把直流电转换为机械能的电动机。其特点是有良好的起动和调速性能，但其结构较复杂，价格相对比较高，所以广泛应用于对调速范围要求比较高的场合。

1. 直流电动机的结构

直流电动机主要由两大部分组成，即定子和转子。其中，静止的部分叫作定子，旋转的部分叫作转子。定子主要由磁极、机座、端盖和电刷等构成，其作用是支撑转子和产生磁场。转子也称为电枢，主要包括电枢铁芯、电枢绕组、换向器、轴承及风扇等。

直流电动机的结构剖面及转子电枢示意图如图 4-33 所示。

（a）直流电动机的结构剖面　　　　（b）转子电枢

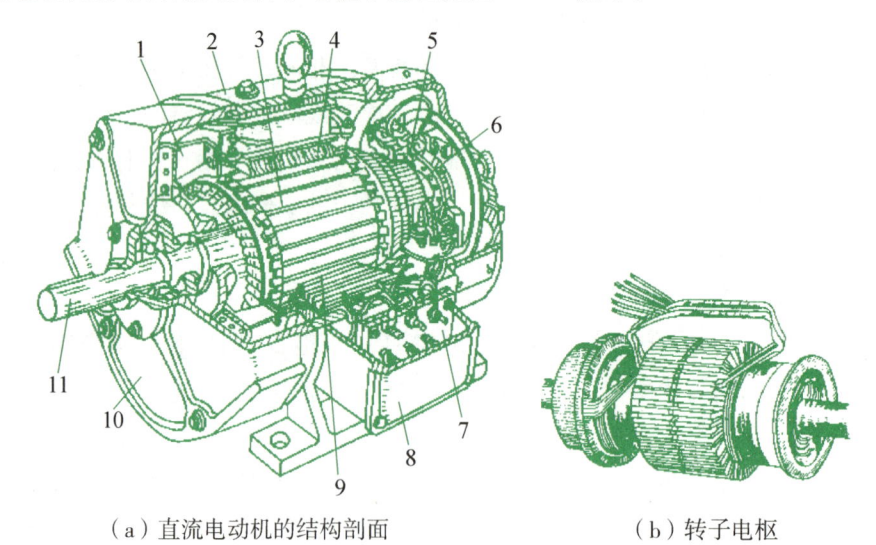

图 4-33　直流电动机的结构剖面及转子电枢示意图

1—风扇；2—机座；3—电枢；4—主磁极；5—电刷；6—换向器；
7—接线板；8—出线盒；9—换向器；10—端盖；11—轴

一般功率很小的直流电动机，其定子常用永久磁铁作为磁极。而大多数的直流电动机中，磁极上都安装有励磁绕组，靠通以直流电流来建立固定的 N-S 磁场。当转子电枢的绕组通以直流电时，即与定子磁场相互作用形成电磁转矩，使转子旋转。在功率比较大的直流电动机中，还装有换向极（其线圈绕组与主磁极绕组串联），作用是改善电动机的换向动作，消除直流电动机运转时所产生的电火花。

2. 直流电动机的基本工作原理

图 4-34 所示为一台直流电动机的基本结构示意图，图中有一对磁极和一个电枢绕组线圈，线圈的两端分别连在两个半圆形换向器片上。换向器片与电刷 A 和 B 相接触。在两个电刷上加直流电压，如图 4-34 所示，直流电流从电刷 A 流入线圈 abcd，并从电刷 B 流出。显然，在图 4-34（a）所示的磁场极性下，根据左手定则，导体 ab 和 cd 都受到电磁力作用，两个导体所受电磁力形成一个电磁转矩，使转子电枢逆时针转动。当线圈转到图 4-34（b）所示的位置时，电流在线圈中的流动方向是 dcba，根据左手定则，两个导体所受的电磁力仍然使转子电枢逆时针转动。同样，如果电刷 A 接负极，电刷 B 接正极，那么就会产生顺时针的电磁转矩，转子电枢就会顺时针方向连续转动。通过以上分析不难发现，虽然外加电源是直流的，但是由于电刷的作用，转子线圈中的电流却是交变电流，所产生的力矩方向是不变的，从而使直流电动机转子能够旋转起来。

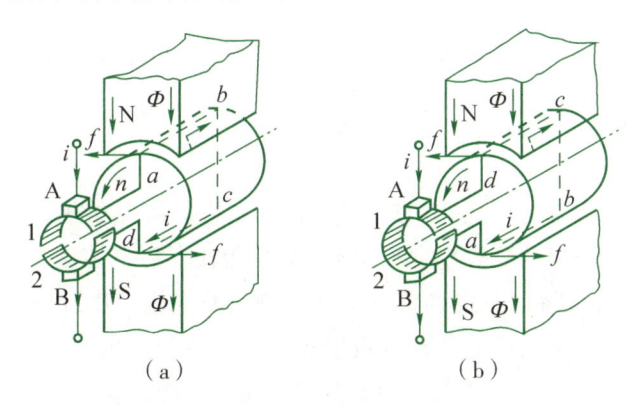

图 4-34　直流电动机的基本结构示意图

实际应用的直流电动机，其转子绕组通常由多个线圈组成，这样可以减小直流电动机电磁转矩的波动，使直流电动机转动更为顺畅。

直流电动机按励磁方式的不同，可分为他励、并励、串励和复励 4 种。

学习活动 4-2

直流电动机的虚拟组装

【活动目标】

叙述直流电动机的结构、原理及用途。

【所需时间】

约 30 分钟

【活动步骤】

1. 阅读内容"4.7.2 直流电动机",在描述直流电动机的结构、原理及用途的关键词句上画线。

2. 📺登录网络课程,进入文本辅导栏目和视频讲解栏目学习直流电动机的内容;单击直流电动机小课件链接,观察各种不同类型的直流电动机的用途、外观以及结构。

3. 单击"直流电动机工作原理"按钮,参照文字以及动画,仔细观察直流电动机是如何工作的。

4. 单击"直流电动机的虚拟组装"按钮,选取材料并按正确步骤组装一台简易直流电动机,观察其旋转示意图。

【反　馈】

直流电动机主要由机壳、定子、转子等几部分组成,靠通电转子受到磁场力的作用来驱动旋转,细分种类丰富、用途各有不同,但基本原理都是通电线圈在磁场中会受到磁场力的作用。

4.7.3 控制电机

控制电机属于电动机制造工业中的一个新机种。它的历史虽短,但发展迅速、品种繁多,据不完全统计,已达3 000种以上。20世纪40年代以后,控制电机已经逐步形成自整角机、旋转变压器、交直流伺服电动机、交直流测速发电机、步进电机等一些基本系列。20世纪60年代以后,控制电机的品种日益增多,在原有的基础上又生产出多极自整角机、多极旋转变压器、感应同步器、无接触自整角机、无接触旋转变压器、永磁式直流力矩电动机、无刷直流伺服电动机、空心杯转子永磁式直流伺服电动机、印制绕组直流伺服电动机等新机种。进入20世纪90年代以后,由于新原理、新技术、新材料的发展,电动机在很多方面突破了传统的观念,如霍尔效应的自整角机及旋转变压器、霍尔无刷直流测速发电机、压电直线步进电机,还有利用"介质极化"研制出的驻极体电动机、利用"磁性体的自旋再排列"研制出的光电机,此外还有电介质电动机、静电电动机、集成电路电动机等。

控制电机作为构成开环控制、闭环控制等系统的基础元件,在社会生产各方面的应用极为广泛,如化工、炼油、钢铁、造船、原子能反应堆、数控机床、自动化仪表等工业设备,电影、电视、电子计算机外设等民用设备,以及雷达天线自动定位、飞机自动驾驶仪、导航仪、舰艇驾驶盘和方向盘的控制等军事设备。这些应用了控制电机的系统通常能处理多种多样的物理量,如直线位移、角位移、速度、加速度、温度、湿度、流量、压力等。

控制电机与传统电动机的最大区别是,其主要任务是转换和传递控制信号,而能量的转换是次要的。在现代控制系统中,对控制电机的基本要求是高精确度、高灵敏度和高可靠性。伺服电动机、测速发电机和步进电机是三种常见的控制电动。

1. 伺服电动机

伺服电动机，又叫执行电动机，其功能是将输入的电压控制信号转换为轴上输出的角位移和角速度，从而驱动控制对象。其特点是可以把输入的电压信号变为转轴的角位移或角速度输出，电动机的转速和转动方向将非常灵敏和准确地随着电压的方向（或相位）和大小而变化。伺服电动机常被作为执行元件用于自动控制系统中。例如，在雷达的天线系统中，雷达天线就是由交流伺服电动机驱动的，雷达天线发射的微波遇到目标以后，会反射回来被雷达接收，雷达接收机在确定了目标的位置和距离以后，向交流伺服电动机送出控制信号，交流伺服电动机就按照控制信号拖动雷达转动，从而跟随目标。

伺服电动机通常可分为两类：交流伺服电动机和直流伺服电动机。交流伺服电动机的输出功率相对小一些，通常为几十瓦；直流伺服电动机输出的功率相对大一些，通常可达几百瓦。

（1）交流伺服电动机。交流伺服电动机就是两相的异步电动机，其结构图、相量图以及接线原理图如图 4-35 所示。

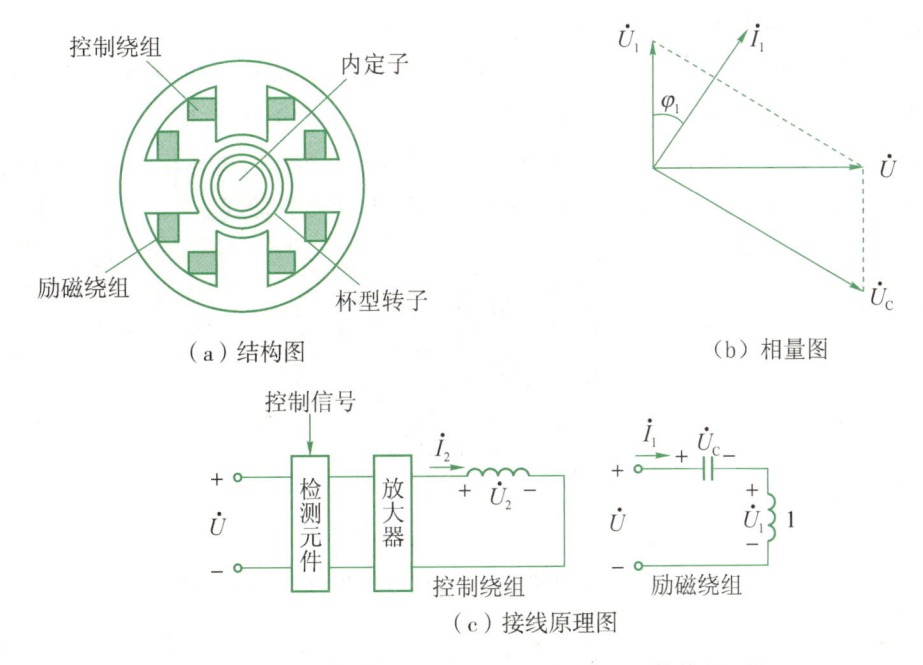

图 4-35 交流伺服电动机的结构图、相量图及接线原理图

交流伺服电动机的定子上装有空间相差 90°的两相分布绕组，一相是励磁绕组，另一相是控制绕组。电动机在工作时，励磁绕组串联电容 C 是为了产生两相旋转的磁场。如果适当选择电容的大小，就可使通入两个绕组的电流相位差接近 90°，从而产生所需的旋转磁场。在旋转磁场的作用下，转子便转动起来。当加在控制绕组上的控制电压反相时（保持励磁电压不变），由于旋转磁场的旋转方向发生变化，所以电动机的转子反转。

交流伺服电动机常用的转子一般有笼型和杯型两种，其结构分别为两种形式：高电阻笼型转子和非磁性空心杯型转子。高电阻笼型转子的结构和普通笼型感应电动机的一样,但是为了减小转子的转动惯量,常将转子做成细而长的形状。笼型转子的导条和端环可以采用高电阻率的材料(如黄铜、青铜等)制造,也可以采用铸铝转子。目前,我国生产的 SL 系列两相交流伺服电动机就采用铸铝转子。在非磁性空心杯转子交流伺服电动机中,除了有和一般感应电动机一样的定子外,还有一个内定子。内定子是由硅钢片叠压而成的圆柱体,通常内定子上无绕组,只是代替笼型转子的铁芯作为磁路的一部分,作用是减少主磁通磁路的磁阻。在内、外定子之间,有一个细长的、装在转轴上的空心杯型转子,杯型转子通常用非磁性材料(铝或铜)制成,壁很薄,一般只有 0.2~0.8 mm,因而具有较大的转子电阻和很小的转动惯量。杯型转子可以在内、外定子间的气隙中自由旋转,电动机就依靠杯型转子内感应的涡流与气隙磁场作用而产生电磁转矩。杯型转子交流伺服电动机的优点为转动惯量小,摩擦转矩小,因此快速响应好;另外,由于转子上无齿槽,所以运行平稳、无抖动、噪声小。其缺点是气隙较大,励磁电流也较大,致使电动机的功率因数较低、效率也较低,它的体积和容量要比同容量的笼型伺服电动机大得多。目前,我国生产的这种伺服电动机的型号为 SK,主要用于要求低噪声及低速平稳运行的某些系统中。

交流伺服电动机有很好的伺服性,在励磁电压不变的情况下,随着控制电压的下降,特性曲线下移。在一定的负载下,当控制电压大时,交流伺服电动机的转速高;当控制电压小时,电动机的转速低;当控制电压为 0 时,电动机停转;当控制电压反相时,电动机反转。图 4-36 所示为交流伺服电动机在不同控制电压下的机械特性曲线。

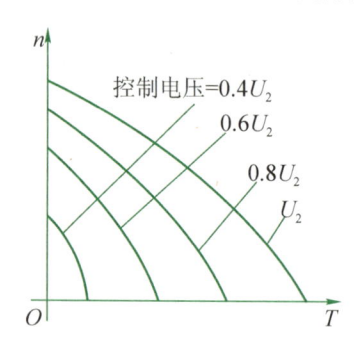

图 4-36　交流伺服电动机在不同控制电压下的机械特性曲线

交流伺服电动机的输出功率一般为 0.1~100 W,电源频率分 50 Hz、400 Hz 等多种。它的应用范围很广泛,如用在各种机电系统中。

(2)直流伺服电动机。直流伺服电动机实际上就是微型的励磁式直流电动机。其结构和原理都与励磁式直流电动机相同,但为了减小转动惯量(增加其灵敏度)而把转子做得细长一些。直流伺服电动机的结构示意图如图 4-37 所示。

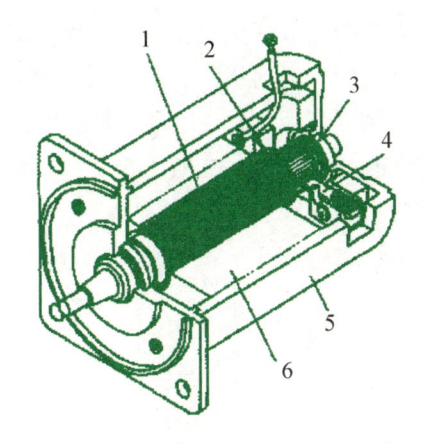

图 4-37 直流伺服电动机的结构示意图
1—转子（电枢）；2—电刷（负极）；3—整流子；4—电刷（正极）；
5—机壳；6—定子（产生磁场的永久磁铁）

直流伺服电动机按照定子磁极的励磁方式不同可分为两种：一种是永磁式直流伺服电动机（磁极是永久磁铁）；另一种是电磁式直流伺服电动机（磁极为电磁铁，磁极外面有励磁绕组），其供电方式为他励供电，即励磁绕组和电枢分别由两个独立的电源供电。

从有无电刷的角度可将直流伺服电动机分为有刷电动机和无刷电动机。有刷电动机的成本低，结构简单，起动转矩大，调速范围宽，控制容易，需要维护（但维护方便，只需换碳刷），会产生电磁干扰，对环境有要求。因此，它可以用于对成本敏感的普通工业和民用场合。无刷电动机的体积小，质量轻，出力大，响应快，速度高，惯量小，转动平滑，力矩稳定；控制复杂，容易实现智能化，其电子换相方式灵活，可以方波换相或正弦波换相；电动机可免维护，效率很高，运行温度低，电磁辐射很小，寿命长，可用于各种环境。

直流伺服电动机的控制方式有电枢控制和磁场控制。电枢控制就是通过改变电枢绕组电压的方向和大小来控制电动机的转动；磁场控制就是靠改变电磁式直流伺服电动机的励磁绕组电压的方向和大小来控制其转动。由于磁场控制方式的性能相对差一些，很少被采用，所以直流伺服电动机通常采用电枢控制方式，即在保持励磁电压一定的条件下，通过改变电枢绕组的控制电压来改变电动机的转速和转向。永磁式伺服电动机只能采用电枢控制方式。图 4-38 所示为直流伺服电动机的接线原理图。

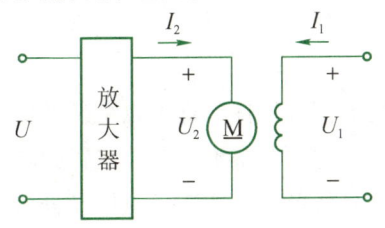

图 4-38 直流伺服电动机的接线原理图

直流伺服电动机具有非常理想的调节特性。在负载转矩一定的情况下，当其励磁电压不变时，如果升高电枢绕组的控制电压，电动机的转速就会升高；降低电枢绕组的控制电压，转速就会下降；当电枢绕组的控制电压为 0 时，电动机就会立即停转；改变电枢绕组的控制电压的极性，电动机的转向就会改变。图 4-39 所示为 U_1（励磁电压）一定时，直流伺服电动机在不同控制电压下的机械特性曲线。

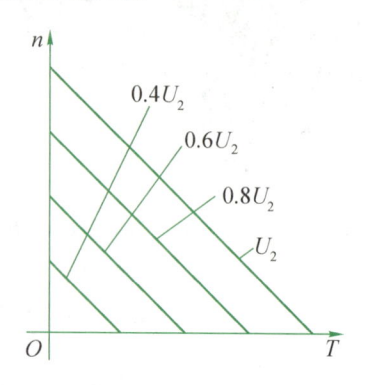

图 4-39 直流伺服电动机在不同控制电压下的机械特性曲线

从图 4-39 中可见，在控制电压 U 的大小不同时，其机械特性完全是一组平行的直线。在每条直线上，转矩增加则转速下降；反之，转矩下降则转速上升。从机械特性曲线上可以看出，直流伺服电动机具有非常理想（机械特性为直线）的调节特性。其机械特性和调节特性都是线性的，而且不存在"自转"现象[①]，所以在自动控制系统中是一种很好的执行元件。必须指出，上述结论是在理想的假设条件下得到的，而直流伺服电动机的实际特性曲线是一组接近直线的曲线。

直流伺服电动机相较于交流伺服电动机有很好的调节特性，速度调节范围宽且平滑，起动转矩大，反应也相当灵敏，输出功率一般为 1~600 W；与同容量的交流伺服电动机相比，其体积和质量可减少到 1/2~1/4。但它的结构复杂，特别是低速时稳定性差，容易产生火花，还会引起无线电干扰。近年来，为提高快速响应能力，适应自动控制系统的发展需要，低惯量的无槽电枢电动机、空心杯电枢电动机、印制绕组电枢电动机和无刷直流伺服电动机等形式的直流伺服电动机应运而生。

直流伺服电动机应用广泛，常用于电视摄像机、录音机、X-Y 函数记录等设备，以及一些功率稍大的系统中，如随动系统中的位置控制、精密机床以及某些便携式电子设备等。

2. 测速发电机

测速发电机是一种检测转速的信号元件，它可以将各种机电系统中的机械转速变换成电压信号输出。在许多机电系统中，它被用来测量旋转装置的转速，向控制线路提供与转速大小成正比的信号电压。按输出信号的形式，测速发电机又分为直流测速发电机和交流测速发

---

① 控制信号消失后，电机仍不停止转动的现象叫作"自转"现象。

电机两大类。

(1) 直流测速发电机。直流测速发电机分为永磁式和励磁式两种,国产型号分别为 CY 和 CD。两种电机的电枢相同,工作时电枢接负载电阻 R_L。但永磁式的定子使用永久磁铁产生磁场,因而没有励磁线圈;励磁式的结构与直流伺服电动机相同,工作时励磁绕组加直流电压励磁。

下面以励磁式直流测速发电机为例说明直流测速发电机的原理,其接线示意图如图 4-40 所示。在理想情况下,R_a、R_L 和 Φ 均为常数,直流测速发电机的输出电压 U 与转速 n 呈线性关系。对于不同的负载电阻,直流测速发电机输出特性的斜率会有所不同,它随着负载电阻的减小而降低。值得注意的是,由于直流电动机中存在电枢反应现象,使得直流测速发电机的输出电压 U_2 与转速 n 有一定的线性误差。所以,负载电阻 R_L 越小、n 越大,误差越大。因此,在实际应用中,应使 R_L 和 n 的大小尽量符合直流测速发电机的技术要求。

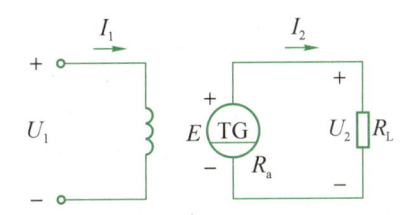

图 4-40 励磁式直流测速发电机的接线示意图

(2) 交流测速发电机。交流测速发电机又分为同步和异步两种,国产型号分别为 CG (感应子式)、CK (空心杯型转子) 和 CL (笼型转子)。目前,在控制系统中应用比较多的交流测速发电机是空心杯转子异步测速发电机。其结构和杯型转子伺服电动机相似,转子是一个薄壁非磁性杯 (杯厚为 0.2~0.3 mm),杯通常用高电阻率的硅锰青铜或铝锌青铜制成。其定子的两相绕组在空间位置上严格保持 90°电角度。其中,一相作为励磁绕组,外施稳频、稳压的交流电源励磁;另一相作为输出绕组,其两端的电压即为测速发电机的输出电压。

需要指出的是,在实际应用中,由于测速发电机的定子绕组和杯型转子的参数都会在不同程度上受温度变化、工艺等方面的影响,所以在输出的线性度、相位、剩余电压等方面会产生误差,使用时要注意加以修正。

3. 步进电机

在数控机床等控制系统中,经常需要把电脉冲信号转换为角度位移输出。步进电机就具有这样的功能,它是一种将电脉冲信号转换为相应角位移的电动机。向步进电机每输入一个电脉冲,它就前进一步,其输出的角度位移与输入的电脉冲数成正比,其转速与输入的电脉冲频率成正比。步进电机在数控机床领域应用较多,常被用作开环数控系统中的执行元件。例如,在开环数控系统中,脉冲分配器每发出一个进给脉冲,步进电机就前进一步 (转过一定的角度)。进给脉冲由程序控制一个接着一个地发来,步进电机就一步一步地转动,从而带动进给工作台或刀架移动,实现自动机械加工。

步进电机分为反应式步进电机、永磁式步进电机等类型,它们的原理基本相同。其中,最常见、应用最多的是反应式步进电机。

反应式步进电机定子的相数 m 一般为 2、3、4、5、6,定子磁极的个数是相数的 2 倍,即 $2m$。例如,一台三相六极反应式步进电机,其定子上均匀分布着 6 个磁极,磁极上绕有控制绕组,两个相对的磁极组成 1 相,一共有 3 相;其转子上均匀分布着 4 个齿。向反应式步进电机输入电脉冲信号,它就会一步一步地转动,下面简要介绍其转动原理。

如图 4-41 所示,设 A 相控制绕组首先通电,B、C 两相断电,则产生 $A-A'$ 轴线方向的磁场,于是电动机转子会受到电磁转矩的作用,它总是力图转到磁阻最小的位置,即转到转子的 1、3 齿和 $A-A'$ 轴线对齐的位置,如图 4-41(a)所示。同样,当 B 相控制绕组通电,A、C 两相断电时,转子会转到 2、4 齿和 $B-B'$ 轴线对齐的位置,此时转子顺时针方向转过 30°,如图 4-41(b)所示。当 C 相通电,A、B 两相断电时,转子会转到 1、3 齿和 $C-C'$ 轴线对齐的位置,此时转子又顺时针方向转过 30°,如图 4-41(c)所示。当再回到 A 相控制绕组通电,B、C 两相断电的状态时,转子又会顺时针方向转过 30°,即转子的 2、4 齿和 $A-A'$ 轴线对齐的位置。于是不难理解,当脉冲信号按 $A→B→C→A$ 的时序周期性通电时,电动机的转子便顺时针转动。如果按 $A→C→B→A$ 的顺序周期性通电,则电动机的转子就会逆时针转动。电动机的转速与电源的脉冲频率成正比,当脉冲频率增大到一定程度时,电动机的转子就会连续地转动不停(实际上仍然是一个脉冲前进一步)。因此,可以通过改变给定脉冲的频率对步进电机进行调速。步进电机不丢步运行的最高频率叫作运行频率,其值越大说明步进电机的转速越高。

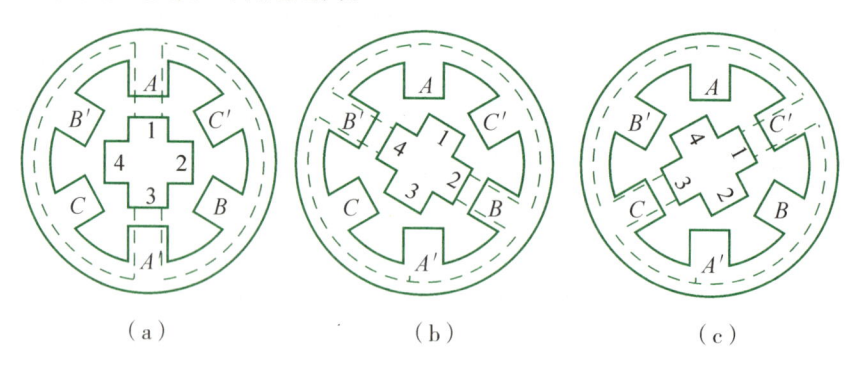

(a)　　　　　　　　(b)　　　　　　　　(c)

图 4-41　三相六极反应式步进电机转动原理示意图

以上介绍的是最基本的步进电机 A、B、C 三相轮流通电的方式,叫三相单三拍。其中,"三相"指定子具有三相绕组,"三拍"指一个通电循环改变三次通电方式,"单"指每拍(每次通电)只有一相绕组通电。

除了三相单三拍的通电方式以外,常见的通电方式还有三相双三拍,即 $AB→BC→CA→AB$ 或者 $AC→CB→BA→AC$,以及三相单双六拍,即 $A→AB→B→BC→C→CA→A$ 或者 $A→$

$AC \to C \to CB \to B \to BA \to A$。采用这两种方式通电时，步进电机运转的稳定性比采用三相单三拍通电方式时要好。

本章小结

本章主要包括：三相异步电动机的结构与工作原理、三相异步电动机的电磁转矩与机械特性、常用低压控制电器、三相异步电动机技术数据及选用、三相异步电动机的起动与调速、三相异步电动机的控制线路及其他电动机简介。

下列问题包含了本章的全部学习内容，你可以利用以下线索对所学内容做一次简要回顾。

三相异步电动机的结构与工作原理

- ✓ 三相异步电动机的基本结构包括哪些部分？
- ✓ 大、中、小型三相异步电动机的定子铁芯各有什么特点？
- ✓ 气隙的作用是什么？
- ✓ 三相异步电动机的转子有哪两类？
- ✓ 旋转磁场是如何产生的？
- ✓ 同步转速、转差率的含义是什么？

三相异步电动机的电磁转矩和机械特性

- ✓ 三相异步电动机的电磁转矩与哪些因素有关？
- ✓ 异步电动机的机械特性是怎么定义的？
- ✓ 异步电动机的机械特性曲线上，起动点、额定工作点、最大转矩点如何确定？
- ✓ 如何根据转差率确定异步电动机的运行状态？

常用低压控制电器

- ✓ 刀开关、组合开关应用于什么场合？
- ✓ 漏电断路器和按钮的功能是什么？
- ✓ 熔断器是利用电流的什么效应工作的？
- ✓ 接触器的功能是什么？
- ✓ 接触器的选择标准有哪些？
- ✓ 继电器有哪些种类？
- ✓ 各类继电器的功能是什么？
- ✓ 行程开关的分类有哪些？
- ✓ 行程开关的功能是什么？

三相异步电动机的数据及选用

- 三相异步电动机的额定值有哪些?
- 三相异步电动机的额定电压一般是多少?
- 三相异步电动机的额定频率是多少?
- 三相异步电动机的功率选择如果是"大马拉小车"会有什么后果?
- 如何根据生产成本、生产环境选择三相异步电动机?
- 三相异步电动机的转速选择与生产成本有什么关联?

三相异步电动机的起动与调速

- 异步电动机起动的过程是怎样的?
- 对异步电动机起动的要求有哪些?
- 三相异步电动机的调速方法有哪些?

其他电动机简介

- 单相异步电动机有什么特点?
- 单相异步电动机是如何起动的?
- 直流电动机的结构是怎样的?
- 直流电动机是如何旋转起来的?
- 控制电机的用途有哪些?
- 控制电机有哪些类型?
- 伺服电动机有哪两类?各有什么特点?
- 测速发电机分哪两类?各有什么特点?
- 步进电机有什么功能和特点?

自测题

一、选择题

4-1 一台三相异步电动机的转速为 990 r/min,则这台异步电动机有（　　）磁极。

A. 5 对　　　　B. 4 对　　　　C. 3 对　　　　D. 2 对

4-2 异步电动机的定子铁芯采用（　　）叠成。

A. 硅钢片　　　B. 高碳钢片　　C. 不锈钢片　　D. 生铁片

4-3 图 4-42 所示的电气符号为（　　）。

A. 漏电保护器　B. 组合开关　　C. 按钮　　　　D. 时间继电器

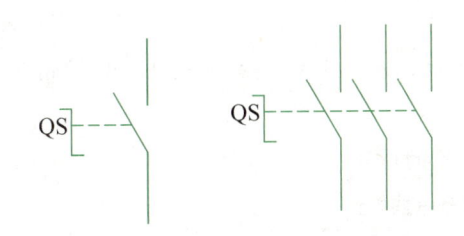

图 4-42 题 4-3 图

4-4 异步电动机转速达到某个规定值时切断电源的继电器是（　　）。
A. 电磁继电器　　　　　　　　B. 时间继电器
C. 速度继电器　　　　　　　　D. 热继电器

4-5 一台四极三相异步电动机的定子磁场的同步转速是（　　）。
A. 1 000 r/min　　　　　　　　B. 1 500 r/min
C. 3 000 r/min　　　　　　　　D. 3 750 r/min

二、判断题

4-6 对于小型异步电动机，由于产生热量比较少，散热比较容易，因此不需要径向通风沟。（　　）

4-7 在三相异步电动机的三个单相绕组中，三相对称正弦交流电的幅值相等，相位互差150°。（　　）

4-8 异步电动机的电磁转矩是由旋转磁场的主磁通与转子电流的无功分量相互作用而产生的。（　　）

4-9 热继电器进行过热保护的基本原理是利用电流的热效应来切断电路进行过热保护的。（　　）

4-10 按钮是一种手动的主令电器，不能自动复位。（　　）

三、简答题

4-11 简述三相异步电动机的结构。
4-12 在工艺允许的情况下，为什么三相异步电动机的气隙越小越好？
4-13 三相异步电动机的转子主要分为几类？各是什么？
4-14 三相异步电动机中鼠笼型转子的优、缺点各是什么？
4-15 什么是同步转速？
4-16 为什么异步电动机的转速总是略低于同步转速？
4-17 什么是异步电动机的机械特性？
4-18 简述异步电动机的自适应能力。
4-19 使用熔断器有哪些注意事项？
4-20 接触器的选择有哪些注意事项？

四、分析计算题

4-21 有一台三相异步电动机,其额定转速为 1 470 r/min,电源频率为 50 Hz,设其在额定负载下运行,试求:

(1) 定子旋转磁场对定子的转速;

(2) 定子旋转磁场对转子的转速;

(3) 转子旋转磁场对定子的转速。

4-22 有一台四极三相异步电动机,其电源电压的频率为 50 Hz,满载时电动机的转差率为 0.02,求电动机的同步转速、转子转速。

4-23 有一台三相异步电动机,其铭牌数据如表 4-3 所示,当负载转矩为 250 N·m 时,试问在 $U = U_N$ 和 $U' = 0.8 U_N$ 两种情况下,电动机能否起动?

表 4-3 题 4-23 表

P_N/kW	n_N/(r·min^{-1})	U_N/V	$\eta_N \times 100$	$\cos\varphi_N$	I_{st}/I_N	T_{st}/T_N	T_{max}/T_N	接法
40	1 470	380	90	0.9	6.5	1.2	2.0	△

4-24 一台三相异步电动机,其额定功率为 20 kW,额定电压为 380 V,额定转速为 980 r/min,额定工作效率 η = 90%,额定工作电流 I_N = 36 A,起动能力系数为 1.6,过载系数为 2.5,求:

(1) 电动机的功率因数;

(2) 起动转矩 T_{qd} 和最大转矩 T_{max}。

第 5 章
常用半导体器件及其应用

导 言

电子技术是利用半导体器件完成对电信号处理的技术，它包括模拟电子技术和数字电子技术两大部分。当被处理的电信号为连续变化的信号时，使用的电路为模拟电路；当被处理的电信号为不连续变化、只有在其高低电平中才包含有用信号时，使用的电路为数字电路。组成模拟电路和数字电路的最基本器件是二极管、三极管和场效应管等半导体器件。

从本章开始，你将进入"模拟电子技术"部分的学习阶段。本章将重点介绍构成一般电子电路常用到的二极管、三极管和集成电路中常用的 MOS 管的结构特点及其伏安特性，并对几种常用二极管和用于大功率变换的晶闸管的特点和应用做简单介绍，为你学习后续内容打下基础。

学习目标

认知目标

1. 正确说出二极管的结构特点，叙述二极管的单向导电特性，描述二极管的伏安特性曲线及其主要参数的含义。
2. 叙述二极管桥式整流、滤波和稳压电路的工作原理，运用其输出电压与输入电压的关系估算变压器的初、次级电压或输出电压。
3. 复述其他几种特殊二极管的特点。
4. 叙述三极管的内部结构，正确说出三极管载流子运动和电流形成的过程，叙述三极管实现电流放大的基本条件。
5. 描述三极管的伏安特性曲线，列举三极管的主要性能指标，陈述各项指标的含义。
6. 正确说出场效应管的结构特点，叙述场效应管与三极管的不同之处。
7. 正确复述晶闸管的结构特点、工作原理和简单应用。

技能目标

1. 利用器件手册在实物或图片上识别常用二极管和三极管的类型及器件的引脚。
2. 用万用表测试并判断二极管、三极管的极性及好坏。

情感目标

对半导体器件及其应用领域的相关知识产生兴趣，相信自己能够识别多种半导体器件并完成基本的测量任务。

5.1 二极管的单向导电特性

二极管具有单向导电特性，被广泛用于模拟电路和数字电路中。

5.1.1 二极管的结构特点

半导体器件由硅、锗等晶体材料掺入微量的三价元素或五价元素形成的不同类型的杂质半导体组成。

硅或锗的外层价电子都是4个，所以都是四价元素，其纯净晶体中的电子和空穴是一一对应的。在其中掺入微量五价元素后，室温下，每个五价元素在晶体中将多出一个不受束缚的自由电子，这使得掺杂后的自由电子数大大超过晶体本身的空穴数。这种杂质半导体称为电子型半导体或N型半导体。在这种杂质半导体中，自由电子称为多数载流子，简称多子；而空穴称为少数载流子，简称少子。

在硅或锗晶体中掺入微量的三价元素后，室温下，每个三价元素在晶体中将使硅或锗多出一个空位，这使得掺杂后的空穴数量大大超过由于热激发而产生的自由电子数。这种杂质半导体称为空穴型半导体或P型半导体。在这种杂质半导体中，空穴为多数载流子，自由电子为少数载流子。

通过一定的工艺，将P型半导体和N型半导体结合在一起，它们的交界面处称为PN结，如图5-1所示。由于交界面两侧的电子和空穴的浓度相差悬殊，P区空穴浓度很高，而自由电子很少；N区自由电子浓度很高，而空穴很少。因此，载流子将从浓度高的地方向浓度低的地方进行扩散运动。也就是说，P区的空穴向N区扩散，N区的自由电子向P区扩散。在交界面附近，P区一侧留下带负电的离子，N区一侧留下带正电的离子。这些离子是不能移动的，从而形成一层很薄的空间电荷区。在此区内，多子已扩散到对方并被复合掉了，就好像消耗尽了一样，故此区又称为耗尽层。

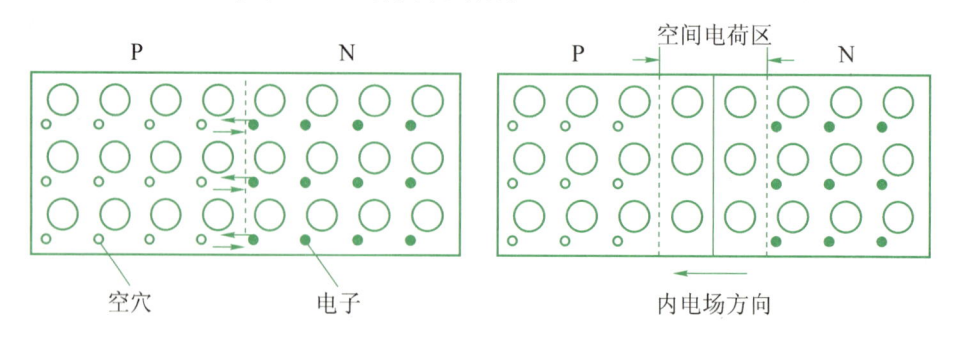

图 5-1 PN结的形成

由于空间电荷区的出现，交界面附近形成一个内电场，其方向是由N区指向P区。内电场的方向将阻止多子扩散，它实质上起到了限制电流通过的作用，所以有时把空间电荷区称为阻挡层。用引线分别连接至 PN 结的 P 区和 N 区，并将 PN 结用外壳封装，这便构成了二极管，其结构及符号如图 5-2 所示。由图 5-2 可见，连接 P 区的电极称为二极管的正极，连接 N 区的电极称为二极管的负极。

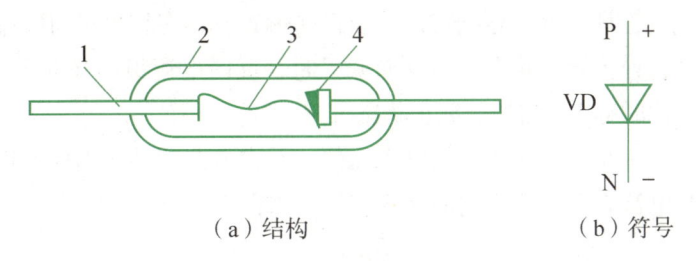

（a）结构　　　（b）符号

图 5-2　二极管的结构及符号

1—引线；2—外壳；3—触丝；4—N 型锗片

二极管有许多种类，按照 PN 结接触面大小的不同，可以分为点接触型和面接触型。其中，点接触型二极管只能通过较小的电流，但它的高频特性和开关特性一般较好，主要用于小电流的工作场合，如高频检波或数字电路的开关电路。而面接触型二极管可以承受较大的电流，而且它的空间电荷区更像一个电容元件，结电容较大，故常用于整流电路，而不能用于高频电路。

二极管的外形也有很多种，图 5-3 所示为几种常见的二极管外形图。通过外壳上的色圈、色点或符号可以判断它们的正、负极性。图 5-3 中，外壳上标有色圈或色点的一端为负极。

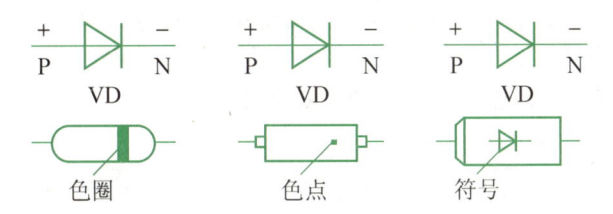

图 5-3　几种常见的二极管外形图

5.1.2　二极管的伏安特性

由二极管内部 PN 结在结构上的特点可以看出，当外加电压值和极性不同时，它所表现出来的外特性也会不同。

当 PN 结的 P 区接电源正极、N 区接电源负极时，称为外加正向电压，也叫正向偏置。这时的外加电压几乎全部加在空间电荷区上，而且外电场的方向和内电场的方向相反，从而削弱了内电场。可见，正向电压增大了二极管的电流导通能力，而且正向电压越大，二极管的电流导通能力越强。

当 P 区接电源负极、N 区接电源正极时，称为外加反向电压，也叫反向偏置。此时，外加电压形成的外电场的方向和 PN 结内电场的方向相同,相当于增强了内电场。可见,反向电压减小了二极管的电流导通能力。事实上,在室温下,二极管的反向电流非常微弱,而且当反向电压在一定范围内改变时,其电流值几乎不变,故称它为反向饱和电流。

由此可见,二极管具有单向导电特性。当正向偏置时,有较大正向电流流通,导通电阻很小,此时称二极管处于导通状态;当反向偏置时,反向电流很小(几乎为零),相当于一个非常大的电阻,此时称 PN 结处于截止状态。

将二极管串接一个起到限流作用的电阻元件,并在电路两端分别加上正向电压和反向电压时,用电压表和电流表可以测得它的伏安特性,如图 5-4 所示。

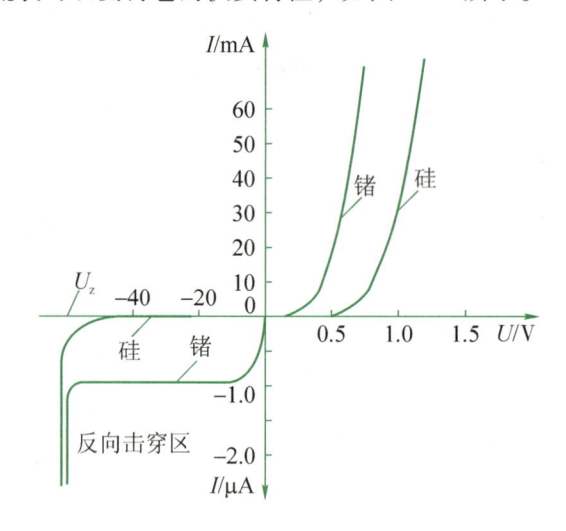

图 5-4 二极管的伏安特性

由图 5-4 可以得出二极管主要具有如下几点特性。

1. 正向特性

二极管处于正向偏置时,PN 结的内电场受到外加电压的削弱,随着电压的增大,二极管从截止状态进入导通状态。硅管的导通压降为 0.6~0.7 V,锗管的导通压降为 0.2~0.3 V。

2. 反向特性

二极管处于反向偏置时,PN 结的内电场受到外加电压的增强,二极管处于反向截止状态,在某一反向电压值内,二极管的反向饱和电流几乎不变。通常,硅管的反向饱和电流能达到 0.1 μA 以下,而锗管的反向饱和电流有几十微安,这说明硅管的反向特性优于锗管。

3. 反向击穿特性

当反向电压大到某一电压值时,反向电流会突然增大,这种现象称为反向击穿。普通二极管的反向击穿电压较大,可以达到几十伏以上。二极管的反向击穿分可逆和不可逆两种情况。可逆击穿就是在电压降低时二极管能够恢复正常,称为电击穿,这通常需要串接限流电阻才能得到保障,稳压二极管就是利用这一原理工作的;不可逆击穿则是已经造成了器件的损坏,称为热击穿,使用中应该避免。

除了上述特性外，二极管还有温度特性，这是由于 PN 结对温度变化非常敏感产生的。在二极管加了一定值的正向偏置电压的情况下，随着温度的升高，电流的导通能力会急剧增大，或者说，在同一导通电流的情况下，二极管的正向压降减小了。通常，温度每升高 1℃，二极管的正向压降减小 2 mV 左右。在二极管接反向偏置电压的情况下，随着温度的升高，反向饱和电流也会急剧增大。通常，温度每升高 10℃，二极管的反向饱和电流将增大 1 倍。

学习活动 5-1

二极管的识别与检测

【活动目标】

运用万用表测试并判断二极管的极性与好坏。

【所需时间】

约 20 分钟

【活动步骤】

1. 阅读内容"5.1.1 二极管的结构特点"和"5.1.2 二极管的伏安特性"，找出描述二极管结构特点和几个特性的关键语句，并在其下面画线。

2. 准备测试设备与器材：万用表 1 只、硅二极管 1 个、锗二极管 1 个。无真实实验条件者可选择虚拟实验方案，即采用电路仿真软件 Tina Pro 也可得到部分实验体验。

3. 按外形或标志识别极性，将两个二极管的型号和外形标志分别记录到表 5-1 的对应空格内，并判定它们的极性。

4. 将万用表调至测电阻的 $R \times 100$ 或 $R \times 200$ 挡，分别测试两个二极管的参数，即用红、黑表笔接至二极管的两个管脚测量其电阻值，对调红、黑表笔再测，然后将测得的数值记录到表 5-1 中。

表 5-1　二极管测试结果

型号	外形与极性	正向电阻	反向电阻	性能说明

【反　馈】

1. 根据参数测试记录，对二极管的性能进行判定。一般情况下，反向电阻值比正向电阻值大几百倍以上。若测得结果显示其正、反向电阻值均为无穷大，则可判定其内部开路；若均为零，则可判定其内部短路；若正、反向电阻值接近，则判定其单向导电性能很差。

2. 有条件的同学应在老师的指导下用实验室设备完成本实验。采用虚拟实验方案的同学受仿真条件所限，无法从外观标志上识别各种型号的二极管。

5.1.3 二极管的主要参数

二极管有许多型号，各种型号的用途有所不同。例如：2CP 系列为普通硅二极管，主要用于检波和小电流整流；2DZ 系列为硅整流二极管，主要用于电源中的大电流整流；2CK 系列为硅开关二极管，主要用于开关电路；等等。如何选择使用二极管，除了看它们的特性曲线外，还可以通过查阅器件手册，从器件参数中获得选用的依据。下面是器件手册上常用的二极管的主要参数。

1. 最大平均整流电流 I_F

最大平均整流电流 I_F 是二极管长期运行时允许通过的最大正向平均电流。使用时，实际平均工作电流不应超过这一数值，否则容易造成过热损坏。根据手册说明，有些二极管还要求有明确的散热条件。一般二极管的 I_F 值为几十至几百毫安，大功率整流管可达到几安培。

2. 最高反向工作电压 U_{RM}

最高反向工作电压 U_{RM} 是二极管工作时两端允许的最高反向工作电压。它是确保二极管反向工作时不被击穿的参数，一般为该型号二极管的击穿电压的 1/2 或 2/3，通常为几十至几百伏。

3. 最大反向电流 I_{RM}

最大反向电流 I_{RM} 是二极管在最高反向工作电压时的工作电流。这个参数表示了二极管的单向导电性能的优劣，其数值越小，表示单向导电性能越好，一般为几百微安。它受温度的影响较大。

4. 最高工作频率 f_M

最高工作频率 f_M 主要由结电容的大小决定，是确保二极管正常工作的信号频率参数。结电容越大，等效阻抗越小，交流信号受结电容旁路分流作用的影响越大，使得二极管的单向导电性能越差。低频管的 f_M 一般为几至几十千赫兹，高频管可达到几十兆赫兹以上。

> 有关"二极管的结构特点及单向导电特性"还有很详尽、生动的视频讲解，你可以进入国家开放大学学习网，到"电工电子技术网络课程"第 6 单元的视频授课栏目中收看，也可以打开本课程数字教材第 5 章学习相关内容。

5.2 几种常见二极管的应用

在电子技术应用中，二极管一般承担着整流、检波、限幅、开关、隔离、钳位等作用。

有些场合还需要具有特殊功能的二极管，例如，所有电子电路都需要稳压电源，其中就使用了稳压二极管；在信号显示器中，具有发光功能的发光二极管的使用也越来越广泛。

5.2.1 整流电路

众所周知，市电网提供的单相交流电需要通过降压、整流、滤波、稳压等处理，方可变换成为各种电子设备需要的直流稳压电源。将变压器输出的交流电整流后得到单方向的脉动直流电压，是二极管单向导电特性最典型的应用之一。整流电路可采用单二极管的单相半波整流、双二极管的单相全波整流和 4 只二极管组成的单相桥式整流等多种电路形式，目前普遍采用单相桥式整流电路。

图 5-5 所示为单相桥式整流电路图。图中，TR 为变压器，4 只二极管 $VD_1 \sim VD_4$ 接成电桥形式，R_L 为负载电阻。其中，图 5-5（a）中的电桥通常画成图 5-5（b）中电桥的简化形式。

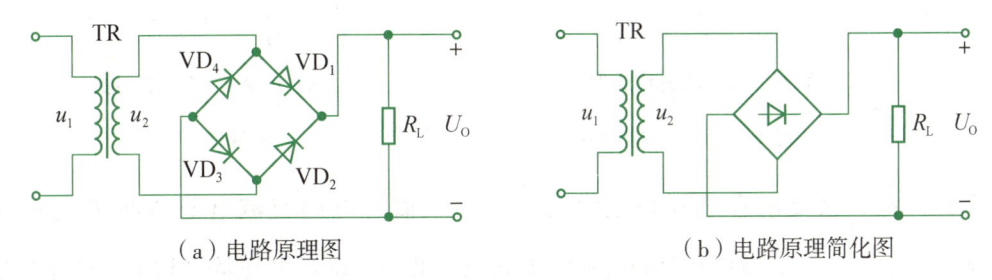

（a）电路原理图　　　　　　　　（b）电路原理简化图

图 5-5　单相桥式整流电路图

在图 5-5 中，变压器的输出电压 u_2 对电桥提供的是全波的正弦交流电。u_2 正半周时，二极管 VD_1 和 VD_3 正向导通，VD_2 和 VD_4 反向截止，电流经 VD_1、R_L、VD_3 回路在 R_L 上产生了一个正半周的电压；u_2 负半周时，二极管 VD_2 和 VD_4 正向导通，VD_1 和 VD_3 反向截止，电流经 VD_2、R_L、VD_4 回路同样在 R_L 上产生了一个正半周的电压。可见，变压器输出端的正弦波电压 u_2 通过二极管电桥的变换，在负载电阻 R_L 上产生的是单向脉动电压。整流电路的输入、输出波形如图 5-6 所示。

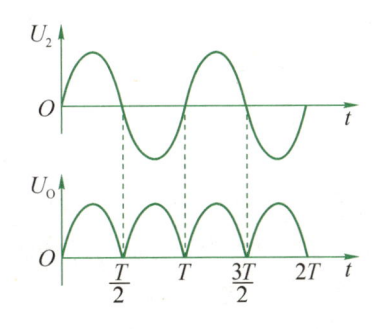

图 5-6　整流电路的输入、输出波形图

整流电路输出电压中的直流分量就是输出脉动电压的平均值。若在负载两端增加一个能够滤除交流谐波成分的滤波器，即可得到相对平稳的直流输出。

由数学分析可知，脉动电压的平均值 $U_{O(AV)}$ 与输入交流电压 u_2 的有效值 U_2 的关系为

$$U_{O(AV)} = 0.9U_2 \tag{5-1}$$

如果在图 5-5 所示的整流电路的负载两端并联一个大电容 C，便构成了单相桥式整流滤波电路，如图 5-7（a）所示。其电路及输入、输出波形如图 5-7（b）所示。

（a）单相桥式整流滤波电路图　　（b）输入、输出波形图

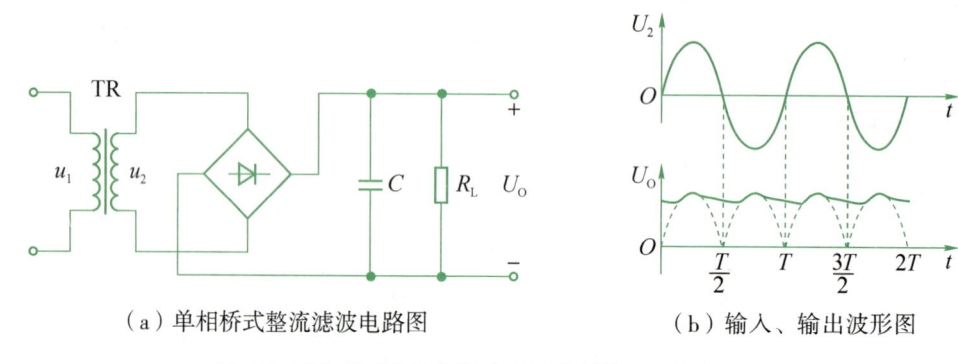

图 5-7　单相桥式整流滤波电路图及其输入、输出波形图

实验证明，只要电容选择得足够大，当 $R_L C$ 值与电网交流电的周期 T 之间满足 $R_L C \geq (3 \sim 5)\dfrac{T}{2}$ 时，就能得到较好的滤波效果。此时，输出电压的平均值与变压器次级电压有效值的关系为

$$U_{O(AV)} \approx 1.2U_2 \tag{5-2}$$

学习活动 5-2

单相桥式整流滤波电路分析

【活动目标】

估算整流滤波电路的输出电压，观察电路元件参数变化产生的输出电压波形的变化，归纳元件参数变化对整流滤波性能的影响。

【所需时间】

约 30 分钟

【活动步骤】

1. 阅读文字教材"5.2.1　整流电路"，找出描述整流滤波电路的输出与输入之间电压与波形的关键语句，并在其下面画线。

2. 登录网络课程，进入文本辅导栏目和视频讲解栏目学习有关整流滤波电路的段落。

3. ◉ 在电脑上打开电路仿真软件 Tina Pro，从虚拟设备和元器件库中调用虚拟设备和元器件（示波器 1 台、万用表 1 只、元器件若干），按图 5-5 所示的单相桥式整流电路图连接电路。

4. 用示波器分别观察变压器次级和负载电阻两端的电压波形，并记录到表 5-2 中。用万用表的直流电压挡分别测量变压器次级 U_2 和负载电阻两端的电压 U_0，并记录到表 5-2 中。

表 5-2 整流、滤波电路测试结果

电路	变压器次级电压		负载两端电压	
	波形	有效值 U_2	波形	平均值 U_0
整流电路				理论值
				实测值
整流、滤波电路				理论值
				实测值

5. 按图 5-7 所示的单相桥式整流滤波电路图重新连接电路，重复上述测量并记录于表 5-2 中。

【反 馈】

1. 只要电容足够大（μF 级），电容的状态一定随脉动电压在充电与放电之间转换，但充、放电的时间常数是不同的。由于放电时电荷流经大电阻 R_L，放电时间较长，所以电容两端电压的实际下降速度要比脉动电压的下降速度慢得多，而等第二个脉动电压的上升段超过它时，又开始了新的充电过程。这使得滤波后的输出电压波形变成了比脉动电压平滑得多的接近直流的输出电压。

2. 在有条件的情况下，应在老师的指导下用实验室设备完成本实验。由于变压器的两个端口不共地，所以不能用双踪示波器同时观察输入、输出波形。

5.2.2 二极管稳压电路

稳压二极管主要工作于稳压电路中。在输入不稳定的直流电压的情况下，利用其反向击穿时电压变化极小的特性，使输出电压得到稳定。稳压二极管的符号如图 5-8（a）所示。由于采用了特殊制造工艺，它具有如下特性：

（1）稳压二极管有一个相对于普通二极管较低的反向击穿电压。根据不同需要可以选用不同型号的稳压二极管。在器件手册上，用稳定电压 U_Z 表示其特性，一般在几伏至十几伏之间。

(2) 在特性曲线上，稳压二极管的反向击穿特性曲线很陡，击穿后在安全的工作电流范围内，能够保证电压变化很小。在器件手册上，用动态电阻 r_Z 表示其特性，r_Z 越小表示它的稳压性能越好。

(3) 串接了限流电阻后，稳压二极管能够很稳定地工作在指定的反向击穿区。在器件手册上，用稳定电流 I_Z、最大稳定电流 I_{ZM} 和最大允许耗散功率 P_{ZM} 表示其特性，只要保证其工作电流小于 I_{ZM} 值，最大工作功率小于 P_{ZM} 值，稳压管就不会被热击穿导致损坏。

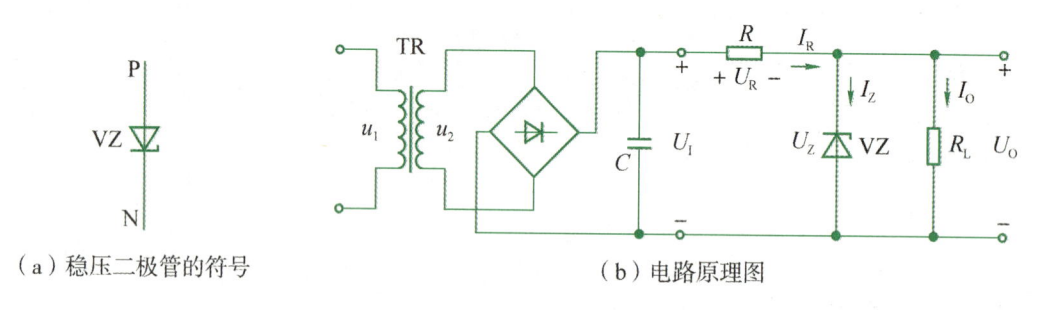

(a) 稳压二极管的符号　　　　(b) 电路原理图

图 5-8　二极管稳压电路

图 5-8 (b) 所示为常见的采用桥式整流、电容滤波和稳压二极管稳压的直流稳压电路。它是在图 5-5 (b) 所示电路的基础上，增加了滤波电容 C、限流电阻 R 和稳压二极管 VZ 构成的。当输入电压不稳定时，只要稳压管工作在反向击穿状态，利用其反向击穿时电压变化极小的特性，就能使输出电压得到稳定。

当输入的交流电压出现波动时，整流滤波电路的脉动直流输出 U_I 会在某一范围内波动。若 U_I 增加，引起的调整过程可表示为

$$U_I\uparrow \to U_O\uparrow \to I_Z\uparrow \to I_R\uparrow \to U_R\uparrow \to U_O\downarrow$$

在电源使用过程中，负载也会因各种原因发生变化。负载增大即负载电阻值 R_L 减小时，引起的调整过程可表示为

$$R_L\downarrow \to U_O\downarrow \to I_Z\downarrow \to I_O\uparrow \to U_O\uparrow$$

可见，只要稳压管工作电流 I_Z 有一个正常的允许变化范围，负载电流的变化就可以自动通过稳压管电流 I_Z 的调整保持输出电压的稳定。

稳压管稳压电路具有电路简单、工作可靠和稳定效果较好等优点。但其输出电压的大小要由稳压管的稳压值来决定，无法根据需要进行调节；负载变化时，需要靠 I_Z 的变化来补偿，而 I_Z 的允许范围一般只有几十毫安，所以要求负载只能在较小范围内变化；而且动态内阻还比较大，一般为几欧到几十欧。所以，稳压管稳压电路只适用于功率较小、负载电流较小、负载变化不大或要求不太高的场合。

5.2.3 其他特殊二极管的应用

1. 发光二极管

发光二极管能够产生多种颜色的高亮度光,不仅在电子电路中作为信号显示器件使用,还可作为低能耗器件代替电灯泡用于交通信号灯和手电筒等。发光二极管的符号及应用电路如图 5-9 所示。

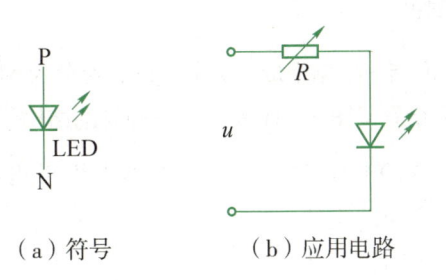

(a) 符号　　　　(b) 应用电路

图 5-9　发光二极管的符号及应用电路

发光二极管是通过电场或电流激发固体的发光材料使之辐射发光的,它是一种将电能转换为光能的器件。发光二极管工作在正向导通的线性区域范围,根据型号规格的不同,发光二极管可分为绿光、红光、黄光等不同显示颜色,另外还有光强、频谱和功率等参数指标,所以选用时应依据器件手册进行选择。

2. 变容二极管

变容二极管是利用反向偏压改变 PN 结电容大小的特殊二极管,其符号及内部等效电路如图 5-10 所示。

(a) 符号　　　　(b) 内部等效电路

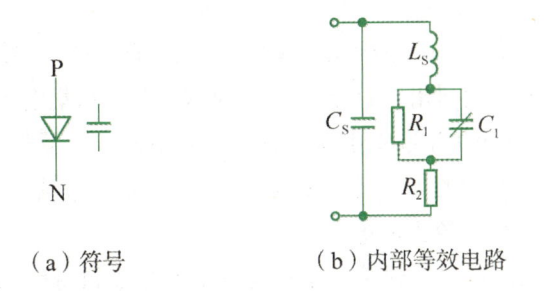

图 5-10　变容二极管的符号及内部等效电路

普通二极管在制作工艺上要求尽量减小结电容的产生,这种二极管恰恰发挥了结电容的作用。在高频工作状态下,变容二极管的 PN 结等效为一个平板电容器,只不过它的电容量是受二极管两端的反向偏压的控制。在应用电路中,均是通过改变其反向偏压来调节结电容大小的,当反向偏压改变时,电容通常能在几皮法至几百皮法之间变化,最大电容与最小电容能相差十多倍。当高频谐振电路中接入变容二极管后,通过改变控制电压可以有效地改变谐振频率,这一变频技术在调频波发生器和扫频仪等许多设备的变频器中都得到了应用。

5.3 三极管的基本结构和电流放大特性

三极管是一种在电子电路中被普遍采用的电流放大器件，长期以来作为单管器件应用于各种小功率和大功率的电子设备中。三极管也是集成电路中最小、最基本的单元。

5.3.1 三极管的基本结构

三极管内部包含了两个 PN 结，根据组成方式的不同，可分为 NPN 型和 PNP 型两种。常见的 NPN 管多为硅管，PNP 管多为锗管。图 5-11 所示为三极管的结构示意图和器件符号。

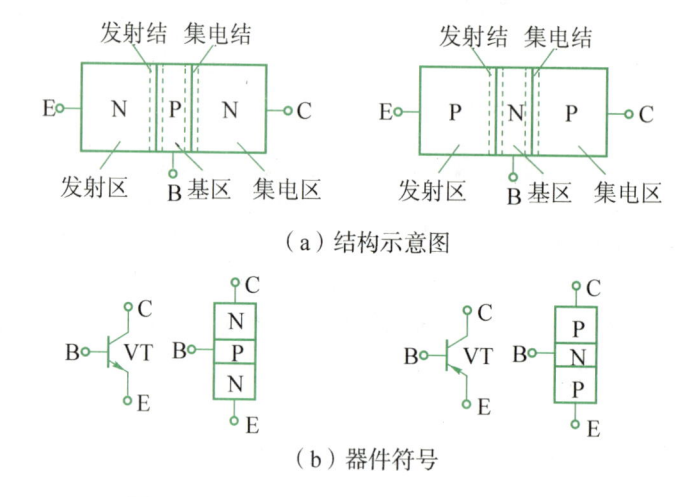

（a）结构示意图

（b）器件符号

图 5-11 三极管的结构示意图和器件符号

由图 5-11 可知，无论是 NPN 型还是 PNP 型，三极管都被发射结和集电结分为发射区、基区和集电区三个区，并分别引出发射极（E）、基极（B）和集电极（C）三个电极。NPN 型和 PNP 型不同的是，它们的内部和外部电流的流向不同，从器件符号中发射极的箭头方向就可以确认这一点。NPN 型的 E 极流出的电流为 B 极和 C 极流入的电流之和，PNP 型的 E 极流入的电流为 B 极和 C 极流出的电流之和。

三极管一般用金属或塑料材料封装。常见的三极管外形如图 5-12 所示。

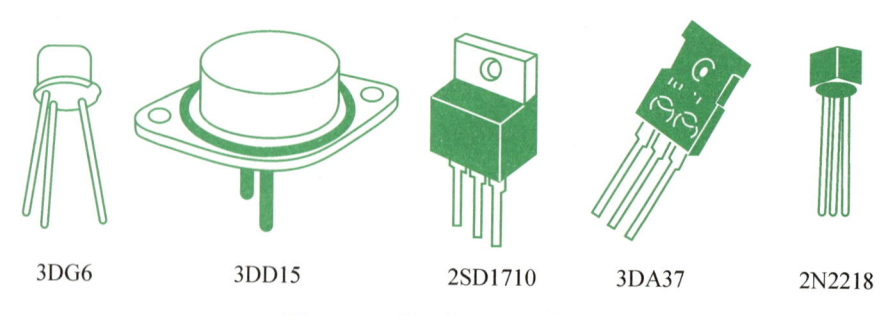

3DG6　　3DD15　　2SD1710　　3DA37　　2N2218

图 5-12 常见的三极管外形图

5.3.2 三极管的电流放大特性

为使三极管具有电流放大能力,必须对三极管加上正确的直流偏置电压,即发射结加正向电压,集电结加反向电压,使三极管工作在放大状态。NPN 型和 PNP 型三极管虽然结构不同,但工作原理是相同的。这里以 NPN 型硅管为例进行介绍。

1. 三极管载流子运动和电流形成的过程

图 5-13 所示为三极管内部载流子运动示意图。在发射结加正向偏置、集电结加反向偏置后,发射结处于导通状态,发射区(N 型半导体的电子浓度很高)的电子向基区扩散,由于基区很薄,所以只有少量电子与空穴复合。由于集电结强大的内电场起到了加速电子漂移的作用,所以绝大部分电子穿过集电结被集电区收集。直流偏置电源能够源源不断地向发射区提供电子、向基区和集电区提供空穴,使三极管内部的电子扩散和漂移运动持续不断地进行下去,从而形成三个电极的电流。

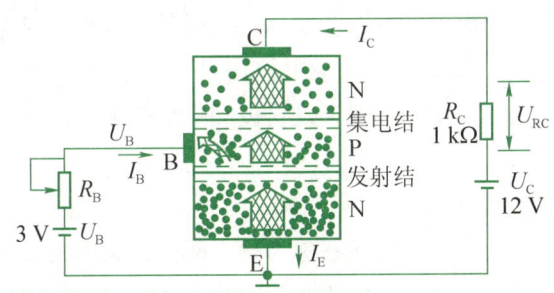

图 5-13 三极管内部载流子运动示意图

2. 三极管的电流放大作用

图 5-14 所示为测量三极管放大特性的实验电路。三极管的基极和发射极之间通过基极电阻 R_B(R 与 R_P 之和)加了正向电源 U_{BB},集电极和发射极之间通过集电极电阻 R_C 加了正向电源 U_{CC}。由于 $U_{BB} < U_{CC}$,使发射结为正向偏置,集电结为反向偏置,这就确保了三极管实现电流放大的基本条件。

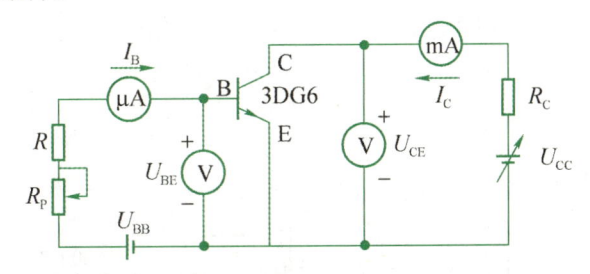

图 5-14 测量三极管放大特性的实验电路

调整基极电阻 R_B,通过串接到三个电极的电流表读数可以看出,随着基极电流 I_B 的变化,发射极电流 I_E 和集电极电流 I_C 均会变化,测量数据如表 5-3 所示。

表 5-3　三极管放大电路电流测量数据

I_B/mA	I_C/mA	I_E/mA	I_C/I_B
0	≈0.001	≈0.001	
0.01	0.50	0.51	50
0.02	1.00	1.02	50
0.03	1.60	1.63	53
0.04	2.20	2.24	55

由上述分析可以得到以下结论：

（1）发射极电流等于基极电流与集电极电流之和（$I_E = I_B + I_C$）。发射极和集电极电流远大于基极电流。

（2）由基极电流的增量与发射极和集电极电流跟随其变化的增量可知，基极电流的微小变化能够引起发射极和集电极电流较大的变化，这就是三极管的电流放大作用。

（3）从能量控制的角度可以认为，基极电流还是一个控制信号。它的变化起到了控制直流电源提供大的能量变化的作用，表现为发射极和集电极电流的变化。所以说，三极管是一个电流控制器件。

3. 三极管的伏安特性曲线

将基极设为三极管的输入端，基极回路称为输入回路，集电极设为输出端，集电极回路称为输出回路，可以采用图 5-14 所示电路图的连接，通过连续改变基极电流的大小来测得三极管的输入特性曲线和输出特性曲线，也可以利用晶体管特性图示仪直接观察。

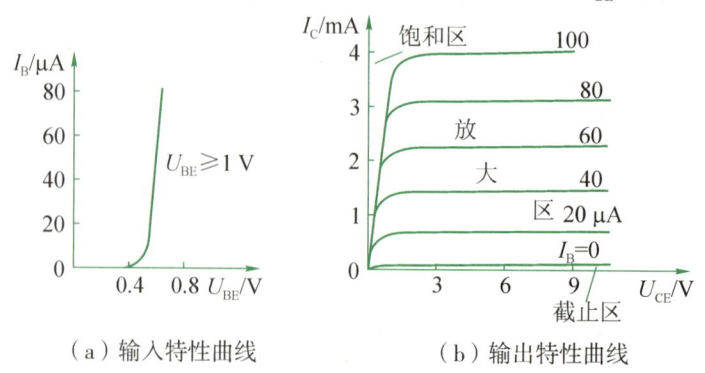

（1）输入特性曲线。三极管的输入特性曲线如图 5-15（a）所示。三极管的输入特性接近二极管的正向特性，它表示了基极电流 I_B 与发射结电压 U_{BE} 之间的伏安关系，即 $I_B = f(U_{BE})|_{U_{CE}=常数}$。尽管它受 U_{CE} 大小的影响，但当 U_{CE} 大于 1 V 以后，I_B 与 U_{BE} 的关系几乎不因 U_{CE} 的改变而变化了，所以输入特性曲线只需用一条曲线来表示即可。由图 5-15（a）可见，在 $U_{BE} = 0.6 \sim 0.7$ V 时，I_B 与 U_{BE} 呈线性关系，即为了保证输入信号能够有效放大，在三极管正常工作的情况下，硅管的 U_{BE} 应为 0.6~0.7 V，锗管的 U_{BE} 应为 0.2~0.3 V。

（a）输入特性曲线　　（b）输出特性曲线

图 5-15　三极管的伏安特性曲线

(2) 输出特性曲线。三极管的输出特性曲线如图 5 – 15（b）所示。由前面分析可知，集电极电流 I_C 受基极电流 I_B 控制，所以 I_B 在一定范围内变化时，I_C 将跟随其发生变化，由此可得一组曲线，每一条曲线均表示了集电极电流与集电极 – 发射极电压 U_{CE} 之间的伏安关系，即 $I_C = f(U_{CE})|_{I_B=常数}$。由图 5 – 15（b）可见，在横坐标附近、中间区域及纵坐标附近，三极管呈现了 3 种状态，分别称为放大区、截止区和饱和区。这 3 个区的基本特征是：

① 放大区处于图的中间区域，它对应输入特性曲线中 $U_{BE} = 0.6 \sim 0.7\ V$ 的线性区。当 I_B 一定时，I_C 几乎不变，I_C 随 I_B 线性变化。三极管正常工作时应在放大区。

② 截止区处于图中 $I_B = 0$ 的曲线及以下区域，它对应输入特性曲线中 $I_B = 0$ 的区域。此时，发射结不导通，集电结存在一个很小的穿透电流 I_{CEO}。硅管的 I_{CEO} 远小于锗管的 I_{CEO}。此时，三极管没有放大作用。

③ 饱和区处于图中相对垂直的曲线及左面区域，它是在 U_{CE} 很小（集电结正向偏置）时三极管的状态。显然，三极管工作在这一区域也没有放大作用。

5.3.3 三极管的主要参数

根据用途的不同，三极管有许多型号和不同的参数，它们都是选择使用的依据。

1. 共发射极电流放大系数 $\bar{\beta}$ 和 β

（1）直流电流放大系数 $\bar{\beta}$。它是三极管在无交流输入信号（静态）的情况下，集电极直流电流 I_C 与基极电流 I_B 之比，即

$$\bar{\beta} = \frac{I_C}{I_B} \tag{5-3}$$

（2）交流电流放大系数 β。它是三极管在有交流输入信号（动态）的情况下，集电极电流增量 ΔI_C 与基极电流增量 ΔI_B 之比，即

$$\beta = \frac{\Delta I_C}{\Delta I_B} \tag{5-4}$$

$\bar{\beta}$ 和 β 虽然定义不同，但在实际应用时两者的数值差别很小，所以可用 β 代替 $\bar{\beta}$。一般三极管的 β 为 20～200，个别的更高。

2. 极间反向电流

（1）集电极反向饱和电流 I_{CBO}。它是在发射极开路的情况下，集电极流向基极的反向电流。室温下，小功率硅管的集电极反向饱和电流在 0.1 μA 以下，锗管的为几毫安至几十毫安。

（2）穿透电流 I_{CEO}。它是在基极开路的情况下，集电极流向发射极的反向电流。在输出特性曲线上，它对应于 $I_B = 0$ 时的集电极电流，即

$$I_{CEO} = (1 + \beta)I_{CBO} \tag{5-5}$$

极间反向电流是反映三极管性能好坏的指标，它受温度的影响很大，温度每增加10℃，其值约增大10倍，所以极间反向电流越小，三极管的性能越好。

3. 极限参数

(1) 集电极最大允许电流 I_{CM}。它是在 I_C 过大、使 β 下降至正常值的 2/3 时 I_C 的值。I_C 超过 I_{CM} 时，管子可能会烧坏，更主要的是 β 值明显下降，电路就会失去放大作用。

(2) 集-射极反向击穿电压 $U_{(BR)CEO}$。它是在基极开路时，加在集-射极之间的电压 U_{CE} 的最大允许值。管子的电压超过 $U_{(BR)CEO}$ 时，I_{CEO} 会突然增大，导致管子被击穿。温度越高，管子的 $U_{(BR)CEO}$ 值越低。

(3) 集电极最大允许耗散功率 P_{CM}。当集电极电流 I_C 和集-射极电压较大时，管子消耗的功率较大，这会引起集电结温度过高，造成管子烧坏。

由 $P_{CM} = I_C U_{CE}$，可以在输出特性曲线图上画出一条曲线，如图 5-16 所示。图中曲线右侧 $I_C U_{CE} > P_{CM}$ 的区域为过损耗区，左侧 $I_C U_{CE} < P_{CM}$ 的区域为安全工作区。P_{CM} 与环境温度有关，温度越高，P_{CM} 越小，在大功率运用的场合多采用散热器，以避免管子过热。

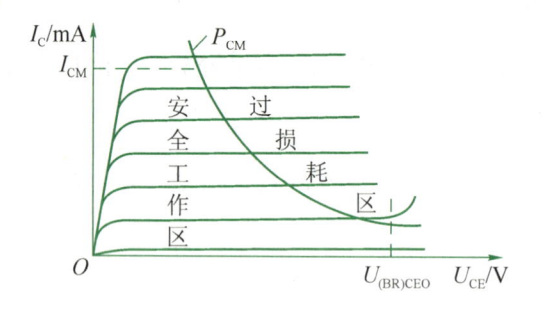

图 5-16 三极管的过功耗区和安全工作区示意图

有关"三极管的基本结构和电流放大特性"的内容，是学习放大电路等很重要的后续内容的基础，你可以进入国家开放大学学习网，到"电工电子技术网络课程"第6单元的视频授课栏目收看，也可打开本课程数字教材学习相关内容。

5.4 场效应管的结构与特性

场效应管是一种通过电场效应对电流进行控制的半导体器件，它具有输入电阻很高、噪声低、功耗低、热稳定性好等优点，在各种电子电路中得到了普遍的应用。场效应管按结构不同，可分为结型场效应管和绝缘栅型场效应管两类。其中，后者的制造工艺简单，便于大规模集成，已经被广泛应用于各类集成电路中。

绝缘栅型场效应管又称 MOS 管，按有无原始的导电沟道可分为增强型和耗尽型两类，还可按形成沟道的电荷不同分为 P 沟道和 N 沟道两类。本书以 N 沟道绝缘栅型场效应管为例，简要介绍场效应管的基本结构、原理和特性。

1. 基本结构及其导电原理

图 5-17 所示为 N 沟道绝缘栅型场效应管的结构示意图。它是在掺杂浓度很低的 P 型硅片衬底上制作的器件，其表面涂有一层很薄的、留有两个窗口的二氧化硅绝缘层，通过窗口在衬底上扩散出两个距离很近、掺杂浓度很高的 N^+ 区，分别引出的电极称为源极 S 和漏极 D，在两极中间的绝缘层上镀一层金属铝，引出一个电极称为栅极 G。这种金属-氧化物-半导体的结构便是 MOS 管名称的由来。

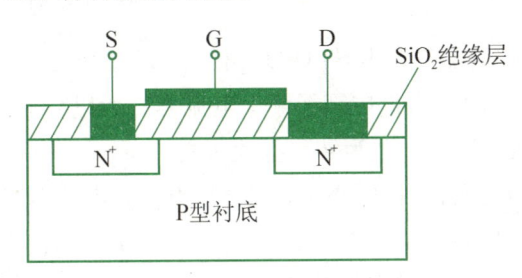

图 5-17　N 沟道绝缘栅型场效应管结构示意图

对于增强型 MOS 管而言，P 型衬底隔开了源极 S 与漏极 D。只有当栅极 G 与源极 S 之间加上足够的正向电压时，衬底靠近绝缘层附近才可能感应出一个负电荷的区域，这个连接漏极 D 与源极 S 的区域称为导电沟道，于是在 D 与 S 之间加上正向电压时，便有电流流过。由此可见，MOS 管的栅极 G、漏极 D 和源极 S 相当于三极管的基极、集电极和发射极。明显不同的是，三极管由基极电流控制了集电极电流，而场效应管是由栅-源极电压控制漏极的电流。

对于耗尽型 MOS 管而言，由于绝缘层预加了大量的正离子，使衬底的绝缘层附近在器件制造时已经形成了导电沟道。可见，增强型 MOS 和耗尽型 MOS 最大的区别在于形成导电沟道的开启电压上。图 5-18 所示为两种 MOS 管的符号。

（a）增强型　　（b）耗尽型

图 5-18　N 沟道绝缘栅型场效应管器件符号

同理，如果是在 N 型衬底制作 MOS 管，漏极、源极为 P 型，则产生 P 型导电沟道。N 沟道和 P 沟道的导电原理相同，只是电源的极性和电流的流向相反而已，反映在器件符号上则只是符号中的箭头反向。这些和 NPN 型与 PNP 型三极管的差别相同。

2. 特性曲线

图 5-19 所示为 N 沟道增强型 MOS 管的转移特性曲线和输出特性曲线。

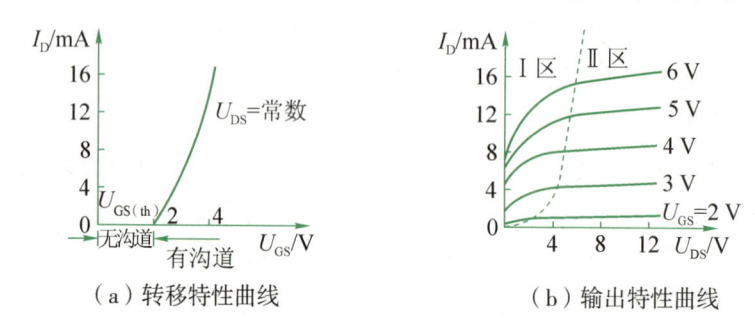

（a）转移特性曲线　　（b）输出特性曲线

图 5-19　N 沟道增强型 MOS 管的转移特性曲线和输出特性曲线

由于 MOS 管为电压控制器件，由导电原理可知，GS 端作为输入端时，只有输入电压而没有输入电流，而输入电压 U_{GS} 直接控制了输出电流 I_D。所以，一般用 U_{GS} 与 I_D 之间的特性曲线来代替输入特性曲线，通常称之为转移特性曲线。

由图 5-19（a）可以看出，当 U_{GS} 小于开启电压 $U_{GS(th)}$ 即无沟道时，管子不导通，$I_D=0$。只有当 DS 间加有一定值的电压 U_{DS}，U_{GS} 大于 $U_{GS(th)}$ 时，I_D 才会随着 U_{GS} 的增大而增大。

在图 5-19（b）中画有一条虚线，在 U_{GS} 相对较小时，虚线左边的曲线的斜率 $k=\Delta I_D/\Delta U_{DS}$ 的倒数，正好是器件以漏-源极为输出端时的输出电阻 $r_0=\Delta U_{DS}/\Delta I_D$，它随着 U_{GS} 的增大而减小，所以这一区域称为可变电阻区。虚线右侧的曲线相对比较平坦，输出电阻 r_0 很大，在 U_{GS} 增大时，I_D 线性增大，显然这一区域为 MOS 管的放大区。

耗尽型 MOS 管的特性曲线与增强型类似，只是由于在 $U_{GS}=0$ 附近，当 U_{DS} 为一定值时，I_D 与 U_{GS} 已经保持了良好的线性关系，所以开启电压 $U_{GS(th)}$ 为一较大的负值，输出特性曲线的中心区域位于 $U_{GS}=0$ 附近。

3. 场效应管和三极管的比较

（1）三极管是两种载流子（多子和少子）参与导电，而场效应管是一种载流子（多子）参与导电，所以场效应管的温度稳定性好。若使用条件恶劣，宜选用场效应管。

（2）三极管的集电极电流 I_C 受基极电流 I_B 的控制，场效应管的漏极电流 I_D 受栅-源极电压 U_{GS} 的控制，所以三极管是流控型器件，场效应管是压控型器件。

（3）三极管的输入电阻较低（$10^2\sim10^4\ \Omega$），而场效应管的输入电阻可高达 $10^6\sim10^{15}\ \Omega$。

（4）三极管的结构和制造工艺较复杂，场效应管相对简单，生产成本低，较适用于大规模和超大规模集成电路中。场效应管的电噪声比三极管小，常选用场效应管作为低噪声放大器的前置放大级。

（5）三极管分为 NPN 型和 PNP 型两种，有硅管和锗管之分。场效应管分为结型和绝缘栅型两大类，每类场效应管又可分为 N 沟道和 P 沟道两种，都是由硅片制成。

> 有关"结型场效应管"和"P沟道绝缘栅型场效应管"的内容，受篇幅限制此处不再细述，你若感兴趣可以进入国家开放大学学习网，到"电工电子技术网络课程"第6单元的拓展知识栏目阅读这部分内容。💻

5.5 晶闸管及其应用

晶闸管是晶体闸流管的简称，分为普通晶闸管、快速晶闸管、双向晶闸管和光控晶闸管等类型。其中，普通晶闸管也称为可控硅整流管。晶闸管是由两个 PN 结构成的一种大功率半导体器件，多用于可控整流、逆变、调压等电路，也可作为无触点开关。晶闸管具有体积小、质量轻、耐压高、效率高、控制灵敏和使用寿命长等优点，使半导体器件的应用从弱电领域进入了强电领域。

1. 晶闸管的内部结构和工作原理

晶闸管的内部结构如图 5-20（a）所示。它由 4 层 P 型和 N 型半导体材料（P_1、N_1、P_2 和 N_2）交替组成，形成了 3 个 PN 结，并有 3 根引出线（A、K、G）。P_1 区的引出线为阳极 A，N_2 区的引出线为阴极 K，P_2 区的引出线为控制极（又称为门极）G。由内部结构可以画出晶闸管的二极管等效电路图，如图 5-20（b）所示。若将其内部结构画成图 5-20（c）所示的形式，晶闸管还可视为图 5-20（d）所示的由两个三极管 VT_1（P_1、N_1、P_2）和 VT_2（N_1、P_2、N_2）组成的结构。图 5-21 所示为晶闸管的器件符号和实物外观。

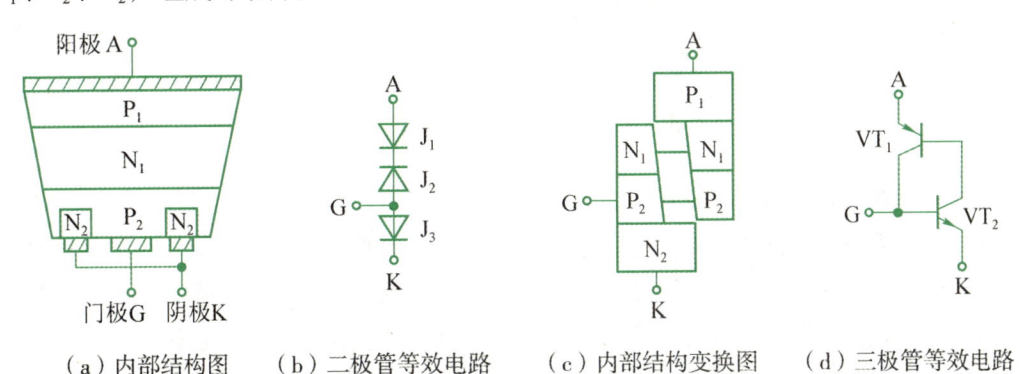

（a）内部结构图　（b）二极管等效电路　（c）内部结构变换图　（d）三极管等效电路

图 5-20　晶闸管内部结构及其等效电路图

(a)符号　　　(b)实物外观

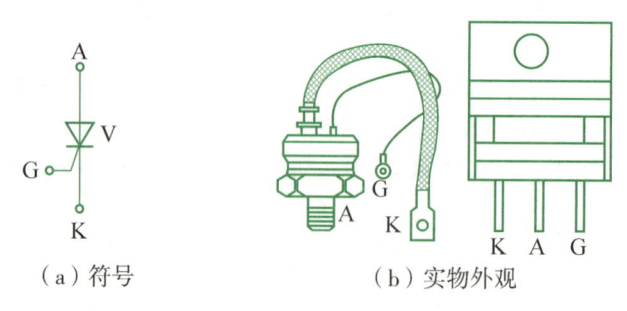

图 5-21　晶闸管的器件符号和实物外观

图 5-22 所示为晶闸管工作原理示意图，分析可知，晶闸管的状态会随着阳极电压 U_A 和控制极电压 U_G 发生变化，具体如下：

（1）晶闸管加阳极负电压 $-U_A$ 时（S_1 闭合、S_2 断开、S_3 和 S_4 任意），晶闸管至少有一个 PN 结截止，只有很小的漏电流通过，此时的晶闸管处在反向阻断状态。

（2）晶闸管加阳极正电压 $+U_A$ 时（S_1 断开、S_2 闭合、S_3 和 S_4 断开），由于控制极不加电压，所以仍有一个 PN 结截止，此时的晶闸管处在正向阻断状态。

（3）晶闸管加阳极正电压 $+U_A$ 时（S_1 断开、S_2 闭合、S_3 闭合、S_4 断开），由于控制极加了正电压 $+U_G$，只要从控制极流入的控制电流 I_G 足够大，晶闸管内的等效三极管就会迅速饱和导通，此时晶闸管由阻断转为导通状态。

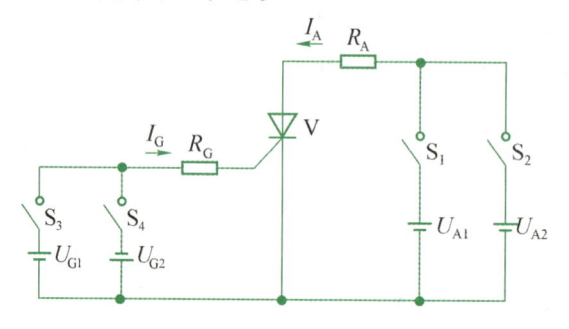

图 5-22　晶闸管工作原理示意图

晶闸管导通后，电流只能从阳极流向阴极，具有与二极管一样的单向导电特性，此电流称为晶闸管的阳极电流或正向电流。进入导通状态的晶闸管如果去掉控制极电压，晶闸管仍然处于导通状态，此时的控制极电压失去了对晶闸管的控制作用。只有降低阳极电压或增大阳极回路的电阻，使阳极电流小于维持电流时，晶闸管才会重新进入阻断状态。

晶闸管进入阻断状态后，即使再增大阳极电压或减小阳极回路电阻，也不会恢复到导通状态，只有在控制极加上控制电流 I_G，才会重新进入导通状态。

2. 晶闸管的伏安特性及主要参数

由上述分析可知，晶闸管具有反向阻断状态、正向阻断状态和导通状态三种工作状态。导通或阻断状态是由阳极电压 U_A、控制极电压 U_G 和电流 I_G 等因素决定的。

晶闸管的伏安特性指阳极与阴极之间的电压 U_A 和控制极电流 I_G 之间的关系,如图 5-23 所示。由图可以看出,在 $U_A > 0$ 的正向特性曲线中,只要是 U_A 在某个数值范围内,阳极电流 I_A 就会一直很小,这个电流就是晶闸管的漏电流,此时晶闸管处在正向阻断状态。

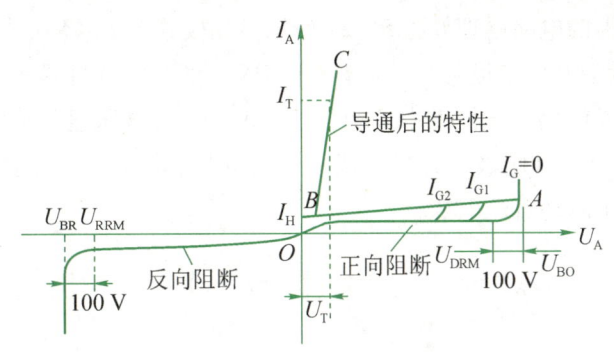

图 5-23 晶闸管的伏安特性曲线

在控制极电流 $I_G = 0$ 时,随着正向电压的增大,漏电流会在一个较高的电压下突然增大,晶闸管由正向阻断状态突然进入了导通状态,这时的正向电压称为正向转折电压 U_{BO}。这种导通称为硬导通,容易造成器件损坏。

若将控制极加上电压使 $I_G > 0$,尽管晶闸管仍有一定的正向阻断状态,但转折电压会随着 I_G 的增大明显减小。导通后,阳极电流迅速增大,管子两端的电压迅速降低。这种在控制极电流的触发下,晶闸管从正向阻断状态迅速进入导通状态的情况称为触发导通。当已经导通的晶闸管的阳极电流 I_A 减小到维持电流 I_H 时,管子又重新处于正向阻断状态。

晶闸管的反向伏安特性与二极管的反向特性相似。当晶闸管的阳极与阴极之间加上反向电压后,会有很小的反向漏电流流过管子。当反向电压增大到反向击穿电压 U_{BR} 时,管子反向击穿,会造成永久性的损坏。

晶闸管的主要参数如下:

(1) 额定正向平均电流 I_F:在环境温度小于 40°C 和标准散热条件下,允许连续通过晶闸管阳极的工频(50 Hz)正弦波的半波电流的平均值。

(2) 维持电流 I_H:在门极开路且规定的环境温度下,晶闸管维持导通时的最小阳极电流。当正向电流小于 I_H 时,管子自动阻断。

(3) 触发电压 U_G 和触发电流 I_G:在室温下,阳极电压为 6 V 时,使晶闸管从阻断到完全导通所需的最小的门极直流电压和电流。一般 U_G 为 1~5 V,I_G 为几十至几百毫安。

(4) 正向阻断峰值电压 U_{DRM}:又称为正向重复峰值电压,即在门极开路的条件下,允许重复作用在晶闸管上的最大正向电压。一般 $U_{DRM} = U_{BO} \times 80\%$,$U_{BO}$ 是晶闸管在 I_G 为 0 时的转折电压。

(5) 反向阻断峰值电压 U_{RRM}:又称为反向重复峰值电压,即在门极开路的条件下,允许重复作用在晶闸管上的最大反向电压。一般 $U_{RRM} = U_{BR} \times 80\%$。

3. 晶闸管交流调压器

晶闸管作为交流调压器具有电路简单、控制方便及可靠等优点，广泛用于各种调压装置中，如照明灯调光、电风扇调速、电熨斗调温等。

晶闸管交流调压器的电路原理如图 5-24 所示。二极管 $VD_1 \sim VD_4$ 为桥式整流电路，单结晶体管 VT（又称为双基极二极管，是具有一个 PN 结的三端负阻器件）构成张弛振荡器，作为晶闸管的同步触发电路。由图 5-24 可知，220 V 交流电压通过负载电阻 R_L，经整流后，在晶闸管 V 的阳极 A 和阴极 K 之间形成一个脉动直流电压，同时该电压由电阻 R_1 降压后为触发电路提供一个脉动直流电源。

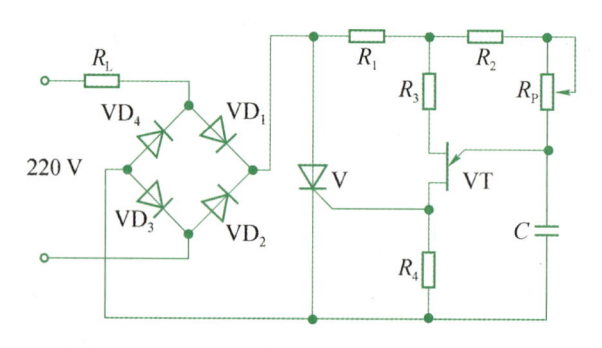

图 5-24 晶闸管交流调压器的电路原理图

当电路接通电源后，随着第一个半周电压的升高，整流电压通过电阻 R_2、电位器 R_P 对电容 C 充电。电容电压 u_C 达到 VT 的峰值电压 U_P 时，VT 由截止变为导通，电容 C 通过 VT 对 R_4 放电并在 R_4 上形成一个尖脉冲，这个脉冲就是触发电路而产生的触发信号。晶闸管 V 的控制极在得到触发信号后，晶闸管由正向阻断状态进入导通状态。晶闸管的导通使两端电压瞬间降低，迫使张弛振荡器停止工作，直到交流电通过零点时，晶闸管才进入阻断状态。

当交流电新的一个半周到来时，电容 C 又重新充电，并在 R_4 上形成新的尖脉冲。晶闸管如此周而复始地导通和阻断，为负载 R_L 提供了由电位器 R_P 调整后的功率。

本章小结

半导体器件是构成所有电子设备的核心材料，属于电子技术中需要专门研究的很重要的部分，也是学习后续各章内容的基础。

下列问题包含了本章的全部学习内容，你可以利用以下线索对所学内容做一次简要的回顾。

二极管的单向导电特性

- ✓ PN结是如何形成的？二极管的两极与PN结是什么关系？
- ✓ 什么是二极管的伏安特性曲线？
- ✓ 二极管有哪些参数？

几种常用二极管的应用

- ✓ 在直流稳压电源中会用到哪些二极管？它们是如何工作的？
- ✓ 二极管稳压电路有哪些优缺点？
- ✓ 发光二极管和变容二极管有哪些特点？

三极管的基本结构和电流放大特性

- ✓ 三极管的结构和外观与二极管有什么不同？
- ✓ 三极管是如何起放大作用的？书中归纳了哪几条结论？
- ✓ 什么是三极管的特性曲线？三极管有哪几个工作区？
- ✓ 三极管主要有哪些参数？如何理解β？

场效应管的结构与特性

- ✓ 场效应管的结构、导电原理和特性曲线有哪些特点？
- ✓ 三极管与场效应管主要有哪些不同点？

晶闸管及其应用

- ✓ 晶闸管的主要功能是什么？它的内部结构有什么特点？它有哪三个工作状态？
- ✓ 晶闸管的特性曲线有什么特点？它有哪些主要参数？
- ✓ 如何用晶闸管实现调压？

动手能力培养

- ✓ 如何识别半导体器件？
- ✓ 如何用万用表测试并判断二极管、三极管的极性与好坏？

自测题

一、选择题

5-1 PN结加正向偏置是指（　　）。

A. P区接电源负极，N区接电源正极

B. P区接电源正极，N区接电源负极

C. P区和N区都接电源负极

D. P区和N区都接电源正极

5-2 为使三极管工作在放大状态，必须（　　）。

A. 发射结和集电结加反向偏置

B. 发射结和集电结加正向偏置

C. 发射结加正向偏置，集电结加反向偏置

D. 发射结加反向偏置，集电结加正向偏置

5-3 单相桥式整流电路输出的脉动电压平均值 $U_{O(AV)}$ 与输入交流电压的有效值 U_2 之比近似为（　　）。

A. 0.9　　　　　B. 1　　　　　C. 1.2　　　　　D. 1.4

5-4 晶闸管导通后如果去掉控制极电压，（　　）。

A. 晶闸管会重新进入阻断状态

B. 晶闸管只有一个PN结导通

C. 晶闸管会造成损坏

D. 控制极电压会失去对晶闸管的控制作用

二、判断题

5-5 PN结附近形成的内电场方向是由N区指向P区，它阻止多子扩散，起到了限制电流通过的作用。（　　）

5-6 PN结反向偏置时，外加电压形成的外电场的方向和PN结内的电场方向相反，相当于削弱了内电场。（　　）

5-7 稳压二极管的反向击穿特性曲线很陡，说明它的动态电阻 r_Z 越小，它的稳压性能越好。（　　）

5-8 从能量控制的角度看，基极电流对直流电源提供的能量起到了控制作用，微小的基极电流能够控制发射极和集电极电流产生较大的变化，所以三极管是一个电流控制器件。（　　）

5-9 场效应管和三极管一样，都有两种载流子（多子和少子）参与导电。（　　）

5-10 在控制极电流 $I_G=0$ 时，随着正向电压的增大，晶闸管由正向阻断状态突然进入导通状态，这种导通称为触发导通。（　　）

三、简答题

5-11 什么是 N 型半导体和 P 型半导体？什么是空间电荷区？

5-12 什么是多数载流子？什么是少数载流子？

5-13 什么是二极管的单向导电特性？

5-14 硅管和锗管的导通压降分别为多少？

5-15 什么是二极管的电击穿和热击穿？

5-16 二极管在正偏和反偏的情况下，随着温度的升高，各会出现什么变化？

5-17 为什么用万用表欧姆挡的不同量程测量同一个二极管的正向电阻，读数会不同？

5-18 分析图 5-5 所示的单相桥式整流电路，假如电桥中某个二极管出现了故障，短路或开路，输出波形会有怎样的变化？

5-19 稳压二极管具有哪些特性？发光二极管工作在什么状态下才会正常发光？

5-20 稳压管的稳压电路具有哪些优缺点？它适合应用于什么场合？

5-21 三极管有哪些类型？它们通常为何种半导体材料？

5-22 三极管有哪几种工作状态？不同工作状态的外部条件是什么？

5-23 三极管的三个电极的电流是如何形成的？它们之间的相互关系是什么？

5-24 什么是三极管的极间反向电流？它们对正常工作的三极管有无益处？为什么？

5-25 什么是三极管的极限参数？为什么大功率管要加散热装置？

5-26 增强型 MOS 管和耗尽型 MOS 管在沟道的形成上有什么不同？

5-27 为什么 MOS 管要用转移特性曲线来代替输入特性曲线？

5-28 从输出特性曲线上看，MOS 管可分为哪几个区？

5-29 晶闸管的主要功能是什么？它有哪三个工作状态？如何用晶闸管实现调压？

四、分析计算题

5-30 在图 5-25 所示的各电路中，试判断各二极管是导通还是截止，另外，不计二极管的正向压降，U_{AB} 的值各为多少？

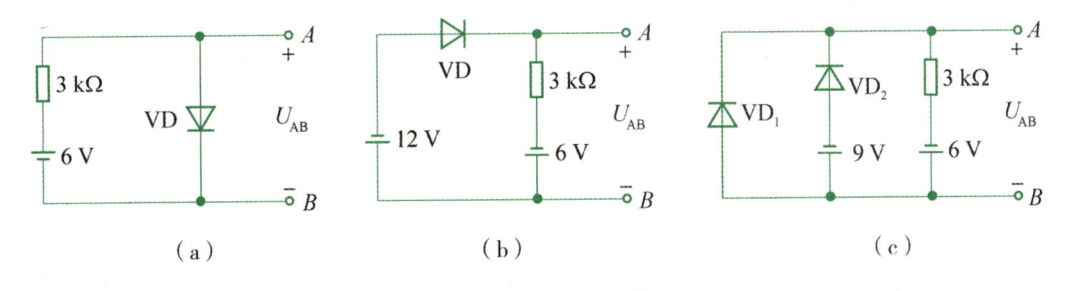

图 5-25 题 5-30 图

5-31 特性完全相同的稳压二极管 2CW15，$U_Z = 8.2$ V，接成图 5-26 所示的电路，设稳压二极管正向压降为 0.7 V，试求各电路的输出电压 U_0。

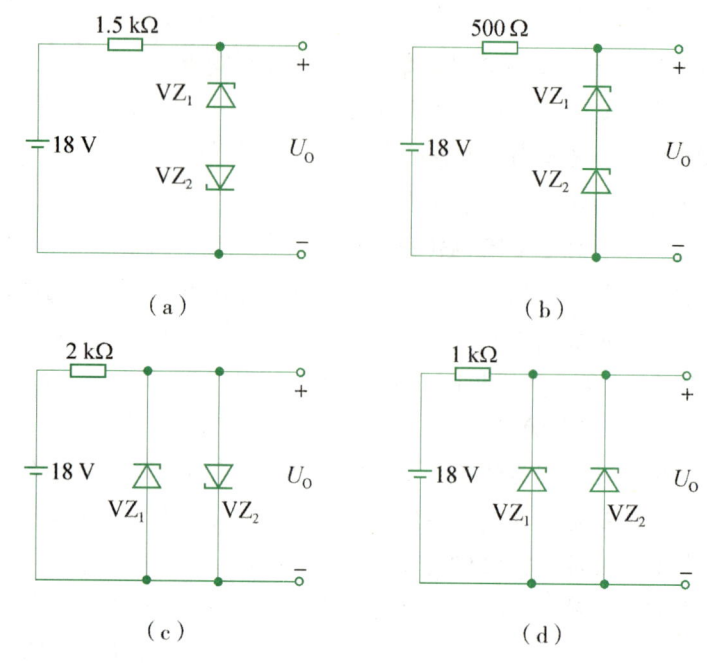

图 5-26　题 5-31 图

第 6 章
基本放大电路及其应用

导 言

在生产实践中，有一些电信号很微弱、无法直接满足人们的需要；还有一些如温度、位移、压力等非电量，即使通过传感器也是首先转换成较微弱的电信号。它们都要使用放大电路来增大信号的强度，以满足生产实际的需要。所以，放大器是组成各种电子和电气设备的一个非常重要和最常用的部件。

本章介绍的基本放大电路属于模拟放大电路，其输入信号是随时间连续变化的模拟信号。本章主要介绍放大电路的基本组成结构、性能指标、工作原理，以及放大电路的分析方法，同时还介绍射极输出器、功率放大电路和差动放大电路等比较常见的其他放大电路的形式，为后续学习集成电路和数字电路的相关知识打下基础。

学习目标

认知目标

1. 复述基本放大电路的组成原则，描述放大电路中的直流通路和交流通路，正确说出各元器件的作用。
2. 列举放大电路的主要性能指标，复述各项指标的含义。
3. 叙述基本放大电路静态分析的意义和方法，用实测得到或产品说明书中提供的电路参数估算放大电路的静态工作点，分析波形失真产生的原因。
4. 叙述基本放大电路动态分析的意义和方法，并利用微变等效电路法估算、分析电路的电压放大倍数以及输入和输出电阻。
5. 正确说出射极输出器的电路特点和作用，估算电路的静态工作点和电压放大倍数、输入和输出电阻。
6. 正确说出功率放大电路的功能和特点，叙述甲、乙类电路的工作原理。
7. 叙述温度漂移产生的原因，列举抑制温度漂移的电路方案，区分差动电路的 4 种输入、输出方式，并说明它们各自的特点。

技能目标

1. 使用电路仿真软件或真实元器件搭接放大电路，并做基本分析。
2. 测量放大电路的物理参数，调节电路参数以减小输出波形的失真。

情感目标

对放大电路及其他相关知识产生兴趣，相信自己能够完成基本放大电路的分析和测量任务。

6.1 放大电路的组成及各元器件的作用

在大部分机电设备中,放大器主要用于放大微弱信号和提升信号功率,以推动负载。一般放大器的组成框图如图 6-1 所示。其中,电压放大器的任务是高倍数地放大微弱的电信号,使信号电压达到一定值;功率放大器的任务是将达到一定电压值的电信号进行电流放大,从而起到对电信号的功率放大的作用。所以,一般放大器都是由多级放大电路组成的。电压放大通常由一级至多级电压放大电路组成,最后一级电路通常是功率放大电路。

微弱信号 → 电压放大 → 功率放大 → 执行部件

图 6-1 一般放大器的组成框图

6.1.1 基本放大电路的组成

图 6-2 所示电路是由 NPN 三极管、直流电源、电阻和电容组成的单管放大电路,它是最基本的交流电压放大电路。

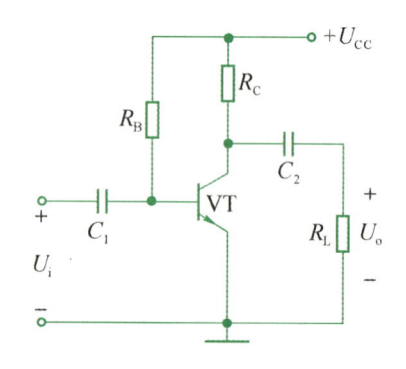

图 6-2 基本放大电路

在图 6-2 中,交流输入信号 U_i 经过电容 C_1 加到了三极管的基极,放大电路的输入回路就是由输入信号 U_i、电容 C_1 和三极管的发射结组成的回路。输出信号 U_o 取自三极管的集电极,一部分被集电极电阻 R_C 获得,另一部分经过电容 C_2 加到了负载电阻 R_L 上。所以,集-射极、集电极电阻 R_C、电源 U_{CC} 及电容 C_2 和电阻 R_L 共同构成了放大电路的输出回路。两个回路的公共端(图 6-2 中的接地端)为三极管的发射极,所以该电路称为共发射极电路。

实现电压放大作用的最简单形式的电路称为基本放大电路,它的组成原则是:

(1) 电路中既有直流通路,又有交流通路。直流通路为三极管提供静态工作点,交流通路提供被放大信号的输入、输出通道。

(2) 电路由线性元件和非线性器件组成。线性元件为直流通路和交流通路提供了保障,非线性器件实现了直流电源提供的能量到输出交流信号能量的转换。

（3）三极管工作在放大状态，并且保证信号失真不超过允许范围。

6.1.2 放大电路中各元器件的作用

1. 三极管 VT

三极管 VT 利用基极电流对集电极电流的控制作用，将直流电源提供的能量转换为交流能量，实现了较小基极电流到较大集电极电流的成比例放大。

2. 电源 U_{CC}

电源 U_{CC} 提供了两路直流通路，一路经过电阻 R_B、基极到发射极，对发射结提供了正向偏置电压，确保发射结工作在导通状态；另一路经过电阻 R_C、集电极到发射极，对集电结提供了反向偏置。两路直流偏置的配合，确保了三极管在无交流输入信号（静态）时，工作在特性曲线放大区的合适范围内。电源 U_{CC} 一般为几至几十伏。

3. 电容 C_1、C_2

这两个电容起到耦合交流、隔断直流的作用。对于输入交流信号而言，它们相当于短路，使交流信号顺利通过；对于电源提供的直流，它们相当于开路，确保了三极管直流偏置不受信号源和负载的影响。为了起到这两个作用，要求 C_1、C_2 的电容量足够大，一般为几到几十微法的电解电容，选用时应注意电容的极性和耐压性。

4. 电阻 R_B

电阻 R_B 连接在直流电源和基极之间，起到了确定发射结偏置电压的作用，所以称为基极偏置电阻。由于正常工作时基极电流只有几十微安，所以 R_B 往往是放大电路中最大的一个电阻，一般取值为几十至几百千欧。

5. 电阻 R_C

同样，电阻 R_C 的大小决定了集电结反向偏置电压的大小，因此其可以称为集电极偏置电阻，但它同时能将集电极交流电流 i_C 转换为输出端的输出交流电压 u_{CE}，从而实现了放大器的真正目的，所以更多场合下它称为集电极负载电阻。电阻 R_C 一般为几至几十千欧。

学习活动 6 – 1

三极管放大电路的组成及各元器件的作用

【活动目标】

描述基本共射放大电路的组成特点和各元器件的作用。

【所需时间】

约 20 分钟

【活动步骤】

1. 阅读学习内容 "6.1 放大电路的组成及各元器件的作用"，在描述电路组成和元器件作用的关键词句上画线。在图6-2所示的基本放大电路中各元器件旁写出对应的名称。

2. 💻登录网络课程,进入文本辅导栏目和视频讲解栏目,学习有关三极管放大电路组成的段落。

3. 打开网络课程中本单元的练习栏目,按照练习要求完成本单元的基本练习。

【反　　馈】

图6-2所示电路是实现信号放大的最基本保障和放大电路的最简单形式,每个元器件都各司其职、缺一不可。

为了便于分析,通常将放大电路中涉及的电压和电流符号做统一规定,详见表6-1。

表6-1　放大电路中电压和电流符号的含义

名称	直流	交流		总电压或总电流		电源
		瞬时值	有效值	总瞬时值	平均值	
发射极电流	I_E	i_e	I_e	i_E	$I_{E(AV)}$	
基极电流	I_B	i_b	I_b	i_B	$I_{B(AV)}$	
集电极电流	I_C	i_c	I_c	i_C	$I_{C(AV)}$	
基极与发射极间电压	U_{BE}	u_{be}	U_{be}	u_{BE}	$U_{BE(AV)}$	
集电极与发射极间电压	U_{CE}	u_{ce}	U_{ce}	u_{CE}	$U_{CE(AV)}$	
发射极电源						U_{EE}
基极电源						U_{BB}
集电极电源						U_{CC}

6.2　放大电路分析

分析是借助一定的科学方法将事物、现象、概念分门别类,并厘清本质及其内在联系。学会放大电路的分析方法是本课程的基本要求。分析电路有助于理解放大电路的功能、特点及性能指标,以便于选择使用。然而,设计的目的与分析不同。设计是把一种计划、规划或设想,通过某种事物的形式呈现出来的活动过程。有兴趣的学习者可以在学会了基本的分析方法的基础上,进一步学习一些电路设计的知识。

6.2.1　放大电路的性能指标

性能指标是评价一种产品的重要依据,同第5章中半导体器件的性能指标一样,放大电路的性能指标也反映了放大电路最本质的物理特性和功能。

若把放大电路看成一个二端网络,则各种放大电路都可以用图6-3所示的放大电路示意图来表示。从图中输入端口看，放大电路的输入端等效为一个输入电阻 R_i，当信号源是理想交流电压源 $\dot{U}_s$ 时，它被信号源的内阻 R_s 分压后，实际加到输入端的电压为 $\dot{U}_i$；经过电压放大后，$\dot{U}_i$ 在输出端的值为 $\dot{U}_o'$，再经输出端电阻 R_o 分压，使得负载电阻 R_L 上实际得到的输出电压为 $\dot{U}_o$。

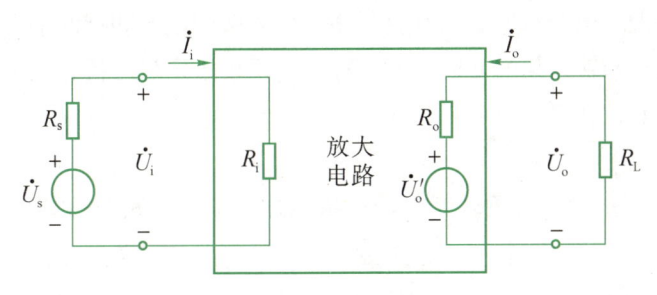

图 6-3 放大电路示意图

可见，衡量放大电路的性能指标不外乎以下几项：放大倍数、输入电阻、输出电阻，以及电路工作的交流信号的频率范围，即电路的通频带。

1. 放大倍数

（1）电压放大倍数。电压放大倍数是衡量放大电路性能的主要指标。通常，输出信号电压 $\dot{U}_o$ 与输入信号电压 $\dot{U}_i$ 之比称为电路的电压放大倍数，用 A_u 表示，即

$$A_u = \frac{\dot{U}_o}{\dot{U}_i} \tag{6-1}$$

（2）电流放大倍数。输出信号电流 $\dot{I}_o$ 与输入信号电流 $\dot{I}_i$ 之比，称为电流放大倍数，用 A_i 表示，即

$$A_i = \frac{\dot{I}_o}{\dot{I}_i} \tag{6-2}$$

2. 输入电阻

输入电阻 R_i 是衡量放大电路对信号源索取信号电流大小的指标。从放大电路输入端口向右看进去的等效电阻称为输入电阻，即

$$R_i = \frac{\dot{U}_i}{\dot{I}_i} \tag{6-3}$$

考虑到信号源的内阻与输入电阻的分压作用，由于 $\dot{U}_i = \dfrac{R_i}{R_s + R_i}\dot{U}_s$，所以电压放大倍数可以表示为

$$A_{us} = \frac{\dot{U}_o}{\dot{U}_s} = \frac{R_i}{R_s + R_i} A_u \tag{6-4}$$

可见，输入电阻 R_i 越高，电路的电压放大倍数越大；信号源内的电阻 R_s 越高，电路的电压放大倍数越小。

在对放大电路做一般分析时，通常会忽略三极管极间电容和极间耦合电容的影响，即认为放大电路输出信号与输入信号之间没有相移。为了便于定量分析，上述相量表示的交流电压和交流电流均用有效值表示。

3. 输出电阻

输出电阻 R_o 是衡量电路带负载能力的一项指标。由于电路的负载可以理解为被输出信号推动的执行部件，也可以理解为后一级放大电路，所以相对负载而言，输出端口也是一个有内阻的信号源。通常，将放大电路的输出电阻 R_o 定义为在输入端信号电压为零、负载开路的条件下，从输出端口看进去的等效电阻。

与输入端同理，输出电阻在放大电路的输出端相当于负载的信号源的内阻，输出电阻越小，负载实际得到的输出电压越大。

4. 通频带

通频带是衡量放大电路对不同频率信号的放大能力的一项指标。由于受到器件的极间电容的影响，当信号频率较高时，三极管的 β 值会大大降低；当信号频率较低时，耦合电容的容抗升高，对信号的分压提高，它们会直接影响放大电路的高频和低频放大能力。

当输入的信号频率降低时，通常将放大倍数下降到中频段的 $1/\sqrt{2}$ 倍，即 0.707 倍时所对应的频率称为放大电路的下限工作频率，用 f_l 表示。同样，当输入的信号频率升高时，通常将放大倍数下降到中频段的 0.707 倍时所对应的频率，称为放大电路的上限工作频率，用 f_h 表示。通频带就是两者之差所对应的频率宽度，用 f_{wb} 表示，即

$$f_{wb} = f_h - f_l \tag{6-5}$$

图 6-4 所示为放大电路通频带的示意图。

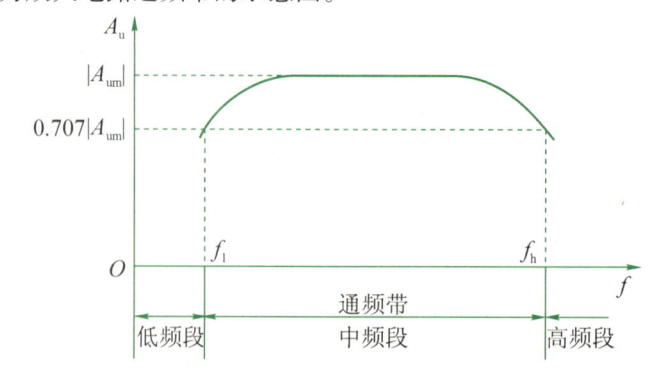

图 6-4 放大电路通频带的示意图

6.2.2 放大电路的静态分析

静态是相对动态而言的。当放大电路的输入端无输入信号时，电路内器件的状态、各点电位、各支路电流均按直流电源提供的能量做静态运行，在温度不变的条件下，可以认为电路内部的各物理量保持不变，这种状态称为放大电路的静态。如图 6-2 所示的基本放大电路，由于电容 C_1、C_2 的隔直流作用，信号源和负载相当于开路，电路可以等效简化为图 6-5 所示的电路，图中保留的部分即是它的直流通路。由电路分析基础知识可知，图 6-5 中的直流电源电压通过基极偏置电阻 R_B 为发射结提供正偏，同时通过集电极负载电阻 R_C 为集电结提供反偏，此时发射极为零电位。

放大电路工作在静态时，器件的工作电压和电流值称为静态工作点，在特性曲线上用 Q 点表示。静态分析的任务就是确定基极静态电流 I_{BQ}、集电极静态电流 I_{CQ}、集-射极间的静态电压 U_{CEQ}。这几个值都可以在如图 6-6 所示的三极管输出特性曲线上找到。

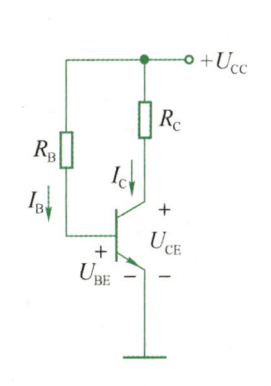

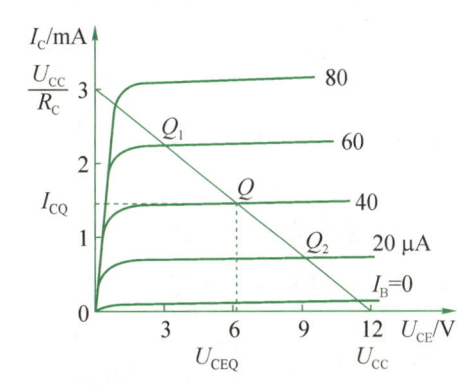

图 6-5 放大电路的直流通路　　图 6-6 三极管的输出特性曲线

从图 6-6 中可以看到，它比图 5-15（b）介绍的三极管输出特性曲线多了一条连接纵轴与横轴的直线，这条线表示了集电极负载电阻 R_C 的阻值、R_C 中流过的电流 I_C 和集-射极电压 U_{CE} 之间的关系，称为直流负载线。可见，当基极电流 $I_B \approx 80\ \mu A$ 时，集-射极电压 $U_{CE}=0$，集电极电流 I_C 达到最大值 $\dfrac{U_{CC}}{R_C}$，此时三极管处在饱和状态。当基极电流 $I_B \leqslant 0$ 时，集电极电流 $I_C=0$，电源电压都加在了集-射极间，使 $U_{CE}=U_{CC}$，此时三极管处在截止状态。只有当基极电流 I_B 选择在 $20\sim60\ \mu A$ 时，即图中的 Q_1 和 Q_2 之间时，峰值小于 $20\ \mu A$ 的输入交流信号才可能使三极管始终处在放大状态。显然，若选择静态工作点在中心点 Q 位置，输入峰值等于 $40\ \mu A$ 的交流信号仍能保证没有明显失真的放大。

通过分析可知，当输入交流信号的峰值大于 $20\ \mu A$ 时，若工作点为 Q_1，则在它的正半周电路会进入饱和区，从而造成波形失真，这种静态工作点设置过高造成的失真称为饱和失真；若工作点为 Q_2，则在它的负半周电路会进入截止区，从而造成波形失真，这种静态工作点设置过低造成的失真称为截止失真。这两种失真都是因为器件的非线性特性造成的，所以统称为非线性失真。

为了避免出现饱和失真和截止失真,可以调节电阻 R_B、R_C 或电源 U_{CC},使静态工作点沿负载线移动或改变负载线的斜率,从而使静态工作点移到合适的位置。

学习活动 6-2

三极管放大电路的信号失真测量

【活动目标】

分析放大电路信号失真产生的原因,能够通过调节电路参数减小失真。

【所需时间】

约 40 分钟

【活动步骤】

1. 阅读内容"6.2.2 放大电路的静态分析",寻找造成波形失真的关键原因,并在其下面画线。

2. 登录网络课程,进入文本辅导栏目和视频讲解栏目,学习有关放大电路静态分析的段落。

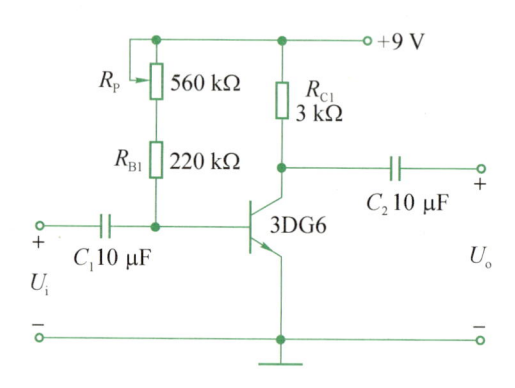

3. 在电脑上打开电路仿真软件 Tina Pro,按照图 6-7 所示电路的要求,从元器件库中调用元器件生成实验电路。

图 6-7 单管放大器实验电路

4. 选择虚拟设备(低频信号发生器 1 台、示波器 1 台、直流电源 1 台),将低频信号发生器连接至电路输入端,示波器连接至电路输出端。

5. 检查无误后接通电源,打开低频信号发生器,输入 1 kHz、10 mV 的正弦信号,用示波器观察输出端的电压波形。

6. 调整可变电阻 R_P 的阻值,使三极管的静态工作点适中(调 U_{CEQ} 至中间值),观察输出波形。增大、减小 R_P 的阻值，观察输出波形的变化，然后将测量和观察到的结果填写在表 6-2 中。

表 6-2 单管放大器测试结果

测试条件 I_C	静态实测值		输出波形变化	结果分析
	U_{BE}	U_{CE}		
1 mA				
1.5 mA				
2 mA				

【反　馈】

1. 静态工作点是否适中是相对的，不同型号的三极管的参数肯定不同，即使是同型号的管子，参数也会有较大的偏差。若要找到某一具体型号管子的静态工作点的最佳位置，可以通过逐渐增大信号幅度的办法，每调整一次信号幅度，改变 R_P 值，寻找一次正、负半周均不明显失真的中间值，这样便可逐步趋近实际的适中位置。

2. 由上述实验可以看到以下情况：当工作点和输入信号幅度适中时，输出波形为不失真的正弦波；当减小或增大 R_P 的阻值时，工作点更接近纵轴（I_C 增大，U_{CE} 减小）或横轴（I_C 减小，U_{CE} 增大），波形为饱和失真或截止失真。

3. 有条件的情况下，你应在老师的指导下用实验室设备完成本实验。

以上利用器件的特性曲线和信号波形来分析电路的方法称为图解法。在进行实际分析前，首先应知道基极电流是多少，这就需要利用图 6-5 中电路的参数估算得到。由于电源电压是通过线性元件 R_B 加到发射结的，所以 R_B 两端的电压实际上就是 $U_{CC} - U_{BEQ}$，由此可以估算出流过 R_B 的电流，这一电流就是流入基极的工作点电流 I_{BQ}，即

$$I_{BQ} = \frac{U_{CC} - U_{BEQ}}{R_B} \tag{6-6}$$

对于硅管，一般取 $U_{BEQ} = 0.6 \sim 0.7$ V；对于锗管，一般取 $U_{BEQ} = 0.2 \sim 0.3$ V。集电极的静态工作点电流 I_{CQ} 与 I_{BQ} 为 $\bar{\beta}$ 倍的关系，这里 $\bar{\beta}$ 用 β 代替，即

$$I_{CQ} \approx \beta I_{BQ} \tag{6-7}$$

同样，由图 6-7 可知，电源电压是通过线性元件 R_C 加到集-射极之间的，集电极的静态工作点电压 U_{CEQ} 实际上就是 U_{CC} 减去 R_C 上的电压，即

$$U_{CEQ} = U_{CC} - I_{CQ}R_C \tag{6-8}$$

通过式 (6-6)、式 (6-7) 及式 (6-8) 估算得到放大电路静态工作点的方法称为估算法。

学习活动 6-3

放大电路静态工作点的估算

【活动目标】

利用产品说明中提供或假设的电路参数估算放大电路的静态工作点,并总结基本放大电路静态分析的意义。

【所需时间】

约 20 分钟

【活动步骤】

1. 阅读式 (6-6)、式 (6-7) 和式 (6-8),画出估算静态工作点的关键参数。

2. 在图 6-7 所示的电路中,设三极管的 β 值为 100,$U_{BEQ} = 0.7\ V$,电容 C_1 和 C_2 足够大,电源电压 $U_{CC} = 9\ V$,基极的偏置电阻 $R_B = R_{B1} + R_P = 560\ k\Omega$,集电极的偏置电阻 $R_C = 3\ k\Omega$,思考用以上给出的参数和数值是否能估算出静态工作点。

3. 利用式 (6-6) 求出 I_{BQ} 值。

4. 利用式 (6-7) 求出 I_{CQ} 值。

5. 利用式 (6-8) 求出 U_{CEQ} 值。

6. 将估算结果 I_{BQ}、I_{CQ} 和 U_{CEQ} 与学习活动 6-2 中表 6-2 的测量结果进行比较,评价估算结果的合理性。

【反　馈】

由于电容 C_1 和 C_2 的隔直流作用,所以静态工作点只与电源电压、偏置电阻和三极管参数有关;在工程上,对三极管等非线性元器件做精确计算既很难做到又无太大意义,所以只需假设其参数为近似值;在低频信号的情况下,估算结果与实际测量值一般误差不大。

6.2.3　放大电路的动态分析

放大电路的动态分析是在静态分析基础上进行的,其任务是了解放大电路的动态特性、计算放大倍数、输入和输出电阻。

分析放大电路的动态特性也可以采用分析静态特性时采用的图解法,它具有形象、直观的优点。但图解法需要用到三极管的输出特性曲线,分析过程比较麻烦,而且不同的三极管之间参数的差异较大,这会造成分析结果存在较大的误差。所以,一般情况下会考虑采用类似前面用到的估算的方法进行动态分析。

采用估算的方法有一个前提条件,就是要求输入交流信号为小信号。这个条件反映在特性曲线上就是它的变化范围始终处在线性放大区内,这时可以将包含非线性器件的放大电路等效转换为一个线性电路,这个线性等效电路就称为微变等效电路,这种估算分析方法称为微变等效电路法。

事实上,一般仪器仪表的输入信号、由传感器采集到的电信号均为小信号,均可采用微变等效电路法进行分析。只有在后级的功率放大电路的输入信号才是大信号,分析时需要用到图解法。随着科学技术的进步,仿真分析软件的功能已经日新月异,目前已经有多种软件能够对各种电路在电脑仿真环境下进行分析,这为从事电子信息技术应用领域的设计人员提供了非常实用的分析和设计工具。

1. 微变等效电路

三极管的微变等效电路如图 6-8 所示。

对照三极管的输入特性曲线可以看出,三极管工作在放大状态时,基极的直流电流工作点为 I_{BQ}。在 I_{BQ} 附近,I_B 随着 U_{BE} 呈线性变化,这说明对于三极管的交流输入信号而言,i_b 随着 u_{be} 呈线性变化。所以,发射结相对于某一个 I_{BQ} 可以等效为一个电阻元件 r_{be},如果 I_{BQ} 不变,r_{be} 就是一个确定值,称为发射结电阻,它也是三极管的输入电阻。对于低频小功率三极管,r_{be} 的估算公式为

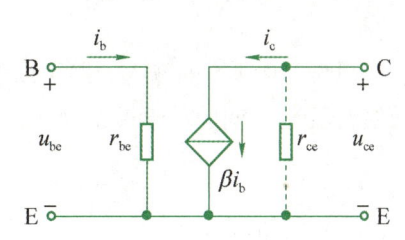

图 6-8 三极管的微变等效电路

$$r_{be} = r_{bb'} + (1+\beta)\frac{26\ \text{mV}}{I_{EQ}} \tag{6-9}$$

式中:$r_{bb'}$ 为三极管的体电阻值,一般为 300~500 Ω;I_{EQ} 为发射极静态工作点电流,单位为 mA。

同样,通过三极管的输出特性曲线可以看出,当三极管工作在放大状态时,集电极的静态工作点电流为 I_{CQ},它与 I_{BQ} 为 β 倍的线性关系。相应地,在 I_{CQ} 附近变化的交流信号 i_c 与 i_b 也为 β 倍的线性关系。所以,在图 6-8 所示的输出回路中,用受控电流源表示了 i_c 受 i_b 控制的关系,具体为

$$i_c = \beta i_b \tag{6-10}$$

在图 6-8 所示的输出回路中,还有一个电阻 r_{ce},它与输出特性曲线中 Q 点附近的横向线条的斜率成反比,它的阻值一般远大于三极管的集电极负载电阻值,为几十至几百千欧,估算时可以忽略不计。

由此可以看出,对放大电路进行动态分析时,首先应画出放大电路的交流通路,然后画出包含三极管微变等效电路的放大电路的交流通路。

2. 电压放大倍数的计算

由于直流电压源和耦合电容对交流信号短路,所以可以将图 6-2 所示的基本放大电路简化为图 6-9 所示的交流通路,再将图 6-9 中三极管用微变等效电路替换,即可得到图 6-10 所示的放大电路的微变等效电路。

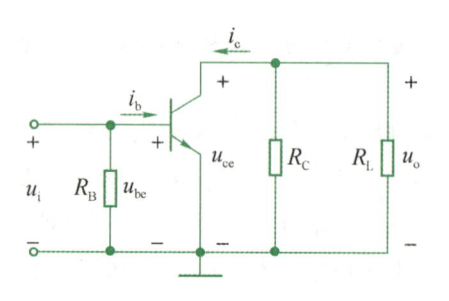

图 6-9 放大电路的交流通路

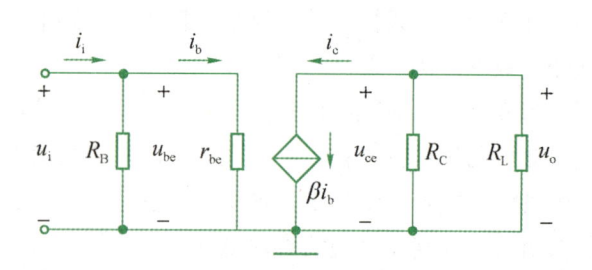

图 6-10 放大电路的微变等效电路

由图 6-10 所示的输入回路可以得到，输入电压的有效值 U_i 和基极电流的有效值 I_b、发射结的电阻 r_{be} 之间的数学关系为

$$U_i = I_b r_{be} \tag{6-11}$$

由输出回路可得

$$U_o = -I_c R'_L = -\beta I_b R'_L \tag{6-12}$$

式中，R'_L 为 R_L 和 R_C 的并联值，即 $R'_L = R_C // R_L$，称为交流负载电阻。所以，由式（6-11）和式（6-12）可得到该电路的电压放大倍数为

$$A_u = \frac{U_o}{U_i} = -\beta \frac{R'_L}{r_{be}} \tag{6-13}$$

若 $R_L >> R_C$，则式（6-13）可简化为

$$A_u = \frac{U_o}{U_i} = -\beta \frac{R_C}{r_{be}} \tag{6-14}$$

由以上分析可知，电压放大倍数 A_u 的大小主要取决于三极管的 β 值、r_{be} 值和交流负载值。对于共射放大电路，A_u 为负值，这表示经过一级放大后，输出信号反相 180°。

若输入信号源包含了内阻 R_s，由于此时 $r_{be} = R_i$，则由式（6-4）可得

$$A_{us} = \frac{U_o}{U_s} = \frac{R_i}{R_s + R_i} A_u = -\beta \frac{R'_L}{R_s + r_{be}} \tag{6-15}$$

可见，信号源内阻 R_s 越大，电压放大倍数 A_{us} 越小。

学习活动 6-4

三极管放大电路电压放大倍数的测量

【活动目标】

观察放大电路负载变化带来的电压的变化，归纳放大电路负载变化对电压放大倍数的影响。

【所需时间】

约 30 分钟

【活动步骤】

1. 阅读内容"6.2.3 放大电路的动态分析",找出式(6-13)、式(6-14)和式(6-15)的适用条件并在下面画线,总结三个公式的不同点并写在旁边空白处。

2. 💻 登录网络课程,进入文本辅导栏目和视频讲解栏目,学习有关电压放大倍数的段落。

3. 🖥 在电脑上打开电路仿真软件 Tina Pro,按照图 6-11 所示电路的要求,从元器件库中调用元器件并生成实验电路。

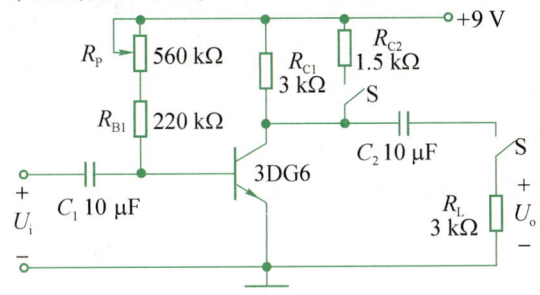

图 6-11 单管放大器实验电路

4. 准备实验设备:低频信号发生器 1 台、双踪示波器 1 台、直流电源 1 台。将低频信号发生器连接至电路输入端,双踪示波器接至输入端和输出端。

5. 检查无误后接通电源,打开并调节低频信号发生器,输入不同的正弦信号,用示波器观察电路的输入端和输出端的电压波形。

6. 将 I_C 调至 1.5 mA,输入 1 kHz、10 mV 的正弦信号,观察在接入 R_{C2} 和 R_L 前、后输出电压的变化,并记录到表 6-3 中。

表 6-3 单管基本放大器电压放大倍数测试结果

测试条件		U_i/mV	U_o/mV	计算 A_u (U_o/U_i)
不接入 R_{C2}	不接入 R_L			
接入 R_{C2}	不接入 R_L			
接入 R_{C2}	接入 R_L			

7. 根据 R_{C2}、R_L 接入前、后输入电压和输出电压的实测值,利用式(6-13)计算 A_u 并填入表 6-3 中。

8. 根据表 6-3 所示放大倍数的测试结果,解释负载电阻与电压放大倍数的关系,归纳放大电路的负载变化对电压放大倍数的影响,并填写至空白处。

【反　馈】

1. 在输入信号电压幅值不变的情况下，分别接入 R_{C2} 和 R_L，输出电压幅值会明显下降，这是因为电路的电压放大倍数与负载的阻值成正比。

2. 若在输入端串接一个电阻作为信号源的内阻 R_s，还可测得此时的输出电压 U_o 和信号源电压 U_s，并能计算出此时的电压放大倍数。

3. 在有实验条件的情况下，请学习者用实验室设备按照上述步骤实际动手进行操作，从而更好地归纳放大电路负载变化与电压放大倍数的关系。

例 6-1　在图 6-12 所示的放大电路中，已知 $U_{CC}=12$ V，$U_{BEQ}=0.7$ V，$R_B=280$ kΩ，$R_C=4$ kΩ，$\beta=50$，$r_{bb'}=300$ Ω，C_1 和 C_2 足够大，试求：

(1) 若 $R_L=\infty$，$R_s=0$，则 A_u 为多少？

(2) 若 $R_L=4$ kΩ，$R_s=0$，则 A_u 为多少？

(3) 若 $R_L=4$ kΩ，$R_s=1$ kΩ，则 A_{us} 为多少？

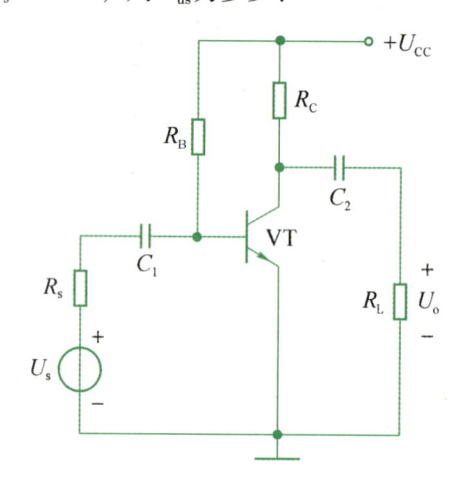

图 6-12　信号源含内阻的放大电路

解：为了估算放大电路的电压放大倍数，必须先确定电路的静态工作点的电流，并求出发射结电阻 r_{be}。由已知条件可得

$$I_{BQ}=\frac{U_{CC}-U_{BEQ}}{R_B}=\frac{12-0.7}{280}=0.04\text{ (mA)}$$

$$I_{CQ}\approx\beta I_{BQ}=50\times0.04=2\text{ (mA)}$$

$$I_{EQ}=I_{CQ}+I_{BQ}=2.04\text{ (mA)}$$

$$r_{be}=r_{bb'}+(1+\beta)\frac{26\text{ mV}}{I_{EQ}}=300+(1+50)\times\frac{26}{2.04}=950\text{ (Ω)}$$

(1) 若 $R_L=\infty$，$R_s=0$，求 A_u。

由式（6-14）可得

$$A_u = \frac{U_o}{U_i} = -\beta \frac{R_C}{r_{be}} = -50 \times \frac{4\,000}{950} \approx -210$$

（2）若 $R_L = 4$ kΩ，$R_s = 0$，求 A_u。

由于 $R'_L = R_C // R_L = 4//4 = 2$（kΩ），所以由式（6-13）可得

$$A_u = \frac{U_o}{U_i} = -\beta \frac{R'_L}{r_{be}} = -50 \times \frac{2\,000}{950} \approx -105$$

（3）若 $R_L = 4$ kΩ，$R_s = 1$ kΩ，求 A_{us}。

由式（6-15）可得

$$A_{us} = \frac{U_o}{U_s} = -\beta \frac{R'_L}{R_s + r_{be}} = -50 \times \frac{2\,000}{1\,000 + 950} \approx -51$$

由上例分析可见，放大电路的电压放大倍数不仅会受三极管参数的影响，还与负载电阻和信号源内阻的大小有关。适当地选取静态工作点，可使三极管处于合适的放大区。若选择的工作点电流过低，则容易造成截止失真；若选择的工作点电流过高，则容易出现饱和失真。

3. 输入电阻和输出电阻的计算

放大电路的输入电阻是从电路输入端看进去的等效电阻，用 R_i 表示。由图 6-10 所示放大电路的微变等效电路以及式（6-3）可以得到

$$R_i = \frac{U_i}{I_i} = \frac{U_i}{I_{R_B} + I_b} = \frac{U_i}{\frac{U_i}{R_B} + \frac{U_i}{r_{be}}} = \frac{R_B \times r_{be}}{R_B + r_{be}} = R_B // r_{be} \qquad (6-16)$$

由于 $R_B \gg r_{be}$，则式（6-16）可简化为 $R_i \approx r_{be}$。可见，基本共射放大电路的输入电阻不大。为使输入端得到较大的输入信号，要求信号源的内阻必须很小，否则信号源电压还未放大就已经出现很大的衰减了。

同样，由图 6-10 所示的电路以及输出电阻的定义可以得到

$$R_o = \frac{U_o}{I_o} = R_C \qquad (6-17)$$

由于 R_C 一般为几千欧以上，所以基本共射放大电路的输出电阻较高。

例 6-2 接例 6-1，求图 6-12 所示放大电路的输入电阻 R_i 和输出电阻 R_o。

解： 根据例 6-1 中 $R_B = 280$ kΩ，$R_C = 4$ kΩ，$r_{be} = 950$ Ω，且满足 $R_B \gg r_{be}$ 的条件，所以输入电阻 $R_i \approx r_{be} = 950$ Ω，输出电阻 $R_o = R_C = 4$ kΩ。

综上所述，分析放大电路需要先进行静态分析，然后进行动态分析。静态分析的目的是确定静态工作点 Q，即 I_{BQ}、I_{CQ} 和 U_{CEQ}；动态分析则是确定放大电路的性能指标，即 A_u、R_i 和 R_o 等。静态分析一般采用估算法。在小信号的情况下，动态分析一般采用微变等效电路法；在大信号的情况下，对于动态分析，微变等效电路法不适用，需要采用图解法。

6.3 射极输出器

射极输出器具有输入电阻大、输出电阻小等特点,故其作为共射电路的后一级电路可以起到将共射电路与负载隔离的作用。此外,利用两个参数对称的 NPN 型和 PNP 型功放管接成的射极输出器,还可以组成互补对称的功率放大电路。

6.3.1 电路的结构及其特性分析

射极输出器的电路如图 6-13 所示。它与共射电路的不同之处是,输入回路增加了发射极电阻,输出端取自三极管的发射极,使输出回路成为输入回路的一个组成部分。由于输入回路和输出回路的公共端(图中的接地端)通过直流电源 U_{CC} 与集电极交流短路,所以又称它为共集放大电路。

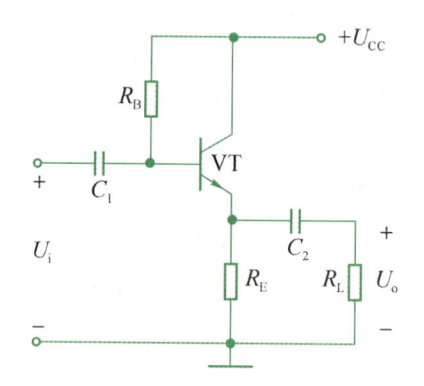

图 6-13 射极输出器的电路

1. 静态分析

由图 6-14 所示的射极输出器的直流通路可以估算出它的静态工作点,即

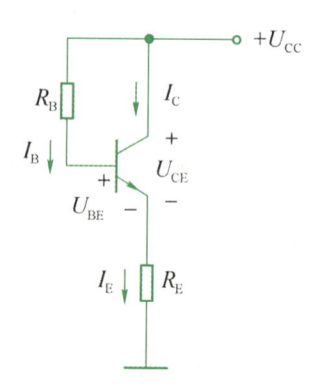

图 6-14 射极输出器的直流通路

$$I_{BQ} = \frac{U_{CC} - U_{BEQ}}{R_B + (1+\beta)R_E} \qquad (6-18)$$

$$I_{EQ} = (1+\beta)I_{BQ} \qquad (6-19)$$

$$U_{CEQ} = U_{CC} - I_{EQ}R_E \qquad (6-20)$$

2. 动态分析

由于输入回路增加了发射极电阻 R'_L，输入电压 U_i 等于发射结上的交流电压与发射极电阻 R'_L 上的交流电压之和，且 $R'_L = R_E // R_L$，所以推导可得射极输出器的电压放大倍数为

$$A_u = \frac{U_o}{U_i} = \frac{(1+\beta)R'_L}{r_{be} + (1+\beta)R'_L} \qquad (6-21)$$

一般情况下，$\beta R'_L \gg r_{be}$，所以射极输出器的 A_u 近似等于1，但略小于1。由式（6-21）可见，射极输出器的输出电压与输入电压基本相同，而且相位也相同，所以又称它为射极跟随器。由于射极电流对基极电流放大了 $(1+\beta)$ 倍，所以它具有较大的电流放大和功率放大作用。

由图 6-13 可得射极输出器的输入电阻为

$$R_i = R_B // [r_{be} + (1+\beta)R'_L] \qquad (6-22)$$

可见，与共射电路相比，射极输出器的输入电阻大大地提高了，一般可以达到几至几百千欧。

同样分析可知，射极输出器的输出电阻为

$$R_o = \frac{r_{be} + R_B}{1+\beta} // R_E \qquad (6-23)$$

可见，射极输出器的输出电阻很小，一般为几十至几百欧。

由以上分析可以看出，射极输出器的负载电阻是经过 $(1+\beta)$ 倍的放大后反映到输入端的。当共射电路的实际负载电阻值太小，造成电压放大倍数较低时，若将射极输出器插入共射电路与它的负载 R_L 之间，将大大地提高共射电路的带负载能力。

6.3.2 射极输出器的用途

由于射极输出器具有上述特点，所以它可以作为电子设备中的输入级、中间级和输出级。

1. 输入级

利用射极输出器电路结构简单、输入电阻大的特点，其作为输入级可用于一些仪器仪表中，以减小对被测电路工作参数的影响，提高测量精度。

2. 中间级

利用射极输出器的输入电阻大、输出电阻小的特点，其在多级放大电路中作为中间级，

主要起到隔离的作用，即增大了前一级电路的电压放大倍数，同时又降低了后一级电路的信号源内阻。在高频电路中，它作为中间级还能起到展宽通频带的作用。

3. 输出级

利用射极输出器的输出电阻小、输出电压随负载变化小的特点，以及较大的电流放大和功率放大作用，其作为输出级广泛用于包括集成电路在内的各种放大电路中。

> 除了前面介绍的共发射极放大电路和本节的射极输出器（共集电极放大电路）之外，基本放大电路还有第三种组态——共基极放大电路，你可以进入国家开放大学学习网的"电工电子技术网络课程"第 7 单元的拓展知识栏目做进一步了解。

6.4 功率放大电路

6.4.1 电路的功能和特点

放大电信号的电路通常被送到执行机构中去完成某种任务。例如继电器动作、仪表指示或扬声器发声等，都要求电路输出的信号具有较大的功率，以便推动负载工作。这种能向负载提供较大输出信号功率的末级放大电路，称为功率放大电路，或称为功率放大器。

前面介绍的放大电路主要是实现信号电压或电流的放大，但功率放大电路则要实现信号功率（电压与电流的乘积）的放大，它在性能指标要求上有以下 3 个主要特点：① 输出功率大；② 效率高；③ 非线性失真小。

需要说明的是，交流输出功率是由电源的直流功率转换得到的，所以应以负载的需要和够用为度，多了会造成浪费；功率放大电路是依靠放大元件的能量控制作用实现能量转换的，所以，为了节约电源能量，要求转换效率越高越好，但效率的高低与选用电路的结构和成本有关；要得到较大的信号输出功率，电路器件就要在有输入信号时为大信号工作状态，由于器件存在非线性特性，输出信号不可避免地会产生非线性失真，所以希望非线性失真越小越好。

回顾前面介绍的单管共射放大电路和射极输出器可以知道，若将它们作为末级功率放大器使用，则在充分利用器件放大区的大信号工作状态下，静态工作点必须设置在放大区的中心区域。这类放大全周期交流信号的单管电路是功率放大器的最简单形式，属于甲类功率放大器。经过简单计算即可发现，其转换效率很低，理想情况下的最大效率仅接近 25%。

6.4.2 互补对称功率放大电路

为了提高输出信号的功率和效率，采用两个三极管轮流导电的方式实现功率放大是最好的办法。最常用的电路就是互补对称功率放大电路,它也是集成运算放大电路中承担末级放大最常用的电路。

图 6-15 所示是单电源乙类互补对称电路原理图。由于该电路是由早期通过变压器耦合负载的方式简化为电容耦合负载的连接方式,所以习惯称它为无输出变压器电路,即 OTL 电路。由图 6-15 可见,所谓互补对称电路,实际上是由两个射极跟随器组成的,图中 VT_1(NPN 型功放管)和 VT_2(PNP 型功放管)可以看成两个参数对称的理想三极管,它们轮流导通便构成了互补对称电路。图 6-15 中,C 为容量很大的输出隔直电容,R_L 为负载电阻。

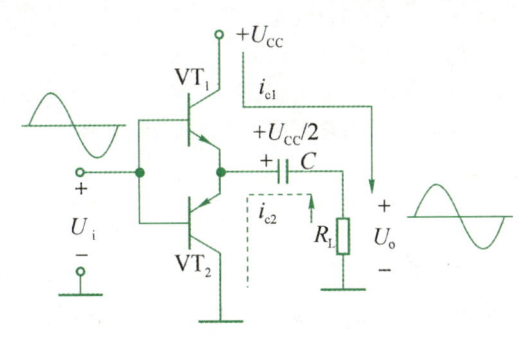

图 6-15 单电源乙类互补对称电路原理图

在互补对称功率放大电路中,当输入信号 U_i 为正半周时,VT_1 处于正偏导通状态,VT_2 为反偏截止状态,电源通过 VT_1 对 C 充电。当输入信号 U_i 为负半周时,VT_2 正偏导通,VT_1 为反偏截止状态,电容 C 通过导通的 VT_2 放电。由于电容 C 的容量足够大,其两端电压近似不变,为 $U_{CC}/2$,因此它为 VT_2 提供了稳定的电源电压。在这类互补对称电路中,每个管子轮流导通半个周期,称为乙类工作状态。在理想情况下,这种乙类功率放大器的效率可以接近 78.5%。

进一步观察可知,由于三极管在输入信号较小时仍处于截止状态,这就使输出信号在正、负半周的交界处产生失真,这种失真称为交越失真,如图 6-16 所示。为了减小交越失真,需要在两管的基极回路加一个固定的偏置电压,使两只管子的导通周期大于半个周期,这种工作状态称为甲乙类工作状态。

图 6-17 所示为单电源甲乙类互补对称电路。与图 6-15 相比,该电路在电路的基极回路中增加了两个二极管 VD_1、VD_2 及基极偏置电阻 R_{B1} 和 R_{B2},它们为 VT_1 和 VT_2 在静态时提供了一定的偏置电压。增加基极偏置可减小交越失真,但它是以牺牲效率和增加电路的复杂度为代价的。

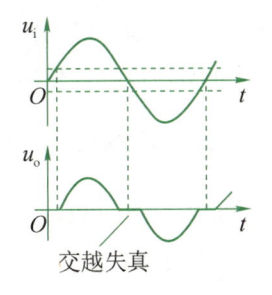

图 6-16 交越失真

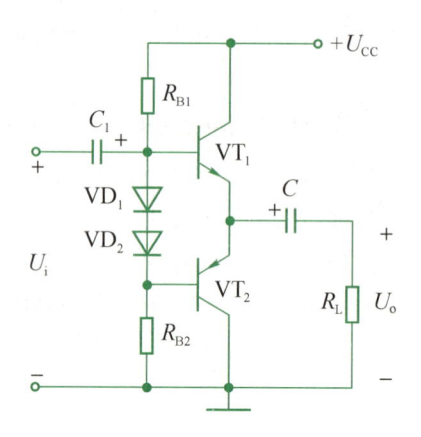

图 6-17　单电源甲乙类互补对称电路

> 由于大电容不便于集成，所以运算放大器通常采用无输出电容的互补对称电路作为末级功率放大电路，这种电路又称为 OCL 互补对称功率放大电路。详细内容请参阅网络课程拓展知识栏目或有关参考书籍。

6.5　差动放大电路

由于制造工艺的原因，集成电路中的多级放大电路之间均采用直接耦合的方式进行连接。受此影响，前一级放大电路的温度漂移即使很小，逐级放大后也会使后级电路的静态工作点移出正常值范围。采用差动放大电路可以很好地对温度漂移进行抑制。

6.5.1　电路的结构和抑制温漂的原理

差动放大电路的基本结构如图 6-18 所示。在制作集成电路时，使图中三极管 VT_1 和 VT_2 的器件参数和直流偏置具有很好的对称性，通常称其为差动对管，即 VT_1 和 VT_2 的内部参数对称，集电极电阻 $R_{C1} = R_{C2} = R_C$，U_{CC} 为两个管子提供直流偏置。该电路的两个输入端分别为两个管子的基极，两个输出端分别为两个管子的集电极。

差动放大电路一般采用图 6-18 所示的输入方式，即两个基极输入端同时接入大小相等、极性相反的一组输入信号电压。这两个输入端的信号为差模输入信号，用 U_{id} 表示，这种输入方式称为差模输入方式。

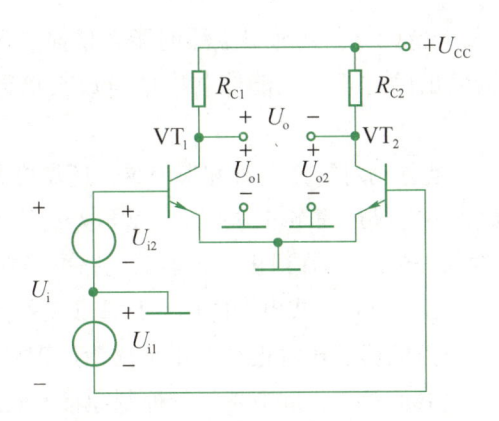

图 6-18 基本差动放大电路的基本结构

当电路的输入信号 $u_i = 0$ 时，两个输入端的信号电压 $u_{i1} = u_{i2} = 0$，两个集电极电压 u_{o1} 和 u_{o2} 相等，它们之间的电压 u_o 为 0；当 u_i 为正极性电压时，u_{i1} 为正向电压、u_{i2} 为反向电压，集电极电流 i_{c1} 增大、i_{c2} 减小，使集电极电压 u_{o1} 减小、u_{o2} 增大，输出电压 $u_o = u_{o1} - u_{o2}$ 为负极性电压；当 u_i 为负极性电压时，u_{i1} 为反向电压，u_{i2} 为正向电压，这时的输出电压 $u_o = u_{o1} - u_{o2}$ 为正极性电压。利用共射电路的分析方法可以推出，差动放大电路对差模输入信号的电压放大倍数等于单管放大电路的电压放大倍数，即

$$A_{ud} = \frac{U_o}{U_{id}} = \frac{U_{o1} - U_{o2}}{U_{i1} - U_{i2}} = \frac{2U_{o1}}{2U_{i1}} = A_{u1} = -\beta \frac{R_C}{r_{be}} \quad (6-24)$$

差动放大电路要求差动对管的参数和电路具有很好的对称性，但随着温度的变化或电源的波动，两个管子的直流偏置会同时增大或减小，这就是温度漂移现象，简称温漂，也称为零点漂移。这相当于在两个输入端同时加上了大小相同、极性也相同的电压信号，与差模信号对应，被称为共模信号，用 U_{ic} 表示。共模电压放大倍数可表示为

$$A_{uc} = \frac{U_o}{U_{ic}} = \frac{U_{o1} - U_{o2}}{U_{i1}} \quad (6-25)$$

可见，对于完全对称的差动放大电路，两个集电极输出端所得到的被放大的共模信号是完全相同的。只要采用双端输出的方式，使输出信号取自两个集电极的电压差，则在任何时刻都有 $u_o = u_{o1} - u_{o2} = 0$。所以，差动放大电路采用双端输出的方式，可以使共模电压放大倍数 $A_{uc} = 0$，从而抑制了温漂。

为了描述差动放大电路对共模信号即零点漂移的抑制能力，定义差模电压放大倍数 A_{ud} 与共模电压放大倍数 A_{uc} 之比为共模抑制比，用 K_{CMR} 表示，一般取对数形式，单位为分贝（dB），即

$$K_{CMR} = 20\lg \left| \frac{A_{ud}}{A_{uc}} \right| \quad (6-26)$$

由式（6-26）可见，K_{CMR} 越大，电路抑制温漂的能力越强。理想情况下，差动放大电路完全对称，只要采用双端输出的方式，就能使共模电压放大倍数 $A_{uc}=0$，K_{CMR} 将达到无穷大。

当然，在制作工艺上，要使差动对管完全对称很困难，还需要另外采取一些措施，利用图 6-19 所示长尾式差动放大电路是最简单的方法。与基本差动放大电路比较可见，它在发射极接入了公共电阻 R_E。发射极电阻 R_E 在射极输出器等电路中经常被使用，由于 R_E 的阻值比较大，故长尾式电路由此得名。当温度或电源电压变化造成工作点变化时，较多的变化量体现在了 R_E 上，使管子的工作点偏移值相对很小。用负反馈原理可以说明，发射极电阻 R_E 起到了共模负反馈的作用，且 R_E 值越大，反馈越深，抑制漂移的效果越好。

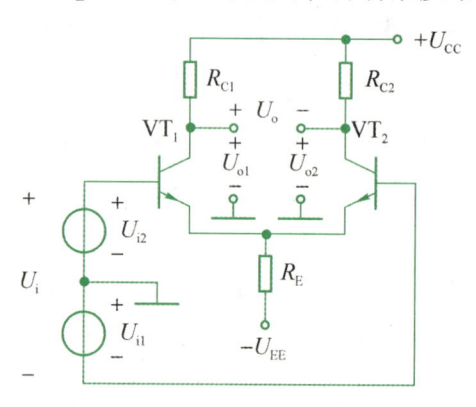

图 6-19 长尾式差动放大电路

但是，R_E 增大会要求直流电压源增大，否则将无法保证静态工作点的正确设置。为了解决这一问题，图 6-19 电路增加了一组负电源 $-U_{EE}$，采用了双电源供电。

6.5.2 差动放大电路的几种输入、输出方式

差动放大电路由于应用场合的不同，可以采用多种不同的接法，具体如下。

1. 双端输入-双端输出

这种接法抑制温度漂移的效果最好。由于它的输入信号端和输出信号端都不是零电位，这就要求具有双端输出功能的信号源为其提供信号。

2. 双端输入-单端输出

这种接法只利用了 u_{c1} 或 u_{c2} 中的一路输出，用于差模信号到单端输出信号的转换，以便为后面的负载或电路提供单端信号。它无法利用电路的对称性抑制温漂，而且输出的交流信号中包含直流成分。

3. 单端输入-双端输出

这是在只有单端输入信号时，将差动电路的一个输入端接信号、另一端接地的接法，实现了单端输入信号到双端输出信号的转换，可作为后级差动电路的差模输入信号，或用于负

载两端均不能接地的情况。

4. 单端输入 – 单端输出

这种接法一般较少采用。它仅利用了 R_E 的负反馈效果，所以对稳定静态工作点比单管基本共射电路具有更好的作用。

本章小结

放大电路是几乎所有电子设备的核心部件。有了放大电路，收音机和音响系统才能播放动听的音乐，智能机电设备才能由控制器来完成机械部件的控制。

下列问题包含了本章的全部学习内容，你可以利用以下线索对所学内容做一次简要的回顾。

放大电路概述
- ✓ 放大电路能做什么？
- ✓ 组成一个放大电路必须具备哪些基本条件？
- ✓ 放大电路中各元器件的作用是什么？

放大电路的性能指标
- ✓ 基本放大电路有哪些性能指标？
- ✓ 放大电路各项指标的含义是什么？

放大电路的静态分析
- ✓ 静态分析的任务是什么？
- ✓ 什么是信号失真？如何调节静态工作点以减小失真？
- ✓ 为什么分析放大电路要采用估算法？如何估算电路的静态参数？

放大电路的动态分析
- ✓ 动态分析的任务是什么？
- ✓ 什么是微变等效电路法？它能估算电路的哪些参数？如何估算？
- ✓ 放大电路的负载和信号源变化对动态特性有哪些影响？

射极输出器
- ✓ 射极输出器在结构上有什么特点？与共射电路比较，它在性能上有哪些特点？
- ✓ 射极输出器除了作为输出级以外，还能做什么？

> **功率放大电路**
> - 什么是功率放大电路？如何理解它的三个特点？
> - 什么是互补对称电路？如何避免交越失真？
>
> **差动放大电路**
> - 什么是温度漂移？差动放大电路如何对其起到抑制作用？
> - 什么是差模输入？什么是共模输入？
>
> **动手能力培养**
> - 如何搭接放大电路？
> - 如何利用仪器设备调试、测量放大电路的各项参数？

受篇幅限制，本章仅介绍了几种常用的放大电路的最基本形式。为了改善电路的性能指标，在实际应用中还会在电路中增加一些元件，电路结构形式也会有一些变化，感兴趣的同学可通过其他途径获取相应的学习资料。

自测题

一、选择题

6-1 放大电路中的直流通路为三极管提供了（　　）。
A. 静态工作点　　　　　　　　B. 基极电流
C. 集电极电流　　　　　　　　D. 输入电压

6-2 放大电路中的交流通路为被放大信号提供了（　　）。
A. 静态工作点　　　　　　　　B. 输入通道
C. 输出通道　　　　　　　　　D. 输入、输出通道

6-3 图6-2所示的电路之所以被称为共发射极电路，是因为（　　）。
A. 发射极接地
B. 发射极接电源负极
C. 电源 $+U_{CC}$ 与接地端交流短路
D. 发射极是输入回路和输出回路的公共端

6-4 在图6-2所示的电路中，电源 U_{CC} 经过电阻 R_C、集电极到发射极，对集电结提供了（　　）。
A. 静态工作点　　　　　　　　B. 正向偏置
C. 反向偏置　　　　　　　　　D. 控制作用

6-5 在图6-2所示电路中，电容 C_1、C_2 起到（　　）的作用。

A. 耦合交流和直流　　　　　　　　B. 耦合交流、隔断直流
C. 隔断交流和直流　　　　　　　　D. 耦合直流、隔断交流

6-6　在考虑信号源内阻的情况下，放大电路的输入电阻 R_i 越高，电路的电压放大倍数（　　）；信号源内电阻 R_S 越高，电路的电压放大倍数（　　）。
A. 越大，越大　　　　　　　　　　B. 越大，越小
C. 越小，越大　　　　　　　　　　D. 越小，越小

6-7　信号频率较高时，受（　　）的影响，$β$ 值会大大降低；信号频率较低时，受（　　）的影响，对信号的分压提高，都会影响放大电路的高频和低频放大能力。
A. 器件极间电容，信号源内阻　　　B. 负载阻抗，耦合电容
C. 器件极间电容，耦合电容　　　　D. 负载阻抗，信号源内阻

6-8　当基极电流 I_B 较大时，集-射极电压 U_{CE} 接近 0，集电极电流 I_C 达到最大值，此时三极管处在（　　）状态；当基极电流 $I_B ≤ 0$ 时，集电极电流 $I_C = 0$，集-射极间电压 $U_{CE} = U_{CC}$，此时三极管处在（　　）状态。
A. 饱和，放大　　　　　　　　　　B. 放大，截止
C. 截止，放大　　　　　　　　　　D. 饱和，截止

6-9　若信号发生器提供的信号电压不变，在放大电路的输入端串接一个阻值为 1 kΩ 的电阻作为信号源内阻，则此时测得的输出电压 U_o 和计算得到的电压放大倍数将（　　）。
A. 增大　　　B. 减小　　　C. 不变　　　D. 不确定

6-10　射极输出器的输出电阻小，说明该电路（　　）。
A. 带负载能力强　　　　　　　　　B. 带负载能力差
C. 减轻后级负荷　　　　　　　　　D. 没有影响

二、判断题

6-11　共发射极放大电路的输出信号取自三极管的集电结，一部分被集电极电阻 R_C 获得，另一部分经过电容 C_2 加到了负载电阻 R_L 上。（　　）

6-12　由于耦合电容的电容量很大，它对输入交流信号相当于开路，对直流电源相当于短路，所以确保了三极管直流偏置不受信号源和负载的影响。（　　）

6-13　正常工作时基极电流只有几十微安，R_B 往往是放大电路中最大的一个电阻，一般取值为几十至几百千欧。（　　）

6-14　基本放大电路在输入端无输入信号时的状态称为静态，此时电路内器件各点电位、各支路电流做静态运行，几乎不消耗直流电源提供的能量。（　　）

6-15　共发射极放大电路的电源电压是通过集电极电阻 R_C 加到集-射极之间的，集电极的静态工作点电压 U_{CEQ} 等于电源电压 U_{CC} 减去集电极电阻 R_C 上的电压。（　　）

6-16　电压放大倍数 A_u 的大小主要取决于三极管的 $β$ 值和交流负载值，它几乎不受 r_{be} 值的改变而改变。（　　）

6-17　基本共射放大电路的输入电阻值较高，输出电阻值较小。（　　）

6-18　射极输出器输入电阻小，输出电阻大，没有电压放大作用。（　　）

6-19 甲乙类功率放大电路较乙类功率放大电路，具有输出功率大、效率高和非线性失真小的特点。（　　）

三、简答题

6-20 由图6-2所示共发射极放大电路的构成特点，推出共基极放大电路和共集电极放大电路的构成。

6-21 在放大电路的输入端，输入电阻R_i和信号源内电阻R_s与电路的电压放大倍数之间是什么关系？

6-22 在放大电路的输出端，输出电阻R_o和负载电阻R_L与输出电压之间是什么关系？

6-23 放大电路中的什么参数会影响放大电路的高频和低频放大能力？

6-24 功率放大电路的特点是什么？如何理解？

6-25 哪类功率放大电路会产生交越失真？如何避免？

6-26 什么是差模输入信号和共模输入信号？

6-27 什么是温度漂移现象？差动放大电路在什么条件下能够抑制温度漂移？

四、分析计算题

6-28 判断图6-20所示的4个电路能否不失真地放大交流信号？

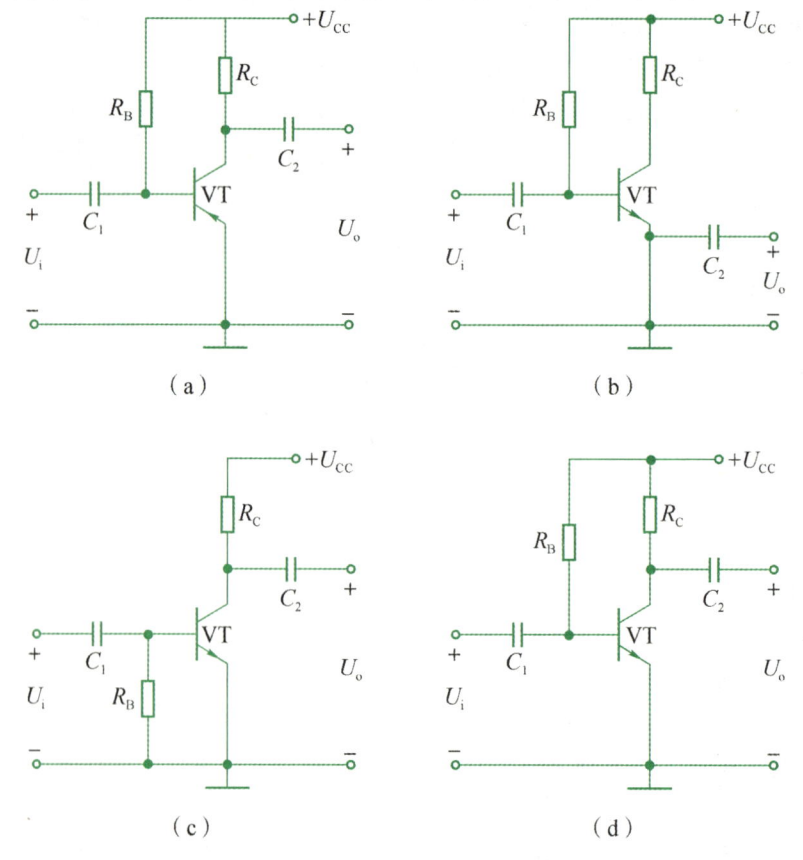

(a)　　　　(b)

(c)　　　　(d)

图6-20　题6-28的电路

6-29 图 6-21 所示波形为某基本共射放大电路的输入电压 u_i、基极电流 i_b、集电极电流 i_c 和输出电压 u_o 的波形图，试将表示这几个量的符号填写到对应的纵坐标旁。

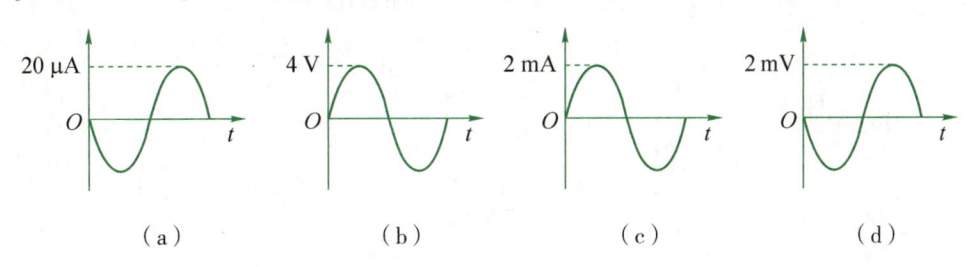

(a) (b) (c) (d)

图 6-21 题 6-29 的波形

6-30 当 NPN 型三极管共射放大电路输入正弦波信号时，用双踪示波器观察对应的输出波形，如图 6-22 所示。它们各属于什么失真？如何调节以减小失真？

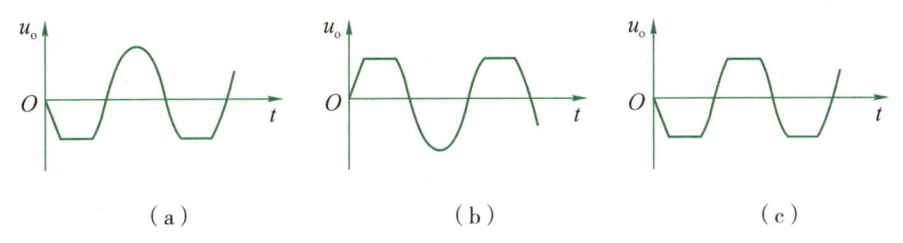

(a) (b) (c)

图 6-22 题 6-30 的波形

6-31 在图 6-2 所示的电路中，已知 $U_{CC}=10\text{ V}$，$U_{BEQ}=0.7\text{ V}$，$R_B=470\text{ k}\Omega$，$R_C=2.7\text{ k}\Omega$，三极管的 $\beta=50$，估算放大电路的静态工作点 I_{BQ}、I_{CQ} 和 U_{CEQ}。

6-32 在图 6-2 所示电路中，将 I_{CQ} 调到 2 mA，R_B 应取多大？此时 U_{CEQ} 为多大？

6-33 在图 6-2 所示电路中，$r_{bb'}=300\text{ }\Omega$，试求 $R_L=\infty$ 和 $R_L=2.7\text{ k}\Omega$ 时的电压放大倍数 A_u，以及它的输入电阻 R_i 和输出电阻 R_o 各为多大？

6-34 在图 6-12 所示的电路中，已知 $U_{CC}=9\text{ V}$，$U_{BEQ}=0.7\text{ V}$，$R_s=1\text{ k}\Omega$，$R_B=470\text{ k}\Omega$，$R_C=R_L=3\text{ k}\Omega$，三极管的 $\beta=45$，$r_{bb'}=500\text{ }\Omega$，$C_1$ 和 C_2 足够大，试：

(1) 画出该电路的直流通路和交流通路；

(2) 估算放大电路的静态工作点 I_{BQ}、I_{CQ} 和 U_{CEQ}；

(3) 分别计算 R_L 断开和接上时的电压放大倍数 A_{us}。

6-35 在图 6-13 所示的射极输出器电路中，已知 $U_{CC}=12\text{ V}$，$R_B=430\text{ k}\Omega$，$R_E=R_L=4\text{ k}\Omega$，三极管的 $\beta=60$，$r_{be}=2\text{ k}\Omega$，求电路的电压放大倍数、输入电阻和输出电阻。

6-36 在图 6-23 (a) 所示的电路中，负载 R_L 与信号源相连接，已知信号的有效值 $U_s=2\text{ V}$，试求 U_o；若将电路改为如图 6-23 (b) 所示，负载 R_L 通过射极输出器与信号源相连接，已知三极管的 $\beta=100$，$r_{be}=1\text{ k}\Omega$，求此时负载上的输出电压 U_o，并由计算结果说明射极输出器的作用。

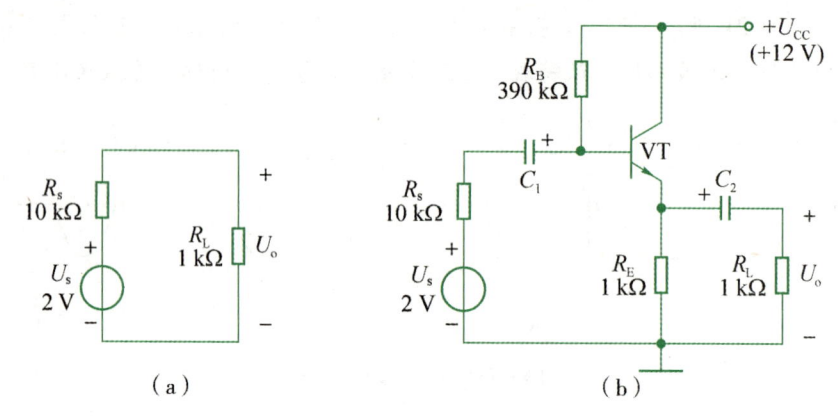

图 6-23 题 6-36 的电路

第 7 章

集成运算放大器及其应用

导　言

本章简要介绍了集成运算放大器的组成、性能参数及其理想化条件，并在此基础上引出了负反馈的基本知识，重点介绍了比例运算、求和运算、积分运算与微分运算等集成运放在深度负反馈条件下的线性应用，以及电压比较器和方波发生器等集成运放的非线性应用。

本章在第 5 章中二极管稳压电路的基础上还补充介绍了由集成运放组成的串联型直流稳压电路及集成三端稳压电路，为你在构建电路系统时提供了直流电源选择的依据。

学习目标

认知目标

1. 正确说出集成运放的内部组成特点和主要参数的含义。
2. 列举集成运放的理想化条件，描述理想化集成运放的两种工作状态。
3. 叙述反馈的基本概念，判断负反馈电路的类型，列举负反馈的作用。
4. 正确说出集成运放线性应用电路（比例、加、减、积分和微分运算电路）的结构特点，定量分析这些电路的输入、输出关系。
5. 正确说出集成运放非线性应用的特点，叙述集成运放实现电压比较和产生波形的方法。
6. 叙述串联型集成稳压电路的工作原理，定量分析电路的输出电压的可调范围，描述三端集成稳压电路的组成特点。

技能目标

使用电路仿真软件（或真实元器件和实验设备）搭接并分析、调试集成运放应用电路。

情感目标

对集成运放的各种应用电路产生兴趣，相信自己能够完成各种常用集成电路的分析和简单应用。

7.1　集成运算放大器概述

集成运算放大器简称集成运放或运放，是以三极管或场效应管为基本单元的具有高电压放大倍数的多级放大电路。在其输入端和输出端之间连接外部负反馈，可以方便地实现加、减、乘、除、积分与微分等多种数学运算。随着集成电路的工艺水平和制造技术的不断提高，各种高性能运放产品应运而生，从而极大地促进了应用电子技术的发展。时至今日，运放的应用已远远超出数学运算的范畴，遍及电子信号测控的各个领域。本章主要介绍集成运放的外特性和一些常用电路。

7.1.1 集成运算放大器的组成及电路符号

无论是小规模、中规模，还是大规模的集成运算放大器，其内部均由图 7-1 所示的 4 个部分组成。其中，输入级采用差动放大电路，它具有温漂小和输入电阻较高的特点，用于放大微弱的输入信号；中间级在尽量提高通频带的情况下，能够实现较高的电压增益；输出级一般为互补对称的功率放大电路，用来提高集成运放的输出电流和功率，它具有输出电阻小、带负载能力强的特点；偏置电路用于提供各级放大电路的直流偏置，通常采用恒流源电路，起到稳定各级静态工作点和抑制温漂的作用。

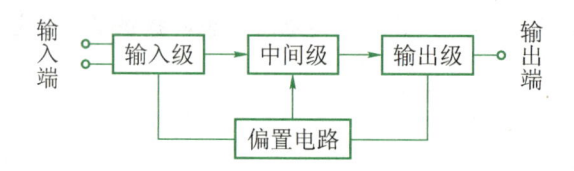

图 7-1 集成运算放大器的组成框图

集成运放是一种多端电子器件，它有两个对地输入端 u_- 和 u_+，一个输出端 u_o，还有正、负两个电源端 U_{CC} 和 $-U_{EE}$，以及两个外接调零电位器端。集成运放的电路符号如图 7-2 所示，其中，图 7-2（a）为国标符号，图 7-2（b）为另一种常见符号。符号中的"$-$"端为反相输入端，表明该端与输出端的信号相位相反；"$+$"端为同相输入端，表明该端与输出端的信号相位相同。集成运放常见的外形是图 7-3 所示的双列直插式。

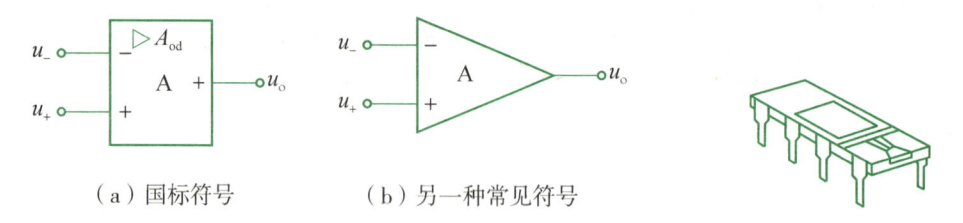

（a）国标符号　　（b）另一种常见符号

图 7-2 集成运算放大器的电路符号　　**图 7-3 常见集成运算放大器的外形图**

7.1.2 集成运算放大器的主要参数

集成运放的参数很多。对于一般分析使用，主要可依据以下几种：

（1）开环差模电压放大倍数 A_{od}。它指运放输入端与输出端之间未接任何反馈元件，即运放开路情况下的差模电压放大倍数。开环差模电压放大倍数等于输出电压 u_o 与输入电压 $u_i = u_+ - u_-$ 之比。通常，集成运放的 A_{od} 为 $10^4 \sim 10^7$。

（2）差模输入电阻 R_{id} 和差模输出电阻 R_{od}。R_{id} 为输入差模信号时运放的输入电阻，其数值越大，对信号源的影响越小。R_{id} 通常为几十千欧至几十兆欧。R_{od} 为输入差模信号时运放的输出电阻，其数值越小，说明运放带负载的能力越强。R_{od} 通常为 $100 \sim 300\ \Omega$。

（3）输入失调电压 U_{IO} 和输入失调电流 I_{IO}。由于差动对管 U_{BE} 不完全对称，所以通常的运放在输入为零时输出不为零，需要外接调零电位器进行补偿，这个补偿电压折算到输入端的电压值就是输入失调电压 U_{IO}。U_{IO} 越小，说明其对称性越好。U_{IO} 通常为 $1 \sim 10\ mV$。由于差动对管的输入电流不完全对称，所以当输出电压为零时，两个输入端的静态偏置电流之差就称为输入失调电流 I_{IO}，它通常为 $1 \sim 5\ \mu A$。

（4）最大输出电压 U_{opp}。它是在规定的电源电压下，运放的最大不失真输出电压的峰值。在运放双电源的标称工作电压为 $\pm 15\ V$ 时，它一般可以达到 $\pm 13\ V$。

（5）共模抑制比 K_{CMR}。它反映了运放对共模信号的抑制能力，等于差模电压放大倍数与共模电压放大倍数之比的绝对值。其值越大越好，用分贝表示，通常为 $80 \sim 160\ dB$。

（6）开环带宽 f_h。它是运放开环电压的放大倍数随信号频率升高而下降 3 dB 时的频率。实际运放的 f_h 比较低，通常为几赫兹至几十千赫兹。

（7）转换速率 S_R。它是反映运放在大信号情况下对快速变化信号的反应能力的参数。S_R 越大，说明运放的高频特性越好。它通常为 $1.5 \sim 80\ V/\mu s$。

在选择使用集成运放时，一般可选价格便宜的通用型运放，特殊场合下可选择专用型运放。当要求集成运放的精度较高时，应选择低温漂的高精度型；当要求其输出信号反应速度较快时，应选择高速型；当要求其输出电压较高时，应选择高压型。

有关运放的分类和选用方面的具体介绍，请进入国家开放大学学习网的"电工电子技术网络课程"第 8 单元的拓展知识栏目做进一步了解。

7.1.3 理想集成运算放大器

由上述运放参数可知，除了频率特性之外，实际运放的主要性能均优于普通分立元件。为了分析计算方便，常常把集成运放理想化，即把所有越大越好的性能指标均假设为无穷大，把所有越小越好的性能指标均假设为零。一般对集成运放进行分析计算时，常用到的 3 项理想化指标是：① 开环差模电压放大倍数 A_{od} 为无穷大；② 差模输入电阻 R_{id} 为无穷大；③ 差模输出电阻 R_{od} 为零。

运放的线性运用，指运放的输出电压与输入电压始终保持线性的比例关系。根据以上理想化条件，可以得到运放在线性运用时的两点结论：

（1）由于 $R_{id} = \infty$，可得两个输入端的输入电流均为零，即 $i_+ = i_- = 0$。此时输入端如同断路，故称为"虚断"。

（2）由于 $A_{od} = \infty$，可得 $u_i = u_+ - u_- = 0$，即此时输入端如同短路，故称为"虚短"。

运放的非线性运用，指运放的输出电压与输入电压只有在极小的范围内为线性关系，其他情况下输出电压只有高电平和低电平两种状态。由以上理想化条件也可得到两点结论：

（1）两个输入端的输入电流均为零，即 $i_+ = i_- = 0$。

（2）当 $u_+ > u_-$ 时，输出电压 u_o 为高电平 $+U_{OM}$；当 $u_+ < u_-$ 时，输出电压 u_o 为低电平 $-U_{OM}$。

可见，当运放工作在线性放大状态时，运用"虚断"和"虚短"的概念可以大大地简化电路的分析过程。由于实际运放的性能已经接近理想运放，所以不会造成明显的误差。当运放工作在非线性状态时，运放存在两个输出状态，输出电压的高低则取决于两个输入端电压值的比较。

图 7-4 所示为集成运放的电压传输特性。理想运放的传输特性如图中实线所示，实际运放与理想运放的差别就在于 u_i 很小时线性放大区折线的斜率不为无穷大。

由图 7-4 还可以看出，在开环的情况下，由于放大倍数极高，输入电压的线性范围极小，运放根本无法完成设计时希望达到的基本运算功能，所以，必须在其外部引入负反馈网络，以实现正常电压值下的各种运算。

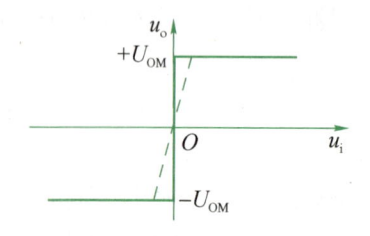

图 7-4 集成运放的电压传输特性

学习活动 7-1

认识理想集成运放的特点

【活动目标】

列举集成运算放大器的理想化条件，描述理想化集成运放的两种工作状态。

【所需时间】

约 20 分钟

【活动步骤】

1. 阅读教材内容"7.1.2 集成运算放大器的主要参数"，正确说出集成运算放大器的主要参数的名称和含义。

2. 阅读教材内容"7.1.3 理想集成运算放大器"，找出描写集成运算放大器理想化的语句，叙述理想化的实际意义和常用到的三项理想化指标。

3. 由三项理想化指标说明"虚断"和"虚短"的含义，根据集成运放的非线性运用的定义在图 7-4 中标明各线段的含义。

4. 💻打开网络课程中关于本单元的练习栏目，按照练习要求完成基本练习。

【反　　馈】

理想运放在现实中并不存在，但用理想运放作为实际运放的简化模型，分析运放应用电路所得的结果与实验结果基本一致，其误差在工程允许的范围之内。在分析实际电路时，除要求考虑分析误差的电路外，还可以把实际运放当作理想运放处理，使分析过程得到合理的简化。

7.2　放大电路中的负反馈

什么是负反馈？电路中引入负反馈能起到哪些作用呢？

事实上，"反馈"这个词在日常工作和生活中经常会遇到，而且在各种实用的电子电路中反馈的应用也是非常普遍的。反馈有正、负之分。在电路中，引入负反馈可以起到改善电路工作性能的作用，正反馈则被广泛应用于波形产生电路中。前面章节学到的射极输出器和差动放大电路中的 R_E 电阻就是一个负反馈电阻，它对静态工作点的稳定起到了很关键的作用。

7.2.1　负反馈的概念

放大器的任务是将输入信号正常放大后输出给负载，信号经输入端传递到输出端。若将输出端的一部分信号通过另一回路回送到输入回路，并与输入信号一起对输入端发挥作用，这种信号反向传递的过程就称为反馈。若反馈信号削弱了原输入信号的作用，则这种反馈称为负反馈；反之，则称为正反馈。

负反馈除了能起到稳定静态工作点的作用之外，还能提高放大倍数的稳定性，改变输入、输出电阻，减小失真，拓展通频带宽等。

图 7-5 所示为带有反馈回路的放大器框图。其中：A 为基本放大电路，它可以是单级或多级放大电路，也可以是集成运放电路；F 为反馈回路，一般由电阻元件组成；符号⊕表示信号的比较环节；$\dot{X}_i$ 为输入信号；$\dot{X}_f$ 为反馈信号；$\dot{X}_d$ 为放大电路的净输入信号；$\dot{X}_o$ 为输出信号。

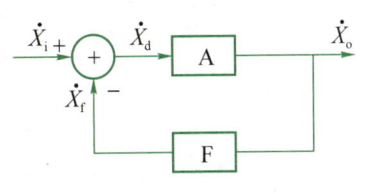

图 7-5　带有反馈回路的放大器框图

由图 7-5 中的比较关系可知，$\dot{X}_d = \dot{X}_i - \dot{X}_f$。当 $\dot{X}_i$ 与 $\dot{X}_f$ 同相时，$\dot{X}_f$ 削弱了 $\dot{X}_i$，使 $\dot{X}_d < \dot{X}_i$，该反馈为负反馈；反之，使 $\dot{X}_d > \dot{X}_i$，该反馈为正反馈。

将 $\dot{X}_f$ 与 $\dot{X}_o$ 之比定义为反馈系数 $\dot{F}$，即 $\dot{F} = \dfrac{\dot{X}_f}{\dot{X}_o}$。由基本放大电路的放大倍数 $\dot{A} = \dfrac{\dot{X}_o}{\dot{X}_d}$ 可得

负反馈放大电路的放大倍数为

$$\dot{A}_\mathrm{f} = \frac{\dot{X}_\mathrm{o}}{\dot{X}_\mathrm{i}} = \frac{\dot{A}}{1+\dot{A}\dot{F}} \tag{7-1}$$

式中：$\dot{A}$ 为开环放大倍数；$\dot{A}_\mathrm{f}$ 为闭环放大倍数。

如果放大电路工作在中频段，反馈回路由纯电阻元件组成，则 $\dot{A}$、$\dot{F}$ 和 $\dot{A}_\mathrm{f}$ 均为实数，分别可以用 A、F 和 A_f 表示。

由于 $AF>0$，所以有 $A_\mathrm{f}<A$。当 $AF\gg 1$ 时，式（7-1）可简化为

$$A_\mathrm{f} \approx \frac{1}{F} \tag{7-2}$$

此时，该负反馈称为深度负反馈。可见，当电路引入深度负反馈时，放大倍数 A_f 可以认为与原放大倍数 A 无关，只取决于反馈回路的反馈系数 F 的大小。

7.2.2 负反馈的基本类型

负反馈放大电路有多种连接形式。根据反馈取自输出电压还是输出电流，负反馈可分为电压负反馈和电流负反馈；根据反馈信号与输入信号的连接方式，负反馈可分为串联负反馈和并联负反馈。它们的不同组合，可以构成 4 种负反馈放大电路的基本类型，下面通过负反馈放大电路的例子进行说明（如图 7-6 所示）。

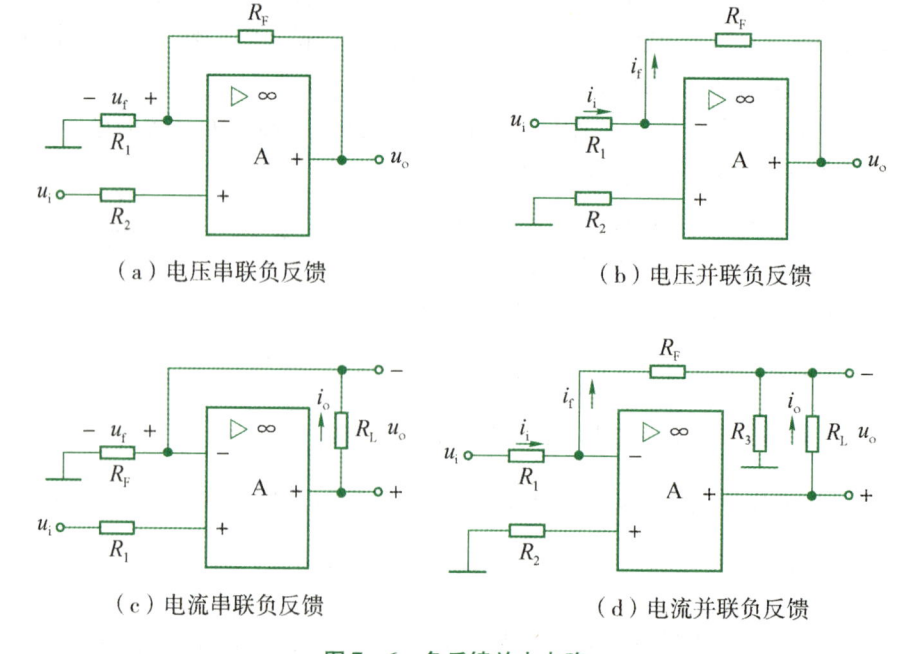

（a）电压串联负反馈　　　　　　　　　　（b）电压并联负反馈

（c）电流串联负反馈　　　　　　　　　　（d）电流并联负反馈

图 7-6　负反馈放大电路

1. 电压串联负反馈

由图 7-6（a）所示电路连接方式可以看出：反馈信号直接取自输出端，它与输出电压相等，所以它是电压反馈；反馈回路是一个电阻元件 R_F，它的另一端接至运放的反相输入端，它对输入信号起到削弱作用，所以它是电压负反馈；由于反馈信号不在放大电路的输入信号的同一输入端，它与输入信号是串联关系，所以该电路是电压串联负反馈放大电路。

2. 电压并联负反馈

图 7-6（b）所示的电路的反馈信号也是直接取自输出端，反馈回路也相同，只是反馈信号与放大电路的输入信号同时接至运放的反相输入端，它与输入信号是并联关系，所以该电路是电压并联负反馈放大电路。

3. 电流串联负反馈

由图 7-6（c）所示电路连接方式可以看出：反馈信号并不是直接取自输出端，而是通过分流电阻取自输出电流，所以它是电流反馈；同样，反馈信号接至运放的反相输入端，而且反馈信号与输入信号是串联关系，所以该电路是电流串联负反馈放大电路。

4. 电流并联负反馈

图 7-6（d）所示的电路的反馈信号也是通过分流电阻取自输出电流，且反馈信号接至运放的反相输入端，但反馈信号与输入信号是并联关系，所以该电路是电流并联负反馈放大电路。

图 7-6 所示的 4 个电路仅仅是为了说明负反馈类型特点的举例，在实际应用中，负反馈电路的类型还有很多，而且反馈回路不仅用到电阻元件，还可以是其他任意元器件。例如，以常用到的 RC 电路作为反馈回路，电路举例如图 7-7 所示。图 7-7（a）中，电容 C 串接在输出回路与输入回路之间，将交流信号反馈到输入回路，该负反馈称为交流负反馈；图 7-7（b）中，将电容 C 连接至输入回路，使反馈到输入回路的交流信号短路，该负反馈称为直流负反馈。所以，反馈元器件不同和接法不同，可以组成功能各不相同的电路。

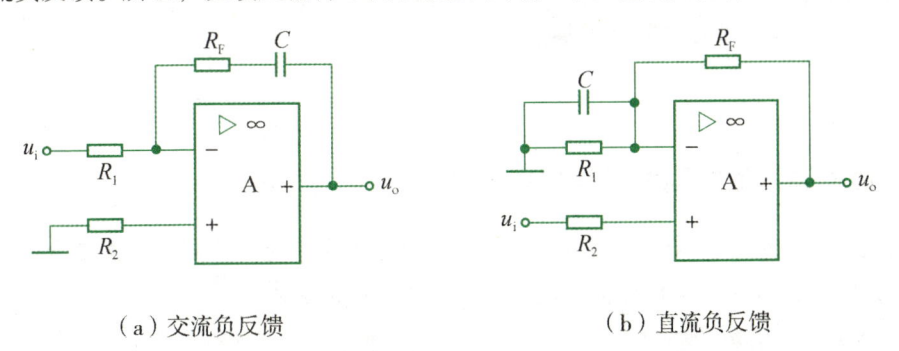

（a）交流负反馈 （b）直流负反馈

图 7-7 反馈回路中有电容的负反馈放大电路

上述负反馈电路的概念可以用来分析在第 6 章介绍的基本放大电路中引入负反馈后的一些实例。图 7-8 所示为单管分压式偏置共射放大电路，它的发射极加了一个电阻 R_E。由于

电阻 R_E 既属于输出回路，也属于输入回路，所以输出信号就会通过它对输入端起到反馈作用。

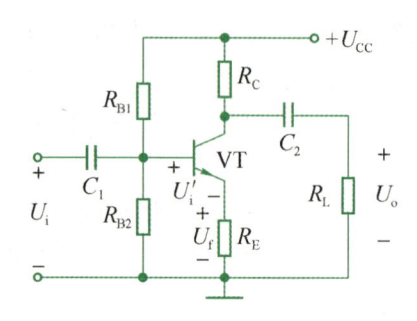

图 7-8　单管分压式偏置共射放大电路

从输入端看，反馈信号 U_f 与净输入信号 U_i' 为串联关系，所以它是串联反馈；从输出端看，$U_f \approx I_C R_E$，即反馈信号 U_f 与输出电流 I_C 成正比，所以它又是电流反馈。

由图 7-8 还可以看到，当输入电压 U_i 增大时，三极管的净输入电压 U_i' 会随之增大，它会引起输出电流 I_C 增大，而 I_C 增大又会引起 U_f 增大。从图 7-8 中各电压瞬时值的极性关系可知，U_f 增大会削弱净输入电压 U_i' 的增大，所以该反馈为负反馈，该电路的反馈类型为电流串联负反馈。

进一步分析还可以证明，该电路还有直流负反馈的功能，对器件的静态工作点有稳定作用。

> 类似于单管分压式偏置共射放大电路，负反馈除了应用于运放电路外，在分立元件电路中还有多种经典应用。你若有兴趣可以进入国家开放大学学习网的"电工电子技术网络课程"第 8 单元的拓展知识栏目做进一步了解。

7.2.3　负反馈对放大电路工作性能的影响

前面提到，电路中引入负反馈可以起到改善电路工作性能的作用。下面结合反馈电路的几种类型及特点，具体介绍负反馈对放大电路工作性能的影响。

1. 提高了放大倍数的稳定性

放大电路容易受环境温度和元器件通电后升温的影响，出现放大倍数不稳定的问题。以图 6-2 所示的三极管基本放大电路为例，如果更换管子，β 就会发生变化，也会引起电压放大倍数的变化。若采用图 7-8 所示电路的电流串联负反馈，虽然 β 值的减小（或增大）会造成放大倍数的变化，但结合净输入电压的增大（或减小），放大倍数只有较小的变化，因此放大倍数相对地得到了稳定。

由式（7-1）所示负反馈放大电路放大倍数的一般关系式可以看出，引入的负反馈深度越深，即$\dot{F}$越大，开环放大倍数$\dot{A}$对闭环放大倍数$\dot{A}_\mathrm{f}$的影响就越小，放大倍数的稳定性就会越高。由式（7-2）还可以看出，若反馈回路由受环境温度影响小的元件组成，则当达到深度负反馈时，放大倍数就非常稳定了。

但是，负反馈对放大倍数稳定性的提高是建立在降低放大倍数的基础上的。所以，合理地设置负反馈的深度，才能兼顾好放大倍数与稳定性之间的关系。可见，对于运放电路，开环电压放大倍数非常高，这就为引入深度负反馈时放大倍数与稳定性的兼顾提供了很大的设置空间。

2. 改善了波形失真

由于器件的特性曲线的非线性，只要在信号放大时信号幅度较大，就会出现输出信号波形的正半周大于负半周的不对称现象，从而造成失真。引入负反馈之后，反馈信号也为正半周大于负半周。由于反馈信号与输入信号的反相关系，净输入信号的正半周受到削弱的程度比负半周时大，从而使输出波形趋于对称，波形失真得到了改善。

3. 展宽了通频带

在中频段，开环放大倍数较高，反馈信号也较强，闭环放大倍数降低也较多；而低频段和高频段的开环放大倍数本来就低，反馈信号也较弱，受负反馈影响较小，所以闭环放大倍数相对中频段时下降自然就少些。这样就起到了展宽通频带的作用，如图7-9所示。图中，f_lf和f_hf分别为负反馈放大电路的下限工作频率和上限工作频率。可见，用负反馈的方法展宽通频带也是以牺牲电路的放大倍数为代价的。

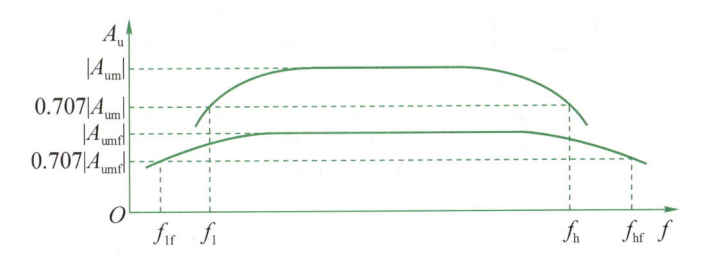

图7-9 负反馈放大电路的频率特性

4. 改变了输入电阻和输出电阻

根据式（6-22）和式（6-23）所示射极输出器的输入电阻和输出电阻的定量分析可知，引入电压串联负反馈，会减小输出电阻，增大输入电阻。同样分析可以得到，引入电流并联负反馈，会增大输出电阻，减小输入电阻。由此可以看出一个规律：串联负反馈能够增大输入电阻；并联负反馈能够减小输入电阻；电流负反馈能够增大输出电阻；电压负反馈能够减小输出电阻。实际分析可以证明，电流负反馈对输出电阻的增大不会像串联负反馈对输入电阻的增大那样明显，而且有时是近似不变的。

7.3 集成运放的线性应用

将集成运放的输出端与反相输入端之间连接成反馈回路，使之进入深度负反馈的工作状态，便可以实现集成运放的线性应用。本节主要介绍比例运算、加法运算、减法运算、积分运算和微分运算等电路的构成特点和基本分析方法。

7.3.1 比例运算

通过电阻元件的电阻值之间的比值关系，确定运放输出电压与输入电压之间比值的运算，称为比例运算。它只有一个输入电压参与运算，输出电压与输入电压的关系完全取决于由电阻元件构成的深度负反馈回路的反馈系数，所以它是电路形式中最简单的运算电路。

1. 反相比例运算

比例运算可由图 7-10 所示的两种电路连接来实现。图 7-10（a）所示电路的输入信号连接在反相输入端，所以其称为反相比例运算电路。输入信号通过 R_1 接入反相输入端，R_F 为反馈电阻，R_2 为同相输入端外接电阻，为了保证运放输入级差动电路的对称性，要求 $R_2 = R_1 /\!/ R_F$。

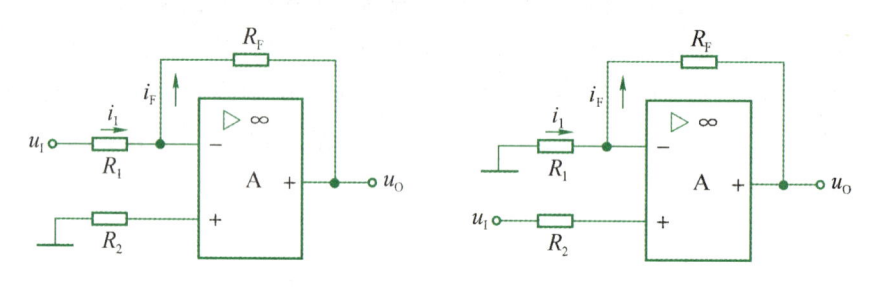

（a）反相比例运算电路　　（b）同相比例运算电路

图 7-10　比例运算电路

由理想运放在线性应用下的结论可以看出，电路中的运放具有"虚断"和"虚短"的特点，即 $i_- = i_+ = 0$，$u_+ - u_- = 0$。由 $i_- = i_+ = 0$ 及电阻 R_2 另一端接地（地电位）又可以推知，R_2 两端的电压为零，所以有 $u_- = u_+ = 0$。这里可以认为：u_+ 端因 $i_+ = 0$ 为地电位，但 u_- 端并没有真正接地，所以称它为"虚地"。

通过以上分析及基尔霍夫电流定律可以得到：$i_I = i_F$，即

$$\frac{u_I - u_-}{R_1} = \frac{u_- - u_O}{R_F}$$

将 $u_- = 0$ 代入上式，即可求得该电路的电压放大倍数为

$$A_{uf} = \frac{u_O}{u_I} = -\frac{R_F}{R_1} \qquad (7-3)$$

可见，反相比例运算电路的输出电压与输入电压的比例关系取决于 R_F 与 R_1 的比值的大小，且两个电压的相位相反。其比值可大于1，也可小于1。若 $R_F = R_1$，则 $A_{uf} = -1$，此时该电路称为反相器。

反相比例运算电路的输入电阻为

$$R_i = \frac{u_I}{i_I} = R_1 \qquad (7-4)$$

由于采用了深度电压并联负反馈，该电路具有电压放大倍数稳定、输出电阻很小、带负载能力很强等特点。另外，同相输入端地电位和反相输入端虚地使运放的共模输入电压很小，因此使用时可以降低对运放的共模抑制比的要求。

2. 同相比例运算

图 7-10 (b) 所示电路的输入信号连接在同相输入端，所以此电路称为同相比例运算电路。它与反相比例运算电路的不同之处在于：输入信号通过 R_2 加到同相输入端，反相输入端通过 R_1 接地。为了保持差动电路的对称性，同样要求 $R_2 = R_1 /\!/ R_F$。

根据"虚断"和"虚短"的特点可知，$i_- = i_+ = 0$，$u_- = u_+ = u_I$，并且 $i_1 = i_F$，即

$$\frac{-u_I}{R_1} = \frac{u_I - u_O}{R_F}$$

经整理可得同相比例运算电路的电压放大倍数为

$$A_{uf} = \frac{u_O}{u_I} = 1 + \frac{R_F}{R_1} \qquad (7-5)$$

可见，同相比例运算电路的输出电压与输入电压的比例关系仍取决于 R_F 与 R_1 的比值的大小，且两个电压的相位相同。但其比值只能在大于等于1的范围内调节，不能小于1。若断开 R_1，则 $A_{uf} = 1$，此时该电路称为电压跟随器，它可以作为多级电路的阻抗转换级或隔离缓冲级。

同相比例运算电路引入的是深度电压串联负反馈，使该电路具有电压放大倍数稳定、输入电阻高、输出电阻低等特点。但运放的两个输入端电压均等于输入电压，相当于输入了共模电压，这使该电路对共模抑制比的要求较高。

例 7-1 在图 7-10 (a) 所示的反相比例运算电路中，已知：$R_1 = 10 \text{ k}\Omega$，$R_F = 25 \text{ k}\Omega$，当输入电压 $u_I = 1 \text{ V}$ 时，试求输出电压 u_O。

解： 由反相比例运算电路的电压放大倍数计算公式可得

$$u_O = -\frac{R_F}{R_1} u_I = -\frac{25}{10} \times 1 = -2.5 \text{ (V)}$$

由于运放是直接耦合器件，所以运放电路既可以放大交流信号，也可以放大直流信号；

在理想化条件下，还可以忽略运放电路信号频率的概念。但是，普通运放器件的实际上限工作频率比三极管电路的要低得多，所以实际运用时应注意运放的这一特点。

学习活动 7-2

反相比例运算电路的设计与测试

【活动目标】

使用真实实验设备或电路仿真软件搭接、调试集成运放电路，认识集成运放的功能和特点。

【所需时间】

约 30 分钟

【活动步骤】

1. 阅读教材内容"7.3.1 比例运算"，注意图 7-10 中反相比例运算电路和同相比例运算电路的连接特点，以及式（7-3）和式（7-5）中各参数的相互关系。

2. 登录网络课程，进入文本辅导栏目和视频讲解栏目，学习有关反相比例运算电路的段落。查找并阅读集成运放 μA741 的性能特点和各引脚的功能。

3. 用集成运放 μA741 设计一个反相比例运算电路，要求在 $R_F = 51 \text{ k}\Omega$ 时，$A_{uf} = -10$。在练习纸上画出电路图，计算并标明电路中所有电阻的阻值。

4. 在电脑上打开电路仿真软件 Tina Pro，按照完成设计的电路从元器件库中调用元器件，连接并生成实验电路，检查有无连接错误。

5. 准备实验设备：函数发生器 1 台、直流稳压电源 1 台、双踪示波器 1 台、万用表 1 只、交流毫伏表 1 只。

6. 用函数发生器分别输入频率为 1 kHz，电压为 0.5 V、1 V 和 2 V 的正弦信号电压，测量电路的输出端电压，并计算电压放大倍数，将结果填于表 7-1 中。用双踪示波器同时观察电路输入端和输出端的波形，注意它们之间的相位关系和波形失真情况。

表 7-1 反相比例运算电路测试结果

输入电压 u_I	输出电压 u_O		计算电压放大倍数 A_{uf}	
	理论值	实测值	理论值	实测值
0.5 V				
1 V				
2 V				

【反　馈】

μA741 为通用型集成运放，它具有较高的开环增益（A_{od}约为2×10^5）、高输入阻抗（R_{id}约为 2 MΩ）及高共模抑制比等特点，这些特点使实测值与理论值很接近。当电路的$A_{uf} = -10$时，电路满足了深度负反馈的条件，因而电路具有电压放大倍数稳定、输出电阻很小、带负载能力很强等特点。

7.3.2　加法运算和减法运算

1. 加法运算

实现输出电压与若干输入电压之和成比例关系的运算电路称为加法运算电路。加法运算电路通常采用图 7-11 所示的反相输入连接来实现。它与图 7-10（a）所示的电路相似，只是在反相输入端连接了多个输入信号，所以称它为反相加法运算电路。同相输入连接也可实现加法运算，但因存在共模干扰和调节不便等缺点而很少采用。

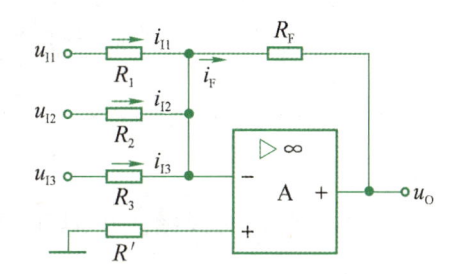

图 7-11　反相求和运算电路

在图 7-11 中，同相输入端通过R'接地，$R' = R_1 /\!/ R_2 /\!/ R_3 /\!/ R_F$。根据"虚断"的特点，各输入电流与反馈电流满足$i_{I1} + i_{I2} + i_{I3} = i_F$的关系，又因反相输入端"虚地"，由此可得

$$\frac{u_{I1}}{R_1} + \frac{u_{I2}}{R_2} + \frac{u_{I3}}{R_3} = -\frac{u_O}{R_F}$$

经变换后可得到输出电压与输入电压的关系为

$$u_O = -\left(\frac{R_F}{R_1}u_{I1} + \frac{R_F}{R_2}u_{I2} + \frac{R_F}{R_3}u_{I3}\right) \quad (7-6)$$

如果电阻满足$R_1 = R_2 = R_3 = R$，则式（7-6）可简化为

$$u_O = -\frac{R_F}{R}(u_{I1} + u_{I2} + u_{I3}) \quad (7-7)$$

可见，反相加法运算电路的输出电压与输入电压之和成比例关系，相位相反。如果改变电路中某一输入回路的电阻，仅会改变该输入电压与输出电压的比例关系，而不影响其他关系。所以，该电路在实际应用中能很方便地根据需要进行调节。

2. 减法运算

实现输出电压与若干输入电压之差成比例关系的运算电路称为减法运算电路。不难想象，既然反相比例运算与同相比例运算的输出结果只差一个负号，那么将两个输入分别通过电阻接在两个输入端，即采用差动输入方式，其输出的结果必然是两者相减。

图 7-12 所示为采用差动输入方式实现的减法运算电路，又称为差动比例运算电路。为了保证电路的对称性，图中 $R_1 = R_2$，$R_3 = R_F$。采用叠加定理不难分析，分别设输入电压 u_{I2} 和 u_{I1} 为零，将所得结果进行叠加，便可得到输出电压 u_O 与输入电压 u_{I1} 和 u_{I2} 的关系为

$$u_O = \frac{R_F}{R_1}(u_{I2} - u_{I1}) \tag{7-8}$$

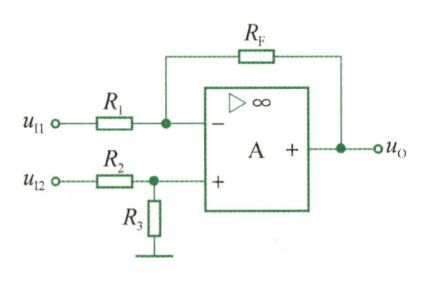

图 7-12 减法运算电路

需要指出的是，差动输入方式的减法运算电路存在共模输入电压 $\left(u_+ = \dfrac{R_3}{R_2 + R_3}u_{I2}\right)$，所以，与同相比例运算电路一样，为了保证运算精度，应选用共模抑制比较高的集成运放。

在工程实践中，还可以选用不同的电路形式实现同一个运算功能，这样尽管增加了器件的数量或增加了电路的复杂程度，但可以使电路的性能得到有效的提高。

例 7-2 图 7-13 所示为两级运放电路，试分析电路的输出电压 u_O 与输入电压 u_{I1} 和 u_{I2} 之间的关系。若 $R_1 = R_{F1}$，$R_2 = R_3 = R_{F2}$，则该电路能够实现何种功能？

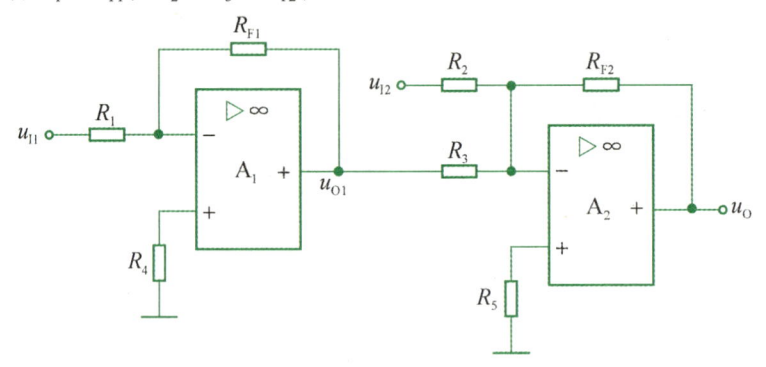

图 7-13 例 7-2 电路

解：由运放 A_1、电阻 R_1 和 R_{F1} 组成的电路结构可知，第一级电路为反相比例运算电路，它的输出电压 u_{O1} 与输入电压 u_{I1} 的关系为

$$u_{O1} = -\frac{R_{F1}}{R_1}u_{I1}$$

由运放 A_2、电阻 R_2 和 R_{F2} 组成的电路结构可知，第二级电路为反相加法运算电路，它的

输出电压 u_O 与输入电压 u_{I2} 和第一级输出电压 u_{O1} 的关系为

$$u_O = -\left(\frac{R_{F2}}{R_2}u_{I2} + \frac{R_{F2}}{R_3}u_{O1}\right)$$

将上两式合并，即可得到输出电压 u_O 与输入电压 u_{I1} 和 u_{I2} 之间的关系为

$$u_O = -\left(\frac{R_{F2}}{R_2}u_{I2} - \frac{R_{F2}}{R_3} \cdot \frac{R_{F1}}{R_1}u_{I1}\right)$$

$$= \frac{R_{F2}R_{F1}}{R_3R_1}u_{I1} - \frac{R_{F2}}{R_2}u_{I2}$$

若 $R_1 = R_{F1}$，$R_2 = R_3 = R_{F2}$，则上式可简化为

$$u_O = u_{I1} - u_{I2}$$

可见，图 7-13 所示电路只要满足上述条件，即可得到非常简单的减法运算结果，所以它是由两级运放构成的减法运算电路。该电路的优点是采用了反相输入方式，减小了对共模抑制比的要求。

7.3.3 积分运算和微分运算

1. 积分运算

根据电容两端的电压 u_C 与流过电容的电流 i_C 之间的积分关系式 $u_C = \frac{1}{C}\int i_C dt$，利用反相比例运算电路的结构和分析方法，可以得到图 7-14 所示的积分运算电路。

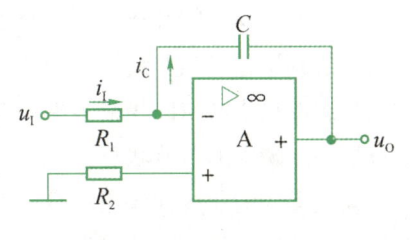

图 7-14 积分运算电路

图 7-14 所示电路与图 7-10（a）所示电路的差别就是用电容 C 替代了电阻 R_F。同样，由"虚地"和"虚断"运放电路的特点可知：$u_O = -u_C$，$i_C = i_I = \dfrac{u_I}{R_1}$，由此可得到积分运算电路中输出电压与输入电压的关系为

$$u_O = -\frac{1}{C}\int i_C dt = -\frac{1}{C}\int \frac{u_I}{R_1}dt = -\frac{1}{R_1 C}\int u_I dt \qquad (7-9)$$

式（7-9）表明，图 7-14 所示电路的输出电压 u_O 与输入电压 u_I 为积分关系，负号表示它们的相位相反。当 u_I 为恒定直流电压 U_I 时，由式（7-9）积分可得

$$u_O = -\frac{U_I}{R_1 C}t \qquad (7-10)$$

可见，在积分运算电路中，输入电压恒定时，运放的输出电压 u_O 与时间 t 呈线性关系，并随时间 t 的增大趋向于饱和，最终等于运放的最大输出电压 $+U_{OM}$ 或 $-U_{OM}$。

2. 微分运算

用电容 C 替代图 7-10（a）中的电阻 R_1，即可得到如图 7-15 所示的微分运算电路。

根据电容两端的电压 u_C 与流过电容的电流 i_C 之间的微分关系式 $i_C = C\dfrac{du_1}{dt}$，利用运放的"虚地"和"虚断"的特点，可得图 7-15 所示电路中的输出电压 u_O 与输入电压 u_1 的关系为

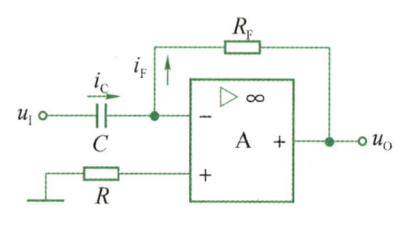

图 7-15 微分运算电路

$$u_O = -R_F i_F = -R_F i_C = -R_F C \frac{du_1}{dt} \tag{7-11}$$

可见，在微分运算电路中，运放的输出电压 u_O 与输入电压 u_1 对时间 t 的微分呈线性关系。若 u_1 恒定，则 u_O 为零。

7.4 集成运放的非线性应用

在不加负反馈的开环运用状态下，集成运放只有很窄的线性工作区，输入电压的稍微增大就会使其迅速进入非线性工作区，并使输出电压达到最大值 $+U_{OM}$ 或 $-U_{OM}$。对于理想运放或在运放输出端与同相输入端加有正反馈时，可以理解为输出状态的转换是跃变的，线性区只是一个瞬间的过渡状态。

集成运放的非线性应用在自动控制、测量技术和通信技术等领域十分普遍，主要有用运放构成的电压比较器、波形发生器和滤波器等，本节主要介绍在机电设备中经常使用的电压比较器和方波发生器。

7.4.1 电压比较器

电压比较器是常用的信号处理电路，它可以对两个输入电压的相对大小进行比较，比较的结果用输出电压的两个电平来区分。其基本电路及电压传输特性如图 7-16 所示。

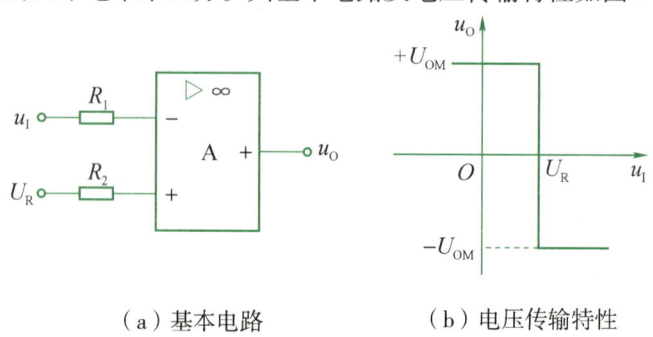

（a）基本电路　　（b）电压传输特性

图 7-16 电压比较器

在图 7 - 16 中，电压 U_R 为用于与输入电压进行比较的一个恒定或可变的电压，称为参考电压或基准电压。当 U_R 为零时，该电压比较器称为过零比较器；当 U_R 随输出电压正负跳变时，还可实现滞回比较的功能，即构成滞回比较器。

由图 7 - 16 (b) 所示电压传输特性可以看出，当 $u_I < U_R$ 时，$u_O = +U_{OM}$；当 $u_I > U_R$ 时，$u_O = -U_{OM}$。所以，电压比较器是依据输出电压的状态来判断输入电压的相对大小的。

7.4.2 方波发生器

用运放电路很容易产生非正弦波，它们在测量设备、计算机、数字系统及自动控制系统中有广泛的用途。非正弦波主要包括矩形波、三角波和锯齿波等，其中方波是正、负半周完全对称的矩形波。这里以方波发生器为例，介绍运放在波形产生方面的应用。

图 7 - 17 (a) 所示为方波发生器电路，图 7 - 17 (b) 所示为它的输出电压波形图。在图 7 - 17 (a) 中，运放是作为一个比较器存在的，比较结果被双向稳压二极管限幅至 $\pm U_Z$，RC 为充放电电路，电阻 R_1、R_2 为起正反馈作用的分压电路，电阻 R_3 为稳压管提供限流保护。假设初始状态，电容两端的电压 u_C 小于电阻 R_1 两端的电压 u_{R1}，此时输出电压 u_O 为正电平 U_Z，它通过电阻 R 对电容 C 充电，并使 u_C 逐渐增大，一旦 u_C 超过 u_{R1}，即图 7 - 17 (b) 中的 U_{TH1}，输出电压必然反转为负电平 $-U_Z$。此时，一方面，$-U_Z$ 经 R_1 和 R_2 分压，使运放的同相输入端电压由原来的 U_{TH1} 变为负电压 U_{TH2}；另一方面，$-U_Z$ 对 RC 电路形成了反向的电压落差，电容 C 上的电压开始通过电阻 R 放电，使 u_C 逐渐趋向于 $-U_Z$。当 u_C 到达 U_{TH2} 时，又会引起新的输出状态反转。如此不断地循环，电路输出端即形成了图 7 - 17 (b) 所示的周期性方波。

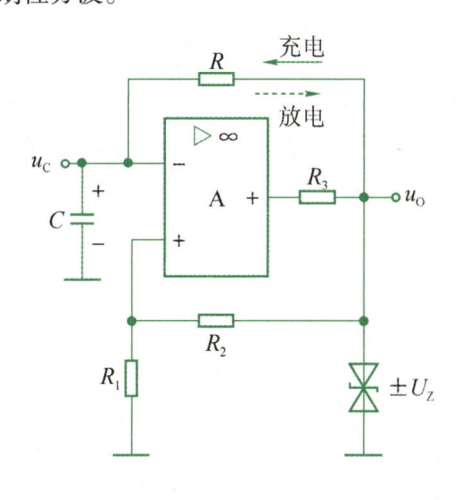

(a) 方波发生器电路　　　　　　　　(b) 输出电压波形

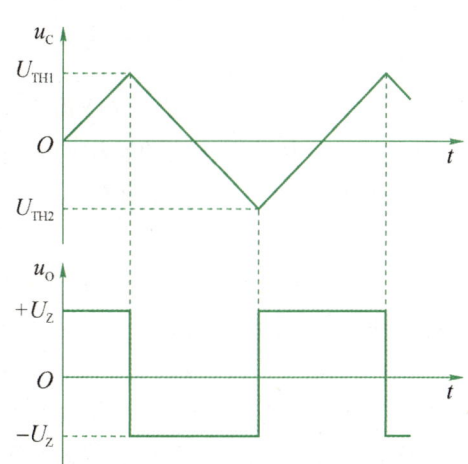

图 7 - 17　方波发生器

通常称引起状态发生变化的输入端的临界点电压 U_{TH1} 和 U_{TH2} 为阈值电压。由图 7 - 17 可见,阈值电压的大小取决于电阻 R_1 和 R_2 的分压比,分压比越小,其绝对值越小,方波的周期越短,即方波的频率越高,反之则方波周期越长、频率越低。另外,方波周期还受 RC 充电、放电速度的影响,RC 值越小,充电、放电速度越快,方波周期越短,反之则周期越长。

7.5 集成稳压电路

7.5.1 串联型直流稳压电路

图 7-18 所示为串联型直流稳压电路,该电路的输入端接整流滤波电路的输出端。图中,三极管 VT 接成射极输出器的形式,在输入电压波动或负载变化时,起到调整输出电压的作用,故又称为调整管;运放 A 为比较放大器;稳压管 VZ 为运放提供基准电压 U_Z,电阻 R_3 为其限流电阻;电阻 R_1、R_2 和 R_W 构成采样电路,从输出电压中分压得到采样电压 U_F,并送到运放的反相输入端与基准电压进行比较。由于调整管 VT 与负载电阻 R_L 为串联连接,故称为串联型直流稳压电路。

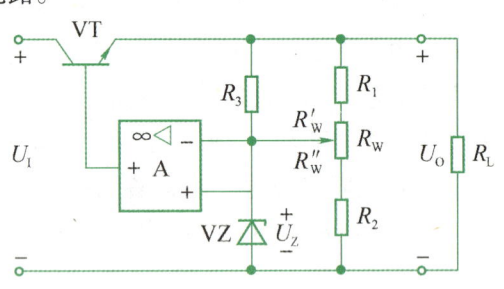

图 7-18 串联型直流稳压电路

在图 7-18 所示的电路中,当电网波动使 U_I 增大时,会引起 U_O 增大,采样电路得到的采样电压 U_F 增大,从而使运放的反相输入电压增大,经反相放大后使运放输出电压即调整管基极电压减小,此时,调整管的 U_{CE} 会迅速增大,并使因 U_I 的增大造成的 U_O 增大得到有效的抑制。

当负载电阻的阻值增大时,会引起 U_O 增大,通过采样、比较、放大后,也会使基极的电压减小,使调整管的 U_{CE} 增大,从而使 U_O 减小。上述调整过程可表示为

$$U_I(或 R_L) \uparrow \to U_O \uparrow \to U_F \uparrow \to U_B \downarrow \to U_{CE} \uparrow \to U_O \downarrow$$

因此,串联型直流稳压电路具有输出电压的可调节功能,其调节范围取决于电阻 R_1、R_2 和 R_W 之间的比例关系,以及稳压管的稳压值。由图 7-18 可知

$$U_O = \frac{R_1 + R_W + R_2}{R_W'' + R_2} U_Z \qquad (7-12)$$

当电位器 R_W 的中间滑动端移至最上端时,$R_W'' = R_W$,输出电压为最小值,即

$$U_{Omin} = \frac{R_1 + R_W + R_2}{R_W + R_2} U_Z \qquad (7-13)$$

当电位器 R_W 的中间滑动端移至最下端时，$R''_W = 0$，输出电压为最大值，即

$$U_{Omax} = \frac{R_1 + R_W + R_2}{R_2} U_Z \qquad (7-14)$$

例 7 - 3 在图 7 - 18 所示的串联型直流稳压电路中，已知稳压管的稳压值 $U_Z = 8$ V，电阻 $R_1 = R_2 = 100$ Ω，$R_W = 300$ Ω，试求：

（1）电路输出电压的调整范围；

（2）若调整管的饱和压降为 2 V，问变压器次级电压至少为多少？

解：（1）由式（7-13）和式（7-14）可得

$$U_{Omin} = \frac{R_1 + R_W + R_2}{R_W + R_2} U_Z = \frac{100 + 300 + 100}{100 + 300} \times 8 = 10 \text{（V）}$$

$$U_{Omax} = \frac{R_1 + R_W + R_2}{R_2} U_Z = \frac{100 + 300 + 100}{100} \times 8 = 40 \text{（V）}$$

所以，电路输出电压调整范围为 10 ~ 40 V。

（2）在稳压电路正常工作状态下，调整管在输出电压为最大值时，U_{CE} 为最小值，为了确保此时的调整管为放大状态，要求 $U_{CE} \geq U_{CES} = 2$ V，所以稳压电路的输入电压应为

$$U_I \geq U_{Omax} + U_{CES} = 40 + 2 = 42 \text{（V）}$$

由式（5-2）所示桥式整流滤波后的输出电压与变压器次级电压有效值之间的关系可得

$$U_2 \geq \frac{U_I}{1.2} = \frac{42}{1.2} = 35 \text{（V）}$$

需要特别注意的是，直流稳压电源是半导体等元器件的大功率运用。在实际使用中，务必注意确保人身安全，电路元器件一定不能超过额定使用功率，且须按照元器件使用要求增加必要的散热装置。

7.5.2 三端集成稳压电路

随着集成电路的发展，集成稳压电路也成了广泛使用的普及型产品。集成稳压电路具有使用简单、价格便宜和稳压效果好等许多优点。集成稳压电路的主要产品有 W7800 系列和 W7900 系列固定式三端稳压器，它们的内部除了有调整管、采样电路、基准电压源和比较放大器等基本模块之外，还包括防止损坏的保护电路等，将它们的输入端接上整流滤波电路即可工作。集成稳压电路的外观有图 7 - 19 所示的金属封装和塑料封装两种。

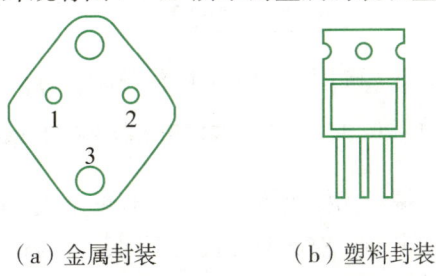

（a）金属封装　　（b）塑料封装

图 7 - 19　三端集成稳压器外形图

图 7-19（a）所示为 W7800 系列的三端集成稳压器，它的 1 端为输入端，2 端为输出端，3 端为公共端。W7800 系列产品的输入、输出均为正电压，固定的输出电压有 5 V、6 V、9 V、12 V、15 V、18 V、24 V 等；不同厂家的型号、名称不外乎在前面的字母上略有区别，但型号的最后两位均用输出电压值表示，如输出为 5 V 的型号有 LM7805、MC7805 或 W7805 等。W7900 系列产品的参数与 W7800 系列基本相同，不同的是它们的输入、输出均为负电压，三个端子中 3 端为输入端，2 端为输出端，1 端为公共端。使用时一定要注意说明提示，以免损坏器件。

图 7-20 所示为固定式三端集成稳压器的应用电路。其中，图 7-20（a）所示为 W7800 系列产品组成的输出正电压的稳压电路，它的输入端接整流滤波电路的输出端。其中，C_1 为输入电容，用于抵消输入端接线的电感效应，防止可能产生的自激振荡，若与滤波电容接近时可以省略；C_0 为输出电容，用于改善暂态响应，使输出端在瞬时增减负载时不会引起电压的较大波动。图 7-20（b）所示为 W7900 系列产品组成的输出负电压的稳压电路，它的工作原理与图 7-20（a）所示的相同。图 7-20（c）所示为同时输出正、负电压的上下对称结构的稳压电路，电路中变压器的次级中间抽头和两块集成稳压器的公共端接地，以保证两路输出电压分别为要求的正、负极性。

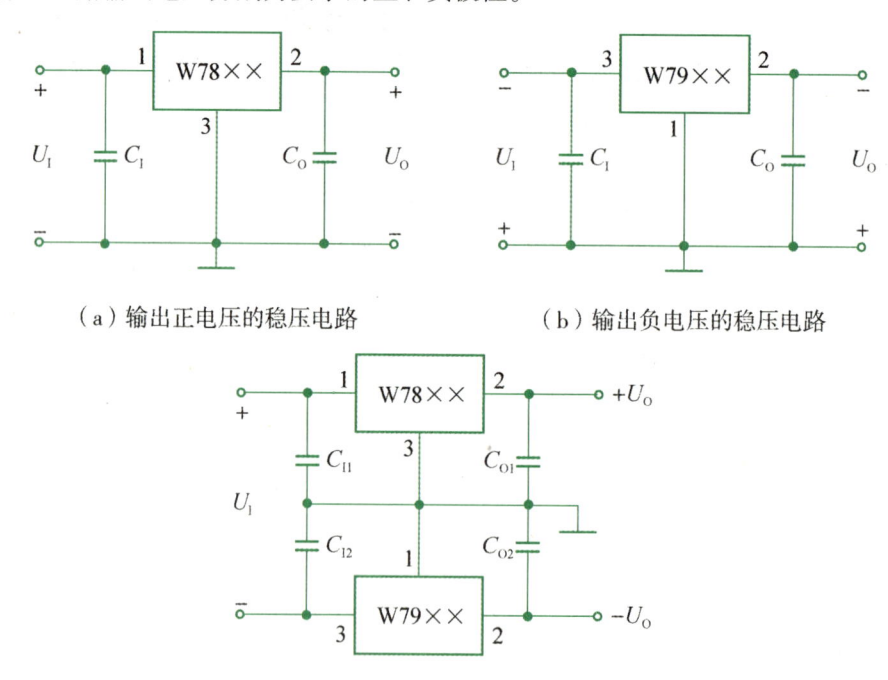

（a）输出正电压的稳压电路　　　　（b）输出负电压的稳压电路

（c）输出正、负电压的稳压电路

图 7-20　固定式三端集成稳压器的应用电路

除了以上介绍的固定式三端集成稳压器之外，还有可调式三端集成稳压器。它的三个端子分别为调整端、输入端和输出端。根据型号系列不同，可调式三端集成稳压器有正电压输出（如 W117、W217、W317）和负电压输出（如 W137、W237、W337）两种。正电压输出和负电压输出的可调式三端集成稳压器的调整端与输出端的内部电压分别恒等于 ±1.25 V，它们的输出电压在 ±1.25 ~ ±37 V 连续可调，其应用电路如图 7-21 所示。

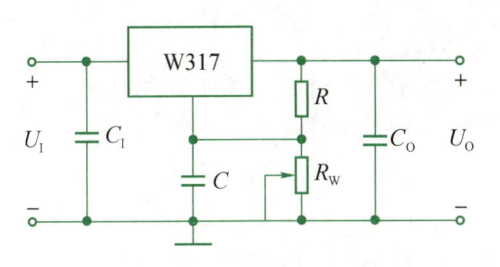

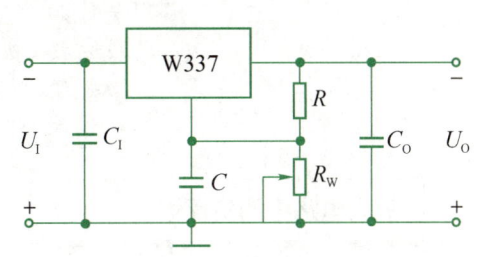

（a）输出正电压的稳压电路　　　　　　（b）输出负电压的稳压电路

图 7-21　可调式三端集成稳压器的应用电路

可调式三端集成稳压器在使用中一定要注意：器件应有足够的散热条件，尤其是当输入电压和输出电流一定时，输出电压越小，三端稳压器的功耗越大。

上述各类稳压电路具有结构简单、成本低和使用方便等特点，但是其调整管始终处在放大状态，器件的功耗大、效率低。所以，在计算机、通信、航空和航天等领域的电子设备中，广泛采用了能够高效率输出直流功率的开关型稳压电源。

你若对开关型稳压电源有兴趣，可进入国家开放大学学习网的"电工电子技术网络课程"第 8 单元的拓展知识栏目做进一步了解。

本章小结

本章主要围绕集成运放的一些基本概念以及线性和非线性工作状态的应用，介绍了几种典型集成运放基本电路的原理。作为第 5 章有关直流稳压电源的补充，本章还介绍了两种集成稳压电源电路。

下列问题包含了本章的全部学习内容，你可以利用以下线索对所学内容做一次简要的回顾。

集成运算放大器概述

- 集成运算放大器内部由哪些部分组成?各部分的作用是什么?
- 集成运放有哪些主要参数?
- 什么是理想的集成电路运放?什么是线性工作状态和非线性工作状态?它们的工作特点是什么?

放大电路中的负反馈

- 什么是负反馈?什么是正反馈?什么是深度负反馈?
- 负反馈放大电路有哪几种类型?
- 负反馈能改善电路的哪些性能?

集成运放的线性应用

- 集成运放的线性应用有什么特点?
- 集成运放在线性应用中包含哪些运算关系?各有什么特点?
- 如何定量分析集成运放线性应用时的输入、输出关系?

集成运放的非线性应用

- 电压比较器是如何起到电压比较作用的?其输出状态的改变与什么因素有关?
- 信号发生器是如何工作的?其信号的周期与哪些电路参数有关?

集成稳压电路

- 本课程中你学到了哪几种直流稳压电源?它们各有什么特点?
- 串联稳压电路的"串联"是什么含义?其输出电压在什么范围内可调?

动手能力培养

- 如何搭接与调试集成运放的应用电路?
- 安装、测试稳压电源主要应注意哪些事项?

到目前为止,你已经完成了电子技术的模拟电路阶段的学习。从半导体器件到集成电路,从单管放大电路到集成电路深度负反馈的应用,你已经学到了模拟电路中常用的多种电路形式和它们的工作原理。有些电路可能与在实际应用中遇到的电路有所不同,感兴趣的同学可以用学到的基本理论和方法对其进行科学的分析和应用。

自测题

一、选择题

7-1 集成运放由输入级、中间级、输出级和偏置电路组成,其中输入级通常采用( )。

A. 负反馈电路 B. 互补对称电路
C. 功率放大电路 D. 差动放大电路

7-2 由理想集成运放的电压放大倍数 $A_{od}=\infty$ 可得 $u_i=u_+-u_-=0$,这说明运放输入端( )。

A. 短路 B. 断路 C. 相当于短路 D. 相当于断路

7-3 由理想集成运放的差模输入电阻 $R_{id}=\infty$ 可得 $i_+=i_-=0$,这说明运放输入端( )。

A. 短路 B. 断路 C. 相当于短路 D. 相当于断路

7-4 集成运放工作在非线性区,当( )时,$u_O=+U_{OM}$。

A. $u_+=u_-$ B. $u_+>u_-$ C. $u_+<u_-$ D. $i_+=i_-$

7-5 为使集成运放工作在线性区,电路中应引入( )。

A. 负反馈 B. 正反馈 C. 电流反馈 D. 电压反馈

7-6 放大电路引入电压串联负反馈,其输出电阻( )。

A. 增大 B. 减小 C. 不变 D. 不一定

7-7 在深度负反馈电路中,若反馈系数 F 减小 50%,闭环放大倍数 A_f 将( )。

A. 增大1倍 B. 减小50% C. 基本不变 D. 不一定变化

7-8 在集成运放电路中引入了深度负反馈,则同相输入端电压和反相输入端电压( )。

A. 近似短路 B. 近似开路 C. 近似接地 D. 两者无关

7-9 串联型直流稳压电路与稳压管稳压电路相比,它最主要的优点是输出电流较大,输出电压( )。

A. 较高 B. 较低 C. 可调 D. 固定

7-10 串联型直流稳压电源的主要缺点是负载电流( ),所以电路中需加保护电路。

A. 容易过大 B. 流过调整管
C. 容易烧毁负载 D. 不稳定

7-11 连接三端集成稳压器的基本应用电路时,输入端、输出端和公共端与地之间一般接（　　）。

　　A. 电阻　　　　B. 电感　　　　C. 电容　　　　D. 稳压二极管

二、判断题

7-12　集成运放的偏置电路的作用是提供差动放大电路的直流偏置，以起到稳定静态工作点和抑制温漂的作用。（　　）

7-13　集成运放理想化，就是将它所有越大越好的性能指标均假设为无穷大，所有越小越好的性能指标均假设为零。（　　）

7-14　运放的非线性运用指运放的输出电压与输入电压无线性关系，输出电压只有高电平和低电平两种状态。（　　）

7-15　当电路引入深度负反馈时，放大倍数 A_f 可以认为与原放大倍数 A 无关，它取决于反馈回路的反馈系数 F 的大小。（　　）

7-16　放大电路引入深度负反馈后，闭环放大倍数 $\dot{A}_f$ 将不受开环放大倍数 $\dot{A}$ 的影响，负反馈深度越深，放大倍数的稳定性就会越高。（　　）

7-17　在由运放构成的积分电路中，输入恒定电压时，输出电压 u_O 与输入电压 u_I 呈线性关系。（　　）

7-18　方波发生器的输出信号的周期受 RC 充电、放电速度的影响，RC 值越小，充电、放电速度越快，方波周期越短，反之则周期越长。（　　）

7-19　串联型直流稳压电源的调整管始终处在开关状态，功耗小，效率高。（　　）

三、简答题

7-20　集成运算放大器内部是由哪几个部分组成的？各个部分的作用是什么？

7-21　什么是输入失调电压 U_{IO} 和输入失调电流 I_{IO}？

7-22　共模抑制比 K_{CMR} 指的是什么？它越大越好，还是越小越好？

7-23　应该如何选择使用集成运放？

7-24　分析计算集成运放的三项理想化指标是什么？

7-25　什么是运放的线性运用？这时的理想运放具有什么特性？

7-26　什么是运放的非线性运用？这时的理想运放具有什么特性？

7-27　什么是负反馈？负反馈一般起什么作用？

7-28　什么是深度负反馈？此时电路的放大倍数如何计算？

7-29　负反馈有哪几种类型？它对放大电路的工作性能有何影响？

7-30　反相比例运算电路和同相比例运算电路各引入的是什么负反馈？对电路的性能各产生什么影响？

7-31　输入电压恒定时，由运放构成的积分电路和微分电路的输出电压 u_O 会发生什么变化？为什么？

7-32　图 7-17 所示的方波发生器的振荡频率与哪些电路参数有关？若需要增大或降

低频率，应如何调节？

7-33　在串联型直流稳压电路中，各部分的作用是什么？当输入电压和负载变化时，它是如何工作的？

7-34　三端集成稳压器具有哪些优缺点？它分为哪两类？使用时应注意什么？

四、分析计算题

7-35　判断图7-22所示电路的反馈类型，并说明图中负反馈对电路性能的影响。

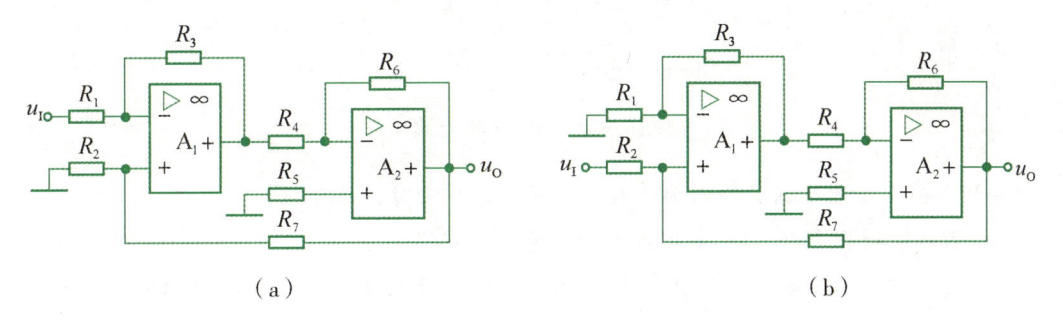

图7-22　题7-35电路

7-36　在图7-23所示的电路中，已知 $R_1=R_3=R_6=R_7=R_8=5\text{ k}\Omega$，$R_4=R_9=R_{10}=10\text{ k}\Omega$，试求：

（1）R_2 和 R_5 应选用多大的电阻；

（2）u_{O1}、u_{O2} 和 u_O 的表达式；

（3）当 $u_{I1}=0.2\text{ V}$、$u_{I2}=0.5\text{ V}$ 时，输出电压 u_O 的值。

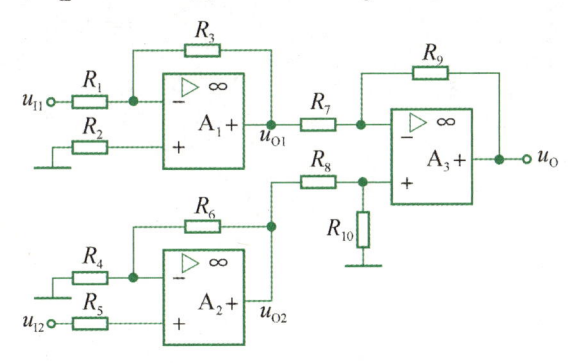

图7-23　题7-36电路

7-37　分析图7-24所示电路中 A_1 和 A_2 分别是何种电路，并列出 u_O 的表达式。

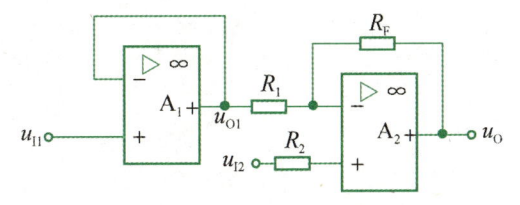

图7-24　题7-37电路

7-38 电路如图 7-25 所示，已知 $u_{I1}=1$ V，$u_{I2}=2$ V，$u_{I3}=3$ V，$u_{I4}=4$ V，$R_1=R_2=2$ kΩ，$R_3=R_4=R_F=1$ kΩ，试求该电路的输出电压 u_O。

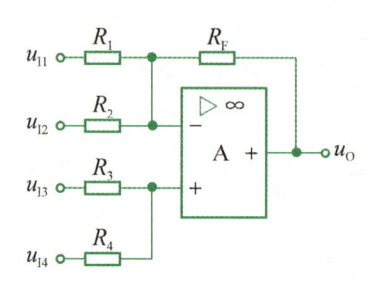

图 7-25 题 7-38 电路

7-39 当电压比较器的输入为无直流分量的正弦波时，试分析：

（1）若基准电压 U_R 为零，电路输出会是怎样的波形？

（2）若小于正弦波振幅的基准电压 U_R 随正弦波做正负变化，则电路输出会是怎样的波形？并画出输入、输出电压对应的波形示意图。

7-40 在图 7-18 所示的串联型直流稳压电路中，已知稳压管的稳压值 $U_Z=6$ V，电阻 $R_1=R_2=100$ Ω，$R_W=300$ Ω，调整管饱和压降为 2 V，试求：

（1）电路输出电压调整范围；

（2）变压器次级电压的最小值。

第 8 章
组合逻辑电路

导　言

从本章开始你将进入"数字电子技术"部分的学习阶段。如前所述，当需要处理的电信号为一系列不连续变化的脉冲波时，该信号即为数字信号，需要用数字电路来完成信息的处理。相对于模拟电路，数字电路具有抗干扰性强、精度高、便于集成等特点，广泛应用于电子通信、自动控制与测量系统，尤其在电子信息技术领域，数字电路起到了不可替代的作用。

实际上，"数字电路"的内涵是数字逻辑电路，它分为组合逻辑电路和时序逻辑电路两大类。本章将从数制变换、二进制编码、逻辑代数的基本定律等有关数字信号基础知识的介绍开始，重点介绍构成组合逻辑电路最常用的几种逻辑门电路的特点与应用，以及常用中规模组合逻辑电路的功能与应用，为后续学习时序逻辑电路打下基础。

学习目标

认知目标
1. 运用数制转换规则完成转换运算。
2. 运用逻辑代数的基本定律和运算法则完成逻辑运算。
3. 列举由与、或、非三种逻辑关系实现的几种常用逻辑门电路的类型，并叙述它们的逻辑功能。
4. 用真值表、逻辑函数表达式、逻辑电路图和波形图，描述逻辑电路输入与输出之间的逻辑关系。
5. 区别 TTL 门电路与 COMS 门电路的特点。
6. 叙述组合逻辑电路的特点，运用组合逻辑电路的分析方法分析简单组合逻辑电路的逻辑关系。
7. 复述常用中规模组合逻辑电路的功能特点，以及输入端、输出端之间的逻辑关系。

技能目标
使用电路仿真软件 Tina Pro 搭接逻辑电路，并对该电路进行仿真分析。

情感目标
体会逐步掌握数字电路这一新知识的成就感。

8.1 数制与编码

8.1.1 数字电路与逻辑代数的概念

从本章起开始介绍数字电路的基础知识。数字电路与模拟电路不同,其内部的电路器件如二极管、三极管、场效应管等,一般处于截止或导通的工作状态,即数字开关状态,输入、输出只有高、低两种电位(或两种电平)。

模拟电路及数字电路工作时的电压波形图如图 8-1 所示。该波形是由本教材统一使用的电路仿真软件 Tina Pro 生成的:图 8-1(a)所示为模拟电路中某节点上的电压波形图,其特点是从时间轴看,电压幅值的变化具有连续性。与模拟电压波形不同,图 8-1(b)所示为数字电路中某器件管脚上的电压波形图,以高电位 H 和低电位 L 来表达其电压幅值,其特点是电压幅值的变化方式是离散的,或者说是不连续的,这是典型的数字信号。

(a)模拟电路电压波形图　　(b)数字电路电压波形图

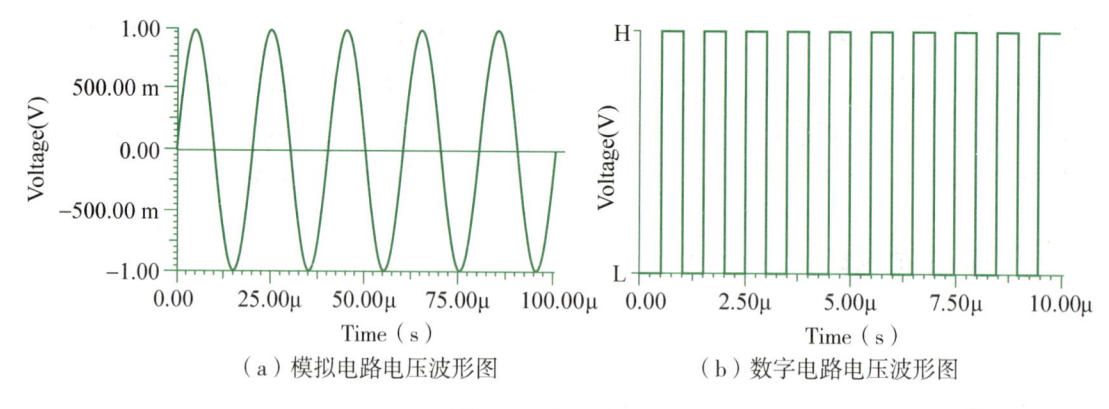

图 8-1　电压波形图

数字电路是用于产生、传递、加工和处理数字信号的电路。学习数字电路,首先需学习数制与编码的概念,这是逻辑代数的基础知识。

8.1.2 十进制数、数制与编码

十进制是数制的一种,为我们所熟知。例如 5 607.23,将其写成数制形式,其表达式应为

$$(5\ 607.23)_{10} = 5 \times 10^3 + 6 \times 10^2 + 0 \times 10^1 + 7 \times 10^0 + 2 \times 10^{-1} + 3 \times 10^{-2}$$

其中,等式左端十进制数 $(5\ 607.23)_{10}$ 的下脚标 10 表示该数为十进制,10 称为"基数";等式右端展开式中,10 的幂称为"权",如 10^3、10^2、10^1、10^0 等;将 5、6、0、7 称为权 10^3、10^2、10^1、10^0 的"系数"。

十进制数有 10 个数字,即 0、1、2、3、4、5、6、7、8、9,其运算规则是"逢十进一"。与此对照,下面介绍二进制、十六进制和 8421BCD 码等常见数制。

8.1.3 二进制数、十六进制数和 8421BCD 码

1. 二进制数

二进制数只有 2 个数字，即 0 和 1，其运算规则是"逢二进一"。二进制数的基数为 2；权是基数 2 的幂，如 2^3、2^2、2^1、2^0 等。例如，一个二进制数 11010.11 的表达式为

$$(11010.11)_2 = 1 \times 2^4 + 1 \times 2^3 + 0 \times 2^2 + 1 \times 2^1 + 0 \times 2^0 + 1 \times 2^{-1} + 1 \times 2^{-2}$$

按"逢二进一"的运算规则，$0+0=0$，$0+1=1$，$1+1=0$ 并产生进位。例如，两个二进制数 101、001 相加，其结果是二进制数 110。注意：运算时应当从最低位权的系数相加开始。上例中，权 2^0 对应的系数 1 和 1 相加，结果为 0，并向高位权 2^1 进位，使其系数为 $0+0+1$（进位）$=1$，而权 2^2 对应的系数 1 和 0 相加，结果仍为 1。

例 8-1 写出 $(101101)_2$ 所对应的十进制数。

解：$(101101)_2 = 1 \times 2^5 + 0 \times 2^4 + 1 \times 2^3 + 1 \times 2^2 + 0 \times 2^1 + 1 \times 2^0$
$= 1 \times 32 + 0 \times 16 + 1 \times 8 + 1 \times 4 + 0 \times 2 + 1 \times 1 = (45)_{10}$

> ☞ **注意**：
> 应当记住的几个常用数据，即 $2^7 = 128$，$2^6 = 64$，$2^5 = 32$，$2^4 = 16$，$2^3 = 8$，$2^2 = 4$，$2^1 = 2$，$2^0 = 1$。

例 8-2 将两个二进制数 101101 和 101110 相加。

解：
$$101101 + 101110 = 1011011$$

即
$$(45)_{10} + (46)_{10} = (91)_{10}$$

2. 十六进制数

十六进制数含有 16 个数字，即 0、1、2、3、4、5、6、7、8、9、A、B、C、D、E、F。其中，A 相当于十进制数的 10，或二进制数的 1010，可表达为 $(A)_{16} = (10)_{10} = (1010)_2$。类似地，$(B)_{16} = (11)_{10} = (1011)_2$，$(C)_{16} = (12)_{10} = (1100)_2$，$(D)_{16} = (13)_{10} = (1101)_2$，$(E)_{16} = (14)_{10} = (1110)_2$，$(F)_{16} = (15)_{10} = (1111)_2$。

由此可以看出，每一个十六进制数均可由一个 4 位二进制数构成，这便于书写或向计算机输入数据。由二进制数转换成十六进制数的方法较为简单：将二进制数由小数点开始，分为左、右两部分，在每一部分中，每四位分成一组，每组则构成一位十六进制数。

例 8-3 将二进制数 110100110.01 写成对应的十六进制数。

解：按"每四位一组"的方式，当不能恰好构成 4 位一组时，在整数的高位、小数的低位补零，于是有

```
             0001 1010 0110 . 0100
对应地，  1     A    6  . 8
```
则 $(110100110.01)_2 = (1A6.8)_{16}$

显然，向计算机输入十六进制数 1A6.8 比输入二进制数 110100110.01 更为简便。

3. 二—十进制码

在计算机数据库及数字电路应用中，还常使用一种"二—十进制"数，即以 4 位二进制数表示一位十进制数。例如，将 9 表达为 1001（注意，不是 01001）。这实际上是用一组代码表达一个十进制数，故称其为"二—十进制码"，或 BCD 码（Binary Coded Decimal）。其中，最常见的二—十进制码是 8421BCD 码。

8421 码的含义易于理解，其权从左向右依次是 8、4、2、1，例如，$(9)_{10} = 1 \times 8 + 0 \times 4 + 0 \times 2 + 1 \times 1 = (1001)_{8421码}$。

4. 数制的转换

在数字电路中，常用到二进制数、十六进制数和二—十进制数。前文介绍了在任意两种数制之间进行转换运算的方法：二进制数按其展开式来表达，可得到十进制数；按"每四位一组"的方式表达，可得到十六进制数。这些运算过程较为容易。然而，将十进制数转换成二进制，计算过程则较为烦琐。实际上，通常可直接使用计算器进行不同数制间的数值转换：计算器的输入数据可以是十进制数、二进制数、十六进制数等。例如，一个二进制数 1011，经计算器运算，可转换为十六进制数，直接得到结果为 B。

8.2 逻辑代数及其三种基本运算

8.2.1 逻辑代数的基本概念

逻辑代数是按照一定的逻辑规律进行运算的代数。和普通代数一样，逻辑代数中的逻辑变量一般用字母 A、B、C…表示，而其取值只有逻辑 1、逻辑 0 两种。注意：此时的 1 或 0 并不代表数值的大小，而只是表示事物相对立的两方面。例如，用逻辑 1 代表"正电位 5 V"、用逻辑 0 代表"负电位 0 V"；又如，用逻辑 1 代表一个开关的"打开"状态，用逻辑 0 代表开关的"闭合"状态；等等。

逻辑变量可以被赋值 1 或 0，例如 $A = 1$、$B = 0$ 等，此处 1 和 0 称为逻辑常量。这时，称逻辑变量 A 为 1，或简称 A 为 1。

逻辑代数中有三种基本运算，分别称为"与""或""非"运算。若 A、B 是逻辑变量，则逻辑表达式 $A \cdot B$ 称为"与"运算；逻辑表达式 $A + B$ 称为"或"运算；$\overline{A}$ 是第三种基本逻辑运算，称为"非"运算或"取反"运算，简称"A 反"。

若 A、B、F 都是逻辑变量，则称逻辑表达式 $F = A + B$ 为逻辑等式。其中，F 既是逻辑变量，同时又是逻辑变量 A 和 B 的函数，故称为逻辑函数 F。逻辑表达式 $F = A \cdot B + C \cdot D$ 称为"与 - 或"表达式，$A \cdot B$、$C \cdot D$ 是两个与项。

下面具体学习与、或、非三种基本逻辑运算。

8.2.2 与运算

与运算（与逻辑、逻辑乘）是三种基本逻辑运算之一，运算符号为"·"，逻辑运算关系为

$$0 \cdot 0 = 0, \ 1 \cdot 0 = 0, \ 0 \cdot 1 = 0, \ 1 \cdot 1 = 1$$

$F = A \cdot B$ 是一个逻辑与表达式，表示仅当逻辑变量 A 与 B 同时为 1 时，逻辑函数 F 为 1；否则 F 为 0。由多个逻辑变量构成的与运算，仅当这些变量都同时为 1 时，与运算的结果才为 1，否则均为 0。例如，当 $A = 1$、$B = 1$，即 A"与"B 同时为 1 时，$F = A \cdot B = 1$。换言之，在与运算中，只要有一个逻辑变量为 0，其运算结果就为 0。

> ☞ 注意：
> 与运算逻辑表达式 $F = A \cdot B$，也常被写成 $F = A \times B$ 或 $F = AB$ 等形式。

与运算的逻辑关系还可以用一张表格来表达，一般称其为真值表。真值表的功能是列举出逻辑变量各种取值组合的可能性，以及其所对应的运算结果，即函数值。以 $F = A \cdot B$ 为例，表达其逻辑运算关系的真值表如表 8-1 所示。

表 8-1　$F = A \cdot B$ 真值表

A	B	F
0	0	0
0	1	0
1	0	0
1	1	1

> ☞ 注意：
> 表 8-1 包含了逻辑变量各种取值组合的可能性。对于两个逻辑变量 A、B，它们的各种取值组合形式分别是：00、01、10、11；对于 A、B、C 三个逻辑变量，它们各种取值组合形式分别是：000、001、010、011、100、…、111，即对应十进制数的 0、1、2、3、4、…、7。

下面是与运算在一个简单数字电路中应用的例子。

例 8-4　图 8-2 所示是一个用串联开关连接的电路图，其工作状态如表 8-2 所示。

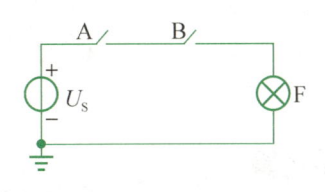

图 8-2　串联开关电路图

表 8-2　串联电路工作状态表

开关 A	开关 B	灯 F
断	断	灭
断	通	灭
通	断	灭
通	通	亮

开关 A、B 是构成该数字电路的器件，断开或闭合是其两种工作状态。灯泡 F 的工作状态也是两种：熄灭或点亮。由图 8-2 所示的电路图或表 8-2 所示的工作状态可知，仅当开关 A 与 B 同时闭合（接通）时，灯泡 F 才能被点亮，电路的这种工作关系可以用与运算的

逻辑关系来表达。

将表8-2与表8-1联系起来，用逻辑变量A、B表示开关A、B的状态，并定义逻辑值为1时开关闭合，逻辑值为0时开关断开。用逻辑函数F表示灯泡F的状态，F=1为点亮，F=0为熄灭。这样，用文字表达的工作状态表（表8-2）可以用形式更为简洁的真值表（表8-1）来表达。若将开关电路图、工作状态表、真值表等统一用逻辑表达式F=AB来概括表达，则其形式更为简洁。

> ☞ 注意：
> 通过例8-4的学习，已经将数字电路与逻辑代数紧密地联系起来了。

8.2.3 或运算

或运算（或逻辑、逻辑加）是三种基本逻辑运算之一，运算符号为"+"，逻辑运算关系为

$$0+0=0, \ 1+0=1, \ 0+1=1, \ 1+1=1$$

$F=A+B$ 是一个逻辑或表达式，表示当 $A=1$（B可以是0、1）或 $B=1$（A可以是0、1）时，$F=A+B=1$；只有当 $A=0$、$B=0$ 时，才有 $F=0$。在或运算中，只要有一个逻辑变量为1，其运算结果就为1。

同叙述与运算的过程相仿，图8-3所示为并联开关电路，其工作状态表如表8-3所示，真值表如表8-4所示，三者一同联系起来：用逻辑变量A、B分别代表开关A、开关B的工作状态，逻辑变量取值1表示开关闭合，逻辑变量取值0表示开关断开；并用逻辑函数F表达灯泡的工作状态，即F=1为点亮，F=0为熄灭。该数字电路所实现的功能，可用逻辑函数来表达，即 $F=A+B$。

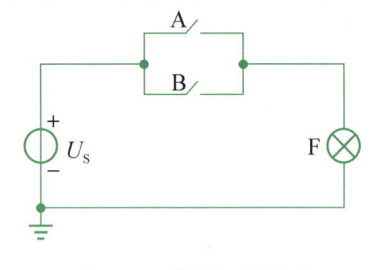

图8-3 并联开关电路

表8-3 并联电路的工作状态表

开关A	开关B	灯F
断	断	灭
断	通	亮
通	断	亮
通	通	亮

表8-4 $F=A+B$ 真值表

A	B	F
0	0	0
0	1	1
1	0	1
1	1	1

8.2.4 非运算（逻辑反）及其他常用逻辑运算

非运算（逻辑反）是三种基本逻辑运算之一。逻辑变量为A的非运算为 $\overline{A}$，读作A反。A称为原变量，$\overline{A}$ 称为反变量。非运算的逻辑关系为

$$\overline{0}=1, \ \overline{1}=0$$

在图 8-4 所示的开关电路中，当开关闭合时，灯泡点亮。设逻辑变量 $A=1$，表示开关断开；$A=0$ 表示开关接通；此时，$F=1$ 表示灯泡点亮，故 $F=\bar{A}$ 是实现该数字电路功能的"反"逻辑函数表达式。当 $A=0$，$\bar{A}=1$，即 $F=\bar{A}=1$ 时，开关闭合，灯光点亮。表示上述电路逻辑反关系的工作状态表、真值表分别如表 8-5 和表 8-6 所示。

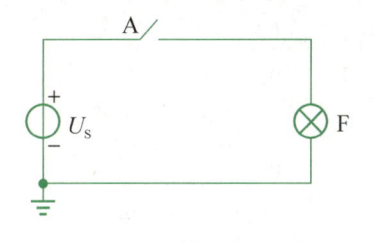

表 8-5 逻辑反电路的工作状态表

开关A	灯F
断	灭
通	亮

表 8-6 $F=\bar{A}$ 真值表

A	F
1	0
0	1

图 8-4 逻辑反开关电路图

由逻辑代数的三种基本运算，即与、或、非运算可以构成其他更为复杂的逻辑运算。以下是数字电路中几种常用的逻辑运算。

与非运算：$F=\overline{A \cdot B}$，即对 A、B 的与运算结果取反，其真值表如表 8-7 所示，仅当 $A=B=1$ 时，$F=0$。

或非运算：$F=\overline{A+B}$，即对 A、B 的或运算结果取反，其真值表如表 8-8 所示，仅当 $A=B=0$ 时，$F=1$。

异或运算：$F=A \oplus B=\bar{A} \cdot B + A \cdot \bar{B}$，其真值表如表 8-9 所示，仅当 A 与 B 的取值相"异"时，例如 $A=1$、$B=0$ 或 $A=0$、$B=1$ 时，$F=1$。

表 8-7 与非运算真值表

A	B	F
0	0	1
0	1	1
1	0	1
1	1	0

表 8-8 或非运算真值表

A	B	F
0	0	1
0	1	0
1	0	0
1	1	0

表 8-9 异或运算真值表

A	B	F
0	0	0
0	1	1
1	0	1
1	1	0

与、或、非是逻辑代数中构成所有逻辑关系的最基本形式，在数学上理解与逻辑、或逻辑和非逻辑是理解真正数字电子技术的基础，与非、或非、与或非、异或等也是数字电路中应用最广的逻辑关系。建议你进入国家开放大学学习网的"电工电子技术网络课程"第 9 单元，通过逻辑表达式、真值表和波形图进一步理解这部分内容，也可打开本课程数字教材第 8 章，学习相关内容。

8.3 逻辑代数的基本定律和规则

逻辑代数的基本定律又称为基本公式。

逻辑代数的基本公式用一个由等号连接的逻辑表达式来表达。验证逻辑表达式正确性的一种方法是：对等号两边的逻辑运算结果列出真值表，并加以对比。例如，对交换律 $A+B=B+A$ 进行验证，其结果可见表 8 – 10 所示的真值表。显然，$A+B$ 与 $B+A$ 两者的逻辑运算结果完全相同，这表明：$A+B=B+A$ 基本公式成立。

表 8 – 10 对交换律 $A+B=B+A$ 验证的真值表

A	B	$A+B$	$B+A$
0	0	0	0
0	1	1	1
1	0	1	1
1	1	1	1

真值表能用于验证逻辑代数的定律的正确性，其原因是：真值表列举了逻辑函数中各逻辑变量的取值及其组合的各种可能性；在逻辑变量各种取值情形下，若逻辑等式两边的逻辑运算结果都是完全相同的，则表明该等式关系成立，或称该逻辑等式成立，即该运算定律或公式是正确的。

1. 基本定律

（1）交换律：$A+B=B+A$；$AB=BA$。

（2）结合律：$A+(B+C)=(A+B)+C$。

（3）分配律：$A \cdot (B+C)=AB+AC$。

（4）0 – 1 律（变量与常量的运算关系）：$A+1=1$；$A+0=A$；$A \cdot 0=0$；$A \cdot 1=A$。

（5）互补律：$A \cdot \overline{A}=0$；$A+\overline{A}=1$。

（6）重叠律（等幂律）：$A+A=A$；$A \cdot A=A$。

（7）双否律（对合律）：$\overline{\overline{A}}=A$（对原变量取两次非运算，其结果为原变量，即对反变量的反运算的结果仍为原变量）。

（8）吸收律：$A+A \cdot B=A$（AB 项被吸收了）；$A+\overline{A} \cdot B=A+B$（变量 $\overline{A}$ 被吸收了）。

（9）反演律：$\overline{A+B}=\overline{A} \cdot \overline{B}$；$\overline{A \cdot B}=\overline{A}+\overline{B}$。

这些基本规律都是逻辑运算中常用的重要公式，应当牢记。在本教材中，双否律、反演律是最为重要和常用的。

例 8 – 5 用真值表验证反演律 $\overline{A+B}=\overline{A} \cdot \overline{B}$。

解：列出 $\overline{A+B}=\overline{A} \cdot \overline{B}$ 的真值表，如表 8 – 11 所示。

表 8-11 对反演律验证的真值表

A	B	$A+B$	$\overline{A+B}$	$\overline{A}$	$\overline{B}$	$\overline{A} \cdot \overline{B}$
0	0	0	1	1	1	1
0	1	1	0	1	0	0
1	0	1	0	0	1	0
1	1	1	0	0	0	0

通过表 8-11 可知，$\overline{A+B}$ 与 $\overline{A} \cdot \overline{B}$ 两列的内容完全相同，表明反演律成立。

2. 基本规则

逻辑代数运算有三个重要的基本规则，具体如下：

（1）代入规则。在任何一个逻辑等式中，对等式两边的同一个逻辑变量都用另一个逻辑函数代入（替代）该变量，则新的逻辑等式依然成立。

例 8-6 若 $C \cdot (A+B) = C \cdot A + C \cdot B$，设一个逻辑函数 $F = D \cdot E + F$，并将 F 代入等式中的某一个逻辑变量，如代入 B 中，则新等式依然成立，即

$$C \cdot (A + D \cdot E + F) = C \cdot A + C \cdot (D \cdot E + F)$$

例 8-7 若 $A + \overline{A} \cdot B = A + B$，并以逻辑函数 $F = C \cdot D$ 代入逻辑变量 A，则有

$$C \cdot D + \overline{C \cdot D} \cdot B = C \cdot D + B$$

> 注意：
> 代入时，反变量 $\overline{A}$ 应该以反函数 $\overline{F}$ 代入。

（2）对偶规则。设 F 是一个逻辑函数，F 与其对偶函数 F^* 之间的关系是两种互换运算关系，即与运算（·）和或运算（+）互换，逻辑常量 1 与 0 互换。

例 8-8 若 $F = \overline{A} \cdot B + \overline{C} \cdot D + 0 \cdot E \cdot F$，则

$$F^* = (\overline{A} + B) \cdot (\overline{C} + D) \cdot (1 + E + F) = (\overline{A} + B) \cdot (\overline{C} + D)$$

（3）反演规则，又称为狄·摩根定理，即反演律，是数字电路中十分重要的运算规则。从"规则"的角度看，反演规则中原函数与其反函数的关系为：与运算（·）和或运算（+）互换，逻辑常量 1 与 0 互换，原变量与反变量互换。

例 8-9 若 $F = A \cdot \overline{B} + C \cdot \overline{D} + 1 \cdot \overline{E \cdot F}$，则有

$$\overline{F} = (\overline{A} + B) \cdot (\overline{C} + D) \cdot (0 + \overline{E} + \overline{F}) = (\overline{A} + B) \cdot (\overline{C} + D) \cdot (\overline{E} + \overline{F})$$

应用反演律运算时，$\overline{E \cdot F}$ 按反演律成为 $\overline{E} + \overline{F}$，由于 $E \cdot F$ 是两个逻辑变量的与项，

不是一个单一的变量，所以该项的非运算符号仍需保留，即 $\overline{\overline{E}+\overline{F}}$。

> ☞ 注意：
> 　　对偶规则是进行两种互换，而无须进行原、反变量互换。

3. 逻辑函数的化简

在数字电路中，常用的逻辑表达式是"与－或"形式的表达式，如 $F = A \cdot B + C \cdot D$，而一般较少采用"或－与"形式表达式，如 $F = (A+B) \cdot (C+D)$。所以，本教材将采用"与－或"表达式进行详细讲解。

观察两个逻辑函数 $F_1 = A + AB$ 和 $F_2 = A$，并通过逻辑运算可得 $A + AB = A \cdot (1+B) = A \cdot 1 = A$，可知它们所实现的逻辑功能完全是一样的，即 $F_1 = F_2$。显然，F_2 的形式较 F_1 简单。实际上，门电路（8.4 节的内容）是数字电路的基本器（硬）件，用于实现一个实际数字电路的逻辑运算功能。逻辑运算的形式越复杂，则实现其功能所需的门电路数目就越多，构成实际电路的成本也就越高。一般情况下，应求得最简单的逻辑表达式（如 F_2），其意义是可以用最少的硬件电路完成指定的逻辑功能。

一个最简的"与－或"表达式应当满足以下条件：

（1）所含的与项个数最少；

（2）每个与项中的变量个数也最少。

例如，F_1 与 F_2 比较，F_2 形式简单。又如，$F_3 = AC + 0 \cdot B$ 与 $F_4 = AC$ 比较，F_4 形式简单，因为 F_3 中含有 3 个变量和 1 个常量，而 F_4 中只含有 2 个变量。

逻辑函数的化简方法不止一种，主要有：

（1）公式法，如前文介绍，用吸收律将 F_1 化简为 F_2。

（2）"卡诺图"法，可对少于 5 个变量（最常见的是对 3、4 个变量）构成的逻辑函数进行化简。实际上，公式法和卡诺图化简方法都是一种"手工法"，需凭借技巧进行操作，很难具有实用价值。

（3）"克瓦因·马可拉斯基法"，这是一种软件编程算法，可用于对逻辑函数进行化简。

在实际工作中，可直接采用 EDA（Electronic Design Automatic，电子设计自动化）软件对逻辑函数做化简处理，这能使化简过程更为直接、简洁，以达到实用工程计算之目的。

8.4　常用逻辑门电路

在学习并掌握了逻辑代数的基本内容之后，从本节起，将开始学习数字电路的相关内容。逻辑代数中的逻辑变量与数字电路中器件管脚上的电位有一一对应的关系。在数字电路中，定义了一种"正逻辑"规则：逻辑变量取值为 1，代表高电位，如 5 V；0 代表低电位，如 0.2 V。

数字电路中的门电路是一种逻辑器件，又称为逻辑门，由实际的电路器件构成，其输入端可以是一个或多个，而输出端只有一个。

门电路所实现的功能与逻辑代数运算规则之间的关系如下：

(1) 门电路输入端、输出端处理的高、低电位，对应逻辑代数中逻辑变量的取值 1、0。

(2) 门电路对高、低电位的处理功能与逻辑代数的运算规则相同。

所以，逻辑代数的运算规则是表达门电路功能的数学工具，具有抽象、简洁的特点。在实际应用中，常用逻辑代数的运算功能来表达数字电路的逻辑功能；换一个角度看，门电路又是实现逻辑代数运算功能的实际应用器件。

与、或、非三种基本逻辑运算，对应着与门、或门、非门三种常用门电路的功能。

8.4.1　与　门

与门是门电路的一种类型，图 8-5 所示是与门符号。图 8-5（a）所示的与门符号是在中国及欧洲使用的"国标符号"，用"&"表示。图 8-5（a）中三种常用实际与门器件从左至右分别是：两输入（端）与门、三输入与门、四输入与门。以两个输入与门为例，若在两个输入端分别以逻辑变量 A、B 标记，输出端用逻辑函数 F 标记，则该与门实现的逻辑功能是 $F = A \cdot B$。换言之，当 A、B 两个输入端均是高电位时，输出 F 为高电位。图 8-5（b）所示为美、日等国家常用符号，用"器件形状"表示。两种逻辑器件符号对学习者都同样重要：国标符号一般在教科书中使用，美、日常用符号多出现在技术资料中。

图 8-5　与门符号（实际器件）

在图 8-5 中，U_1、U_2、U_3 是一种常用的器件标识符，指明这是第 1 个、第 2 个、第 3 个数字单元器件，这是一种惯例，不具有唯一性。SN7408、SN7411、SN7421 是与门的型号。"SN"是生产该器件公司的品牌名，即美国 Texas Instruments 公司的产品。"74"指该器件为 TTL 电路类型[①]（8.5 节将正式介绍）。08、11、21 等表示该器件的具体型号，即输入端为两端型器件、三端型器件、四端型器件等。

应用门电路器件时，可以选择两端型器件、三端型器件、四端型器件；在没有特殊需要的场合，若随意地选用五端输入器件，就显得较外行或不合理。对于初学者来说，解决这一困难的途径之一是学会使用电路仿真软件，如电路仿真软件 Tina Pro。该软件中的电路器件具有国际或行业通行标准，例如只设有两端、三端、四端，而没有五端输入的门电路器件。这是因为在实际应用中并没有这种电路器件。在进行电路仿真时，如果使用的是 SN7408 与

---

① TTL、CMOS 等指按某种特定工艺制作的集成电路。

门器件，那么在制作实际电路时就应该购买和使用 SN7408 器件。该软件还有一个优点是：可以根据实际需求使用器件符号，或用国标符号，或用美、日常用符号，也可以对两种门电路符号进行任意转换。

8.4.2 或门

图 8-6 所示两组三种常用或门器件的符号，从左至右分别是：两输入（端）或门、三输入或门、四输入或门。以两输入或门为例，若在两个输入端分别以逻辑变量 A、B 标记，输出端用逻辑函数 F 标记，则该或门实现的逻辑功能是 $F = A + B$。换言之：在 A、B 两个输入端中，只要有一个为高电位，则输出 F 就为高电位。

在图 8-6（a）所示的国标符号中，用"≥"表示或门符号；在美、日常用符号中，用"器件形状"表示或门，如图 8-6（b）所示。

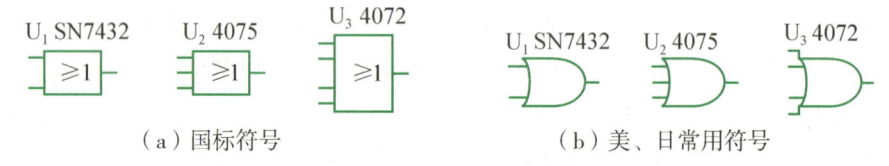

（a）国标符号　　　　　（b）美、日常用符号

图 8-6　或门符号（实际器件）

在图 8-6 中，"74"指该器件为 TTL 电路类型，"40"指该器件为 CMOS 电路类型（8.5 节将进行介绍），32、75、72 等表示该器件的具体型号，即输入端为两端、三端、四端型器件。

8.4.3 非门

非门又称为反相器。图 8-7 所示是型号为 SN7404 的非门符号，该器件是 TTL 电路类型。其中，图 8-7（a）所示为国标符号，图 8-7（b）所示为美、日常用符号。注意：非门符号的输出端有一个小圆圈，表示非运算，即取反。若在输入端用逻辑变量 A 标记，输出端用逻辑函数 F 标记，则该非门实现的逻辑功能是 $F = \overline{A}$，其含义是：输出端与输入端的电位状态相反，如输入 A 为低电位，则输出 F 为高电位。

（a）国标符号　　（b）美、日常用符号

图 8-7　非门符号（实际器件）

8.4.4 与非门

图 8-8 所示两组三种常用实际与非门器件的符号，从左至右分别是：两输入（端）与非门、三输入与非门、四输入与非门。若在两个输入端分别以逻辑变量 A、B 标记，输出端

用逻辑函数 F 标记,则其逻辑功能是 $F = \overline{A \cdot B}$。换言之:在 A、B 两个输入端中,只要有一个为低电位,则输出 F 为高电位。

图 8 – 8 (a) 所示为与非门的国标符号,图 8 – 8 (b) 所示为美、日常用符号。图 8 – 8 中的器件均为 TTL 电路类型。

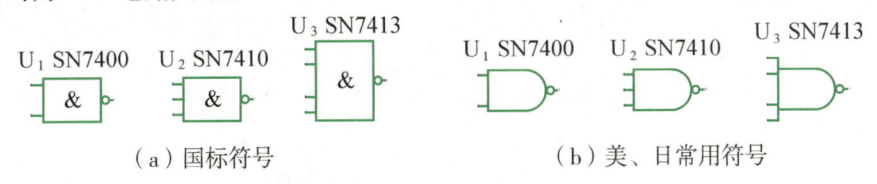

U_1 SN7400 U_2 SN7410 U_3 SN7413 U_1 SN7400 U_2 SN7410 U_3 SN7413

(a) 国标符号   (b) 美、日常用符号

图 8 – 8   与非门符号 (实际器件)

8.4.5 或非门

图 8 – 9 所示两组三种常用实际或非门器件的符号,从左至右分别是:两输入(端)或非门、三输入或非门、四输入或非门。以两输入或非门为例,若在两个输入端分别以逻辑变量 A、B 标记,输出端用逻辑函数 F 标记,则该或非门实现的逻辑功能是 $F = \overline{A + B}$。换言之:在 A、B 两个输入端中,只要有一个为高电位,则输出 F 为低电位。

图 8 – 9 (a) 所示为或非门的国标符号,图 8 – 9 (b) 所示为美、日常用符号。图 8 – 9 中标识 "74" 的为 TTL 电路类型,标识 "40" 的是 CMOS 电路类型。

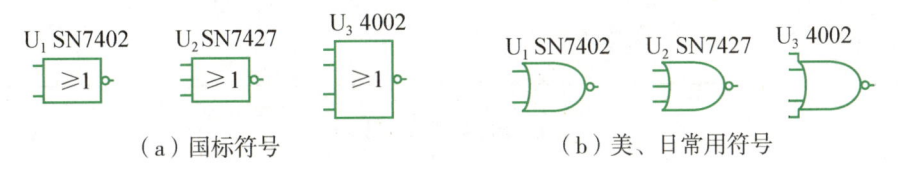

U_1 SN7402 U_2 SN7427 U_3 4002 U_1 SN7402 U_2 SN7427 U_3 4002

(a) 国标符号   (b) 美、日常用符号

图 8 – 9   或非门符号 (实际器件)

8.4.6 异或门

图 8 – 10 所示是异或门 SN74136 的符号,该器件是 TTL 电路类型。若在其两个输入端分别标以逻辑变量 A、B,输出端用逻辑函数 F 标记,则该异或门实现的逻辑功能是 $F = A \oplus B = \overline{A} \cdot B + A \cdot \overline{B}$。异或门的逻辑关系为:当两个输入异值时,输出为 1;当两个输入同值时,输出为 0。于是,当 $A = 1$、$B = 1$ 或 $A = 0$、$B = 0$ 时,$F = 0$;当 $A = 1$、$B = 0$ 或 $A = 0$、$B = 1$ 时,$F = 1$。

图 8 – 10 (a) 所示为异或门的国标符号,图 8 – 10 (b) 所示为美、日常用符号。

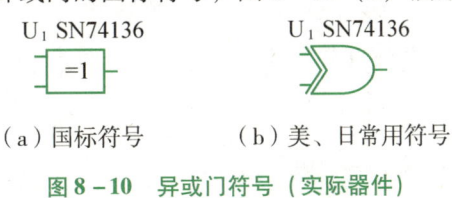

U_1 SN74136 U_1 SN74136

(a) 国标符号   (b) 美、日常用符号

图 8 – 10   异或门符号 (实际器件)

例 8-10 由非门、与非门构成的一个异或门，如图 8-11 所示，试对其逻辑功能进行分析。

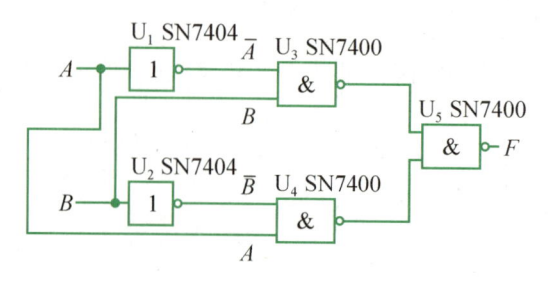

图 8-11 非门、与非门构成的异或门

解： 与非门 U_3 的输出为 $\overline{\overline{A} \cdot B}$，与非门 U_4 的输出为 $\overline{A \cdot \overline{B}}$，于是与非门 U_5 的输出为

$$F = \overline{(\overline{A} \cdot B) \cdot (\overline{A} \cdot B)} = \overline{A} \cdot B + A \cdot \overline{B} = A \oplus B$$

☞ **注意：**

(1) 例 8-10 中逻辑函数 F 的得出应用了逻辑代数的反演律。

(2) 图 8-11 称为逻辑图，由逻辑门组合而构成，并可完成特定的逻辑功能。

学习活动 8-1

门电路的输出波形测试

【活动目标】

用真值表、逻辑函数表达式、逻辑电路图和波形图描述逻辑电路输入与输出之间的逻辑关系，使用电路仿真软件 Tina Pro 搭接逻辑电路，并对所设定的电路进行仿真分析。

【所需时间】

约 30 分钟

【活动步骤】

1. 阅读内容 "8.4　常用逻辑门电路"，找出各个逻辑门电路的功能与逻辑代数关系，并在下面画线。

2. 📺 登录网络课程，进入文本辅导栏目和视频讲解栏目学习有关常用逻辑门电路的段落。

3. 💿 在电脑上打开电路仿真软件 Tina Pro，按照图 8-12 所示的要求生成测试电路，图中 U_1 为异或门，U_2 和 U_3 是两个信号发生器，分别为异或门提供 1 kHz 和 2 kHz 的输入脉冲信号。

4. 对图 8 – 12 所示的电路使用"数字计时分析"功能进行仿真分析，并得到仿真结果即输出波形，如图 8 – 13 所示。

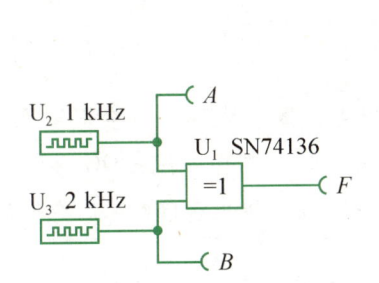

图 8 – 12　门电路的逻辑功能测试

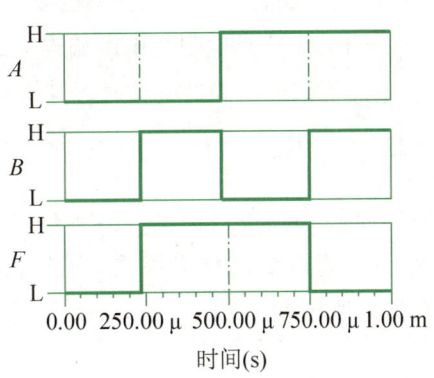

图 8 – 13　波形图

5. 根据输出波形图说出该电路所实现的逻辑功能。

【反　　馈】

1. 脉冲发生器的作用是产生周期性的高、低电位。图 8 – 13 中用 H 代表高电位，用 L 代表低电位。设计 U_2 的频率为 1 kHz，即周期为 1 ms，U_3 的频率为 2 kHz，即周期为 0.5 ms。U_2、U_3 的输出用 A、B 标记，异或门的输出用 F 标记。

2. 从波形图可以看出，两个输入端均为逻辑 0（$A=0$、$B=0$）时，输出为逻辑 0（$F=0$）；$A=1$、$B=1$ 时，仍有 $F=0$；仅当 $A=0$、$B=1$ 或 $A=1$、$B=0$ 时，才有 $F=1$。可见，该电路的逻辑关系是 $F = A \oplus B = \bar{A} \cdot B + A \cdot \bar{B}$。这正是异或门所实现的逻辑功能。

8.4.7　集电极开路门（OC 门）和三态门

集电极开路门（OC 门）、三态门均属于 TTL 系列（如图 8 – 14 所示），在数字电路中有特定的用途。

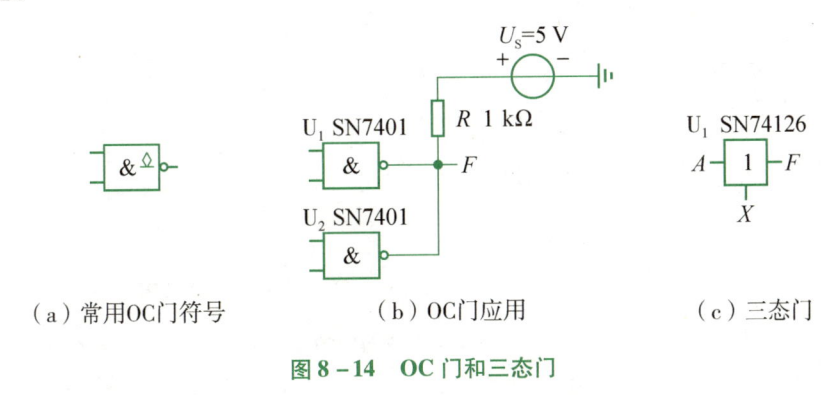

（a）常用 OC 门符号　　　（b）OC 门应用　　　（c）三态门

图 8 – 14　OC 门和三态门

图 8-14（a）所示是常用 OC 门符号。当图 8-14（b）所示的 U_1、U_2 两个门电路（或两个以上门电路）并联使用时，可实现称为"线与"的功能，这时必须使用 OC 门。

OC 门的输出端是一个三极管集电极，处于开路状态；如图 8-14（b）所示，通过将一个数百欧姆的（上拉）电阻与电源相连接，可起到限流并保证电位正确性的作用，即当 U_1 输出为高电位、U_2 输出为低电位时，其线与运算的结果是输出端 F 为低电位。

> **注意：**
> 图 8-14（b）所示是两个实际 OC 与非门器件，型号是 7401；在正规器件手册中，集电极开路门以 OC 或 O.C 标注。然而，电路图中不一定都详细标注 OC 门符号，有时仅标出具体器件的型号，使用者需通过查找电路器件手册，确定该门电路的类型及功能。

为了实际应用的方便，还有另一类"加控制端的 OC 门"，即三态门。一个实际的三态门符号如图 8-14（c）所示，其型号为 74126。当控制端 $X=0$ 时，输出为高阻（集电极开路）；当 $X=1$ 时，执行逻辑功能 $F=A$。

8.4.8 二极管与门

本节将在讨论一个由具体电路器件构成的与门的基础上，引出电路器件技术参数的重要概念，其目的是为 8.5 节将要介绍的具体内容做准备。

图 8-15（a）所示是与门符号。将其型号（如 SN7408，参考图 8-5）故意隐去，目的是强调其功能是完成 $F=A \cdot B$ 的与运算，而未考虑其电路结构及由此决定的电气特性。图 8-15（a）所示与门符号的电路结构如图 8-15（b）所示，由一个电阻和两个二极管构成。分析其功能可知：开关 K_1、K_2 向上、向下的切换动作，使得 A、B 端产生高、低电位（逻辑 1、0）。若有一个输入端为 0，如 $A=0$，则 D_1 导通，输出为低电位，即 $F=0$；仅当 $A=1$ 且 $B=1$ 时，D_1、D_2 均截止，输出为高电位，即 $F=1$。所以，该电路执行与门功能。

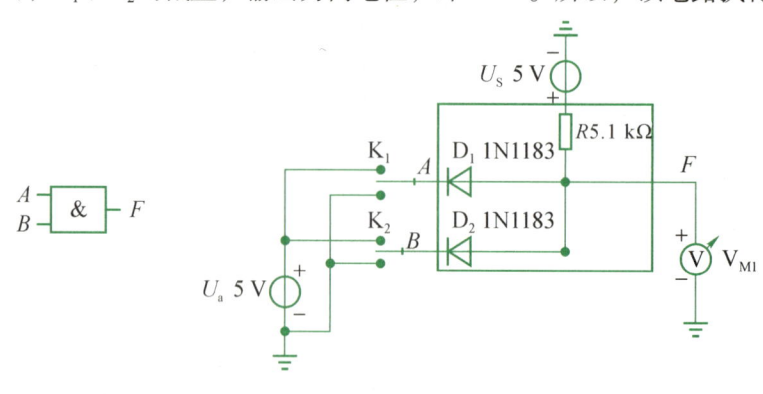

（a）与门符号　　　　（b）一个实际的与门电路结构

图 8-15　与门及构成与门的电路图

下面将进一步介绍二极管与门的电气参数，这是极为重要的实用知识。在理想条件下，图 8-15（b）所示电路的低电位为 0 V，高电位为电压源电压，即 5 V。实际上，若二极管的导通电压为 0.5 V，则输入端的"阈值电位"大约为 5 - 0.5 = 4.5（V），其含义是：当 A、B 电位低于 4.5 V 时，认为输入为低电位；当 A、B 电位高于 4.5 V 时，认为输入为高电位。在输出端，低电位约为 0.7 V，高电位约为 5 V，其具体数值应由电压表 V_{M1} 通过实验测试得出。

由以上分析可以看出，门电路的输入或输出的高、低电位值，与该电路的内部结构有关，同样是 A = 1 的高电位逻辑值，可能是 4.5 V，也可能是 5 V，这应由具体器件手册中的电气参数加以规定。实际应用时，使用者只有在掌握电气参数的基础上，才能正确应用器件所能实现的功能。

逻辑器件执行逻辑功能的正确性，是由器件的电气参数予以保证的。电路设计者可以通过查阅手册中的电气参数来选用合适的器件，而无须过多地考虑器件内部的电路结构，以确保电路完成正确的逻辑功能。

8.5 TTL 与 CMOS 系列门电路的技术特点

TTL 与 CMOS 是逻辑器件最常用的两个系列，其性能由电气参数来描述。

8.5.1 TTL 系列门电路

TTL 指逻辑器件的电路内部由双极性晶体管（三极管）构成，产品多以 74 或 54（54 为军用温度级）标记，如三输入或非门 SN7427，故又称为 74 或 54 系列集成电路。

TTL 系列门电路的重要电气参数介绍如下（以 74LS 系列为例）：

（1）电源电压为 +4.5 ～ +5.5 V。

（2）输入高电位（逻辑 1）的最小值为 V_{IH} = 2.0 V。其含义是：输入电压等于或大于 2.0 V 时，才被确认为是正确的高电位。输入低电位（逻辑 0）的最大值为 V_{IL} = 0.8 V。其含义是：输入电压等于或低于 0.8 V 时，才被确认为是正确的低电位。

（3）输出高电位 V_{OH} = 2.4 ~ 3.4 V；输出低电位 V_{OL} ≤ 0.4 V。

（4）定义噪声容限，以表明抗噪声电压的能力。其值越大，表明该器件抗噪声的能力越强，工作越可靠。TTL 系列的噪声容限约为 0.4 V。

（5）电流驱动能力。以常用的 74LS 系列为例：

① 当输入为高电位时，流入输入端的电流约为 20 μA（20 ×10^{-6}A），该电流称为"灌电流"；当输入为低电位时，流出输入端的电流约为 400 μA，该电流称为"拉电流"。

② 当输出为高电位时，其带负载的能力约为 400 μA；当输出端流出的电流值超过 400 μA 时，输出高电位可能低于 2.4 V 高电位值，使输出不能确保 V_{OH} = 2.4 ~ 2.7 V 的正确电气参数范围。

③当输出为低电位时,其带负载的能力(灌电流)约为 8 mA;当输出端流入的电流值超过 8 mA 时,输出低电位可能高于 0.4 V 低电位值,使输出不能确保 $V_{OL} \leq 0.4$ V 的正确电气参数范围。

综上所述,门电路输出端带负载的能力是受其电气参数制约的。不能指望一个门电路在其正常工作时,输出端驱动一个如白炽灯那样的负载,因为其带负载能力达不到这种要求。还应当特别注意:74LS 系列门电路的输出端为高电位时,带负载的能力较输出低电位时更弱。

当需要用 74LS 系列门电路驱动一个需要大电流的工作器件时,应当在门电路和工作器件之间加入其他驱动电路器件。

(6) 定义扇出系数,以表明一个门能够驱动同类门的个数。其值越大,表明用一个门电路可以驱动的同类门电路的个数越多。74LS 系列门电路的扇出系数约为 20(400 μA/20 μA = 20 或 8 mA/400 μA = 20)。

(7) 74LS 系列与 CMOS 系列比较,其功耗高。一般门电路功耗为毫瓦级,其工作频率范围为数兆赫兹(1 MHz = 10^6 Hz)。

(8) 当某输入端开路时,相当于高电位。例如,对于三输入或非门 TTL 电路 SN7427(如图 8-9 所示),若使用两个输入端,则第三个输入端应该接低电位,而不能悬空(开路)。

8.5.2　CMOS 系列门电路

与 TTL 系列相比较,另一类被广泛应用的逻辑器件是 CMOS 系列。其内部电路由互补的 MOS 型场效应管构成,产品多以 40 标记,如四输入或非门 4002,故又称其为 40 系列集成电路。

CMOS 系列门电路的重要电气参数介绍如下:

(1) 电源电压为 +5.0 ~ +15 V。因其电源电压范围广泛,故应用范围广。以下参数均以电源电压 5 V 为例。

(2) 输入高电位(逻辑 1)的最小值为 V_{IH} = 3.5 V,输入低电位(逻辑 0)的最大值为 V_{IL} = 1.5 V。

(3) 输出高电位 V_{OH} 约为 5 V,即接近电源电压值;低电位 V_{OL} 约为 0.1 V,接近地电位。

(4) CMOS 系列的噪声容限约为 1.5 V(5 V - 3.5 V = 1.5 V),大于 TTL 系列(0.4 V)。其含义是:COMS 系列比 TTL 系列抗噪声电压干扰的能力强,所以性能更可靠、优越。

(5) 电流驱动能力。输入端流入、流出的电流几乎为零,这是因为场效应管是压控电流源型器件,输入阻抗极高。输出为高电位或低电位时,其带负载的能力均为 500 μA。COMS 门的扇出系数取决于负载电容的大小和工作速度的要求。

(6) CMOS 系列与 74LS 系列比较,其功耗低,静态功耗仅为几十纳瓦(1 nW =

10^{-9} W)。这是其突出的优点,所以在低耗电的电子产品(如手持式电子产品)中,几乎毫无例外地使用 CMOS 系列电路。COMS 电路的频率范围为数兆赫兹。

(7) 在 CMOS 系列电路中,不允许输入端开路。应用时,需根据门电路的功能将多余的输入端接高电位或低电位。

对于或门、或非门电路,多余的输入端应接低电位;对于与门、与非门,多余的输入端应接高电位。TTL 电路的输入端悬空相当于接高电位,CMOS 电路的输入端不允许悬空。

表 8-12 将 74LS 系列与 CMOS 系列逻辑器件的主要电气参数做一归纳,便于你总结与记忆。

表 8-12 74LS 系列与 CMOS 系列逻辑器件的主要电气参数

主要电气参数	74LS	CMOS
电源电压	+4.5 ~ +5.5 V	+5.0 ~ +15 V
输入高电位最小值 V_{IH} 输入低电位最大值 V_{IL}	V_{IH} = 2.0 V, V_{IL} = 0.8 V	V_{IH} = 3.5 V, V_{IL} = 1.5 V
输出高电位 V_{OH} 输出低电位 V_{OL}	V_{OH} = 2.4 ~ 3.4 V V_{OL} ≤ 0.4 V	V_{OH} 约为电源电压,如 5 V V_{OL} 接近地电位,约为 0.1 V
噪声容限	0.4 V,抗噪声电压干扰的能力弱	1.5 V,抗噪声电压干扰的能力强
电流驱动能力	20 μA 74LS 400 μA 400 μA 8 mA 扇出系数约为 20	CMOS 500 μA 高阻 500 μA
功耗	高,为毫瓦级	低,静态功耗为纳瓦级
输入端特殊处理	开路相当于高电位	不允许开路

> 在实际应用中,还有许多其他品牌的多个系列的逻辑器件产品,在选用时不仅要考虑它们的电气特性,还要确保电路的逻辑可靠性等问题。限于篇幅,这里不再一一说明,有兴趣的同学可以通过"电工电子技术网络课程"第 9 单元学习这部分知识。

8.6 组合逻辑电路的分析方法

数字逻辑电路从功能上可以分为两类:一类是组合逻辑电路,简称组合电路;另一类是时序逻辑电路,简称时序电路。

组合逻辑电路的特点是:从逻辑功能上看,输出只与当时输入的逻辑值有关,而与该时刻之前的输入及电路状态均无关，故称其没有记忆功能；从电路结构上看，构成组合逻辑电路的各门电路之间没有反馈环路。

分析和设计组合逻辑电路的数学工具是逻辑代数。

一个逻辑器件（如门电路）的功能，可以用真值表、逻辑函数表达式、逻辑图及波形图4种方法中的任意一种方法加以描述。对组合逻辑电路功能的描述，仍然可以使用这些方法。

由组合逻辑电路的逻辑图得到逻辑函数表达式或真值表的过程，称为组合逻辑电路的分析。其含义是：在已经知道逻辑图的条件下，求解表达式或真值表，掌握该逻辑图所执行的逻辑功能，从而了解该电路的用途。

对应地，由真值表或逻辑函数表达式求得逻辑图的过程，称为组合逻辑电路的设计。其含义是：从真值表或逻辑函数表达式出发，设计一个能够完成指定功能的逻辑图，并最终设计出一个实际的数字电路。

组合逻辑电路的分析步骤如下：

（1）在逻辑图中，对每个门电路的输出端标注变量符。

（2）写出每个门电路输出变量的逻辑表达式。

（3）写出给定逻辑电路输出变量的逻辑表达式，将每个门电路的逻辑表达式代入并做化简。

（4）根据化简后的表达式列出真值表。

（5）根据真值表反映出的输入变量与输出变量的对应关系，说明电路的逻辑功能。

学习活动 8-2

组合逻辑电路分析

【活动目标】

运用组合逻辑电路的分析方法，分析简单组合逻辑电路的逻辑关系。

【所需时间】

约 30 分钟

【活动步骤】

1. 阅读内容"8.6 组合逻辑电路"，找出描述组合逻辑电路的分析方法和步骤的语句，并在下面画线。

2. 登录网络课程，进入文本辅导栏目和视频讲解栏目学习有关组合逻辑电路分析方法的段落。

3. 在图 8-16 所示的逻辑图中，于各个门电路的输出端分别标注该门电路的逻辑关系，即 U_1 和 U_2 的逻辑输出为 $\bar{A}$ 和 $\bar{B}$，U_3、U_4 和 U_5 的逻辑输出依次为 C、D、F。

4. 根据每个门电路输出变量的逻辑关系，写出该组合电路输出变量 F 与输入变量 A、B 的逻辑表达式。

5. 根据逻辑表达式列出真值表，画出输出波形图，说出该电路所实现的逻辑功能。

【反　　馈】

1. 该逻辑电路的逻辑函数表达式为 $F = \bar{A}\bar{B} + AB$，其真值表如表 8-13 所示。

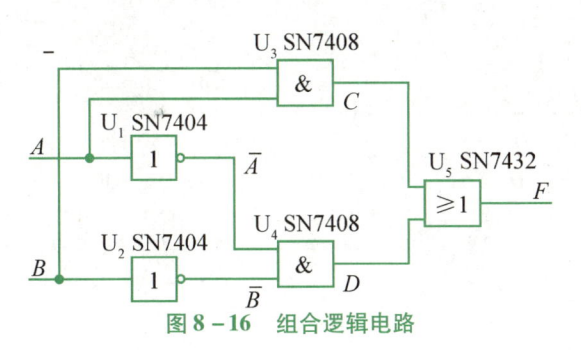

表 8-13　真值表

A	B	F
0	0	1
0	1	0
1	0	0
1	1	1

图 8-16　组合逻辑电路

2. 由逻辑关系可见，该逻辑电路实现了同或的功能，逻辑函数表达式为 $F = A \odot B$。

组合逻辑电路的分析方法，是运用逻辑代数分析已有电路输入信号与输出信号之间逻辑关系的通用方法，也是数字电路的功能分析、故障分析与排除的有效方法。你可以通过国家开放大学学习网的"电工电子技术网络课程"第 9 单元的文本辅导和视频讲解，进一步理解这部分内容，也可打开本课程数字教材第 8 章，学习相关内容。

8.7　常用中规模组合逻辑电路及其应用

本节将介绍常用中规模组合逻辑电路的知识及其基础应用实例。这些电路是以中规模组合逻辑器件为主体而构成的，通常含有 100～1 000 个电路元件，并构成 20～100 个门电路；当门电路超过 100 个或 1 000 个时，这类器件常称为大规模或超大规模逻辑器件。

中规模组合逻辑器件又称为中规模数字电路、中规模集成电路，或中规模电路、中规模器件等。

中规模组合逻辑器件从外形看，通常具有 16 个管脚，在机电产品中有广泛的用途。

本书以下将介绍几种典型组合逻辑电路，其连接图采用电路仿真软件 Tina Pro 绘制。在 Tina Pro 仿真图中，各器件的标识符与典型电路图略有不同，为方便学习者阅读、理解，表 8-14 将典型电路图与 Tina Pro 仿真图的器件标识符进行对照列出。

表 8-14 典型电路图与 Tina Pro 仿真图的器件标识符对照表

	典型电路图	Tina Pro 仿真图
器件单元	U_1, U_2, U_3, …, U_n	U1, U2, U3, …, Un
输入端口	A, B, C, …	A, B, C, …
多片输入端口	$1C_1$, $1C_2$, $1C_3$, …, nC_m	1C1, 1C2, 1C3, …, nCm
功能输入端口	CLK, CLR, … $\overline{G}_1$, $\overline{G}_2$, … $\overline{RBI}$, $\overline{BI}$, …	CLK, CLR, … $\overline{G}$1, $\overline{G}$2, … $\overline{RBI}$, $\overline{BI}$, …
输出端口	Q_1, Q_2, Q_3, … Q_A, Q_B, Q_C, …	Q1, Q2, Q3, … QA, QB, QC, …
数字开关	SW_A, SW_B, SW_C, … SW_1, SW_2, SW_3, …	SWA, SWB, SWC, … SW1, SW2, SW3, …

8.7.1 加法器

加法器主要分为半加器和全加器。

半加器可以完成两个 1 位二进制数的加法运算。设 A、B 为两个 1 位二进制数,则其完成的逻辑功能是:

(1) $A=0$ 或 $B=0$ 时,其结果(和)$S=0$。

(2) $A=1$、$B=0$ 或 $A=0$、$B=1$ 时,$S=1$。

(3) $A=1$、$B=1$ 时,$S=0$(二进制"逢二进一"规则),且向高位进位,记 $C=1$。

用 A_n、B_n 表示"加数"、"被加数";S_n 为"本位和",表示 A_n、B_n 相加的结果;C_n 称为"向高一位的进位"。于是,半加器的逻辑函数表达式为

$$S_n = A_n \oplus B_n = \overline{A}_n \cdot B_n + A_n \cdot \overline{B}_n$$

$$C_n = A_n \cdot B_n$$

将本位 A_n、B_n 以及来自低位的进位位 C_{n-1} 一同考虑,即构成全加器:三个输入端 A_n、B_n、C_{n-1},两个输出端 S_n(和)、C_n(进位)。全加器的逻辑函数表达式为

$$S_n = A_n \oplus B_n \oplus C_{n-1}$$

$$C_n = (A_n \oplus B_n) \cdot C_{n-1} + A_n \cdot B_n$$

为使该表达式易于理解,现解释如下:

S_n 是本位和,根据"逢二进一"的规则,仅当 A_n、B_n、C_{n-1} 之中为 1 的个数是奇数(单数)时,S_n 才为 1;当其是偶数时,S_n 为 0(1+1=0),并向高一位进位,$C_n=1$。

C_n 为(向高一位)进位位,$C_n=1$ 有两种情况:

(1) 当 $C_{n-1}=0$ 时，表明没有来自低位的进位，此时若 A_n、B_n 同时为 1，则需"逢二进一"，故 $C_n=1$。

(2) 当 $C_{n-1}=1$ 时，若 A_n、B_n 不同时为零，也使得 $C_n=1$，即满足"逢二进一"的运算规则。

全加器的逻辑符号（图）如图 8-17（a）所示。一个实际的中规模加法器 74283（74LS283）的逻辑框图如图 8-17（b）所示。

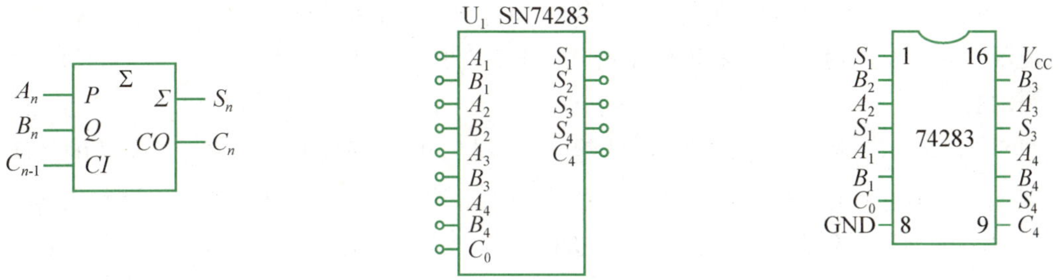

（a）逻辑符号　　（b）中规模加法器74283（74LS283）的逻辑框图　　（c）加法器74283的管脚图

图 8-17　全加器

所谓逻辑框图，是一种对实际中规模逻辑器件的简约表达方法，一般略去器件中与逻辑关系无关的引出端，如电源端等。逻辑框图又称为方块图、方框图、逻辑示意图等，或者直接称为电路图。

图 8-17（c）所示是加法器 74283 的管脚图，也称为引脚图、引出端功能图等。在查阅器件手册时，一个器件的管脚图与说明其功能的"功能表"相互联系。在管脚图中，各管脚的名称往往不具有统一性，如输出端标记为 S_1 或 Σ_1 等。换言之，同一器件在不同的器件手册中，管脚名往往不同。但是，同一器件的左列 1~8 管脚、右列 9~16 管脚均是按照固定的电路功能排列的，如第 8 管脚接地电位、第 16 管脚接电源等。对于特殊器件则要另加说明。

在对中规模逻辑器件的描述中，引入了逻辑框、符号图及管脚图。逻辑框图的画法及各输入端、输出端的名称，一般没有统一的标准；而符号的标识是较为统一的。在实际电子线路应用的图集资料中，习惯上常使用逻辑框图；在组建实际电路时，应根据器件手册查阅某器件具体管脚的功能。

全加器 74283 可以完成两个 4 位二进制数的加法运算。在图 8-17（b）中，C_0 用于连接低位进位端。C_4 是输出端，用于向高位进位。

例 8-11　写出以下几种情形下全加器 74283 的运算结果：

(1) 设两个 4 位二进制数为 $A_4A_3A_2A_1=0101=(5)_{10}$，$B_4B_3B_2B_1=1001=(9)_{10}$，$C_0=0$。

(2) 设两个 4 位二进制数为 $A_4A_3A_2A_1=1101=(13)_{10}$，$B_4B_3B_2B_1=1001=(9)_{10}$，$C_0=0$。

(3) 设两个 4 位二进制数为 $A_4A_3A_2A_1 = 1101 = (13)_{10}$，$B_4B_3B_2B_1 = 1001 = (9)_{10}$，$C_0 = 1$。

解：（1）运算结果为 $S_4S_3S_2S_1 = 1110 = (14)_{10}$，$C_4 = 0$。

（2）运算结果为 $S_4S_3S_2S_1 = 0110 = (6)_{10}$，$C_4 = 1$，即

$$C_4S_4S_3S_2S_1 = 10110 = (16)_{10} + (6)_{10} = (22)_{10}$$

（3）运算结果为 $S_4S_3S_2S_1 = 0111 = (7)_{10}$，$C_4 = 1$，即

$$C_4S_4S_3S_2S_1 = 10111 = (16)_{10} + (7)_{10} = (23)_{10}$$

提示： 请将以上的运算结果结合公式 $S_n = A_n \oplus B_n \oplus C_{n-1}$，$C_n = (A_n \oplus B_n) \cdot C_{n-1} + A_n \cdot B_n$，自行加以验算。

图 8-18 所示是将两个全加器 74283 组合在一起，用于完成两个 8 位二进制数的加法运算，即 $A_7A_6A_5A_4A_3A_2A_1A_0$ 和 $B_7B_6B_5B_4B_3B_2B_1B_0$ 的加法运算。注意：两个 8 位二进制数的输入数据端 $A_7 \sim A_0$，$B_7 \sim B_0$ 在图中均未标出。这种组合方式称为对中规模集成电路的级联应用。

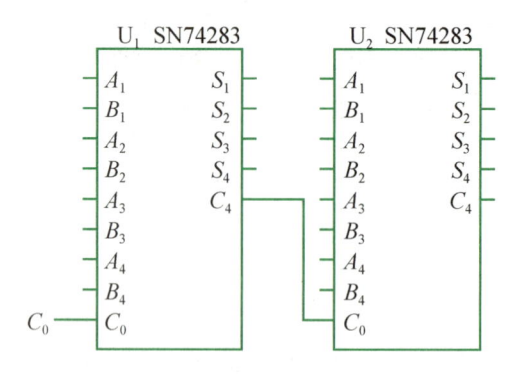

图 8-18　两个 8 位二进制数加法器的级联应用

输入信号与加法器器件连接的具体方式如下：

（1）两个二进制数的低四位连接方式。将输入数据端 $A_3A_2A_1A_0$ 分别连接至 U_1 的 $A_4A_3A_2A_1$ 端；将输入数据端 $B_3B_2B_1B_0$ 分别连接至 U_1 的 $B_4B_3B_2B_1$ 端。

（2）两个二进制数的高四位连接方式。将输入数据端 $A_7A_6A_5A_4$ 分别连接至 U_2 的 $A_4A_3A_2A_1$ 端；将输入数据端 $B_7B_6B_5B_4$ 分别连接至 U_2 的 $B_4B_3B_2B_1$ 端。

（3）U_2 的 $S_4S_3S_2S_1$ 为高四位输出。U_1 的 $S_4S_3S_2S_1$ 为低四位输出。C_0 是来自低位的进位位，是输入信号；C_4 为向高位进位位，是输出信号。

8.7.2　编码器

用二进制代码表示某种含义的信息称为编码，实现编码功能的电路称为编码器。常见的编码器有二进制编码器和二—十进制编码器等。

图 8-19 所示为 8 线-3 线优先编码器 74148（74LS148）逻辑框图。通过查阅 74148 器件功能表可知，输入、输出为高电位（记为 H）时，相当于逻辑 0，是无效状态；而为低电

位（记为 L）时，相当于逻辑 1，是有效状态；任意电位记为"×"，表明输入无论为高电位或低电位，均对编码器的输出没有影响。

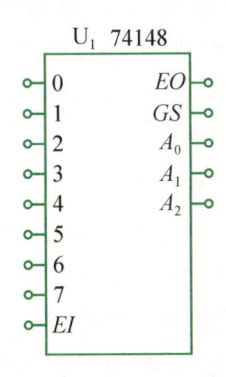

图 8 - 19 8 线 - 3 线优先编码器 74148（74LS148）逻辑框图

在该编码器正常工作时，应将其 EI 称为允许输入端，接低电位。在"0"～"7" 8 个输入端中，当第 7 端为低电位（L）有效输入，而其他输入端均为高电位（H）无效输入时，编码器的输出 $A_2A_1A_0$ = LLL = 111 = $(7)_{10}$。其含义是：当第 7 端输入低电位有效信号时，输出端为二进制编码 111，即十进制 7。换言之，当第 7 端输入产生有效信号时，该信号在输出端被编码成 7。

对于 8 线 - 3 线优先编码器而言，"8 线 - 3 线"指输入端为 8 个，3 个输出端对它们产生编码信号；"优先"指在 8 个输入管脚中，第 7 脚的优先级最高，而第 0 脚最低。故在上例中，只要第 7 脚为有效的低电位输入，就决定了编码输出，而与第 0～第 6 脚的输入状态无关，这些管脚的控制功能均以"×"表示。

编码器是一种重要的中规模集成电路，被广泛应用于实际作业中。对于中规模集成电路的应用，关键是学会阅读及理解器件功能表，但是这一内容较为繁杂。对于 74148 编码器功能表的全面阐述，以及较繁杂的中规模集成电路应用的例子，将在"8.8 常用中规模组合逻辑电路的综合应用"中介绍。

8.7.3 译码器

将二进制代码转换成对应信息称为译码，实现译码功能的电路称为译码器。译码是编码的逆过程。译码器的输入是一组代码，如二进制码、二—十进制码等，输出是能够被后继设备识别的数据、文字或图像信息。在译码器的实际应用中，应将其逻辑框图与功能表进行对照联系。

1. 二进制译码器

将二进制代码转换为对应输出端输出的信息的电路称为二进制译码器。图 8 - 20 所示是由 SN74154 "4 线 - 16 线"译码器构成的译码电路，由电路仿真软件 Tina Pro 绘制并完成电路仿真。

观察图 8-20 所示的电路图，其工作过程较为简单。$\bar{G}_1$、$\bar{G}_2$ 是两个"允许输入端"，应将它们接入低电位，即处于有效低状态，使得译码器处于正常工作状态。功能表（略）规定：该译码器正常工作时，输入端的有效状态是高电位 H；输出端的有效状态是低电位 L。所以，在以 0～15 标识的输出端中，只能有一个是低电位 L，表明其处于有效状态，例如图 8-20 所示电路中译码器的第 9 脚输出端。

在图 8-20 所示的译码器电路中，4 个数字开关 SW_D～SW_A 产生一组输入二进制编码。当输入端 SW_D～SW_A 为 $DCBA = 1001 = (9)_{10}$ 时，对应的第 9 脚输出端为有效状态，输出低电位 L，而其余输出端均为高电位，是无效输出状态。

在电路仿真软件的计算结果中，低电位是以"白色菱形块"标识的，高电位是以"黑色菱形块"标识的。本书用一个矩形框特别标出第 9 脚输出端为低电位（不是电路仿真软件自动产生的），以便学习者阅读。

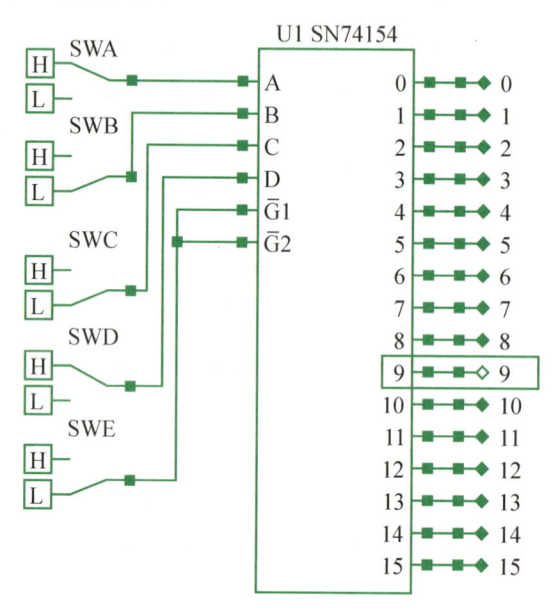

图 8-20　译码器电路的 Tina Pro 仿真分析图

对于译码器 74154 功能表的全面阐述，以及较繁杂的中规模集成电路级联应用的例子，将在 "8.8　常用中规模组合逻辑电路的综合应用" 中介绍。

2. 七段显示译码器

将输入二—十进制数译码得到的十进制数通过一个七段发光二极管显示出来，这种译码器称为二—十进制显示译码器或数字译码器。

图 8-21 所示是一个七段显示译码器的电路连接图，由 SN7447，数字开关 SW_D、SW_C、SW_B、SW_A，以及一个包含七段发光二极管的数码管组成。此图由 Tina Pro 绘制并完成电路仿真功能。

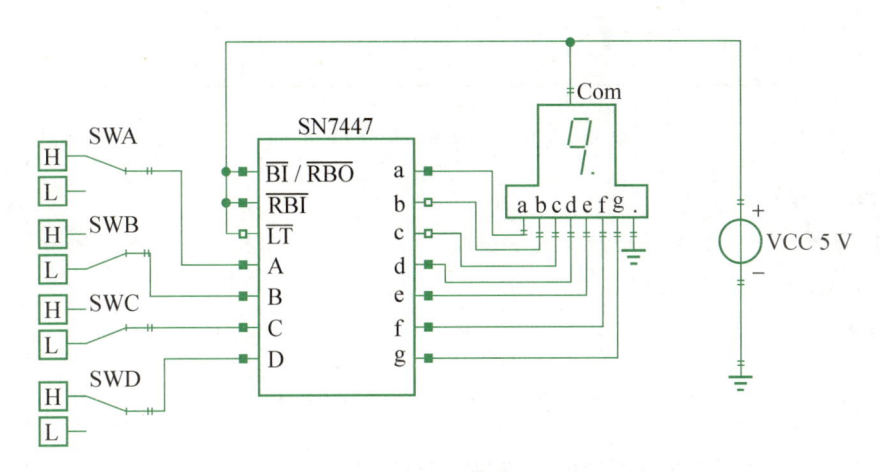

图 8-21　七段显示译码器电路连接图（Tina Pro 仿真图）

由图 8-21 可以看出，在七段显示译码器 SN7447 中，由 D、C、B、A 端输入一组二—十进制码，该二—十进制码经译码器变换为数码管能够识别的一组 7 位二进制信息，再由译码器的 a~g 端输出并驱动数码管显示对应的数字图形。例如，当译码器 SN7447 的输入为 $DCBA=1001=(9)_{10}$ 时，七段数码管将会显示数字"9"。

当输入代码不是二—十进制码时，如 $DCBA=1010=(10)_{10}$，则数码管将显示无意义的乱码。

可见，七段译码器 SN7447 必须与七段数码管配合使用。由于 SN7447 的 7 个输出端 a~g 为低电位有效，所以公共极（Com 端）应接高电位。

七段译码器 SN7447 通过设置控制管脚 $\overline{LT}$、$\overline{RBI}$、$\overline{BI}/\overline{RBO}$ 实现测试、灭灯和正常显示的功能。具体功能为：

（1）测试端 $\overline{LT}$：低电位有效。当该脚为低电位时，若七段共阳极发光二极管没有缺陷，则 a~g 端全都正常工作，该功能可显示数字"8"，或数字"8"及右下角的数字小数点。在以下讨论的正常工作状态中，应将其接高电位。

（2）动态灭灯输入 $\overline{RBI}$：低电位有效。正常工作时，D、C、B、A 均为低电位，输出为"0"。这时可能是数码 0 或无有效信号输入。若为后者，则在此端处于低电位有效状态时，a~g 端发光二极管全都截止，熄灭显示，处于节能状态。此时，双功能管脚（$\overline{BI}/\overline{RBO}$），执行输出功能（$\overline{RBO}$），输出低电位，用以指示器件的"灭灯"状况。

（3）灭灯输入 $\overline{BI}/\overline{RBO}$：当其处于低电平时，七段发光二极管处于节能的"灭灯"状况。正常工作时，应将其接高电位。

学习活动 8-3

数字显示译码器电路的连接

【活动目标】

复述数字显示译码器的功能特点及输入端、输出端之间的逻辑关系,使用电路仿真软件 Tina Pro 搭接逻辑电路。

【所需时间】

约 30 分钟

【活动步骤】

1. 阅读内容"8.7.3 译码器",找出描述数字显示译码器工作原理和电路主要部件的文字,并在下面画线。

2. 登录网络课程,进入文本辅导栏目和视频讲解栏目学习有关译码器的段落。

3. 在电脑上打开电路仿真软件 Tina Pro,按图 8-21 所示完成数字显示译码器电路的搭接,并运用软件的 DC 交互式直流仿真功能检测译码器的输出结果。

4. 设置数字开关 SW_D、SW_C、SW_B、SW_A,使译码器输入为 $DCBA = 0101 = (5)_{10}$,经该译码器翻译,在输出端 $a \sim g$ 产生 7 段数字信号,驱动七段发光二极管,显示当前输入的二—十进制码数字"5"。

5. 改变数字开关的接入电平,使译码器输入 $DCBA$ 为其他二进制数的组合,观察七段发光二极管的显示图形。

【反　　馈】

输入为 8421BCD 码时,数码管会显示对应的十进制数字图形;若输入为 1010 等非 8421BCD 码时,数码管显示的图形就不会是正常的数字了。这是由译码器内部逻辑门的逻辑关系决定的。

8.7.4 数据选择器

数据选择器的输入端含有地址端和数据端。地址端产生译码,选中数据端中的一条数据线为通路,使其输入端的逻辑信号被传送至输出端。常用中规模数据选择器的逻辑框图如图 8-22 所示。

图 8-22(a)所示为 8 选 1 数据选择器 74151。其功能如下(因功能描述较为简单,略去功能表):

(1)选通端 $\overline{G}$:低电位有效。工作时,通常使其置为有效低电位。若其为高电位,则输出端 Y 为低电位、W 为高电位,表明该器件被禁止工作。

(2)地址端 C、B、A:高电位有效。例如,当 $CBA = 000$ 时,输入端 D_0 的输入信号被

送至 Y。又如，当 $CBA=100$ 时，D_4 的输入信号被送至 Y，此时，若 D_4 端输入为高（低）电位，则输出端 Y 也呈现出高（低）电位，$Y=D_4$。

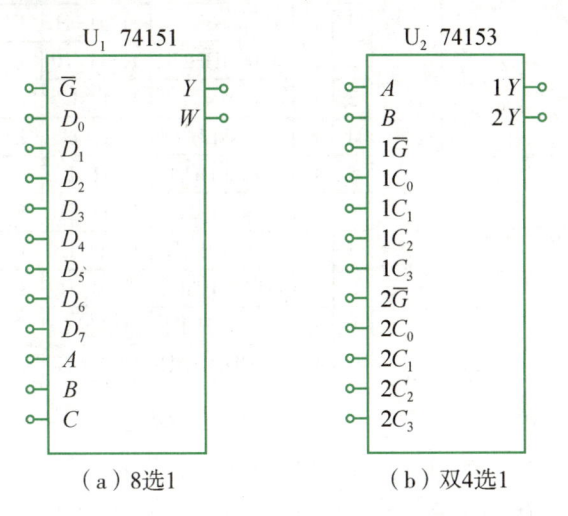

（a）8选1　　　（b）双4选1

图 8-22　常用中规模数据选择器的逻辑框图

（3）两个输出端 W、Y 的输出状态相反。

图 8-22（b）所示是双 4 选 1 数据选择器 74153。它由两个 4 选 1 数据选择器组成，其中 $1\overline{G}$、$2\overline{G}$ 是器件选通端，低电位有效。它们可以独立或同时工作。例如，当 $1\overline{G}=0$ 时，若地址输入 $BA=10$，则 $1Y$ 端输出 $1C_2$ 信号；若 $2\overline{G}=0$，且地址输入为 $BA=10$，则输入信号 $2C_2$ 出现在 $2Y$ 端。

8.8　常用中规模组合逻辑电路的综合应用

在学习了常用中规模数字电路的简单应用的基础上，本节将介绍它们较繁杂的应用，即综合应用。这些应用实例均收集自国内外实用电路资料集，首次由本教材采用电路仿真软件 Tina Pro 绘制出电路图并完成电路仿真任务。介绍这些电路应用的例子，其目的是帮助学习者更深入地理解中规模集成电路的应用知识。

学会查阅、阅读并理解中规模集成电路的功能表，是应用这些电路的前提或依据。阅读中规模器件功能表，是一项十分枯燥且烦琐的工作，但基本上不存在"读不懂"的高深理论内容，所以，只要认真、耐心地阅读，是很容易学会的。

例 8-12　在阅读与理解中规模集成电路优先编码器 74148 功能表的基础上，实现两个 74148 的级联应用。

图 8-23 所示是 8 线-3 线优先编码器 74148（74LS148），图 8-23（a）所示是逻辑框图，图 8-23（b）所示是器件功能表。

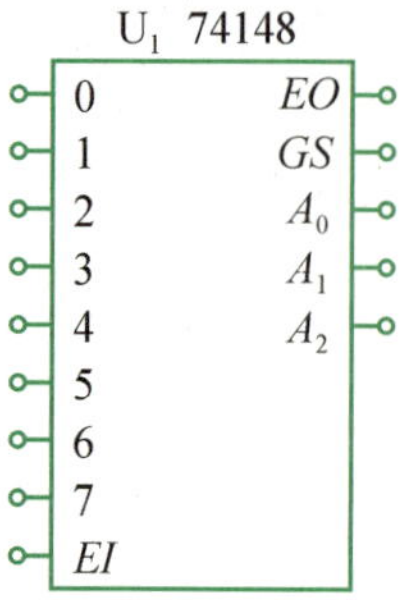

	输入		输出	
	EI	01234567	$A_2A_1A_0$	$GS\ EO$
1	H	××××××××	H H H	H H
2	L	HHHHHHHH	H H H	H L
3	L	×××××××L	L L L	L H
4	L	××××××LH	L L H	L H
5	L	×××××LHH	L H L	L H
6	L	××××LHHH	L H H	L H
7	L	×××LHHHH	H L L	L H
8	L	××LHHHHH	H L H	L H
9	L	×LHHHHHH	H H L	L H
10	L	LHHHHHHH	H H H	L H

（a）逻辑框图　　　　　（b）器件功能表

图 8 - 23　8 线 - 3 线优先编码器逻辑框图及功能表

由 8.7 节内容可知，所谓 8 线 - 3 线编码器，是向 8 个输入端（0~7）输入数字 0、1 信号，再由三个输出端 A_2、A_1、A_0 以二进制编码形式表现出来。

学会理解中规模数字电路器件的功能表，是学习一种重要的实用知识。在阅读时应当特别注意：在中规模数字电路中，其输入端、输出端电位与有效或无效状态的联系。

> **注意：**
>
> 图 8 - 23 所示器件功能表指出，输入、输出为高电位（记为 H）时，相当于逻辑 0，是无效状态；输入、输出为低电位（记为 L）时，相当于逻辑 1，是有效状态。这一点可以简单记忆成 H = 0 = 无效状态、L = 1 = 有效状态，然后对该功能表进行如下理解：
>
> ① 当 8 个输入端（0~7）均为高电位 H 时，为无效状态，即输入端未出现有效信号，例如开关未动作，这种状态对应表中的第 2 行：输入端 01234567 = HHHHHHHH，输出编码 $A_2A_1A_0$ = HHH。如前所述，因为 H = 0 = 无效状态、L = 1 = 有效状态，故 01234567 = HHHHHHHH = 00000000；且输出端 $A_2A_1A_0$ = HHH = 000，即输入、输出均处于无效状态。
>
> ② 表中第 3 行：当第 7 端为低电位（L）有效输入时，于是有 01234567 = ×××××××L = 00000001、$A_2A_1A_0$ = LLL = 111 = $(7)_{10}$。这样，当第 7 端输入低电位有效信号时，输出端为二进制编码 111，即十进制 7，第 7 端输入的信号在输出端被编码成"7"。
>
> ③ 表中第 4 行：当第 6 端为低电位（L）有效输入、第 7 端为高电位即无效状态时，无论 0~5 输入端为高电位还是低电位，均认为无效（0），于是有 01234567 = ××××××LH = 00000010、$A_2A_1A_0$ = LLH = 110 = $(6)_{10}$，即第 6 端输入的信号在输出端被编码成"6"。
>
> ④ 以此类推，表中最后一行，即第 10 行：当第 0 端为低电位（L）有效输入、1~7 端均为无效高电位（0）时，有 01234567 = LHHHHHHH = 10000000、$A_2A_1A_0$ = HHH = 000 = $(0)_{10}$，即第 0 端输入的有效信号在输出端被编码成"0"。

优先编码器，其各输入端的优先级不同。74148 的第 7 端输入端的优先级最高，第 0 端的优先级最低。例如，当第 6 端为低电位有效状态，同时比它优先级更高的第 7 端处于高电位无效状态时，编码器才能输出 $A_2A_1A_0 = 110$ 有效编码。这时，无论 0~5 输入端为何种状态，由于它们的优先级均低于第 6 端，不会影响输出编码 $A_2A_1A_0 = 110$，故 0~5 端的输入可以用 × 表示，是一种任意状态，也是无效状态（功能表第 4 行）。

EI 称为允许输入端，仅当 EI 接有效低电位时，编码输出才有效。EI 用于多芯片级联应用。

> ☞ 还应注意：
>
> 在功能表第 2 行中，当输入端 0~7 均为无效状态时，输出状态是 $A_2A_1A_0 = HHH$。但是，在最后一行即第 10 行中，当输入端 0 为有效状态时，输出也为 $A_2A_1A_0 = HHH$。为了区别两者，74148 设计了一个输出端 GS，称为编码群输出端，低电位是其有效状态，表明在 0~7 输入端中，至少有一个处于有效状态。换言之，GS 是一个判别标识：其输出为低电位有效状态时，表明 74148 的编码输出有效。

最后，功能表中还有一个输出端 EO，称为允许输出端。EO 也用于多芯片级联。当编码器 EI 为有效状态，且第 0~7 端中没有任何一个输入处于有效状态时，EO 输出为有效低电位（第 2 行），表示该编码器无任何有效的逻辑信号输入。在级联应用中，将本级 EO 与后一级编码器的 EI 相连接，EO 输出的低电位可使后一级 EI 处于有效状态，使其能够正常工作。

两个中规模 8 线 - 3 线优先编码器 74148 级联应用，即构成一个 16 线 - 4 线优先编码器，如图 8 - 24 所示。

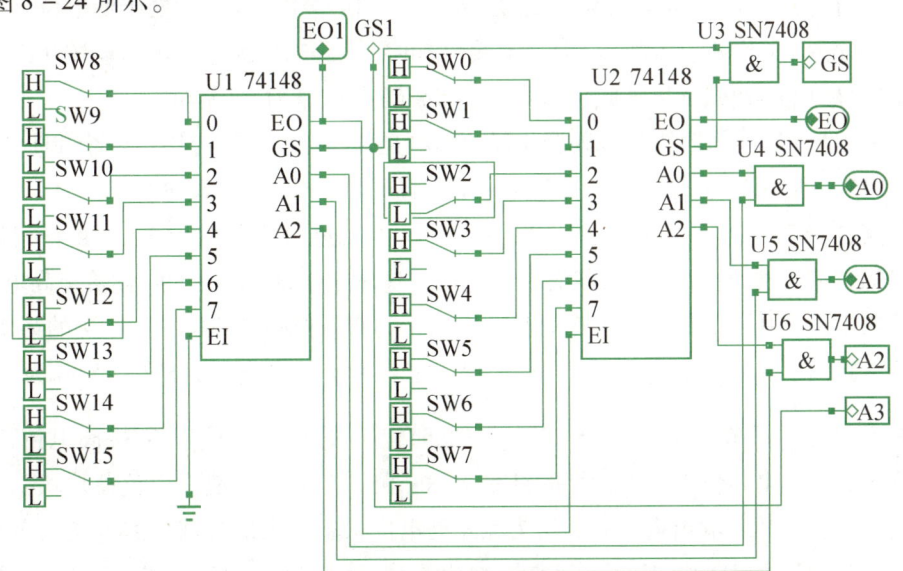

图 8 - 24 两个 8 线 - 3 线优先编码器的级联应用 Tina Pro 仿真图

结合图 8-24 所示 Tina Pro 仿真电路图,下面做一些简要说明:

用数字开关 $SW_{15} \sim SW_0$ 产生 16 线输入信号,假设 SW_{12}、SW_2 处于产生低电位(L)有效状态,其他数字开关均处于高电位(H)无效状态。

U_1 对高 8 位 $SW_{15} \sim SW_8$ 编码,其优先级高于对低 8 位 $SW_7 \sim SW_0$ 编码的 U_2,故将其允许输入端 EI 直接接地,为有效低电位,使得 U_1 始终处于允许工作状态;U_1 的允许输出端 EO 与后一级 U_2 的允许输入端 EI 连接。所以,仅当 U_1 的输入均处于高电位无效状态时,U_2 才被允许工作。

因为 U_1、U_2 的输出有效状态是低电位,故无论它们哪一个输出有效,编码器的输出均应能表达出该有效状态。于是 U_1、U_2 的编码器输出端需经与门 SN7408 输出,才能最终形成 A_2、A_1、A_0 编码输出。

在图 8-24 所示的电路图中,A_3 取自于高 8 位 U_1 的编码群输出端 GS,其含义是:在高 8 位输入信号中,只要有一个输入有效,A_3 就为有效的低电位(A_3 的权是 $2^3 = 8$)。

本例是这样设计的:数字开关 SW_{12}、SW_2 接低电位 L。因为 SW_{12} 的优先级高,故 U_1 工作,其允许输出端 EO 输出高电位到 U_2 的允许输入端 EI,禁止 U_2 工作,故 SW_2 信号无作用。在更复杂的应用中,可将 U_2 的允许输出端 EO 连接到优先级更低的编码器。

图 8-24 中的一些"菱形"符号是 Tina Pro 软件指示电位高、低的标识。本例中的电路状态是 EO_1、EO、A_0、A_1 为无效的高电位,软件以"黑色菱形块"指示(本书用椭圆在电路图上做了标记,便于学习者阅读),A_3、A_2 为有效低电位,软件以"白色菱形块"指示(本书用长方形做了标记)。

图 8-24 所示电路的仿真结果是:输出端 GS 为有效低电位,表明输出结果有效,即 $A_3A_2A_1A_0 = LLHH = 1100 = (12)_{10}$。该编码对应了开关 SW_{12} 为低电位有效的动作。

又如,当用数字开关 $SW_{15} \sim SW_0$ 产生的 16 线输入信号中,仅 SW_2 处于低电位(L)有效状态,其他数字开关均处于高电位(H)无效状态时,电路输出为 $A_3A_2A_1A_0 = HHLH = 0010 = (2)_{10}$,同时有 U_1 编码器 $EO_1 = L$、$GS_1 = H$,U_2 编码器 $EO = H$、$GS = L$。

例 8-13 译码器的功能与编码器相反。本例是译码器的级联应用:两个 TTL 系列译码器 74154 以级联应用的方式构成一个 5 线-32 线译码器,如图 8-25 所示。

该电路含有 5 个数字开关 $SW_E \sim SW_A$,产生一组二进制编码作为输入。由译码器 74154 功能表得知,输入端 $D \sim A$ 的有效状态是高电位,这对应于将 $SW_E \sim SW_A$ 连接至高电位端 H。译码器的输出端用 0~31 标记,工作时只能有一个为有效低电位状态,如本例的第 25 端。

本例电路的工作状态是:SW_E、SW_D、SW_A 三者为有效高电位;SW_C、SW_B 为无效低电位,即输入编码为 $EDCBA = 11001 = (25)_{10}$。此时,$U_1$ 的允许端 $\bar{G}_1$、$\bar{G}_2$ 接高电位,使其处于无效状态。于是电路仿真软件计算的结果显示:测试节点 GU_1 是"黑色菱形块",表示高电位,U_1 不工作,故其输出端 0~15 均为无效高电位状态。U_2 的允许端 GU_2 为有效低电位,以"白色菱形块"标识,故 U_2 正常工作:对应于输入 $DCBA = 1001 = (9)_{10}$,U_2 的第 9 端输出,即 5 线-32 线译码器的第 25 端,输出为有效低电位状态,以"白色菱形块"表示。

若输入为 $EDCBA=01001=(9)_{10}$，则 U_1 工作、U_2 不工作；该 5 线 - 32 线译码器将由 U_1 的第 9 端输出有效低电位。

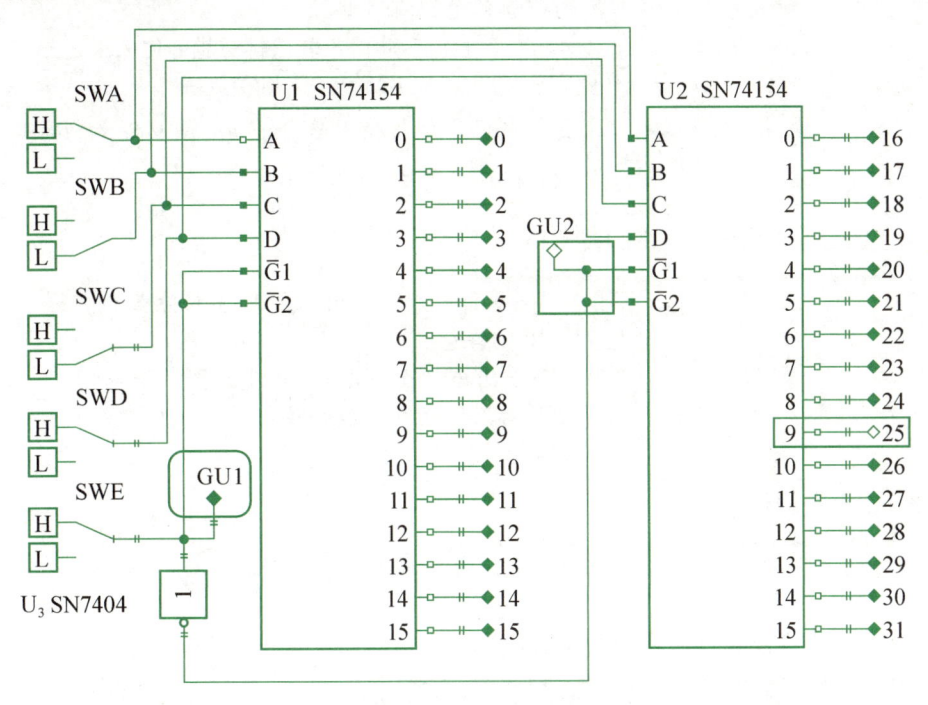

图 8 - 25　两个 4 线 - 16 线译码器的级联应用 Tina Pro 仿真图

本章小结

门电路和组合电路与前面学习的模拟电路不同，属于数字电路，是本章所介绍的内容，也是构成下一章将学习的时序电路的基础。

下面所列问题包含了本章最主要的学习内容，可以帮助你做一次简要的回顾。

数制与编码

- ✓ 数字电路与逻辑代数的概念是什么？
- ✓ 十进制数、数制与编码的概念是什么？
- ✓ 不同的数制之间是如何转换的？

逻辑代数及其三种基本运算

- ✓ 逻辑代数有哪三种基本运算？
- ✓ 逻辑代数的基本定律和规则有哪些？
- ✓ 什么是逻辑函数的化简？

逻辑门电路

- ✓ 常用的逻辑门电路有哪些？
- ✓ 什么是与门、或门和非门，其逻辑功能如何来描述？
- ✓ 什么是异或门，其逻辑功能如何来描述？
- ✓ 什么是集电极开路门和三态门，其逻辑功能如何来描述？

TTL与COMS门电路的技术特点

- ✓ TTL与CMOS器件的含义是什么？其技术特点如何用电气参数来描述？
- ✓ 图8-15所示的与门及构成与门的电路图，是如何说明学习逻辑器件电气参数的重要性的？

组合逻辑电路

- ✓ 组合逻辑电路分析的步骤有几条？各是什么？

常用中规模组合逻辑电路及其应用

- ✓ 加法器的功能是什么？
- ✓ 编码器的功能是什么？
- ✓ 译码器的功能是什么？通过学习活动8-3 数字显示译码器电路的连接，你有收获吗？
- ✓ 数据选择器的功能是什么？
- ✓ 这一节是综合性的应用知识，在学习了前面的基础内容之后，你是否有兴趣学习本节内容呢？

自测题

一、选择题

8-1 数字电路内部的电路器件，如二极管、三极管、场效应管，它们一般处于（　）工作状态。

  A. 截止　　　　B. 导通　　　　C. 截止或导通　　　　D. 放大

8-2 数字电路运算的数学工具是逻辑代数，其功能是按（　　）规律对逻辑变量进行运算。

  A. 逻辑　　　　B. 代数　　　　C. 模拟　　　　　　D. 数字

8-3 验证逻辑表达式正确性的一种方法是：对等号两边的逻辑运算结果列出其

(　　)并加以对比。

　　A. 功能表　　　　B. 卡诺图　　　　C. 方程式　　　　D. 真值表

8-4　与、或、非三种基本逻辑运算,对应着与门、或门、非门三种常用(　　)的功能。

　　A. 组合电路　　　B. 门电路　　　　C. 模拟电路　　　D. 功能电路

8-5　图 8-26(a)所示的三个器件是(　　)符号;图 8-26(b)所示的是三个器件的(　　)符号。

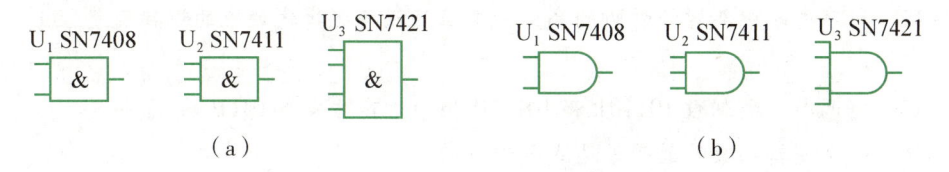

U_1 SN7408　　U_2 SN7411　　U_3 SN7421　　　　U_1 SN7408　　U_2 SN7411　　U_3 SN7421

(a)　　　　　　　　　　　　　　(b)

图 8-26　题 8-5 图

　　A. 或门,国标　　　　　　　　　　B. 或门,美、日常用
　　C. 与门,美、日常用　　　　　　　D. 与门,国际

8-6　OC 门的输出端是一个三极管集电极,处于开路状态;通过将一个数百欧姆的(上拉)电阻与(　　)相连接,可起到限流并保证电位正确性的作用。

　　A. 输入　　　　　B. 电源或地　　　C. 地　　　　　　D. 电源

8-7　或门、或非门,其多余输入端应当接(　　);与门、与非门,其多余输入端应当接(　　)。TTL 电路的输入端悬空相当于高电位,CMOS 电路的输入端(　　)悬空。

　　A. 低电位,高电位,不允许　　　　B. 高电位,低电位,不允许
　　C. 低电位,高电位,允许　　　　　D. 高电位,低电位,不允许

8-8　公式 $S_n = A_n \oplus B_n \oplus C_{n-1}$, $C_n = (A_n \oplus B_n) \cdot C_{n-1} + A_n \cdot B_n$ 是(　　)的逻辑函数表达式。

　　A. 半加器　　　　B. 全加器　　　　C. 半减器　　　　D. 全减器

8-9　图 8-27 所示是(　　)。

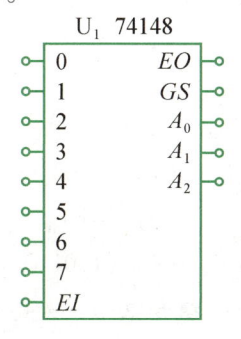

U_1 74148

0　　EO
1　　GS
2　　A_0
3　　A_1
4　　A_2
5
6
7
EI

图 8-27　题 8-9 图

A. 编码器的管脚图 B. 编码器符号
C. 译码器的逻辑框图 D. 编码器的逻辑框图

8-10 数据选择器的输入端含有（　　）端和数据端。

A. 地址　　　　B. 控制　　　　C. 反馈　　　　D. 选择

二、判断题

8-11 数字电路中某器件管脚上的电压波，其特点是连续的，这是典型的数字信号。（　　）

8-12 数字电路中某器件管脚的高、低电位只能与逻辑代数中的逻辑变量值1、0相对应。（　　）

8-13 将两个二进制数101101和101110相加，其结果是1011011。（　　）

8-14 一个逻辑函数的最简表达式是唯一的。（　　）

8-15 在门电路器件中，"74"指该器件为TTL电路类型，"40"指该器件为CMOS电路类型。（　　）

8-16 异或门的表达式是 $F = A \cdot B$。（　　）

8-17 在逻辑器件功能的各种方法中，真值表是最原始和基础的，具有描述逻辑器件功能的唯一性；而逻辑函数表达式等可能具有不同的形式。（　　）

8-18 输入高电位（逻辑1）的最小值为 $V_{IH} = 2.0\text{ V}$。其含义是：输入电压等于或大于2.0 V时，才被确认是正确的高电位。（　　）

8-19 由逻辑函数表达式或真值表得到逻辑图的过程，称为对组合逻辑电路的分析。（　　）

8-20 在对数字电路器件的描述中，逻辑框图与符号不同：逻辑框图的画法及各输入端、输出端的名称是标准的；而符号一般没有统一的标准。（　　）

三、简答题

8-21 真值表为什么能用于验证逻辑代数定律的正确性？

8-22 反演规则是什么？

8-23 何为数字电路器件的噪声容限？TTL系列的噪声容限是何值？

四、分析计算题

8-24 完成下列数制的转换：

(1) $(1E45)_{16} = (\underline{\hspace{2em}})_{10}$　　(2) $(3F0A)_{16} = (\underline{\hspace{2em}})_{10}$

(3) $(12366)_{10} = (\underline{\hspace{2em}})_{16}$　　(4) $(5803)_{10} = (\underline{\hspace{2em}})_{16}$

(5) $(E4)_{16} = (\underline{\hspace{2em}})_{2}$　　(6) $(4F)_{16} = (\underline{\hspace{2em}})_{2}$

(7) $(100110)_{2} = (\underline{\hspace{2em}})_{10}$　　(8) $(110110)_{2} = (\underline{\hspace{2em}})_{16}$

8-25 由非门、与非门构成一个组合电路，如图8-28所示，试对其逻辑功能进行分析。

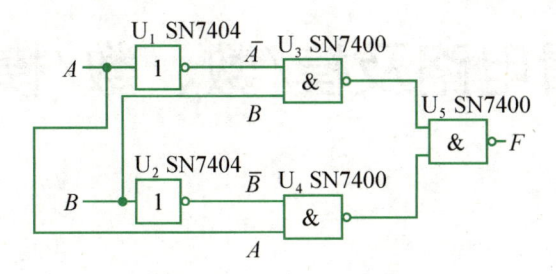

图 8-28　非门、与非门构成的组合电路

第 9 章
时序逻辑电路及模/数、数/模转换电路

导 言

时序逻辑电路是数字逻辑电路的第二大类。这类电路有别于组合逻辑电路的最大特征是，电路任意时刻的输出状态不仅取决于当前的输入信号，还与电路的原状态有关，即时序逻辑电路具有记忆功能。这也使得时序逻辑电路成为现代信息技术和智能设备中更加不可缺少的一类电路形式。

日常生活和工作中遇到的物理量大都是随时间连续变化的模拟量，采用数字电路对信号进行处理，就需要将模拟量转换为数字量；同样，由于人耳只能识别模拟量的声音，无论通过数字设备编制的音乐信号信噪比有多高，最终都需要将它转换为模拟量才能供人们欣赏。可见，数/模（D/A）和模/数（A/D）转换电路也是应用领域非常广泛的电路。

触发器是构成时序逻辑电路最基本的单元。本章首先重点介绍几种具有不同逻辑功能的触发器，然后介绍时序逻辑电路的分析方法，再介绍寄存器、计数器、555 定时器等典型时序逻辑电路的基本构成和应用，最后简要介绍一种典型数/模转换电路的构成及其工作原理，概要介绍实现模/数转换的两种方式，为将来学习和掌握包括计算机在内的各类数字技术设备打下技术基础。

学习目标

认知目标

1. 叙述时序电路的工作特点。
2. 叙述基本 RS 触发器、D 触发器、JK 触发器的工作特点，用功能表、特性方程和状态图描述它们的逻辑功能。
3. 运用时序电路的分析方法分析简单的同步和异步时序电路的工作状态。
4. 叙述中规模寄存器、计数器和 555 定时器的功能和工作特点，列举它们的简单应用实例。
5. 叙述数/模、模/数转换电路的工作特点及实现转换的电路的工作原理。

技能目标

使用电路仿真软件 Tina Pro 搭接包含中规模器件的组合逻辑电路和时序逻辑电路，并对指定电路进行仿真分析。

> **情感目标**
> 体会进一步掌握数字电路及其应用知识的成就感。

时序逻辑电路，简称时序电路。数字电路包含组合电路和时序电路。时序电路在机电产品中有极为广泛的应用。

在时序电路中，以当前时刻为参考点，前一个时刻电路的输出状态称为初态，下一个时刻电路的输出状态称为次态。换言之，初态指当前时刻之前电路的输出状态，而次态指在当前输入作用下，时序电路在下一个时刻的输出端的状态（发生改变或者维持原状）。

以上概念易于理解：假设当前时刻交通灯为黄灯，下一时刻（次态）是绿灯还是红灯呢？显然，若初态是绿灯，则次态一定是红灯。所以，"次态是红灯"这一结论不仅与当前输入是黄灯有关，而且与初态是绿灯有关。组合电路不能完成这项功能，这就需要应用时序电路。

在组合电路的基础上可以构建时序电路：组合电路的各门电路之间没有反馈环路，但将组合电路中门电路的输入端、输出端进行正确连接，形成反馈环路（回路）后，即构成一个时序电路。可见，时序电路具有以下特点：

（1）时序电路的次态由当前输入信号及电路的初态共同确定，于是该电路又称为有记忆能力的数字电路。

（2）时序电路结构中含有反馈环路。

对应时序电路，组合逻辑电路具有如下特点：① 组合电路没有记忆功能，下一时刻的输出仅取决于当前的输入；② 组合电路结构中无反馈环路。

9.1 常用触发器

门电路是构成组合逻辑电路的基本单元，而触发器是构成时序电路的基本单元。学习和掌握常用触发器的功能，是学习时序电路的基础。

9.1.1 基本 RS 触发器

实用的 RS 触发器可由基本 RS 触发器构成。两个与非门加上输入端、输出端的连线，即可构成一个基本 RS 触发器，如图 9-1（a）所示，图 9-1（b）所示是其逻辑符号；基本 RS 触发器也可以由两个或非门组成，如图 9-1（c）所示，图 9-1（d）所示是其逻辑符号。

> ☞ 注意：
> 在基本 RS 触发器的电路结构中，其反馈环路由输入端、输出端的连线构成。

在图 9-1（a）所示的时序电路中，输出端通常用字母 Q 标注。Q 与 $\bar{Q}$（读作 Q 反）为一对互补输出端，即两端的逻辑值恰好相反，若一个为逻辑 0，则另一个为逻辑 1。通常规定，以 Q 端的状态作为触发器的状态，即当 $Q=1$，$\bar{Q}=0$ 时，称触发器为 1 状态；反之则称触发器为 0 状态。

输入端 $\bar{S}$ 的含义是"置位端"（Set），若其为有效逻辑状态，则输出 Q 被置位成 1，即 $Q=1$，$\bar{Q}=0$。S 取反运算，表明该端低电位为有效电位。$\bar{R}$ 的含义是"复位端"（Reset），使输出 Q 被复位成 0，即 $Q=0$，$\bar{Q}=1$。

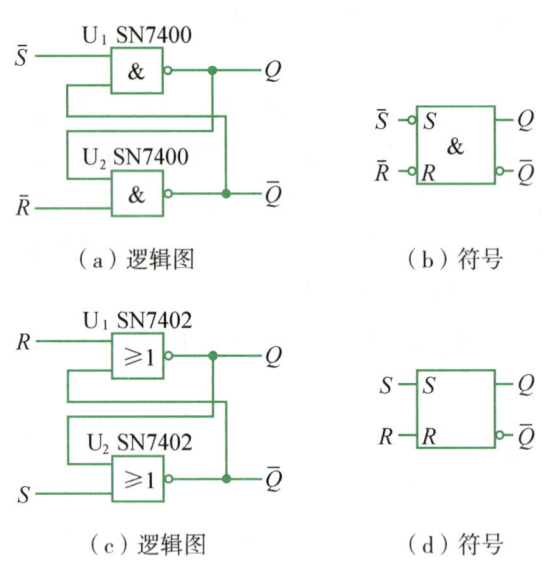

（a）逻辑图   （b）符号

（c）逻辑图   （d）符号

图 9-1　基本 RS 触发器

下面结合图 9-1（a）所示的基本 RS 触发器的逻辑图及其符号，具体描述其逻辑功能。

(1) 置位功能。当 $\bar{S}=0$、$\bar{R}=1$ 时，置位端 $\bar{S}$ 输入了有效低电位，这使得与非门 U_1 输出高电位，实现了 RS 触发器的置位功能，即 $Q=1$。此时，与非门 U_2 的两个输入为 $\bar{R}=1$、$Q=1$，使输出 $\bar{Q}=0$。Q 和 $\bar{Q}$ 互为 1 和 0，满足互补输出条件。置位又称为置 1。

(2) 复位功能。当 $\bar{S}=1$、$\bar{R}=0$ 时，复位端 $\bar{R}$ 为有效低电位，使与非门 U_2 输出高电位，即 $\bar{Q}=1$。此时，与非门 U_1 的两个输入为 $\bar{S}=1$、$\bar{Q}=1$，使输出 $Q=0$，即实现复位功能。两个输出为互补状态。复位又称为置 0。

(3) 保持功能。当 $\bar{S}=1$、$\bar{R}=1$ 时，两个输入端均处于高电位状态，故电路的输出状态维持不变，次态与初态相同。

(4) 不定状态。当 $\bar{S}=0$、$\bar{R}=0$ 时，两个输入端均处于有效低电位状态，使 $Q=\bar{Q}=1$。这就破坏了触发器两个输出端逻辑值互补的规则。若该状态结束后，$\bar{S}$ 和 $\bar{R}$ 都无有效信号输入，则触发器无法确定为 0 状态还是 1 状态，故称此为不定状态。由此，定义 $\bar{S}+\bar{R}=1$ 为约束条件，即两个输入不能同时为有效低电位。在正常工作时，触发器应当满足其约束条件。

由两个或非门构成的基本 RS 触发器，其输入端高电位是有效状态，约束条件是 $SR=0$，逻辑图如 9-1（c）所示。

9.1.2 基本 RS 触发器的描述方法

将触发器的初态记为 Q^n、次态记为 Q^{n+1}，对其逻辑功能进行描述。基本 RS 触发器的描述方法有三种，即功能表描述方法、特性方程描述方法和状态图描述方法。

表 9-1 基本 RS 触发器的逻辑功能表

$\bar{R}$	$\bar{S}$	R	S	初态 Q^n	次态 Q^{n+1}	说明
0	0	1	1	无关	×	不定
1	0	0	1	无关	1	置位
0	1	1	0	无关	0	复位
1	1	0	0	Q^n	Q^n	保持

1. 功能表描述方法

综合以上讨论，基本 RS 触发器的逻辑功能如表 9-1 所示。

2. 特性方程描述方法

基本 RS 触发器的特性方程是

$$Q^{n+1} = S + \bar{R} \cdot Q^n$$

其约束条件：$S \cdot R = 0$ 或 $\bar{S} + \bar{R} = 1$。

结合触发器功能表，该特性方程易于理解：

（1）当 $S=1$、$R=0$ 时，$Q^{n+1} = S + \bar{R} \cdot Q^n = 1 + 1 \cdot Q^n = 1$，触发器实现置位功能。

（2）当 $S=0$、$R=1$ 时，$Q^{n+1} = S + \bar{R} \cdot Q^n = 0 + 0 \cdot Q^n = 0$，触发器实现复位功能。

（3）当 $S=0$、$R=0$ 时，$Q^{n+1} = S + \bar{R} \cdot Q^n = 0 + 1 \cdot Q^n = Q^n$，触发器实现保持功能。

（4）$S=1$ 同时 $R=1$，这是违反约束条件的输入，无意义。

3. 状态图描述方法

状态图是描述触发器逻辑功能的第三种方法，如图 9-2 所示。

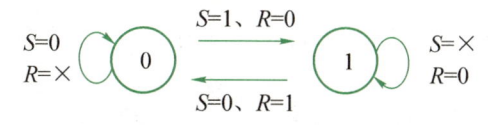

图 9-2 基本 RS 触发器的状态图

在图 9-2 所示的状态图中，0 和 1 两个圆圈均为初态，箭头表示初态转换为次态的方向。触发器的转换条件以输入 R、S 为标识。用状态图描述触发器功能的具体内容为：

（1）置位功能。若初态为 0（左边的圆圈），当 $S=1$、$R=0$ 时，次态为 1。

（2）复位功能。若初态为 1（右边的圆圈），当 $S=0$、$R=1$ 时，次态为 0。

（3）保持功能。

① 当初态为 0 时，如果 $S=0$，R 无论是 1 或 0（用"×"表示），则次态仍然为 0（保持功能）。

② 当初态为 1 时，如果 $R=0$，S 无论是 1 或 0（用"×"表示），则次态仍然为 1（保持功能）。

综上所述，基本 RS 触发器的动作特点为：

（1）初态为 0 时：若 S 为 1，次态由 0 置位成 1；若 $S=0$，次态保持为 0（记忆为"0 看 S"）。

（2）初态为 1 时：若 R 为 1，次态由 1 复位成 0；若 $R=0$，次态保持为 1（记忆为"1 看 R"）。

学习活动 9 – 1

认识基本 RS 触发器

【活动目标】

叙述基本 RS 触发器的工作特点，用功能表、特性方程和状态图描述触发器的逻辑功能。

【所需时间】

约 20 分钟

【活动步骤】

1. 阅读教材内容"9.1.1　基本 RS 触发器"，正确说出触发器的置位、复位、保持、约束条件的含义。

2. 阅读教材内容"9.1.2　基本 RS 触发器的描述方法"，用功能表、特性方程和状态图描述触发器的逻辑功能。

3. 按照 $RS=00$、01、10、11 的顺序，写出基本 RS 触发器对应的初态和次态，并说明此时的功能。

4. 由填写完成的基本 RS 触发器的功能表画出状态图。

5. 打开网络课程中本单元的练习栏目，按照练习要求完成基本练习。

【反　馈】

基本 RS 触发器具有三种功能，即置位功能、复位功能和保持功能。其动作要点是："0 看 S""1 看 R"。运用时，应当遵守约束条件 $SR=0$，即两个输入不能同时为有效状态。

对于初学者而言，应当特别注意：9.1.1 节内容是以 $\bar{S}$，即 S 取反的状态介绍的，该状态为有效时，输入是低电位，对应逻辑值 0；而 9.1.2 节内容是以 S 状态介绍的，该状态为有效时，输入是高电位，对应逻辑值 1。两种有区别叙述的原因在于：前者以电路逻辑图为基础，着眼点是电位的高低，而后者以逻辑表达式及逻辑值为重点，着眼点是逻辑运算。这样，可以从多种角度对触发器的功能进行深入理解。还应特别注意，触发器的各种工作状态由表 9-1 体现。

由多个触发器构成的数字系统中，在协调工作时，需设计一个控制信号，由使能信号（E）或"时钟"产生。对于基本 RS 触发器，增加两个与非门电路 U_3、U_4 和一个使能信号 E，即可构成一个门控 RS 触发器，如图 9-3 所示。

从图 9-3（a）所示的逻辑图得知：当 $E=1$ 时，可实现基本 RS 触发器功能；当 $E=0$ 时，因两个输入为低电位，故该触发器执行保持功能，被"锁住"，使得输出状态不变。于是，该触发器又称为 RS 锁存器（不是基本 RS 触发器）。

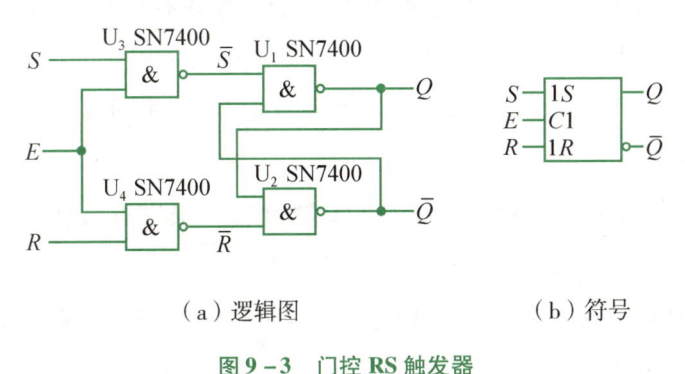

（a）逻辑图　　　　　（b）符号

图 9-3　门控 RS 触发器

例 9-1　RS 触发器电路分析。

图 9-4 所示是用 Tina Pro 绘制的 4043 锁存器电路图，它含有 4 个独立的 RS 触发器，例如第一个 RS 的输入为 S_0、R_0，输出为 Q_0。当控制（使能）端 $E_0=1$ 时，执行 RS 触发器功能；当 $E_0=0$ 时，输出为高阻，用于实现在第 8 章组合电路中介绍的"线与"功能。

该电路具有"总线数据锁存器"的初步功能：数字开关 $SW_4 \sim SW_1$ 产生高、低电位，模拟一组输入数字信号，送入 $D \sim A$ 4 个输入；输入信号通过 4043 数据锁存器呈现在 $Q_3 \sim Q_0$ 输出端。

下面分析该数据锁存器所完成的任务：在由若干数字电路器件组成的系统中，系统的数据线称为"总线"。锁存器的输出端 $Q_3 \sim Q_0$ 与"总线"相连接，与此同时，若系统中还有其他电路器件也与该总线相连接，则经锁存器输出的信号不会与其他信号互相干扰，这正是锁存器的重要功能。

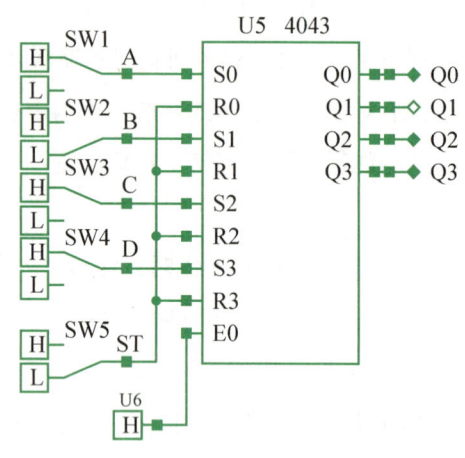

图9-4　4043锁存器 Tina Pro 仿真电路图

在例9-1中，对于图9-4所示电路的输入状态，锁存器的工作过程是：$E_0=1$ 使得锁存器处于工作状态。因输入 $R_3\sim R_0=0$，故输入 $S_3\sim S_0$ 决定了输出状态，即 $Q_3Q_2Q_1Q_0=S_3S_2S_1S_0=DCBA=1101$。工作状态如图9-4所示（电路图中由 Tina Pro 产生的黑、白菱形块标识分别表示高、低电位）。

在此条件下，若将 S_1 由0变为1，则 Q_1 由0变为1，工作状态为 $Q_3Q_2Q_1Q_0=S_3S_2S_1S_0=DCBA=1111$。

然而，图9-4所示的电路有一个问题：当 $R=1$ 执行清零时，因 $S_0=1$、$R_0=1$，违反 RS 的约束方程 $RS=0$（S_0、R_0 不能同时为1），所以使得触发器的输出状态无意义。

具有实际应用价值的锁存器电路将在"9.6　时序电路的综合应用"中介绍。

9.1.3　JK 触发器

JK 触发器的内部逻辑结构较复杂，本书不做叙述，重点是学习 JK 触发器的逻辑功能。

JK 触发器的输入端由置位端 J、复位端 K、脉冲输入端 CP 构成，类似 RS 触发器的置位端 S、复位端 R 和门控端 E。

JK 触发器的符号如图9-5（a）所示；图9-5（b）所示为三种实际 JK 触发器的逻辑框图；图9-5（c）所示为中规模集成电路双 JK 触发器的逻辑框图，其型号是4027。

在图9-5（a）所示的符号中，脉冲输入端 CP 为低电位有效，由一个小圆圈表示：CP 由高电位跳变至低电位时，触发器才接受输入 J、K 信号。

(a) 符号　　　(b) 三种实际 JK 触发器的逻辑框图　　(c) 中规模集成电路双 JK 触发器的逻辑框图

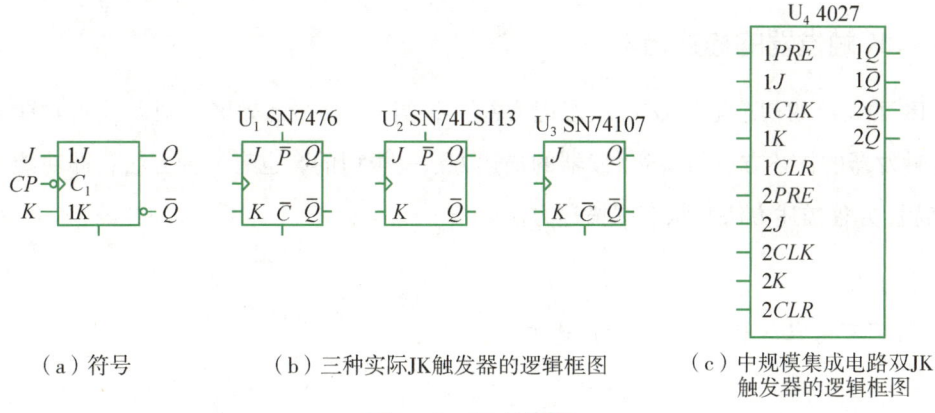

图 9-5　JK 触发器

当 CP 信号有效时，JK 触发器的逻辑功能描述如下：

(1) 置位功能。当 $J=1$、$K=×$（任意状态）时，置位端 J 高电位有效，实现置位功能，即 $Q=1$、$\bar{Q}=0$。置位功能又称为置 1。

(2) 复位功能。当 $J=×$、$K=1$ 时，复位端 K 高电位有效，实现复位功能，即 $Q=0$、$\bar{Q}=1$。复位功能又称为置 0。

(3) 保持功能。当 $J=0$、$K=0$ 时，两个输入端均处于无效低电位状态，电路的输出状态维持不变，次态与初态相同，即 $Q^{n+1}=Q^n$。

(4) 翻转功能。当 $J=1$、$K=1$ 时，两个输入端均处于有效高电位状态，实现翻转功能，即 $Q^{n+1}=\bar{Q}^n$。将 JK 触发器的输入端 J、K 连接在一起，称为 T 输入端，则构成 T 触发器。T 触发器只实现翻转功能。

由上述分析可见，与 RS 触发器相比较，JK 触发器增加了一个翻转功能，且没有约束条件，使用时更加灵活、方便。

图 9-5 (b) 所示的 74 系列 JK 触发器增加了两个功能端，即预置端和清零端。其中：预置端 $\bar{P}$ 为低电位有效，使 $Q=1$、$\bar{Q}=0$；清零端 $\bar{C}$ 为低电位有效，使 $Q=0$、$\bar{Q}=1$。

图 9-5 (c) 所示为双 JK 触发器 4027 的逻辑框图。第 1 个 JK 触发器的输入端为 1J、1K，脉冲输入端为 1CLK，预置端为 1PRE，清零端为 1CLR，输出端为 1Q 和 1$\bar{Q}$。第 2 个 JK 触发器以 2 标识，其他端口标识与第 1 个 JK 触发器类似。

> 注意：
> ① 当触发器带有预置端和清零端时，两端不能同时为有效状态，如预置端 1PRE、清零端 1CLR 不能同时为 1。② 由于这种置位、清零功能与时钟 CP 无关，故其被称为异步置位端、异步清零端。

9.1.4 JK触发器的描述方法

将JK触发器的初态记为Q^n、次态记为Q^{n+1}，当CP信号有效时，对其逻辑功能进行描述。JK触发器的描述方法与RS触发器的描述方法是类似的，也有三种方法，即功能表描述方法、特性方程描述方法和状态图描述方法。

> ☞ 注意：
> 应将下面内容与RS触发器的描述方法进行对比。

1. 功能表描述方法

在以上讨论的基础上，JK触发器的逻辑功能如表9-2所示。

表9-2 JK触发器功能表（CP为有效状态）

J	K	Q^{n+1}	说明
0	0	Q^n	保持
0	1	0	置0
1	0	1	置1
1	1	$\bar{Q}$	翻转

2. 特性方程描述方法

JK触发器的特性方程是

$$Q^{n+1} = J\bar{Q}^n + \bar{K}Q^n$$

该特性方程易于理解：

（1）当$J=1$时，若$Q^n=0$，则$Q^{n+1} = J\bar{Q}^n + \bar{K}Q^n = 1+0=1$，实现置位功能。

（2）当$K=1$时，若$Q^n=1$，则$Q^{n+1} = J\bar{Q}^n + \bar{K}Q^n = 0+0=0$，实现复位功能。

（3）当$J=0$、$K=0$时，则$Q^{n+1} = J\bar{Q}^n + \bar{K}Q^n = Q^n$，实现保持功能。

（4）当$J=1$、$K=1$时，则$Q^{n+1} = J\bar{Q}^n + \bar{K}Q^n = \bar{Q}^n$，实现翻转功能。

3. 状态图描述方法

JK触发器的状态图如图9-6所示。

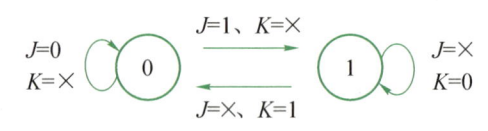

图9-6 JK触发器的状态图

图9-6所示状态图描述JK触发器功能的具体内容为：

（1）置位功能。初态为0时，若$J=1$、$K=×$，则次态为1。

（2）复位功能。初态为1时，若$J=×$、$K=1$，则次态为0。

（3）保持功能。初态为0时，若$J=0$、$K=×$，则次态仍然为0；初态为1时，若$K=0$、$J=×$，则次态仍然为1。

(4) 翻转功能。若 $K=1$、$J=1$，当初态为 0 时，则次态为 1；当初态为 1 时，则次态为 0。

综上所述，JK 触发器的动作特点为：

(1) 当初态为 0 时，应注意置位端 J：若 J 为 1，次态由 0 置位为 1；若 $J=0$，次态仍然保持为 0（记忆为"0 看 J"）。

(2) 当初态为 1 时，应注意复位端 K：若 K 为 1，次态由 1 复位为 0；若 $K=0$，次态仍然保持为 0（记忆为"1 看 K"）。

当 CP 信号有效时，JK 触发器具有 4 种功能，即置位、复位、保持和翻转功能。其动作要点是："0 看 J""1 看 K"。

根据其内部电路结构的不同，JK 触发器可分为主从型和边沿型，它们具有不同的动作特点。

(1) 主从型。时钟 CP 上升沿到来前一瞬间，J、K 接收输入，并要求在 $CP=1$ 期间输入状态保持稳定。时钟下降沿到来后产生输出。这种触发方式称为电位触发型。

(2) 边沿型。边沿型分为负边沿型和正边沿型。

① 负边沿型（下降沿触发型）。CP 下降沿到来后产生输出，其输出是由 CP 下降沿到来的前一瞬间的 J、K 状态所决定的。

② 正边沿型（上升沿触发型）。CP 上升沿到来后产生输出，其输出是由 CP 上升沿到来的前一瞬间的 J、K 状态所决定的。

通常认为，边沿型触发的抗干扰能力强，工作更为可靠。

例 9-2 JK 触发器电路分析。

图 9-7 所示电路和波形图是由软件 Tina Pro 完成仿真分析并自动绘制的。图 9-7（a）中，7476、74107 是主从型 JK 触发器，而 74113 是负边沿型 JK 触发器。它们的预置端、清零端都处于无效状态。J 端与 K 端连接，构成 T 触发器。其输入为 80 kHz 的电压信号 v_{in}，时钟 v_{cp} 为 100 kHz 的电压信号。图 9-7（b）所示是它们的波形图。

下面对图 9-7（b）所示波形图进行必要的分析。

(1) 主从型 JK 触发器 7476、74107 的波形图。为了方便讲授软件，本书对 Tina Pro 仿真分析的输出波形即图 9-7（b）做了标记。对主从型 JK 触发器波形的重要时刻用椭圆标出：上升沿（v_{cp}）到来前一时刻，简称"采样"，即时刻 A、B、C、D。

266 电工电子技术（第 3 版）

(a) Tina Pro 仿真电路图

(b) 波形图

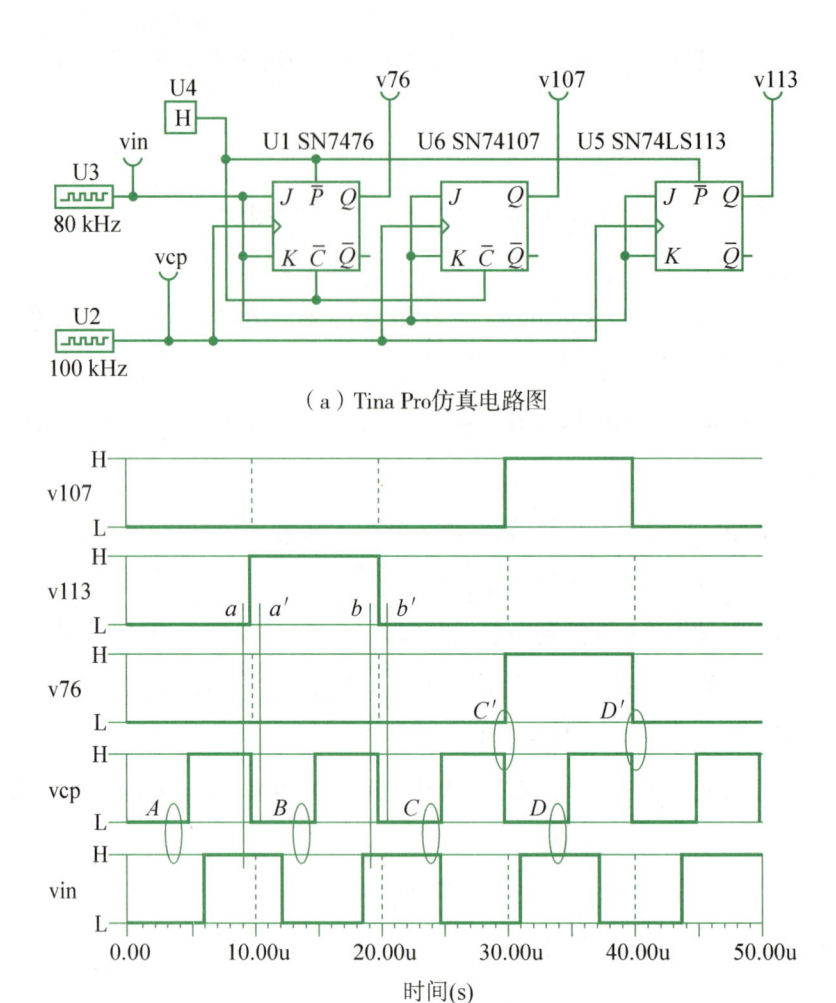

图 9-7 主从型和边沿型 JK 触发器电路及其波形图

由 7476、74107 构成的 T 触发器工作过程分析如下。

时刻 A：输入（v_{in}）为低电位，故当下降沿到来时，即时刻 a'，两个触发器的输出 v_{76}、v_{107} 为 0。

时刻 B：情况与时刻 A 的情况相同。

时刻 C：采样为高电位，故下降沿在 C' 时刻状态翻转，v_{76}、v_{107} 由 0 跳变为 1，符合主从型 JK 触发器电位触发型的特点。

时刻 D 及 D' 的分析与 C 和 C' 相同。

(2) 负边沿型 JK 触发器 74113 的波形图。本书对重要时刻用竖线标记。时钟 v_{cp} 下降沿到来前一时刻，即采样时刻 a，输入（v_{in}）为高电位，故当下降沿到来时，即时刻 a'，输出翻转，v_{133} 由 0 跳变为 1。

时刻 b、b' 的情况与 a、a' 相同，输出跳变，由 1 变为 0。

9.1.5　D 触发器

D 触发器的输入端由 D 端及脉冲输入端 CP 构成，其符号如图 9-8（a）所示。图 9-8（b）所示为两种实际 D 触发器的逻辑框图。图 9-8（c）所示为中规模集成电路 D 触发器 74374 的逻辑框图。

（a）符号　　（b）两种实际D触发器的逻辑框图　　（c）中规模集成电路D触发器74374的逻辑框图

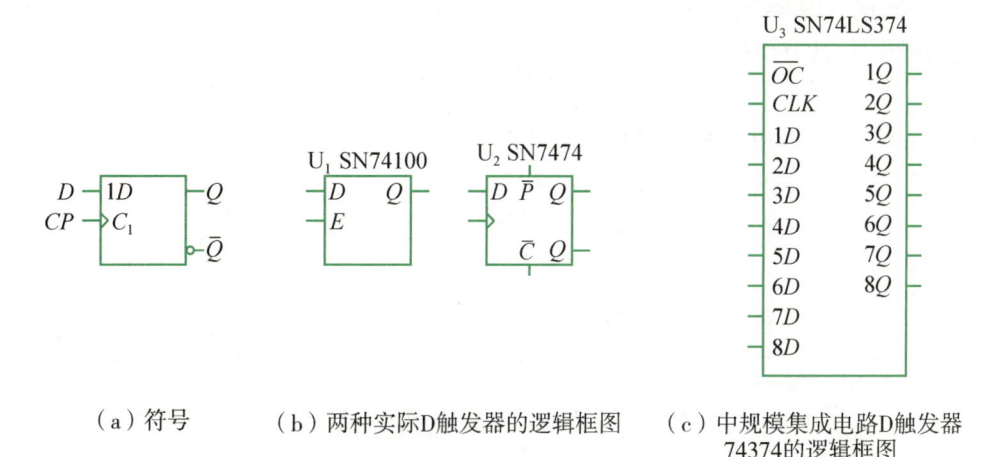

图 9-8　D 触发器

在图 9-8（a）所示的符号中，脉冲输入端 CP 高电位有效，即 CP 由低电位跳变至高电位时，触发器接受输入端 D 信号。下面具体描述其逻辑功能：

（1）置位功能。当 $D=1$ 时，实现置位（置1）功能，即 $Q=1$、$\bar{Q}=0$。

（2）复位功能。当 $D=0$ 时，实现复位（置0）功能，即 $Q=0$、$\bar{Q}=1$。

图 9-8（b）所示 D 触发器 74100 的控制端 E，相当于一个使能控制端。当 $E=1$ 时，执行 D 触发器功能，即 $Q^{n+1}=D$；当 $E=0$ 时，触发器执行相当于 RS 触发器的锁存功能，即 $Q^{n+1}=Q^n$。

图 9-8（b）所示 D 触发器 7474 带有预置端 $\bar{P}$ 和清零端 $\bar{C}$。预置端 $\bar{P}=0$，使 $Q=1$、$\bar{Q}=0$；清零端 $\bar{C}=0$，使 $Q=0$、$\bar{Q}=1$。

图 9-8（c）所示 74374 的逻辑框图表明：它含有 8 个独立 D 触发器，第 1 个 D 触发器的输入端为 1D；脉冲输入端为 CLK，为 8 个 D 触发器的公共时钟，并且是上升沿触发。所以，74374 是正边沿型 D 触发器。

图 9-8（c）所示 74347 的逻辑框图中，$\overline{OC}$ 是控制端，低电位有效时执行 D 触发器功能；当 $\overline{OC}=1$ 时，输出为高阻。

9.1.6　D 触发器的描述方法

将 D 触发器的初态记为 Q^n、次态记为 Q^{n+1}，对其逻辑功能进行描述。

表 9-3　D 触发器功能表（*CP* 为有效状态）

D	Q^{n+1}	说明
0	0	置 0
1	1	置 1

1. 功能表描述方法

D 触发器的逻辑功能如表 9-3 所示。

2. 特性方程描述方法

D 触发器的特性方程是

$$Q^{n+1}=D$$

根据其特性方程可知 D 触发器的功能如下：

(1) 当 $D=1$ 时，$Q^{n+1}=1$，实现置位功能。
(2) 当 $D=0$ 时，$Q^{n+1}=0$，实现复位功能。

3. 状态图描述方法

D 触发器的状态图如图 9-9 所示。

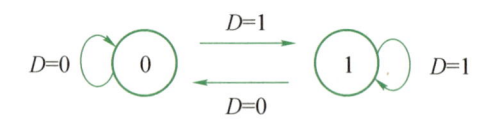

图 9-9　D 触发器的状态图

由图 9-9 所示的状态图可知，D 触发器只具有置 1 和置 0 功能。其动作要点是：当时钟或控制信号有效时，次态与输入相同，即 $Q^{n+1}=D$。

在动作特点上，RS、JK 和 D 触发器都有电位触发型、边沿触发型两种类型。另外，这些触发器又往往带有异步预置端、清零端等，使得应用更具灵活性。

学习活动 9-2

触发器的特性测试

【活动目标】

叙述基本 RS 触发器、JK 触发器、D 触发器的工作特点，用功能表、特性方程和状态图描述它们的逻辑功能，使用电路仿真软件 Tina Pro 搭接触发器电路并进行仿真分析。

【所需时间】

约 40 分钟

【活动步骤】

1. 阅读内容"9.1 常用触发器",找出各种触发器的功能表、特性方程和状态图及文字说明,并在下面画线。

2. ▣ 登录网络课程,进入文本辅导栏目和视频讲解栏目学习有关常用触发器的段落。

3. ▣ 在电脑上打开电路仿真软件 Tina Pro,按照图 9 – 10(a)所示的 RS 触发器电路生成测试连线图。

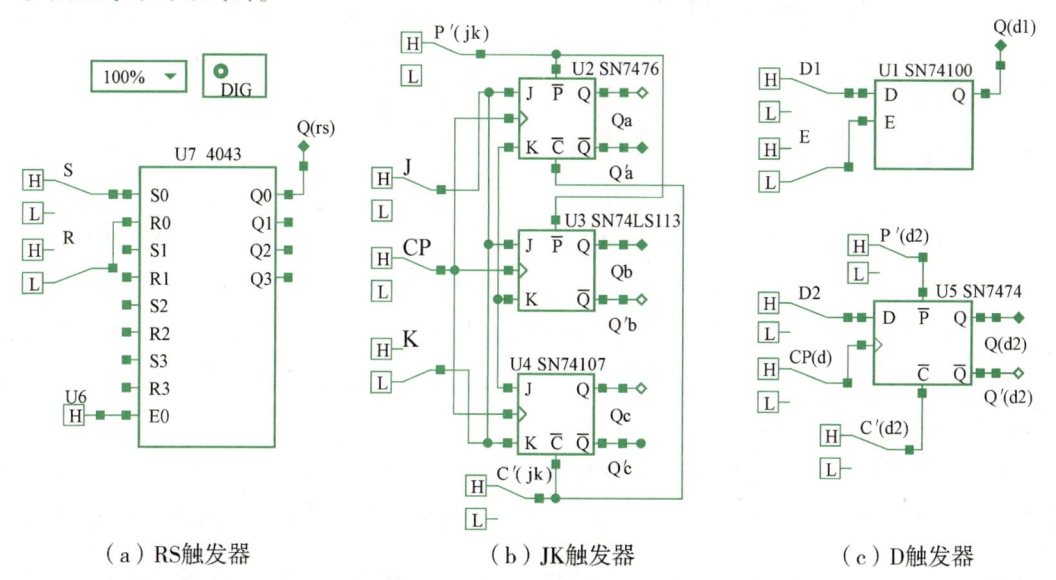

(a)RS 触发器　　(b)JK 触发器　　(c)D 触发器

图 9 – 10　触发器特性测试连线图(Tina Pro 仿真图)

4. 根据图 9 – 10 中触发器的有效连接端,用练习纸画出该电路的功能表。

5. 执行软件的数字逻辑运算(按功能键 DIG),按功能表进行测试并验证该触发器的逻辑功能。

6. 按照图 9 – 10(b)所示的 JK 触发器电路生成测试连线图,重复步骤 4 和步骤 5,完成 JK 触发器的测试与逻辑功能验证。

7. 按照图 9 – 10(c)所示的 D 触发器电路生成测试连线图,重复步骤 4 和步骤 5,完成 D 触发器的测试与逻辑功能验证。

【反　　馈】

1. 在对软件的实际操作中,鼠标应指向数字开关 S 或 R,单击鼠标左键,开关位置即由低电位 L 切换到高电位 H,或者由高电位 H 切换到低电位 L。

2. 针对图 9 – 10(a)所示的四 RS 触发器 4043,图 9 – 10(b)所示的 JK 触发器 7476、74113、74107,图 9 – 10(c)所示的 D 触发器 74100、7474 所进行的测试及逻辑功能验证,应当包括其置位、复位功能,从而得出触发器的完整功能表。

> 触发器是构成时序逻辑电路的核心部件，也是时序逻辑电路的最基本形式，按电路和逻辑功能划分有很多种类型。你可以进入国家开放大学学习网的"电工电子技术网络课程"第 10 单元的文本辅导和视频讲解，进一步熟悉这部分内容🖥️，也可打开本课程数字教材第 9 章，学习相关内容👆。

9.2 时序电路的分析方法

按时钟 CP 对每个触发器的连接方式进行划分，时序电路可分为同步、异步两种时序电路。同步时序电路，其内部各触发器共用同一个时钟 CP，按 CP 的节拍同时动作。异步时序电路，其内部各触发器的时钟信号不是同一个时钟 CP，各触发器按各自的时钟节拍动作。

时序电路分析的含义是：从一个已知的电路图出发，得到电路工作的波形图或状态图。时序电路分析的每个环节都可以运用电路仿真软件来完成。

图 9 – 11 所示是由 JK 触发器构成的同步和异步两个时序电路，它由软件 Tina Pro 绘制电路图并完成仿真分析。其中：图 9 – 11（a）所示为同步时序电路，它由两个负边沿型 JK 触发器 74113 构成，它们共用同一个时钟 CP。U_1、U_2 的预置端 $\overline{P}$ 接高电位，使得该预置数功能无效。U_1：$J=K=1$，相当于 T 触发器，只有翻转功能；U_2：$J=K=Q_1$。图 9 – 11（b）所示为异步时序电路，这是由于 U_1 的时钟是 100 kHz 的时钟 CP，而 U_2 的时钟来自 U_1 的反相输出，故两个触发器应用两个不同的时钟信号。

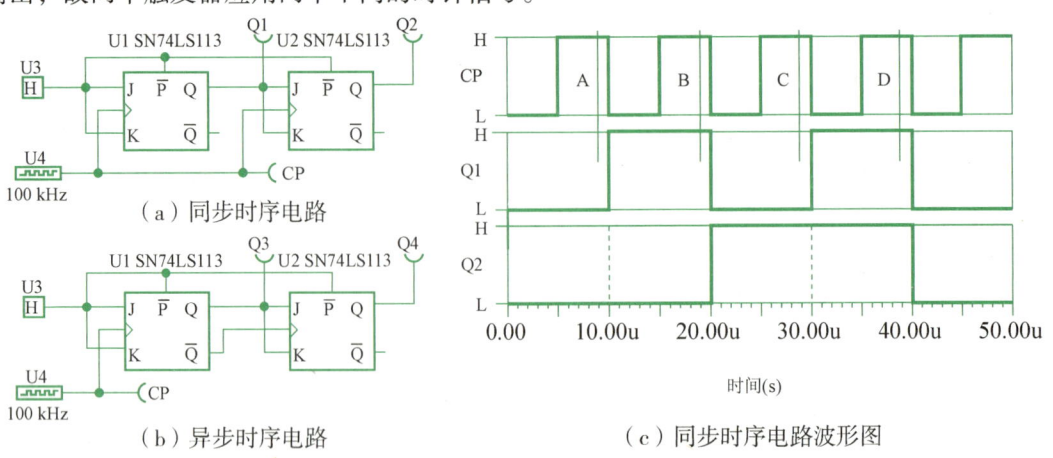

（a）同步时序电路

（b）异步时序电路

（c）同步时序电路波形图

图 9 – 11 由 JK 触发器构成的同步和异步时序电路 Tina Pro 仿真图

图 9 - 11（c）所示是图 9 - 11（a）所示同步时序电路的波形图，现解释其合理性。

对 Q_1 波形易于理解：在每个时钟下降沿，T 触发器的输出状态发生一次翻转。

分析 Q_2 波形：对负边沿型触发器，应观察其 CP 下降沿到来前一时刻的输入，即 $J = K = Q_1$，具体分析如下：

时刻 A：Q_2 初态为 0。按 JK 触发器"0 看 J"的规则，由于 $J = Q_1 = 0$，故 Q_2 在 CP 下降沿到来后仍保持为 0 不变。

时刻 B：Q_2 初态为 0。由于 $J = Q_1 = 1$，故 Q_2 在 CP 下降沿到来后由 0 翻转为 1。

时刻 C：Q_2 初态为 1。按 JK 触发器"1 看 K"的规则，由于 $K = Q_1 = 0$，故 Q_2 在 CP 下降沿到来后仍保持为 1 不变。

时刻 D：Q_2 初态为 1。由于 $K = Q_1 = 1$，故 Q_2 在 CP 下降沿到来后由 1 翻转为 0。

> ☞ 注意：
> 波形图中的时刻 $A \sim D$ 是本书为讲授方便起见所做的标记，而不是电路仿真软件自动绘制的。

根据图 9 - 11（c）所示的波形图，还可以绘出 Q_2Q_1 的状态图，表示在时钟的作用下输出 Q_2、Q_1 的变化过程，如图 9 - 12 所示。

与对组合逻辑电路分析的要求类似，分析时序电路时，应尽可能指出该电路所能完成的逻辑功能。在稍后学习计数器内容之后，可知该电路是一个四进制加法计数器。

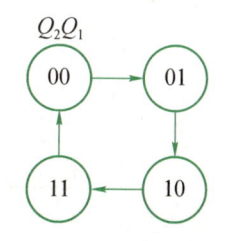

图 9 - 12 时序电路的状态图

对同步时序电路进行分析，有时采取按步骤进行分析的"一般方法"，该方法多用于手工分析过程。例如，对图 9 - 11（a）所示电路进行分析，具体步骤如下：

（1）列写驱动方程，即每个触发器的输入端方程：$J_1 = K_1 = 1$，$J_2 = K_2 = Q_1$。

（2）列写触发器的特性方程。JK 触发器的特性方程为 $Q^{n+1} = J\bar{Q}^n + \bar{K}Q^n$。

（3）将驱动方程代入特性方程，得到各触发器的状态方程，即

$$Q_1^{n+1} = J_1\bar{Q}_1^n + \bar{K}_1 Q_1^n = \bar{Q}_1^n$$

$$Q_2^{n+1} = J_2\bar{Q}_2^n + \bar{K}_2 Q_2^n = Q_1^n\bar{Q}_2^n + \bar{Q}_1^n Q_2^n = Q_1^n \oplus Q_2^n$$

（4）根据所列的状态方程，在每个对应的时刻进行逻辑运算，可得到如图 9 - 12 所示的状态图。

9.3 寄存器及其应用

寄存器用于存放二进制代码。常见的中规模集成电路寄存器有 SN74LS95 四位并行存取

移位寄存器、SN7496 五位移位寄存器、SN74194 四位移位寄存器等。图 9-13 所示为几种常见中规模集成电路寄存器的逻辑框图。

SN74194 是功能较为齐全、具有代表性的四位双向通用移位寄存器。其具备两种基本功能，即并行输入功能和左移输入功能。SN74194 的基本应用如图 9-14 所示，该电路图是由电路仿真软件 Tina Pro 绘制并完成仿真分析。

图 9-14 所示电路的工作过程简要分析如下：

（1）当清零端 CLR 为有效低电位（L）时，输出端清零，即 $Q_D Q_C Q_B Q_A$ = LLLL = 0000。以下讨论均设 CLR = H，即寄存器处于通常工作状态。

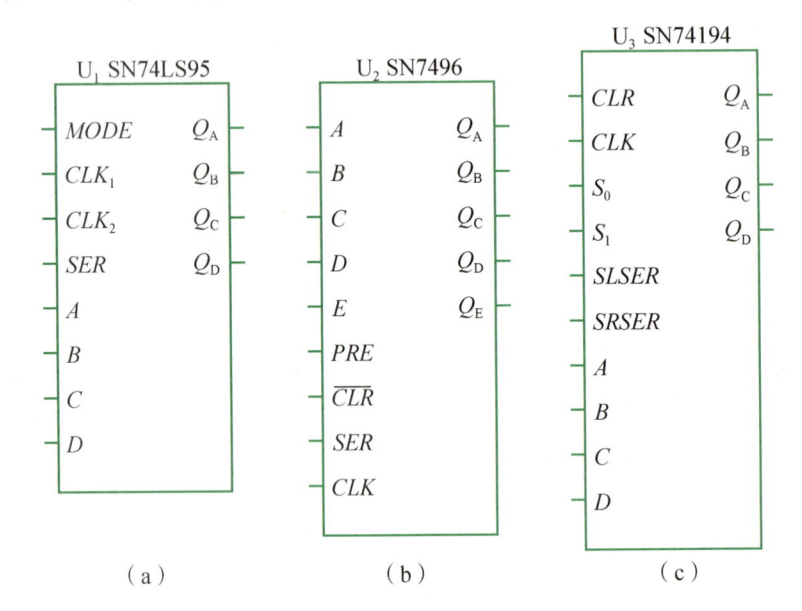

图 9-13 几种常见中规模集成电路寄存器的逻辑框图

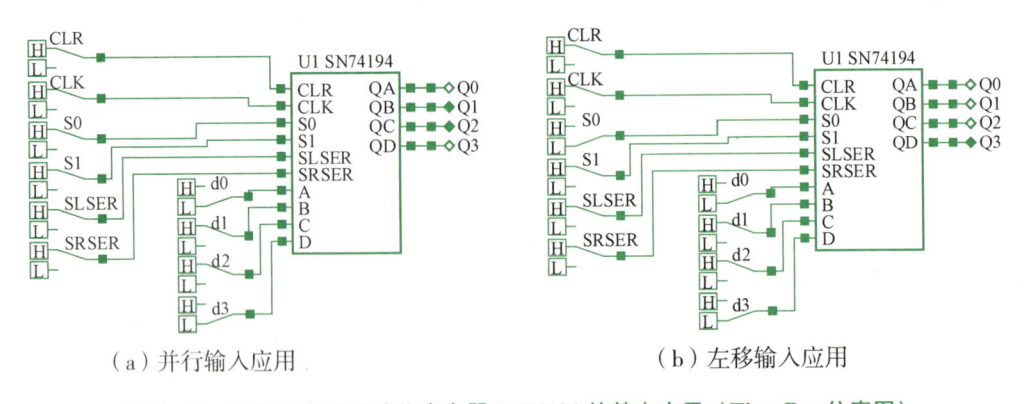

图 9-14 四位双向通用移位寄存器 SN74194 的基本应用（Tina Pro 仿真图）

（2）寄存器的并行输入功能如图 9-14（a）所示。该器件的功能表规定：若模式信号 $S_1 S_0$ = HH = 11，则在时钟 CLK 上升沿执行并行输入功能。此时，因 4 个输入端 $DCBA$ =

LHHL = 0110，故输出为 $Q_DQ_CQ_BQ_A = DCBA =$ LHHL = 0110。当输出管脚为高电位 H 状态时，电路仿真软件以"黑色菱形块"给出标识；当输出管脚为低电位 L 状态时，电路仿真软件以"白色菱形块"给出标识。

（3）寄存器的左移输入功能如图 9 – 14（b）所示。该器件的功能表规定：若模式信号 S_1S_0 = HL = 10，则在时钟 CLK 上升沿执行左移输入功能。此时，因左移输入端 SLSER = H = 1，故输出为 $HQ_CQ_BQ_A$，即左移输入端的输入高电位 H 移至输出端 Q_D。

对于 SN74194 功能表的全面阐述，以及较繁杂的实际应用例子，将在"9.6 时序电路的综合应用"中加以介绍。

9.4 计数器及其应用

计数器用于累计输出脉冲的个数，是构成计数电路的核心器件。

常用计数器为中规模集成电路，例如，二进制加法计数器 SN74LS161、二进制可逆计数器 74191、十进制加法计数器 74160、十进制可逆计数器 74190 等。图 9 – 15 所示为 SN74LS161 和 74191 的逻辑框图。

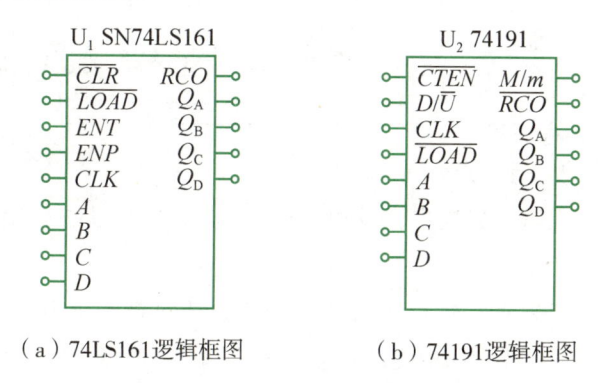

（a）74LS161逻辑框图　　（b）74191逻辑框图

图 9 – 15　两个二进制计数器的逻辑框图

计数器的"计数长度"，指其包含计数状态的数目。例如，二进制计数器的长度为 16，即包含 0000 ~ 1111 这 16 个计数状态。十进制计数器 74160 的长度为 10，则其计数状态为 0000 ~ 1001，即输出为二——十进制 8421 码。又如，七进制计数器的长度是 7，则其包含 7 个计数状态等。

9.4.1　二进制加法计数器 74161（同步置数式）

设二进制加法计数器 74161 的初态为 $Q_DQ_CQ_BQ_A = 0000$，则其 16 个计数状态（$Q_DQ_CQ_BQ_A$）可描述为

```
0000 → 0001 → 0010 → 0011 → 0100 → 0101 → 0110 → 0111
  ↑                                                    ↓
1111 ← 1110 ← 1101 ← 1100 ← 1011 ← 1010 ← 1001 ← 1000
```

> ☞ 注意：
>
> 加法计数器是按二进制加法计数规律进行计数的。

若计数器是可逆型的，如十进制可逆计数器 74190，其在构成减法计数器时，计数规律为 1010→1001→…→0001→0000。

图 9 - 15（a）所示的二进制加法计数器 74161 的逻辑框图，应当与表 9 - 4 所示的功能表相结合起来，才能达到正确应用该计数器的目的。具体分析如下：

表 9 - 4 二进制加法计数器 74161 功能表

清零 $\overline{CLR}$	置数 $\overline{LOAD}$	时钟 CLK	控制端 ENP	控制端 ENT	说明
0	×	×	×	×	置 0；第一行
1	0	↑	×	×	置数；第二行
1	1	×	0	1	保持；第三行
1	1	×	×	0	保持；第四行
1	1	↑	1	1	计数；第五行

功能表第一行：当清零端为低电位有效状态时，无论其他输入端状态如何（以"×"标识），输出均被清零，即 $Q_D Q_C Q_B Q_A = 0000$。由于清零信号与时钟无关，故该清零功能称为异步清零。在以下讨论中，设清零端为无效高电位状态，使得计数器处于正常的计数状态。

功能表第二行：当置数端为低电位有效状态时，在时钟的上升沿，输入信号从输入端 D、C、B、A 置入计数器，使得输出 $Q_D Q_C Q_B Q_A = DCBA$。因置数动作与时钟有关，故称为同步置数。在以下讨论中，设置数端为高电位无效状态。

功能表第三行、第四行：两个控制端 ENP、ENT 中，只要有一个处于无效低电位状态，则计数器的输出就不会发生变化，即执行计数保持状态。计数器这两个控制端的设置可以增加应用时的灵活性。

功能表第五行：两个控制端 ENP、ENT 均为高电位有效状态。在时钟的上升沿，输出按状态图规定完成 16 个计数状态。注意：当计数状态回零时，即 $Q_D Q_C Q_B Q_A = 1111→0000$ 时，输出端 RCO 产生一个正脉冲，作为计数周期完成指示信号。

计数器一个完整的计数周期的输出波形图如图 9 - 16 所示。该波形图是由电路仿真软件 Tina Pro 完成的，电路工作的时钟频率为 100 kHz。

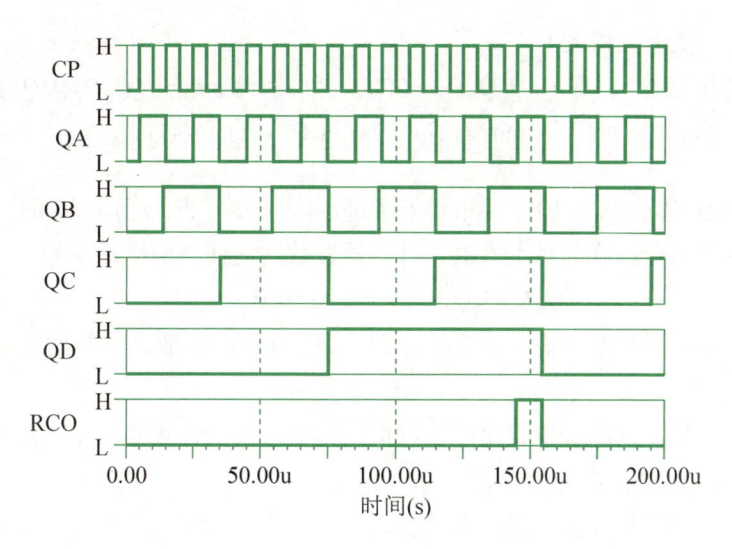

图 9-16　74161 计数器波形图（Tina Pro 仿真图）

9.4.2　由 74161 构成其他进制的计数器

二进制计数器的计数长度为 16，若利用置数功能，其可构成长度小于 16 的其他进制计数器。

例 9-3　由 74161 构成的计数电路如图 9-17 所示（该电路图由电路仿真软件 Tina Pro 绘制），试分析其计数长度是多少，即说明该计数器是几进制的计数器。

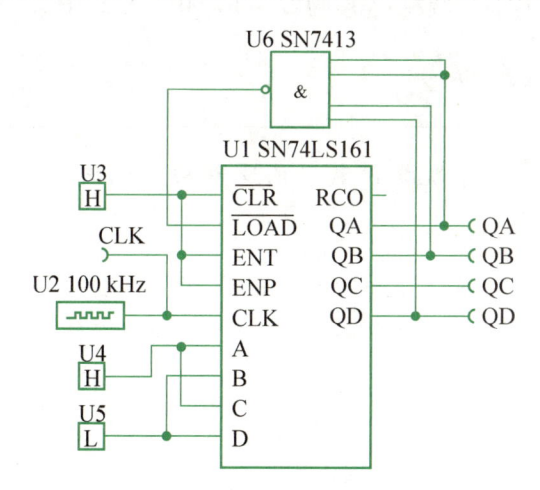

图 9-17　由 74161 构成的计数电路 Tina Pro 仿真图

解：已知计数器的电路结构，分析其计数长度，这是学习中规模计数器的第一个重要内容。

在图 9-17 所示电路图中，控制端 ENT、ENP、清零端 $\overline{CLR}$ 均接高电位 H（U_3），使 74161 计数器工作于计数状态。电路时钟为 100 kHz，置数端输入为 $DCBA = LHLH = 0101$

（高电位输入 U_4，低电位输入 U_5）。

设计数器的初态为 0，即 $Q_DQ_CQ_BQ_A=0000$，则其计数状态（$Q_DQ_CQ_BQ_A$）可描述为：

0000 → 0001 → 0010 → 0011 → 0100 → 0101 → 0110 → 0111 → 1000 → 1001 → 1010 → 1011

即当计数状态为 $Q_DQ_CQ_BQ_A=1011$（相当于十进制 11）时，与非门 7413 的 4 个输入端为高电位，其输出为低电位，在时钟上升沿，计时器置数功能使得输出跳变为

$$Q_DQ_CQ_BQ_A = DCBA = \text{LHLH} = 0101$$

由于计数器的循环计数状态共有 7 个，即计数长度为 7，故该计数器是一个七进制加法计数器。

利用 74161 计数器的同步置数功能，可构成其他进制的计数器。在计数状态图中，计数状态的个数即为该计数器的长度。

例 9 - 4 一个由 74161 构成的计数电路与图 9 - 17 所示相同，但置数端 D、C、B、A 未连接，若构成一个九进制计数器，且设定其工作状态 $Q_DQ_CQ_BQ_A$ 如下：

0000 → 0001 → 0010 → 0011 → 0100 → 0101 → 0110 → 0111 → 1000 → 1001 → 1010 → 1011

试将其置数端进行正确连接。

解： 已知计数器的部分电路结构以及计数长度，从而设计出完整的电路图，这是学习中规模计数器的第二个重要内容。

根据计数状态图，应当将置数端连接为 $DCBA = 0011 = \text{LLHH}$。

学习活动 9 - 3

中规模计数器的逻辑功能测试

【活动步骤】

叙述中规模计数器的功能和工作特点，用功能表、特性方程和状态图描述它们的逻辑功能，使用电路仿真软件 Tina Pro 搭接触发器电路并进行仿真分析。

【所需时间】

约 40 分钟

【活动步骤】

1. 阅读内容"9.4 计数器及其应用"，找出中规模计数器 74161、74191 各引脚功能的文字说明，并在下面画线。

2. 登录网络课程，进入文本辅导栏目和视频讲解栏目学习有关计数器的段落。

3. 在电脑上打开电路仿真软件 Tina Pro，按照图 9 - 18 所示的计数器电路生成测试连线图。

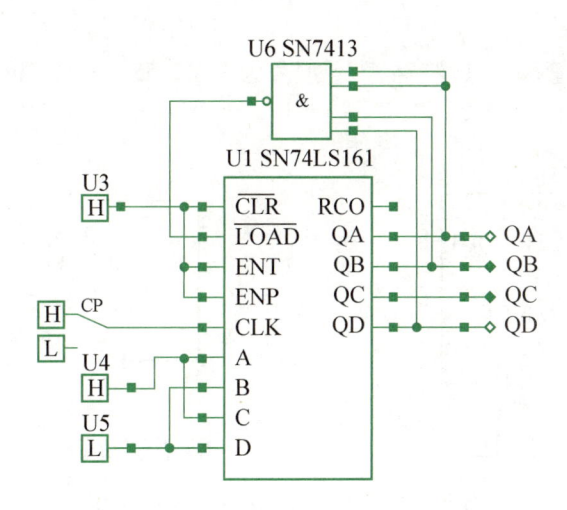

图 9-18 中规模计数器连线图（Tina Pro 仿真图）

4. 根据图 9-18 中计数器各引脚的功能，用练习纸画出该电路的功能表。

5. 执行软件的数字逻辑运算（按功能键 DIG），按功能表进行测试并验证该触发器的逻辑功能。

【反　馈】

1. 对软件进行实际操作中，在执行了 DIG 之后，应将鼠标指向时钟脉冲 CP，重复单击左键，可进行高、低电位切换，实现对单步时钟功能的模拟。

2. 在使用软件进行仿真时应当注意：在 CP 经 7 次高、低电位切换，输入 7 个脉冲后，计数器完成一个周期计数，然后由 $Q_D Q_C Q_B Q_A = 1011$ 回到输出状态 0101。

9.5　555 定时器及其应用

时序电路工作时需要使用时钟信号，常用 CP 或 CLK 表示。时钟定义为周期性的矩形脉冲，或简称脉冲。例如，在图 9-16 所示波形图中，时钟以 CP 标记；该时钟的频率为 $f = 100$ kHz，即 100 千赫兹（1 kHz = 10^3 Hz）；因周期与频率互为倒数，故周期 $T = 1/f = 10$ μs（1 μs = 10^{-6} s）。

9.5.1　555 定时器

555 定时器是一种常用的高性能、廉价的电路器件，一般用于模拟信号与数字信号混合使用的场合，常用于产生时钟信号、定时或对波形进行整形。其输入可以是模拟信号或数字信号，而输出为数字信号，即仅有高、低两种电位。由于 555 定时器以三个 5 标称（555），故也称为"三五定时器"。

555 定时器有 8 个管脚,其逻辑框图(型号为 ICM7555,软件 Tina Pro 所绘)和引脚功能图如图 9-19 所示。

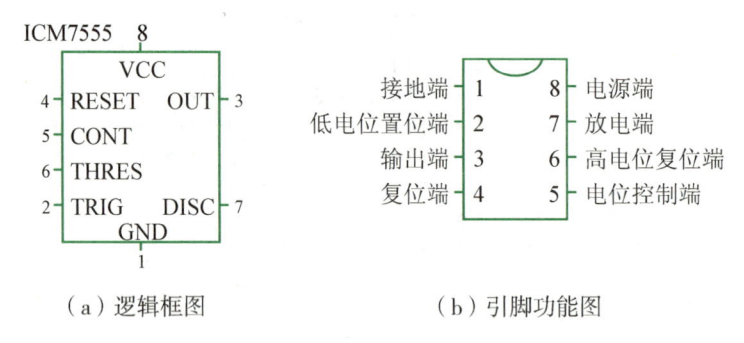

(a)逻辑框图　　　　　　　　(b)引脚功能图

图 9-19　555 定时器 Tina Pro 仿真图

在图 9-19(a)所示的逻辑框图中,将器件管脚与其功能相联系,例如 3 脚标称为 OUT,即器件的输出端。结合图 9-19(b),该器件 8 个管脚的功能具体如下:

1 脚为接地端,应接地。

8 脚为电源端,接 4.5~16 V 的电源正极。

5 脚为电位控制端,可直接接地,或者通过一个小电容(如 0.01 μF)接地;改变该管脚的电位,可以调节定时器的触发电位,此功能用于较复杂的应用场合。

以上三个管脚的连接方式是固定的。

3 脚为输出端。

4 脚为复位端:当其处于低电位时,输出端 OUT 被强迫复位成低电位。在以下讨论中,设 4 脚连接至高电位,即复位功能处于无效状态,使定时器处于一般工作状态(非复位状态)。

以下对 2、6、7 管脚功能的理解是最重要的内容。

2 脚为低电位置位端、6 脚为高电位复位端、7 脚为放电端。它们需要相互配合使用。设电源电压为 E,分析过程如下:

(1)当 2 脚为低电位(低于 $E/3$)时,输出端被置位成高电位,即逻辑值为 1。此时,7 脚相当于开路。

(2)当 6 脚为高电位(高于 $2E/3$)、2 脚不是低电位(高于 $E/3$)时,输出端被置位成低电位,即逻辑值为 0。此时,7 脚与地之间导通。注意:2 脚功能的优先级高于 6 脚,即当 2 脚为低电位、6 脚为高电位时,执行 2 脚的置位功能,而不执行 6 脚的复位功能。

(3)当不满足 2 脚为低电位、3 脚为高电位的条件时,电路工作在保持状态,即输出状态保持不变。

当 555 电路输出端 3 脚的输出为高电位时,放电端 7 脚相当于开路;当输出端为低电位时,7 脚与地之间导通。

9.5.2　555 定时器的典型应用——施密特整形电路

施密特电路完成双稳态电路功能，具有高电位、低电位两个稳定的输出状态，可用于对输入波形进行整形。

例 9-5　图 9-20 所示为施密特双稳态电路，由软件 Tina Pro 绘制并完成电路仿真。其整形作用是：对输入的正弦电压波形做整形，输出为只有高、低电位的数字信号。在图 9-20 中，v_{sin} 是输入电压模拟信号，v_o 是输出数字电压信号。

在实际应用中，若将模拟电压直接施加在数字电路器件的输入端，往往使后者出现不可靠的工作状态。解决该问题的一种方法是：将施密特双稳态电路的前端（输入端）与模拟电路的输出端相连接，再将其后端（输出端）与数字电路的输入端相连接。通过这种方法，可以将模拟电路的输出信号可靠地送入数字电路，进行下一步的数字逻辑运算。

图 9-20（b）所示为某施密特双稳态电路的工作波形图。其中，电路输入为正弦电压 v_{sin}，频率为 100 kHz，幅值为 5 V。设输出电压 v_o 的初始状态为高电位，则该电路工作过程如下：

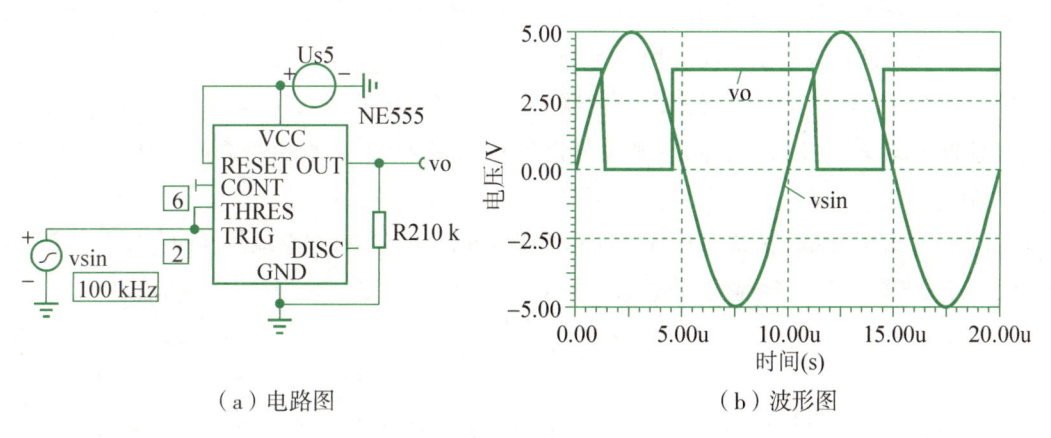

（a）电路图　　　　（b）波形图

图 9-20　施密特双稳态电路 Tina Pro 仿真图

（1）当 v_{sin} 上升至 $2U_s/3$ 时，6 脚高电位复位信号有效，使得输出跳变至低电位。

（2）当 v_{sin} 下降至 $U_s/3$ 时，2 脚低电位置位信号有效，使得输出跳变至高电位。

（3）当 v_{sin} 在（1/3～2/3）U_s 时，2 脚、6 脚均处于无效输入状态，使得输出状态保持不变。

定义 $U_s/3$、$2U_s/3$ 为施密特双稳态电路的两个阈值电位。由于它们的数值不同，则滞回电压为 $2U_s/3 - U_s/3 = U_s/3$。滞回电压的含义是：电路工作时抗噪声电压的噪声容限。

555 施密特电路的结构较为简单：2、6 管脚连接在一起，并与输入信号连接。此外，施密特电路具有两个稳定的输出状态，其滞回电压特性增加了电路的抗干扰能力。

稍复杂的例子，即对于 555 电路构成的脉冲产生电路、单稳态电路工作过程的分析，将在 "9.6　时序电路的综合应用" 中介绍。

寄存器、计数器和555定时器是中规模集成芯片中比较常用的时序逻辑电路器件,大部分数字电路系统都是由这些器件构成的。你可以进入国家开放大学学习网的"电工电子技术网络课程"第10单元的文本辅导和视频讲解,进一步巩固理解这部分内容,也可打开本课程数字教材第9章,学习相关知识。

9.6 时序电路的综合应用

在学习了时序电路基本应用的基础上,本节将介绍较为复杂的应用内容,即时序电路的综合应用。这些应用实例均采用电路仿真软件 Tina Pro 来绘制电路图并完成电路仿真分析任务。而且,这些电路应用实例均来自国内外实用电路资料集,用以帮助你较深入地理解并掌握中规模集成电路应用知识。

例 9-6 图 9-21 (a) 所示是例 9-1 引用过的电路,即用 Tina Pro 绘制的 4043 锁存器电路图。下面进一步给出电路应用的实例。

锁存器 4043 含有 4 个独立的 RS 触发器,如第一个 RS 的输入为 S_0、R_0,输出为 Q_0。当控制(使能)端 $E=1$ 时,执行 RS 触发器功能;当 $E=0$ 时,输出为高阻,用于实现"线与"功能。

由例 9-1 分析可知,图 9-21 (a) 所示 4043 RS 锁存器具有"总线数据锁存器"的初步功能:数字开关 $SW_4 \sim SW_1$ 产生高、低电位,通过 4043 数据锁存器,呈现在 $Q_3 \sim Q_0$ 输出端。

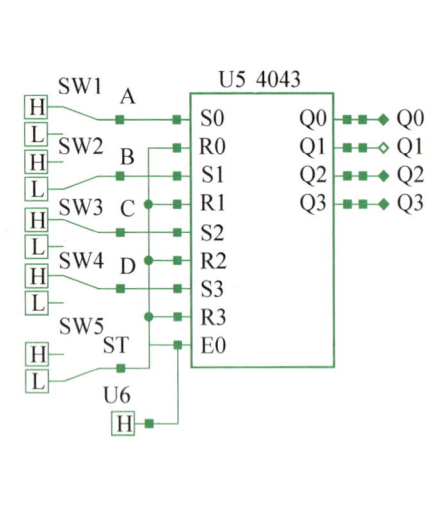

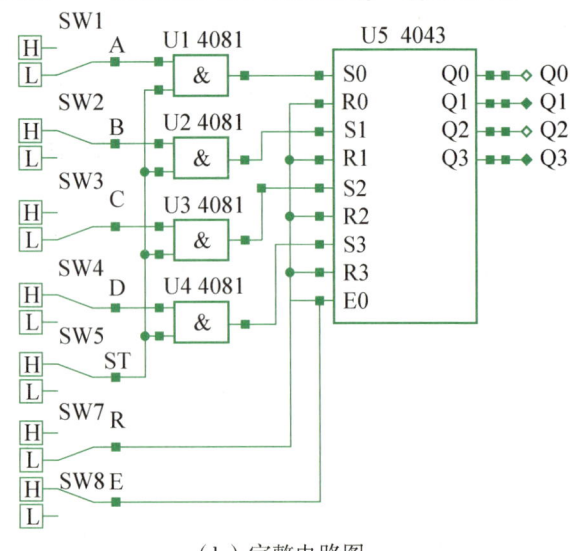

(a) 4043 RS锁存器　　　　　　　(b) 完整电路图

图 9-21　锁存器 4043 的应用 Tina Pro 仿真图

对于图 9-21（a）所示电路的输入状态，锁存器的工作过程是：$E_0 = 1$，即锁存器处于工作状态。复位输入端 $R_3 \sim R_0 = 0000$，故由置位输入端 $S_3 \sim S_1$ 决定输出状态，即 $Q_3Q_2Q_1Q_0 = S_3S_2S_1S_0 = DCBA = 1101$。若将 S_1 由 0 变为 1，则 Q_1 由 0 变为 1，工作状态为 $Q_3Q_2Q_1Q_0 = S_3S_2S_1S_0 = DCBA = 1111$。

然而，图 9-21（a）所示电路存在一个问题：当清零端 $R = 1$ 执行清零时，因 $S_0 = 1$、$R_0 = 1$（同时为1），违反了 RS 的约束方程 $RS = 0$，使得电路的输出无意义。

图 9-21（b）所示电路增加了一个中规模器件 4081：含有 4 个二输入端的与门。注意：组成电路的器件最好选用同一系列，例如都选用以 4 字头标识的 COMS 系列。同时，该电路还设计了数据选通控制 ST 和系统控制 E，使得该电路具有实用性。

在图 9-21（b）所示锁存器 4043 的完整电路图中，设初态为 $ST = 0$、$R = 0$。若该锁存器与一个数字系统总线相连接，则实现数据锁存的过程具体如下：

(1) $E = 1$，使输出 $Q_3 \sim Q_0$ 脱离高阻状态，与系统连接。

(2) $R_3 \sim R_0 = 1111$，清零，即 $Q_3Q_2Q_1Q_0 = 0000$；完成清零后，再使 $R_3 \sim R_0 = 0000$，为下一次清零做准备。

(3) 使 $ST = 1$，选通控制有效，向总线发送数据。此时，输入信号 $D \sim A$ 送入输入端 $S_3 \sim S_0$；由于 $Q_3Q_2Q_1Q_0 = 0000$，按"0 看 S"分析，4043 执行置位功能，使得 $Q_3Q_2Q_1Q_0 = S_3S_2S_1S_0 = DCBA = 1010$。

(4) 使 $ST = 0$，各 S 为 0。由于 $S = 0$，所以 $R = 0$ 是 RS 触发器保持功能，数据被锁存。同时，下次再次工作时，若使 $R = 1$，执行清零，也不会违反约 S、R 不能同时为 1 的约束条件。

(5) 在总线取走数据之后，使 $E = 0$，该电路与总线脱离。在下一次工作时，仍应重复以上步骤。

例 9-7 图 9-22 所示电路为移位寄存器 74194 的应用电路图，这已经在 9.3 节介绍过。现在用 Tina Pro 绘制出该四位双向通用移位寄存器 74194 电路图，并结合其功能表进一步给出电路应用的实例。

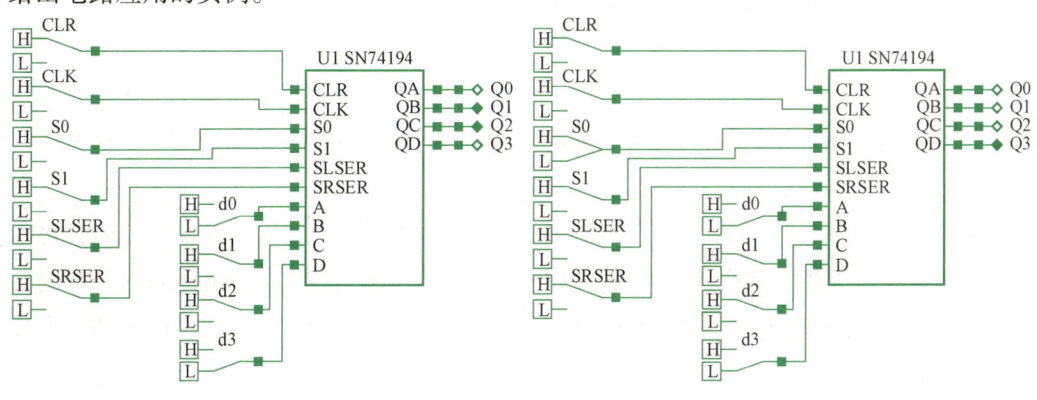

（a）对应于表9-5第四行的电路　　　　　　（b）对应于表9-5第五行的电路

图 9-22　移位寄存器 74194 应用电路图（Tina Pro 仿真图）

现结合图 9-22 所示的 74194 应用电路图、表 9-5 所示的功能表，介绍移位寄存器 74194 应用电路的逻辑功能。

表 9-5 四位双向通用移位寄存器 74194 功能表

清零	模式		时钟	串行输入		并行输入				输出				说明
CLR	S_1	S_0	CLK	左 SLSER	右 SRSER	D	C	B	A	Q_D	Q_C	Q_B	Q_A	
L	×	×	×	×	×	×	×	×	×	L	L	L	L	清零；第一行
H	×	×	L	×	×	×	×	×	×	Q_D	Q_C	Q_B	Q_A	保持；第二行
H	L	L	×	×	×	×	×	×	×	Q_D	Q_C	Q_B	Q_A	保持；第三行
H	H	H	↑	×	×	d	c	b	a	d	c	b	a	并入；第四行
H	H	L	↑	H	×	×	×	×	×	H	Q_C	Q_B	Q_A	左移；第五行
H	L	H	↑	×	H	×	×	×	×	Q_D	Q_C	Q_B	H	右移；第六行

功能表第一行：当清零端 CLR 有效时（低电位 L），其他输入端无论为何状态（×），输出端均清零，即 $Q_D Q_C Q_B Q_A$ = LLLL = 0000。以下讨论中，设清零端信号均处于无效高电位状态（H），可使寄存器处于一般工作状态。

功能表第二行、第三行：时钟 CLK 为低电位或模式信号 $S_1 S_0$ = LL = 00 时，执行保持功能，即使输出端状态不变。

功能表第四行：模式控制信号 $S_1 S_0$ = HH = 11，在时钟 CLK 上升沿（74194 是正边沿型触发器）执行并行输入功能。因 4 个输入端 DCBA = LHHL = 0110，故输出为 $Q_D Q_C Q_B Q_A$ = DCBA = LHHL = 0110。电路仿真软件以"黑色菱形块"标识了输出管脚的高电位 H 状态，以"白色菱形块"标识了低电位 L 状态。此时，该电路的工作状态如图 9-22（a）所示。

功能表第五行：模式控制信号 $S_1 S_0$ = HL = 10，在时钟 CLK 上升沿执行左移输入功能。因为左移输入端 SLSER = H = 1，故输出 H$Q_C Q_B Q_A$，即左移输入端信号的高电位 H 移至 Q_D 输出端。若左移输入端 SLSER = L = 0，则输出 L$Q_C Q_B Q_A$。此时，该电路的工作状态如图 9-22（b）所示。

功能表第六行：模式控制信号 $S_1 S_0$ = LH = 01，在时钟 CLK 上升沿执行右移输入功能。若右移输入端 SRSER = H = 1，则输出 $Q_D Q_C Q_B$H，即右移输入端信号的高电位 H 移至输出端 Q_A。若右移输入端 SRSER = L = 0，则输出 $Q_D Q_C Q_B$L。

通用双向移位寄存器 74194 可用于将串行输入信号转换为并行输出信号。例如，将串行输入连接至左移输入端，并令模式控制信号 $S_1 S_0$ = HL = 10。经过 4 个时钟周期，对应每个周期的串行输入信号就会出现在输出端 $Q_D Q_C Q_B Q_A$。其中，Q_D 和 Q_A 分别对应于第 1 个和第 4 个时钟周期的输入。

通用双向移位寄存器 74194 还常用于与数据总线的连接。当时钟处于低电位时，无论是并行还是串行输入方式，均可实现数据保持功能，即总线可以在此时获取"处于可靠状态"

的被保持的数据。其控制过程是：令模式控制信号 $S_1S_0 = HH = 11$，在时钟上升沿输出并行数据，然后使时钟处于低电位，则输出数据被锁存。下一次工作时，置清零信号为有效状态，完成输出清零工作，然后再输入新数据。

例 9-8 图 9-23（a）所示为由 74161 构成的七进制计数电路的波形图，现进行分析。

74161 七进制加法计数器电路图如图 9-23（a）所示（由 Tina Pro 绘制电路图并产生波形图），由例 9-4 分析得知，该计数器的计数长度为 7，是一个七进制加法计数器。现分析其输出波形的特点。

图 9-23（b）所示是 74161 七进制加法计数器计数电路的波形图，是由电路分析软件 Tina Pro 自动生成的。时钟 CLK 上升沿是计数器发生计数状态变化的时刻，本书在波形图中以"垂直线"做出了标记，并用"椭圆"标记出所对应的计数状态，以便学习者阅读和理解，现具体分析如下。

在第一个标记处，计数状态 $Q_DQ_CQ_BQ_A = $ LLLH = 0001（十进制 1）；在第二个标记处，计数状态 $Q_DQ_CQ_BQ_A = $ LHHL，即 0110（十进制 6）。这一过程体现了加法计数从 1 到 6 按加法计数的特点。

在第三个标记处，计数状态为 $Q_DQ_CQ_BQ_A = 1011$（十进制 11），这使得与非门 7413 的 4 个输入端为高电位，输出为低电位，使置数功能有效。

在第四个标记处，在时钟上升沿输出跳变为输入端的置数值：$Q_DQ_CQ_BQ_A = DCBA = $ LHLH = 0101（十进制 5），此时，计数状态强迫跳转至循环计数的初始值 0101。

至此，该计数器将工作在 0101~1011 的循环计数状态之间，共有 7 个计数状态，从而实现七进制计数器功能。

（a）电路图

（b）波形图

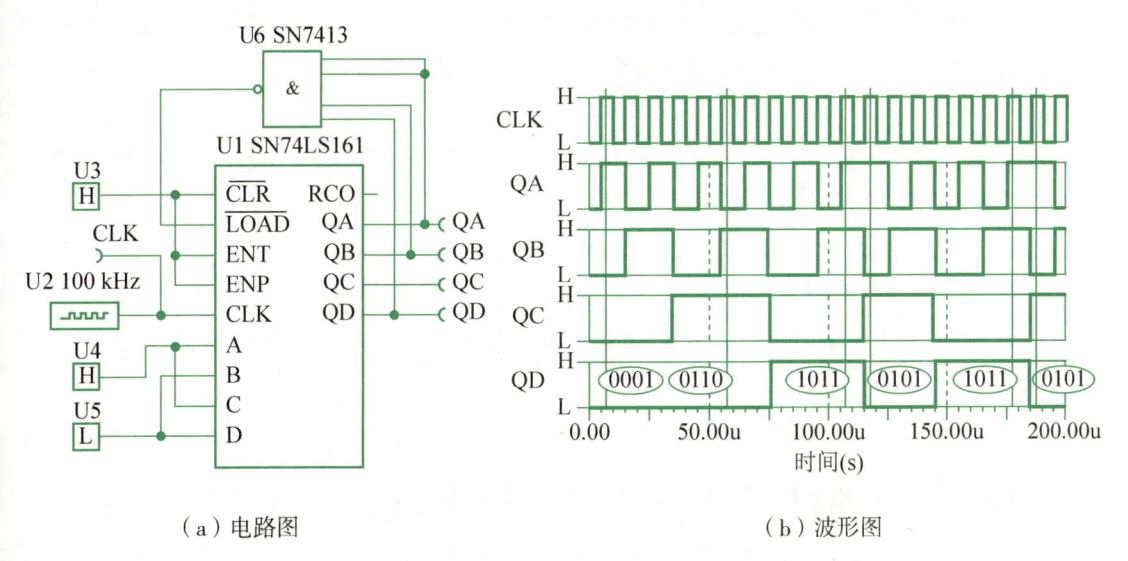

图 9-23 74161 七进制加法计数器 Tina Pro 仿真图

例 9-9 555 定时器构成的脉冲产生电路。

脉冲产生电路,又称为振荡电路,常用于产生时钟信号。例如,图 9-23(b)中的时钟 CLK,就是一种重要的常用电路。

由 NE555 定时器构成的振荡电路如图 9-24(a)所示,其电路输出端波形如图 9-24(b)所示。

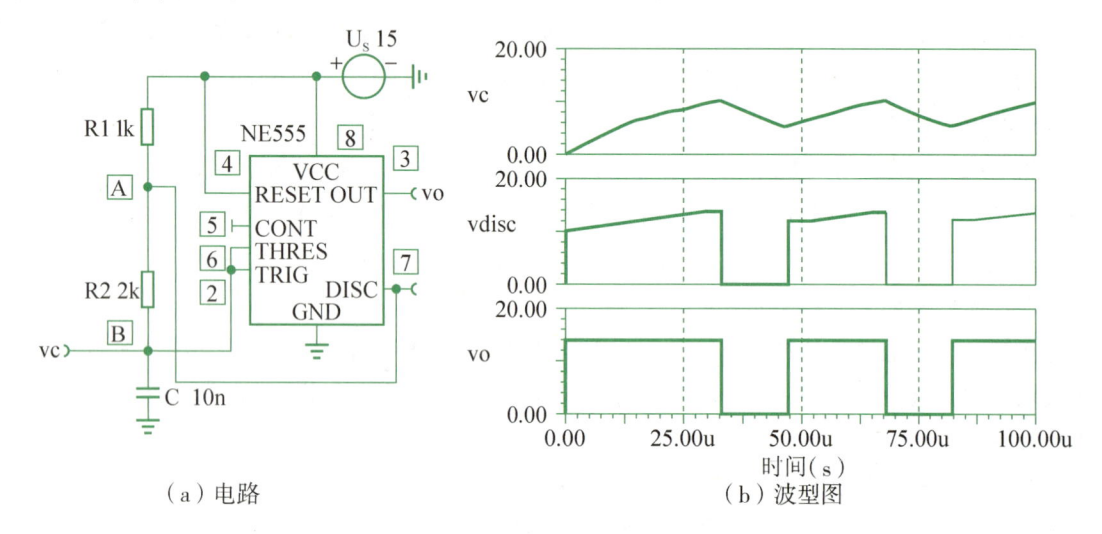

(a)电路　　(b)波型图

图 9-24　由 NE555 定时器构成的振荡电路 Tina Pro 仿真图

由 555 定时器构成的振荡电路的连接特点是:2、6 管脚相互连接;电路工作时不需要外加输入信号。

结合图 9-24(a)所示的由 NE555 定时器构成的振荡电路图,分析其工作原理如下:

(1)电容充电阶段。设电容 C 的初始电压为 0,因电位 $v_c = 0$,即 2 脚为低电位,这使得输出端 3 脚为高电位。电源 U_s 通过电阻 R_1、R_2、C 串联通路向电容 C 充电,使 B 点电位 v_c 升高。

(2)电容放电阶段。当 v_c 电位达到 $2U_s/3$ 时,6 脚为高电位,这使得输出端 3 脚跳变至低电位,放电端 7 脚与地之间导通,电容 C 通过 R_2、7 脚串联通路放电。当 v_c 电位低于 $U_s/3$ 时,2 脚为低电位,使得输出端重新由低电位跳变至高电位,再次进入充电过程。

充电、放电过程的循环往复,使 555 定时器构成的振荡电路的输出产生周期性振荡波形。

对 555 定时器构成的振荡电路的过渡过程进行分析,可得出该电路的振荡周期计算表达式为

$$T = 0.7(R_1 + 2R_2)C \tag{9-1}$$

将电路元件参数 $R_1 = 1\text{ k}\Omega$、$R_2 = 2\text{ k}\Omega$、$C = 10\text{ nF}$ 代入式(9-1),可得

$$T = 0.7(R_1 + 2R_2)C = 35\ (\mu\text{s})$$

555 振荡电路的结构特点是:2 脚、6 脚连接在一起,再与定时电容 C 相连接。放电端 7 脚连接至电阻 R_1、R_2 的中点。电路无须外加输出信号。该电路的振荡周期计算表达式为

$T = 0.7 (R_1 + 2R_2) C$,且与电源电压无关。

例 9 – 10 由 NE555 定时器构成的单稳态（触发）电路。

图 9 – 25 所示为一个由 NE555 定时器构成的单稳态电路。该单稳态电路的作用是：当电路 2 脚输入一个负向脉冲信号后，输出端产生一个固定宽度的非周期脉冲。其作用是：① 产生定时信号，用于延时；② 产生时序电路中的步进时钟信号。

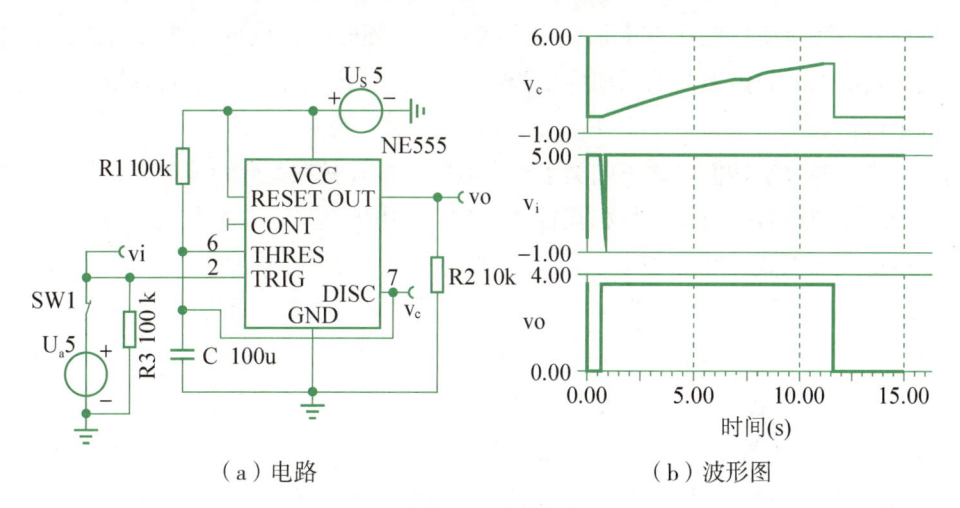

（a）电路　　（b）波形图

图 9 – 25　由 NE555 定时器构成的单稳态电路 Tina Pro 仿真图

结合图 9 – 25（a）所示电路图，分析其工作原理如下：

电路初始状态：输出 v_o 是低电位，开关 SW_1 闭合。因 5 V 电压 U_a 连接至 2 脚，故 v_i 为高电位。

当 SW_1 打开时，5 V 电源 U_a 被断开，输入端 v_i（2 脚）由电阻 R_3 接地，产生瞬时低电位，这使得输出 v_o 由低电位跳变至高电位，定时过程开始：7 脚放电端开路，电压通过 R_1、C 的串联通路，向 C 充电，电路处于过渡过程状态。

在 SW_1 打开再经短时间（本例经 100 ms）闭合后，输入端 v_i 又成为高电位。在以上的过程中，SW_1 的动作模拟了一个手工操作的点动开关，产生一个短时下冲脉冲，如图 9 – 25（b）所示的 v_i 波形：2 脚低电位有效的置位功能使输出 v_o 为高电位。

当电容电压 v_c 达到 $2U_S/3$（3.3 V，$U_S = 5$ V）时，6 脚高电位复位信号有效，输出 v_o 由高电位跳变至低电位。电容电压通过 7 脚迅速放电，电路过渡过程结束，回归到初始状态。

对电路过渡过程进行分析，可以确定该过渡过程的时间计算公式为

$$T = 1.1 R_1 C \tag{9-2}$$

这也是该定时电路所实现的定时时间。

将电路元件参数 $R_1 = 100$ kΩ、$C = 100$ μF 代入式（9 – 2），可得

$$T = 1.1 R_1 C = 11 \text{ (s)}$$

555 单稳态电路的结构特点是：2 脚连接至下一个脉冲输入信号；6 脚与 7 脚连接在一起，再与电阻 R_1、定时电容 C 的中点相连接。$T = 1.1R_1C$ 是该电路定时时间的计算公式。

9.7 数/模(D/A)和模/数(A/D)转换电路

模拟信号一般指模拟电压或电流，它们的幅值是随时间连续变化的。例如正弦电压波形，其电压幅值随时间做连续的周期性正弦规律变化。而数字信号一般特指数字电压，只有高、低两个电位。

通常，模拟与数字转换电路不归类于时序电路。本教材在此介绍该内容，是因为在现代机电产品中，模拟信号与数字信号相互转换的电路应用极其广泛。本节的学习目标是介绍该电路的基本应用知识。

数/模（D/A）转换电路（器），简称 DAC，其功能是将输入的数字信号转换为对应的输出模拟电压。例如，将输入数字量 00000011 转换为输出电压 3 V，或将输入数字量 00000101 转换为输出电压 5 V，等等。

模/数（A/D）转换电路（器），简称 ADC，其功能是将输入的模拟电压转换为对应的输出数字量。例如，将输入的 3 V 电压转换为输出数字量 00000011，或将输入的 5 V 电压转换为输出数字量 00000101，等等。

9.7.1 数/模(D/A)转换电路

1. 数/模转换电路的主要技术参数

实用的 D/A 电路是中规模集成电路。本节将介绍常用中规模集成数/模转换电路，其功能是将输入的数字信号转换为对应的输出模拟电压，例如 DAC0832 是 8 位 D/A 转换器。以下介绍的主要技术参数是评价一个实际 D/A 转换器性能的依据。

（1）最小输出电压 U_{LSB}：指输入数字量为最小值时，即输入二进制码的最低有效位为 1、其余各位为 0 时，对应的输出电压值。例如，00000001 对应的输出为 $U_{LSB} = 1$ mV。

（2）满刻度输出电压 U_m：指输入数字量为最大值时，对应的输出电压值。一个实际的 D/A 转换器，工作时需接入参考电压 U_{ref}。通常，$|U_m| \approx |U_{ref}|$。

（3）D/A 转换器的位数：指输入端的数字量的位数。例如 8 位 D/A 转换器，其输入端为 D_7、D_6、D_5、D_4、D_3、D_2、D_1、D_0（记作 $D_7 \sim D_0$，D_7 是二进制数的高位），可用于输入 8 位数字量，即 8 位高或低电位输入。常见的 D/A 转换器有 8 位、10 位、12 位等。

（4）分辨率：D/A 转换器的分辨率指最小输出电压（U_{LSB}）与满刻度输出电压（U_m）的比值，即

$$分辨率 = \frac{最小输出电压}{满刻度输出电压} = \frac{U_{LSB}}{U_m} \qquad (9-3)$$

对于 8 位 D/A 转换器，其分辨率为

$$\frac{U_{LSB}}{U_m} = \frac{1}{(2^8-1)} = \frac{1}{(256-1)} \approx 0.4\%$$

例 9 – 11　一个 10 位 D/A 转换器的分辨率是多少？

解：10 位 D/A 转换器的分辨率为

$$\frac{U_{LSB}}{U_m} = \frac{1}{(2^{10}-1)} = \frac{1}{1\,023} \approx 0.1\%$$

> ☞ 注意：
> 　　分辨率的数值越小，分辨能力越高。

例 9 – 12　当满刻度输出电压 $U_m = 10$ V 时，8 位、10 位 D/A 转换器的最小输出电压 U_{LSB} 分别是多少？

解：（1）8 位 D/A 转换器的最小输出电压 = 满刻度输出电压×分辨率，即

$$U_{LSB} = U_m \times 0.4\% = 10 \times 0.004 = 0.04\ (V) = 40\ (mV)$$

（2）10 位 D/A 转换器的最小输出电压为

$$U_{LSB} = U_m \times 0.1\% = 10 \times 0.001 = 0.01\ (V) = 10\ (mV)$$

可见，10 位 D/A 转换器的分辨率高于 8 位。10 位 D/A 转换器在其输出端可将输出模拟电压划分得更精细，其含义是：更精细划分的输出模拟电压能反映出位数更多的输入数字变化量。通常，高分辨率 D/A 转换器的价格也较高。

例 9 – 13　一个 8 位 D/A 转换器，满刻度输出电压 $U_m = 10$ V，当输入 $D_7 \sim D_0 = 00000111$ 时，输出模拟电压是多少？

解：因为 8 位 D/A 转换器的最小输出电压为

$$U_{LSB} = U_m \times 0.4\% = 10 \times 0.004 = 0.04\ (V) = 40\ (mV)$$

又因为 $D_7 \sim D_0 = 00000111 = (7)_{10}$，故输出模拟电压为

$$7 \times U_{LSB} = 7 \times 40 = 280\ (mV)$$

（5）转换时间：指输入开始到稳定输出的时间，一般小于 1 μs。

（6）绝对误差（增益误差）：指实际输出电压与理论值之间的误差，即最大静态转换误差。其含义是：当输出达到满刻度输出电压时，U_m 理论值与实际值之差。有时，在技术参数中也使用术语"转换精度"或"精度"表示绝对误差。绝对误差越小，转换精度越高。通常，绝对误差的典型值为 $\pm U_{LSB}/2$，有时也写成 ±（1/2）LSB。

例 9 – 14　一个 8 位数/模转换器，当满刻度输出电压 U_m 为 10 V 时，计算其绝对误差 $\pm U_{LSB}/2$。

解：根据式（9 – 3），得

$$U_{LSB} = U_m \times 0.4\% = 40\ (mV)$$

绝对误差为
$$\pm U_{LSB}/2 = \pm 40/2 = \pm 20 \text{ (mV)}$$

其含义是：当输入 $D_7 \sim D_0 = 00000111$ 时，输出模拟电压的理论值为 $7 \times 40 = 280$ mV；另外，还需考虑 ± 20 mV 的绝对误差，故实际输出值为 260～300 mV。

（7）非线性误差：实际输出模拟电压与理想值之间的偏差称为最大偏差。非线性误差的含义是：最大偏差与满刻度输出电压之比，用百分比表示，如 $\pm 0.1\%$。

例如：例 9-14 在满刻度输出电压 $U_m = 10$ V 的条件下，当考虑绝对误差时，实际输出值为 260～300 mV；若再考虑非线性误差，则 $\pm 0.1\%$ 指标的非线性误差是 $10 \text{ V} \times (\pm 0.1\%) = \pm 10$ mV，故实际输出电压为 250～310 mV。

由上述参数可归纳出如下要点：

（1）D/A 转换器的位数与分辨率有相互对应的关系。对于 n 位 D/A 转换器，其分辨率为 $1/(2^n - 1)$。例如，8 位、10 位 D/A 转换器的分辨率分别为 0.4% 和 0.1%。

（2）分辨率 $= \dfrac{U_{LSB}}{U_m}$。当该公式的三者中有两个为已知条件时，另一个参数就可以被计算出。

（3）输入数字量的十进制数乘以 U_{LSB}，即得到输出模拟电压值。

（4）D/A 电路输出模拟电压的可靠工作范围的计算公式为

$$\text{可靠工作范围} = \text{输入数字量} \times U_{LSB} \pm U_{LSB}/2 \pm U_m \times 0.1\% \qquad (9-4)$$

式（9-4）中，$\pm U_{LSB}/2$ 为绝对误差的典型值，$\pm U_m \times 0.1\%$ 为非线性误差项。

例 9-15 图 9-26 所示是用软件 Tina Pro 绘制的 D/A 转换器应用的例子。

在图 9-26 中，U_1 单元是一个 8 位 D/A 转换器，其输入为 $D_7 \sim D_0$ 8 位二进制码（数字量），输出端 A 输出模拟电压。在仿真软件中，用"电压指针 V"表示该模拟电压值。E 为使能控制端，工作时接数字高电位（H）。R_0、R_i 为两个参考电压端。

本例接入 10 V 的参考电压，故满刻度输出电压应接近 10 V。图 9-26 所示是三种不同输入情况下的幅值结果。

对于 8 位 D/A 转换器，其分辨率为 0.4%，若满刻度输出电压为 10 V，则其最小输出电压为

$$U_{LSB} = U_m \times 0.4\% = 10 \times 0.004 = 0.04 \text{ (V)} = 40 \text{ (mV)}$$

> **注意：**
> 准确值应为 $10 \text{ V} \times 0.003\ 92 = 39.2$ mV。

图 9-26（a）：输入 00000001，即十进制 1，输出为 $V = U_{LSB} = 40$ mV。注意：软件仿真计算过程含有一定的计算误差，故输出显示为 39.06 mV；图 9-26（b）和图 9-26（c）情况类同。

在图 9-26 中，本书用椭圆框做了标记，以便于阅读与理解。在模拟开关 $D_7 \sim D_0$ 中，

D_0 唯一接入高电位 H，对应于输入 00000001，故在 D_0 处用椭圆框标做出了标记；D/A 转换器 U_1 的输出电压 $V=39.06$ mV ≈ 40 mV，故其输出端 A 也用椭圆框做出了标记。

图 9-26（b）：输入 01010011，即十进制 83，输出为 $V=83\times U_{LSB}=3.32$ V。

图 9-26（c）：输入 11111111，即十进制 255，输出为满刻度输出电压 10 V。

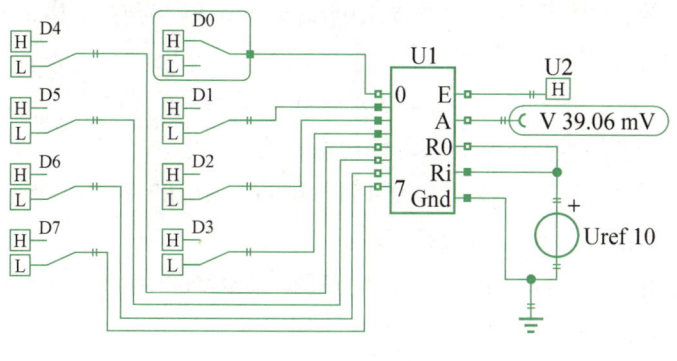

（a）输入 00000001

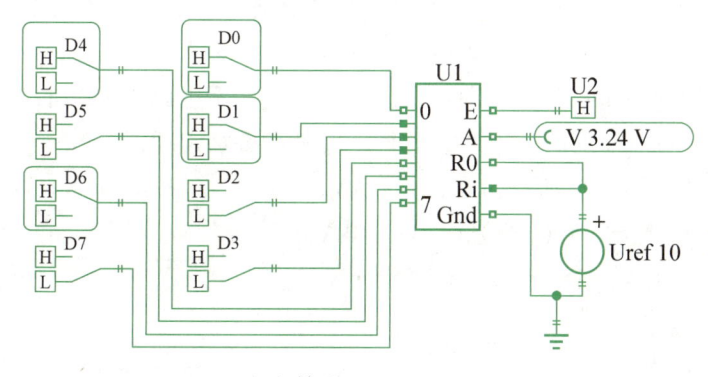

（b）输入 01010011

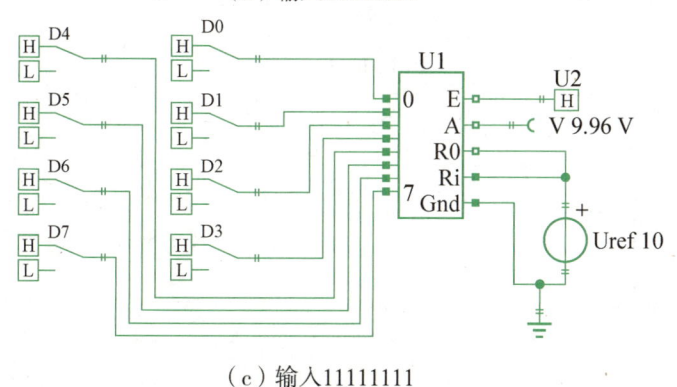

（c）输入 11111111

图 9-26　8 位 D/A 转换器 Tina Pro 仿真图

2. 8 位 D/A 转换器 DAC0832

DAC0832 是常见的中规模集成 D/A 转换器，它有 20 个管脚，其主要技术参数如下：

（1）D/A 转换器的位数：8 位，故分辨率为 0.4%。

（2）转换时间：1 μs。

（3）精度（绝对误差）：±1 LSB，即 ±U_{LSB}。

（4）非线性误差：±0.1%。

从上述技术参数得知，若其满刻度输出电压 U_m = 5 V，当输入 $D_7 \sim D_0$ = 01010011，即十进制 83 时，理论输出电压值为

$$V = 83 \times U_{LSB} = 83 \times 5 \times 0.4\% = 1.66 \text{（V）}$$

考虑绝对误差和非线性误差后，实际输出电压为

$$1.66 \text{ V} \pm U_{LSB} \pm U_m \times 0.1\% = 1.66 \text{ V} \pm 0.02 \text{ V} \pm 0.005$$

故实际输出电压的范围是 1.635 ~ 1.685 V。

图 9 - 27 所示是 DAC0832 的一种应用电路图。DAC0832 用其逻辑框图表示，两个运算放大器 OP_1、OP_2 的型号是 LM324，用常用符号表示。

电源端 V_{cc}、数据允许端 ILE、参考电压端 U_{ref}、反馈信号输入端 R_{fb}、两个电流输出端 I_{o1}、I_{o2} 及运放 OP_1 按照如图 9 - 27 中方框所示的方式连接，这是一种典型的固定连接方式。若输入端 $D_7 \sim D_0$ = 11111111，则满刻度输出电压 V_a 为 -5 V。

应用电路分析知识稍加计算，即可得出图 9 - 27 所示电路中 OP_2 的输出电压为 +5 V。该电路分析如下：对 OP_2 的两个输入电压 V_a、V_b 使用叠加定理，有：

（1）设 V_a = 0，V_o = -(R_b/R_a) × V_b = -5 V；

（2）设 V_b = 0，V_o = -(R_b/R_c) × V_a = +10 V。

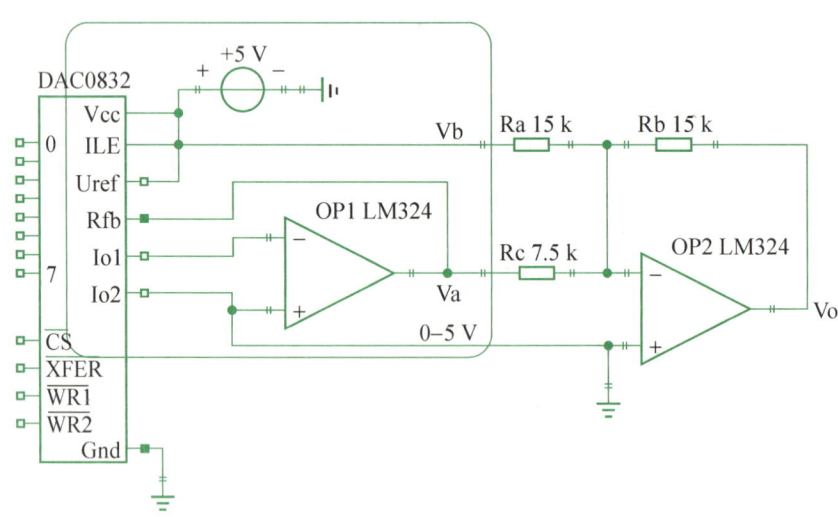

图 9 - 27 DAC0832 的一种应用电路图 Tina Pro 仿真图

故输出 V_o = -5 V + 10 V = 5 V，即输出端 V_o 可以得到 5 V 的满刻度输出电压。

DAC0832 在正常工作时需要使用其 4 个输入控制端，一种简易的方法是将 $\overline{CS}$、$\overline{XFER}$ 端

同时（与运算）接低电位，然后当 $\overline{WR_1}$、$\overline{WR_2}$ 端同时由高电位跳变至低电位时，经 1 μs 的转换时间，输入端 $D_7 \sim D_0$ 的数字量被转换到 V_o 输出端。

> ☞ 注意：
> 在实际应用时，由于两个运算放大器要处理输入为负值的电压，故它们的正、负电源端应当分别接入 +5 V、−5 V 电源。

9.7.2 模/数(A/D)转换电路

实用的 A/D 电路是中规模集成电路。本节将介绍常用中规模集成模/数转换电路。与 D/A 转换器功能恰好相反，A/D 转换器的功能是将输入模拟电压转换为对应的输出数字量。

常用 A/D 转换器根据其内部电路的特点不同，可分为逐次比较（渐近、逼近）型A/D、双积分型 A/D 两种类型，使用者应当了解它们的特点，具体如下：

(1) 逐次比较型 A/D 有 8 位、10 位、12 位和 14 位等电路，如 8 位 A/D 转换器 ADC0809。逐次比较型 A/D 的优点是精度高，转换速度快，由于其转换时间固定，故同步操作的控制信号线路简单，所以常应用于微机接口电路。

(2) 双积分型 A/D 与逐次比较型 A/D 相比较，其最大优点是抗干扰能力强，同时电路比较简单。其缺点是工作速度较低，一般为几十毫秒，常用于工业控制场合或仪器仪表中的转换电路，典型电路如 MC14433 等。

以下是 A/D 转换器的主要技术参数。

(1) 分辨率：指可分辨的输入模拟电压的最小变化量。一个 N 位 A/D 转换器，其输出有 N 位二进制码，组成 2^N 个可能的输出状态，故输入模拟电压值/(2^N-1) 为最小变化量。例如，10 位 A/D 转换器的输入电压为 5 V 时，其分辨率为 $5/(2^{10}-1) = 4.9(mV)$，即当输入模拟电压的变化量小于 4.9 mV 时，输出数字信号没有反应，该 A/D 转换器不能辨识，此时，应当选用更高分辨率的 A/D 转换器。

(2) 转换误差：指最大误差，一般为 $\pm LSB/2$ 或 $\pm LSB$；$LSB = 1/(2^N-1)$。

(3) 转换速度：逐次比较型的转换速度一般在 100 μs 之内，其工作时需要外加转换时钟。双积分型 A/D 转换器的转换时间一般在 100 ms 之内。

例 9−16 图 9−28 所示为 D/A 转换器（U_1）、8 位 A/D 转换器（U_3）联合应用的例子。电路由软件 Tina Pro 绘制并完成仿真计算，其中，D/A 转换器 U_1 和 A/D 转换器 U_3 是 Tina Pro 所含有的电路器件。

当 D/A 转换器 U_1 的输入 $D_7 \sim D_0$ 为 01010011，即十进制 83 时，输出为 $V = 3.34$ V；A/D 转换器 U_3 的输入模拟电压也为 3.34 V，其输出数字信号 $Q_7 \sim Q_0$ 为二进制码 01010011，与 U_1 输入 $D_7 \sim D_0$ 端数字信号完全相同，即 $Q_7 \sim Q_0 = D_7 \sim D_0$。这是易于了解的：$U_1$ 输入数字编码 $D_7 \sim D_0$ 经 D/A 转换器 U_1，成为模拟电压 V；再经 A/D 转换器 U_3，还原成数字编码 $Q_7 \sim$

Q_0；若转换过程没有误差产生，则 $Q_7 \sim Q_0$ 应当与 $D_7 \sim D_0$ 完全相同。此例说明了 D/A、A/D 各自所完成的转换功能。

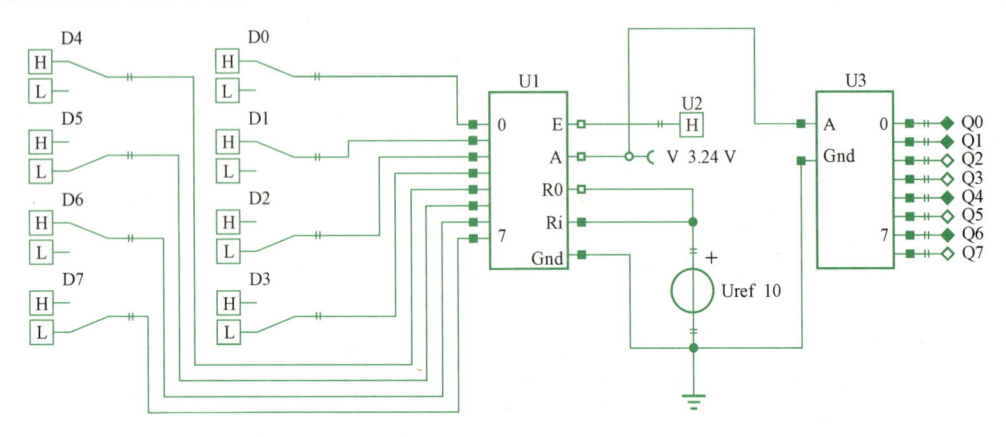

图 9-28 D/A 与 A/D 转换器联合应用 Tina Pro 仿真图

本章小结

数字电路包含组合电路和时序电路。时序电路与第 8 章介绍的组合电路不同，其工作特点是：任意时刻的输出状态不仅取决于当前时刻的输入状态，而且与前一时刻的电路状态有关。时序电路在机电产品中有极为广泛的应用。

下面所列问题包含了本章最主要的学习内容，可以帮助你做一次简要的回顾。

时序电路特点
- 时序电路与组合电路有何不同？

常用触发器
- 什么是基本RS触发器？其有何功能？其约束条件是什么？
- 描述触发器（如基本RS触发器）的三种方法是什么？
- 什么是JK触发器？其有何功能？如何描述其功能？
- 什么是D触发器？其有何功能？如何描述其功能？

时序电路的分析方法
- 何为同步、异步时序电路？
- 时序电路分析的含义是什么？通过对时序电路的分析，能得到一个已知电路图的工作波形图或状态图吗？

寄存器及其应用

- ✓ 寄存器的作用是什么？
- ✓ 常见中规模集成电路寄存器有哪些？其能执行哪些主要功能？

计数器及其应用

- ✓ 计数器的作用是什么？
- ✓ 常用中规模集成电路计数器有哪些？其能执行哪些主要功能？
- ✓ 什么是计数状态图？其有何作用？
- ✓ 二进制加法计数器74161功能表有何作用？如何应用？
- ✓ 如何读懂计数器波形图？
- ✓ 对于教材中介绍的由加法计数器构成的计数电路，如何分析其计数长度？
- ✓ 如何根据计数器的工作状态图构建一个其他进制的计数器，例如由74161构成一个九进制计数器？

555定时器及其应用

- ✓ 何为555定时器？其有哪些具体应用？
- ✓ 555定时器的2、6、7管脚的功能及相互配合关系是什么？
- ✓ 施密特双稳态电路的功能是什么？

时序电路的综合应用

- ✓ 这一节是综合性的应用知识，在学习了前面的基础内容之后，你是否有兴趣学习本节内容呢？
- ✓ 本节所介绍的应用实例你看懂了吗？通过学习你有收获吗？

D/A和A/D转换电路

- ✓ 模拟与数字转换电路的作用是什么？
- ✓ 数/模（D/A）转换电路的主要技术参数有哪些？
- ✓ 模/数（A/D）转换电路的主要技术参数有哪些？

自测题

一、选择题

9-1 一个基本 RS 触发器，若两个输入为 R、S，则其约束方程是（　　）。
A. $SR = 0$　　　B. $S + R = 0$　　　C. $SR = 1$　　　D. $S + R = 1$

9-2 描述触发器逻辑功能选择的方法是（　　）。
A. 用功能表　　　B. 用特性方程　　　C. 用状态图　　　D. 用上述三种方法之一

9-3 主从型触发器对时钟 CP 的动作要求是（　　）。
A. 在 $CP = 0$ 期间，输入状态保持稳定
B. 在 $CP = 1$ 期间，输入状态保持稳定
C. 在 CP 上升沿，输入状态保持稳定
D. 在 CP 下降沿，输入状态保持稳定

9-4 对于触发器，正确的结论是（　　）。
A. 只有 RS 触发器有电位触发型、边沿触发型两种类型
B. 只有 JK 触发器有电位触发型、边沿触发型两种类型
C. 只有 D 触发器有电位触发型、边沿触发型两种类型
D. RS、JK 和 D 触发器都有电位触发型、边沿触发型两种类型

9-5 JK 触发器初态为 0 时，若 $J=1$、$K=\times$，则次态为（　　）。
A. 0　　　B. 1　　　C. 0 或 1　　　D. 不能确定

9-6 在时序电路中，同步时序电路（　　）。
A. 内部一个触发器共用同一个时钟 CP
B. 内部两个触发器共用同一个时钟 CP
C. 内部三个触发器共用同一个时钟 CP
D. 内部各触发器共用同一个时钟 CP

9-7 寄存器执行的功能是（　　）。
A. 并行输入　　　B. 左移输入　　　C. 右移输入　　　D. 以上三种

9-8 二进制计数器的计数长度为 16，利用置数功能可构成（　　）的其他进制的计数器。
A. 长度小于 16　　　B. 长度大于 16　　　C. 长度为 16　　　D. 长度为任意

9-9 555 定时器：当 2 脚为低电位时，输出端被置位成（　　），此时 7 脚相当于（　　）。
A. 高电位，短路　　　　　　B. 高电位，开路
C. 低电位，短路　　　　　　D. 低电位，开路

9-10 D/A 转换器的分辨率数值（　　），分辨能力（　　），且分辨率与满刻度输出电压（　　）。

A. 越大，越高，有关　　　　　　　　B. 越小，越低，有关

C. 越小，越高，无关　　　　　　　　D. 越小，越低，无关

二、判断题

9-11　时序电路的工作特点是：任意时刻的输出状态不仅取决于当前输入，而且与前一时刻的电路状态有关。　　　　　　　　　　　　　　　　　　　　　　　　（　　）

9-12　组合电路结构中含有反馈环路。　　　　　　　　　　　　　　　　　（　　）

9-13　基本 RS 触发器也可以由两个或非门组成。　　　　　　　　　　　（　　）

9-14　JK 触发器具有三种功能。　　　　　　　　　　　　　　　　　　　（　　）

9-15　触发器异步置位端、异步清零端应配合时钟 CP 共同工作。　　　　（　　）

9-16　JK 触发器的动作要点是："0 看 J""1 看 K"。　　　　　　　　　（　　）

9-17　与主从型触发器相比较，边沿型触发的抗干扰能力强，工作更为可靠。（　　）

9-18　计数器的"计数长度"指其包含计数状态的数目。　　　　　　　　（　　）

9-19　555 定时器常用于模拟与数字混合使用的场合，其应用范围是对波形进行整形。
　　　　　　　　　　　　　　　　　　　　　　　　　　　　　　　　　　　（　　）

9-20　逐次比较型 A/D 转换器工作时无须外加转换时钟。　　　　　　　（　　）

三、简答题

9-21　写出 D 触发器的特性方程，并加以必要的解释。

9-22　什么是正、负边沿型触发器？简述负边沿型 JK 触发器的动作特点。

9-23　如何用 555 定时器构成施密特电路？该电路的滞回电压特性有何作用？

四、分析计算题

9-24　图 9-29 所示为二进制加法计数器 74161 构成的计数电路，请完成电路的正确连接：

（1）构成五进制计数电路；

（2）构成七进制计数电路。

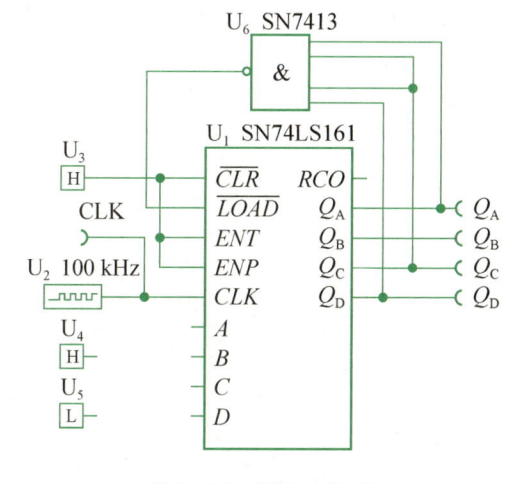

图 9-29　题 9-24 图

参考文献

[1] 杨素行. 模拟电子电路［M］. 北京：中央广播电视大学出版社，1994.

[2] 顾永杰. 电工电子技术基础［M］. 北京：高等教育出版社，2005.

[3] 林平勇，高嵩. 电工电子技术（少学时）［M］. 2版. 北京：高等教育出版社，2005.

[4] 任为民. 计算机电路基础（2）［M］. 2版. 北京：中央广播电视大学出版社，2001.

[5] 夏奇兵. 电工电子技术基础（下册电子）［M］. 北京：机械工业出版社，2005.

[6] 李若英，汪建，肖卫忠，等. 电工电子技术基础［M］. 重庆：重庆大学出版社，2005.

[7] 杜德昌，戴秀良. 电工电子技术及应用技能训练［M］. 北京：高等教育出版社，2005.

[8] 李燕民，温照方. 电工和电子技术实验教程［M］. 北京：北京理工大学出版社，2006.

[9] 张虹. 电工电子技术基础［M］. 北京：电子工业出版社，2009.

[10] 刘继承. 电工电子技术基础［M］. 北京：电子工业出版社，2011.

[11] 秦荣. 电工电子技术［M］. 北京：北京航空航天大学出版社，2011.

[12] 张琳，王万德. 电工电子技术［M］. 2版. 北京：北京大学出版社，2012.

附录 自测题参考答案

第1章

1-1. C   1-2. D   1-3. B   1-4. A

1-5. 错，方向相同时 $P>0$，为吸收（消耗）功率，相反时 $P<0$，为提供（产生）功率。

1-6. 对

1-7. 对

1-8. 错，适用于任意电路，对电路元件没有限制。

1-9. 错，叠加定理不能用来计算功率。

1-10. 错，任何一个线性有源二端网络都可以。

1-11 ~ 1-17. 略

1-18. 设该二端网络为电压源 U_S 和内阻 R_S 的串联模型，$U_S = 12$ V，$R_S = 24$ Ω，外接电阻 $R_L = 36$ Ω 时，$U_L = 7.2$ V，$I_L = 0.2$ A。

1-19. 可用支路电流法或叠加定理计算，$U = 3$ V。

1-20. 运用叠加定理求解。分别计算出电压源、电流源单独作用时的电流，然后相加得出 $I = 35$ A。

1-21. 断开 R_5，求开路电压 U_O 和等效电阻 R_0，$U_{BC} = U_{BD} + U_{DC} = U_{BD} - U_{CD} = 1.08$（V），将 U 短路求得 $R_0 = 5.83$ Ω，$I = 0.1$ A。

第2章

2-1. C   2-2. A   2-3. C   2-4. B   2-5. D

2-6. 对

2-7. 错，相量并不等于正弦量，相量是包含了正弦量的有效值和初相的复数。

2-8. 错，电感通低频、阻高频；电容通高频、阻低频。

2-9. 错，$\cos\varphi$ 越小，在输电线路上功率损耗越大。

2-10. 对

2-11 ~ 2-15. 略

2-16. $Z = R + Xj = 10 + 4j = 10.77\underline{/21.8°}$（kΩ），由于电抗 $X > 0$，阻抗角 $\varphi > 0$，所以阻抗呈感性。

2-17. $f_0 = \dfrac{1}{2\pi\sqrt{LC}} = 1.59$（MHz），$R = \dfrac{1}{Q}\sqrt{\dfrac{L}{C}} = 5$（Ω），$I = \dfrac{U}{R} = 0.2$(mA)，$U_C = QU = 0.1$(V)。

2-18. $f_0 = 265$ kHz，$I_0 = 0.5$ A，$Q_0 = 333$。

2-19. 额定功率 33 kW 为工厂实际消耗的功率，即有功功率，功率因数 $\cos\varphi = 0.8$ 表示供电设备需要为它提供的视在功率为 33 除以 0.8，即 41.25 kVA，供给工厂数为 5.33 个；功率因数 $\cos\varphi = 0.95$ 时，供给工厂数提高到 6.33 个。

2-20. $|Z|=10\ \Omega$, $U_P=220$ V, $I_P=I_L=22$ A。

第3章

3-1. A   3-2. B   3-3. A   3-4. C   3-5. D

3-6. 错，变压器不能接与铭牌标称值相同的直流电压，否则电流很大甚至会烧毁变压器。

3-7. 对

3-8. 错，因为变压器一、二次绕组有漏感抗，电容性的负载就会抵消它，使得输出的二次电压不降低甚至提高。

3-9. 错，自耦变压器不能够作为安全变压器使用。

3-10. 对

3-11~3-15. 略

3-16. 由容量 $10\ \text{kV} \cdot \text{A}$，$\cos\varphi=1$，解得 $n=166$ 个；每个灯的额定电流为 $I=0.27$ A，副边电流为 $I_2=44.82$ A，原边为 $I_1=2.99$ A。

3-17. 变压器的变压比 $k=3$，原边等效阻抗 $Z'_L=72\ \Omega$，信号源输出电流为 $I_1=0.034\ 9$ A，信号源输出的功率 $P_0=0.087$ W。

第4章

4-1. C   4-2. A   4-3. B   4-4. C   4-5. B

4-6. 对

4-7. 错，三相对称正弦交流电的相位互差120°。

4-8. 错，异步电动机的电磁转矩是由主磁通与转子电流的有功分量相互作用而产生的。

4-9. 对

4-10. 错，按钮可以自动复位。

4-11~4-20. 略

4-21. 1 500 r/min；30 r/min；1 500 r/min。

4-22. 同步转速 $n_0=\dfrac{60f}{p}=1\ 500$（r/min），由转差率 $s=\dfrac{n_0-n}{n_0}=0.02$，得转子转速 $n=1\ 470$ r/min。

4-23. 起动转矩 $T_{qd}=312\ \text{N}\cdot\text{m}>250\ \text{N}\cdot\text{m}$，$U=U_N$ 时电动机能起动。

4-24. 额定输入功率 $P_{1N}=22.22$ kW，功率因数 $\cos\varphi=0.94$；额定转矩 $T_N=194.9\ \text{N}\cdot\text{m}$，起动转矩 $T_{qd}=311.8\ \text{N}\cdot\text{m}$，最大转矩 $T_{max}=487.25\ \text{N}\cdot\text{m}$。

第5章

5-1. B   5-2. C   5-3. A   5-4. D

5-5. 对

5-6. 错，PN结的反向偏置使外电场与内电场方向一致，加强了内电场。

5-7. 对

5-8. 对

5-9. 错，场效应管只有一种载流子（多子或少子）参与导电。

5-10. 错，晶闸管由正向阻断状态突然进入导通状态，称为硬导通。

5-11~5-29. 略

5-30. (a) 导通，0 V；(b) 截止，-6 V；(c) VD$_1$ 导通，VD$_2$ 截止，0 V。

5-31. (a) VZ$_1$ 反向击穿，VZ$_2$ 正向导通，8.9 V；(b) VZ$_1$ 和 VZ$_2$ 均反向击穿，16.4 V；(c) VZ$_2$ 正向导通，0.7 V；(d) VZ$_1$ 和 VZ$_2$ 均反向击穿，8.2 V。

第 6 章

6-1. A　　6-2. D　　6-3. D　　6-4. C　　6-5. B

6-6. B　　6-7. C　　6-8. D　　6-9. B　　6-10. A

6-11. 错，共发射极放大电路的输出信号取自三极管的集电极，"极"和"结"的概念见第 5 章。

6-12. 错，大电容对交流相当于短路，对直流相当于开路。

6-13. 对

6-14. 错，消耗能量，而且较大。

6-15. 对

6-16. 错，r_{be} 受工作点电流的影响较大，r_{be} 值与 A_u 成反比。

6-17. 错，输入电阻值较小，输出电阻值较高。

6-18. 错，输入电阻大，输出电阻小。

6-19. 错，甲乙类电路较乙类电路减小了非线性失真，但功率和效率略有下降。

6-20~6-27. 略

6-28. (a) 不能，三极管类型或电源极性错误；(b) 不能，输出端接点无交流输出错误；(c) 不能，基极偏置电阻连接错误；(d) 能。

6-29. (a) 基极电流 i_b；(b) 输出电压 u_o；(c) 集电极电流 i_c；(d) 输入电压 u_i。

6-30. (a) 饱和失真，减小工作点电流或输入信号；(b) 截止失真，增大工作点电流或减小输入信号；(c) 双向失真，减小输入信号。

6-31. $I_{BQ} = 20\ \mu A$，$I_{CQ} = 1\ mA$，$U_{CEQ} = 7.3\ V$。

6-32. R_B 应取 235 kΩ，U_{CEQ} 为 4.6 V。

6-33. $R_L = \infty$ 时，$A_u = -85$，$R_L = 2.7\ k\Omega$ 时，$A_u = -42.5$；$R_i = 1.7\ k\Omega$，$R_o = 2.7\ k\Omega$。

6-34. 图略。$I_{BQ} = 18\ \mu A$，$I_{CQ} = 0.81\ mA$，$U_{CEQ} = 6.57\ V$；R_L 断开时 $A_{us} = 46$，R_L 接上时 $A_{us} = 23$。

6-35. $A_u \approx 1$，$R_i = 98\ k\Omega$，$R_o = 2.5\ k\Omega$。

6-36. 负载 R_L 与信号源相连接时，$U_o = 0.09\ V$，负载 R_L 通过射极输出器与信号源相连接时，计算得 $R_i = 81\ k\Omega$，考虑到信号源内阻 R_s 的分压关系，$A_{us} = 0.89$，所以 $U_o = 1.78\ V$。

第 7 章

7-1. D　　7-2. C　　7-3. D　　7-4. B　　7-5. A

7-6. B　　7-7. A　　7-8. A　　7-9. C　　7-10. B

7-11. C

7-12. 错，偏置电路为集成电路的输入级、中间级和输出级均提供直流偏置。

7-13. 对

7-14. 错，运放在非线性运用时，两输入端电压在接近为零的很小范围内与输出电压呈线性关系。

7-15. 对

7-16. 错，深度负反馈时闭环放大倍数 $\dot{A}_f$ 受开环放大倍数 $\dot{A}$ 影响较小。

7-17. 错，输出电压 u_O 与时间 t 呈线性关系。

7-18. 对

7-19. 错，调整管始终处在放大状态，功耗大，效率低。

7-20～7-34. 略

7-35. (a) R_3 和 R_6 构成了电压并联负反馈，对本级运放电路具有减小输出电阻和减少输入电阻的作用，R_7 构成了两级运放电路的正反馈支路。(b) R_3 和 R_6 构成了电压串联负反馈，对本级运放电路具有减小输出电阻和增大输入电阻的作用，R_7 仍构成了两级运放电路的正反馈支路。

7-36. $R_2 = R_1 // R_3 = 2.5$（kΩ），$R_5 = R_4 // R_6 = 3.3$（kΩ）；$u_{O1} = -\frac{R_3}{R_1}u_{I1} = -u_{I1}$，$u_{O2} = -\frac{R_4 + R_6}{R_4}u_{I2} = -1.5u_{I2}$，$u_O = 3u_{O2} + 2u_{O1}$；$u_O = 1.9$ V。

7-37. 运放 A_1 是跟随器，起到隔离作用，运放 A_2 是减法电路；$u_O = (1 + \frac{R_F}{R_1})u_{I2} - \frac{R_F}{R_1}u_{I1}$。

7-38. $u_O = 5.5$ V。

7-39. 正、负半周完全对称的方波；正、负半周的宽度随基准电压变化的方波（波形图略）。

7-40. 电路输出电压调整范围为 7.5～30 V；$U_I \geqslant U_{Omax} + U_{CES} = 30 + 2 = 32$（V），$U_2 \geqslant \frac{U_I}{1.2} = \frac{32}{1.2} = 27$(V)。

第 8 章

8-1. C   8-2. A   8-3. D   8-4. B   8-5. C

8-6. D   8-7. A   8-8. B   8-9. D   8-10. A

8-11. 错，典型的数字电压波形是不连续的，一般呈阶梯形。

8-12. 错，在正逻辑条件下，数字电路中某器件管脚的高、低电位，与逻辑代数中的逻辑变量值 1、0 相对应。

8-13. 对

8-14. 错，一个逻辑函数的最简表达式并不具有唯一性。

8-15. 对

8-16. 错，异或门的表达式是 $F = A \oplus B$。

8-17. 对

8-18. 对

8-19. 错，由逻辑图得到逻辑函数表达式或真值表的过程，称为对组合逻辑电路的分析。

8-20. 错，逻辑框图的画法及各输入端、输出端的名称，一般没有统一的标准；而符号是标准的。

8-21～8-23. （略）

8-24. 7749，16138，304E，16AB，11100100，1001111，38，36。

8-25. U_3 输出 $A + \overline{B}$，U_4 输出 $\overline{A} + B$，U_5 输出 $F = A \oplus B$，该电路完成异或运算。

第 9 章

9 – 1. A   9 – 2. D   9 – 3. B   9 – 4. D   9 – 5. B

9 – 6. D   9 – 7. D   9 – 8. A   9 – 9. B   9 – 10. C

9 – 11. 对

9 – 12. 错，组合电路无反馈环路。

9 – 13. 对

9 – 14. 错，4 种功能：置位、复位、保持和翻转。

9 – 15. 错，与时钟 CP 无关。

9 – 16. 对

9 – 17. 对

9 – 18. 对

9 – 19. 错，常用于定时、信号产生、和波形整形。

9 – 20. 错，需要外加转换时钟。

9 – 21 ~ 9 – 23. 略

9 – 24. 图略。五进制：将计数器 74161 的 $DCBA$ 端分别连接 U_4 和 U_5，使 $DCBA = 1001$。七进制：将 $DCBA$ 端分别连接 U_4 和 U_5，使 $DCBA = 1001$。